袁可能文集

《袁可能文集》编委会　编

科 学 出 版 社

北　京

内 容 简 介

袁可能教授是我国著名的土壤学家，在他从事土壤科学教育和科研事业70载之际，将他的主要科技论文和成就作了系统的回顾和整理，编写了本书。全书分两大部分，第一部分是袁可能科技传略，第二部分从土壤调查与土壤养分、土壤有机无机复合体、土壤化学三个方面收录了袁可能教授43篇（部）论文（著），内容丰富，特色明显，业绩斐然。

本书可供土壤学、农业化学、环境科学、地球化学、农学等领域的研究、教学和技术人员参考，也可供各级政府的农业、环境、土地等部门的人员参考。

图书在版编目（CIP）数据

袁可能文集/《袁可能文集》编委会编. —北京：科学出版社，2019.3
ISBN 978-7-03-060465-1

Ⅰ. ①袁… Ⅱ. ①袁… Ⅲ. ①土壤学–文集 Ⅳ. ①S15-53

中国版本图书馆 CIP 数据核字(2019)第 014468 号

责任编辑：万 峰 / 责任校对：樊雅琼
责任印制：肖 兴 / 封面设计：北京图阅盛世文化传媒有限公司

科学出版社 出版
北京东黄城根北街 16 号
邮政编码: 100717
http://www.sciencep.com

北京通州皇家印刷厂 印刷

科学出版社发行 各地新华书店经销

*

2019 年 3 月第 一 版 开本：787×1092 1/16
2019 年 3 月第一次印刷 印张：23 插页：4
字数：540 000

定价：249.00 元

(如有印装质量问题，我社负责调换)

前　言

袁可能教授是我国著名的土壤学家，在国际上具有一定影响力。曾先后兼任中国土壤学会理事，浙江省土壤肥料学会第七、第八、第九届理事长，中国科学院土壤圈物质循环开放研究实验室第一、第二届学术委员，中国土壤学会名词审定委员会副主任、土壤化学专业委员会副主任等学术职务。他 1927 年 6 月 21 日出生于浙江省绍兴市。1945 年考入浙江大学农业化学系，1949 年毕业留校任教，1954 年晋升为讲师，1978 年晋升副教授并担任系副主任，1983 年晋升教授，同年赴美国佛罗里达大学访问交流，一年后回国担任了土壤农化系系主任和校学术委员会委员、校学位委员会委员等职。1986 年经国务院学位委员会批准为博士研究生导师，1991 年享受国务院特殊津贴。1997 年光荣离休。

袁可能教授长期致力于土壤学的教学和科研工作，在土壤化学、土壤有机无机复合体、土壤调查和土壤养分速测等领域做出了重要贡献，共发表学术论文 100 余篇，主编、合编和译编著作 10 余部，获各类科技奖 10 多项。20 世纪 60 年代他设计出 51 型土壤肥力速测箱，在第一次土壤普查工作中起到了较好的作用。70 年代，他提出的海涂橘园的橘墩做法和沟渠设置标准等为海涂种橘的理论和实践做出了重要贡献；通过对土壤和植株硝态氮的速测，他提出了预测预报棉花施用氮肥的科学方法，为基于化学分析预测预报施肥期的技术开发奠定了良好的基础；引进了甲亚胺-H 测硼方法，明确了浙江省土壤硼的分布范围和缺硼地区，为作物缺硼诊断提供了科学依据。80 年代以来，袁可能教授对酸性土壤中磷、钾的有效性，以及铬、砷、锌、铝等元素的土壤化学过程与机理进行了广泛的探讨，在盐化水稻土中黑泥层的形成机制以及酸性硫酸盐土的形成过程和治理等方面取得了丰硕成果。袁可能教授从 20 世纪 60 年代初到 90 年代末、跨越 30 余年期间，通过系统研究取得的我国土壤中有机无机复合体的相关成果成为我国土壤学历史上的经典，他早期开创性地提出了测定土壤腐殖质氧化稳定性的改进方法，明确提出了土壤中有机无机复合体存在钙键、铁键和铝键结合类型差异，首次从配位化学的观点出发，提出并阐明先用中性 0.5mol/L Na_2SO_4 能较完全地提取钙键结合的腐殖质，继而再用 pH 13 的 0.1 mol/L $Na_4P_2O_7$ 连续提取铁键和铝键结合的腐殖质的创新性学术思想。

袁可能教授十分热爱教学工作，讲课内容新颖，重点突出，思路开阔，启发性强，受到广大师生的普遍赞誉。执教期间，他先后为大学本科生开设了土壤学、土壤化学分析、土壤化学等课程，为研究生开设了高级土壤化学、土壤肥力学等课程。与此同时，他也十分重视教材建设和著书工作。他编著的《土壤化学》一书是国内首次出版的土壤化学方面的统编教材。为了及时介绍国际学术界的新进展，不遗余力地与他人合作翻译了国外土壤学经典名著，如《土壤的农业化学研究法》（1957 年，苏联）、《土壤化学》（1955 年，英国）等，为推动我国土壤农化的教学和科研发展作出了重要贡献。

袁可能教授不仅辛勤教书，而且以德育人，对学生、年轻教师关爱备至，但又严格要求。他为国家培养和造就了一大批土壤农化领域的专业人才，特别是他精心培养出来的 28 名研究生（其中 9 名国内博士生和 3 名国外博士生），都已成为当前相关教学、科研、应用部门的学术带头人或技术骨干，在国内外享有一定的声誉。为了能让年轻教师尽快脱颖而出，他甘愿退居二线，并为他们创造各种条件。他虽已离休多年，但始终关心浙江大学环境与资源学院和资源科学系（原土壤农化系）的发展以及土壤学科的建设。他的学识、他的敬业、他的胸襟、他的为人、他的与世无争受到众口称赞，永远是我们学习的楷模。

衷心祝愿袁可能教授健康长寿！

《袁可能文集》编委会

2018 年 10 月 16 日

目　录

第一部分　科 技 传 略

袁可能[①]，土壤学家。长期致力于土壤学的教学和科研工作。在植物营养元素的土壤化学、土壤有机无机复合体等领域作出了重要贡献。

袁可能，1927 年 6 月 21 日出生于浙江省绍兴市的一个小商人家庭，在苏州长大。他自幼喜爱读书，少年时期正值战乱年代，颠沛流离，求学时缀时续，在校时间仅有 6 年，靠自学完成中小学学业。1943 年由家庭安排赴上海某钱庄做学徒两年，后不顾家庭反对，只身徒步，经杭州敌占区，从桐庐、淳安进入后方龙泉。1945 年他以同等学历考入浙江大学农业化学系，在校 4 年学习期间，依靠半工半读解决学杂费和生活费，按时于 1949 年毕业。当时农化系分为土壤肥料、农产制造和生物营养 3 个组，在王世中、朱祖祥等老师的启发下，他对土壤科学产生了浓厚的兴趣，决心投身于土壤科学，是全班唯一选择土壤肥料组的学生。求学期间，正值爱国学生运动蓬勃发展之时，他遂积极参加各种进步组织及其活动，并被选为农学院同学会（浙江大学学生会分会）首届理事会主席。中华人民共和国成立后被遴选参加军事接管工作，担任农业督导处接管副组长。1949 年 8 月接管工作结束，袁可能回校担任助教，1954 年晋升讲师，1978 年晋升副教授，并担任系副主任，负责教学工作；1983 年晋升教授，同年赴美国佛罗里达大学作访问学者，一年后回国担任系主任和校学术委员会委员、校学位委员会委员等职；1986 年经国务院学位委员会批准为博士研究生导师，1991 年开始享受国务院特殊津贴，名字被收入英国、美国和国内的十几种名人录中。袁可能曾任中国土壤学会理事，浙江省土壤肥料学会第七、第八、第九届理事长，中国科学院土壤圈物质循环开放研究实验室第一、第二届学术委员，中国土壤学名词审定委员会副主任、土壤化学专业委员会副主任等职。迄今已发表研究论文 100 余篇，主编、合编和译编著作 10 余本，获各类奖 10 多项。

在土壤调查和土壤速测研究中取得显著成绩

袁可能在土壤科学领域基础扎实，知识面广，除专长土壤化学外，早年也从事野外工作。在 20 世纪 50 年代初就参加了海南岛的橡胶土壤调查。此后，主持过浙江省嘉兴地区的土壤普查工作，对平原地区水稻土的类型进行了广泛研究，并阐明了青紫泥的形成过程及其肥力特征，编写了《嘉兴专区土壤志》。对滨海盐土和红黄壤地区的田间规划和改良也有不少建议和贡献。他早期为了配合野外土壤调查，开始从事土壤速测法的研究，在水稻土速测法、酸碱指示剂配制、有机质速测法等方面进行许多改进，并在此基础上设计出 51 型土壤肥力速测箱，在 60 年代第一次土壤普查工作中起到了较好的作用。在研制酸碱指示剂的过程中，他详细研究了各种指示剂显色范围的影响因素，包括乙醇浓度、土壤吸收、盐类干扰等，从而配制出显色稳定、干扰少、配制容易的土壤酸度混合指示剂，在生产、教育和科研上都得到了广泛的应用。

对中国植物营养元素土壤化学的发展作出了贡献

20 世纪 70 年代前后，袁可能深入农村第一线，帮助农民解决了许多生产问题，

① 本传略原载于《中国科学技术专家传略. 农学编. 土壤卷. 2》，1999 年，北京：中国农业出版社，281~288 页。

同时进行了大量的土壤肥力研究工作，取得了丰硕成果。

1970 年他专赴浙江黄岩三甲海涂，寻求解决在海涂上种植柑橘所出现的问题。经过周密细致的调查，他发现当地橘农大多是采用平原地区的耕作方式种植柑橘，致使当地橘园返盐严重，橘苗大部分枯萎。经他反复研究，提出了海涂橘园的橘墩做法和沟渠的设置标准等一系列海涂种橘的耕作方法，使海涂柑橘能正常生长。同时还对柑橘缺铁症状进行诊断，分析了枳壳砧木橘树的缺铁原因，为海涂种橘的理论和实践作出了重要贡献，此项成果获 1982 年农业部技术改进一等奖。

20 世纪 70 年代中期，他在浙江萧山发现当地棉农主要凭叶色和经验来判断棉花重肥（现蕾后）的施用量，这种方法既不科学也不准确，常常影响棉花产量。于是他应用土壤化学理论，通过对土壤和植株硝态氮的速测，预测预报棉花施用氮肥的科学方法，获得了很大成功。该法能预报 1 周左右棉花的氮肥营养状况，为化学分析预测预报施肥期的技术奠定了良好的基础。

20 世纪 70 年代中期他还研究了油菜缺硼的诊断技术，当时虽然已经有油菜缺硼症状的判断方法，但是对于缺硼土壤的分布状况以及各种作物缺硼的判断指标尚不清楚。为此他引进了甲亚胺-H 测硼方法，通过测试确定了浙江省土壤硼的分布范围和缺硼地区，以及各种主要作物的缺硼指标，为作物缺硼的诊断提供了依据。

20 世纪 80 年代以来，袁可能还对酸性土壤中磷、钾的有效性，以及铬、砷、锌、铝等元素的土壤化学进得了广泛的探讨，对盐化水稻土中黑泥层的形成机制，酸性硫酸盐土的形成过程和治理等方面进行了深入的研究，取得了丰硕成果，并多次获奖。

在深入研究的基础上，他编写了《植物营养元素的土壤化学》（科学出版社，1983 年）。在书中，他深入浅出地阐明了土壤中植物营养元素的化学性状及其变化过程，如含量、形态、转化、吸附、固定、有效形态和影响因素，以及缺素的诊断等，由此澄清了一系列在当时还争执不定的问题。该书凝聚了他多年来在土壤养分化学领域的研究成果，受到广大土壤农化科学工作者的普遍欢迎，并有力地推动了我国土壤养分化学的深入研究。此后，在农业化学研究生的教学计划中开设了“植物营养元素的土壤化学”课程，该书成为研究生的必读书籍。

在研究中国土壤有机无机复合体方面成果累累

有机无机复合体是土壤固相部分的主体，是决定土壤物理、化学及生物学性质的主要物质基础，其特征完全不同于单纯的无机胶体和有机胶体，也不等于两者的加和。袁可能从 20 世纪 60 年代初就开始对我国土壤中有机无机复合体的分组方法、形成机制、肥力特征等进行了系统深入的研究。他早期提出的测定土壤腐殖质氧化稳定性的改进方法，在学术界、土壤普查等研究活动中得到广泛应用已达 30 余年之久，被确认是表述土壤中有机无机复合体的动态趋势和土壤肥力演变的一项重要指标，同时也能为土壤的发生及分类研究提供有用依据。近 10 多年来，他指导研究生对原有的土壤有机无机复合体类型进行了详细的剖析研究，丰富了土壤胶体复合体类型的知识。在此基础上，明确提出土壤中以钙键、铁键和铝键结合的有机无机复合体最为重要，并澄清了土壤结合态腐殖质在特征和键合机制上区分为松结合和稳结态的认识；为了寻求区分土壤中钙键和铁铝键结合腐殖质的区分方法，在各种溶剂筛选研究的基础上，首次从配位化学的观点出发，提出并阐明用中性 0.5 mol/L Na_2SO_4 能较完全地提取钙键结合的腐殖质，继而用 pH 13 的 0.1 mol/L $Na_4P_2O_7$ 提取铁铝键结合的腐殖质。这一方法的提出，结束了在土壤科学中不能明确地区分钙键复合体和铁铝键复合体的历史。此后并深入研究这两类复合体的组成、性质和结构特征，以及复合体转化的理论和应用等，这对土壤肥力调控机制的阐明有重要价值。这些探索性的工作在《土壤学报》上以系列研究论文的形式陆续发表 I-X 报，受到了国内外学术界的重视和认可，产生了积极影响。此项研究成果 1997 年获国家教委科技进步二等奖。

教育园地辛勤耕耘 50 载

自 1949 年开始执教以来，袁可能已经在农业的教育园地中辛勤耕耘了近 50 个春秋，为国家造就了一大批土壤农化领域的专业人才。特别是他精心培养出来的 25 名研究生（其中 6 名国内博士生和 3 名国外博士生），大多数已成为教学和科研部门的技术骨干或学术带头人，有的已在国内外享有一定的声誉。目前，他虽已离休，但仍在孜孜不倦、费尽心血地指导博士研究生，并始终如一地关心土化系的发展和土壤学科的建设。

袁可能十分热爱教学工作。执教以来，他先后为大学本科生开设土壤学、土壤化学分析、土壤化学等课程，为研究生开设高级土壤化学、土壤肥力学等课程。他讲课内容新颖，重点突出，思路开阔，启发性强，受到广大师生的普遍赞誉。与此同时，他也十分重视教材建设和著书工作。他主编、合编出版的著作有 10 本，其中《土壤化学》一书是国内首次出版的土壤化学方面的统编教材。为了及时介绍国际学术界的新进展，袁可能还不遗余力地与他人合作翻译了一些国外土壤学名著，如《土壤的农业化学研究法》（1957 年，苏联）、《土壤化学》（1955 年，英国）等，此外，他还编过《土壤学》《土壤分析》等课程的讲义，这些都对我国土壤农化的教学和科研产生了显著影响。

袁可能不仅教书，而且以德育人。他治学严谨，平易近人，胸怀坦荡，淡泊名利，对学生、年轻教师关爱备至，但又严格要求。他经常讲这么一句话："年轻人思维敏捷，敢于创新，只有让他们尽快地成长起来，我们的学科才有生命力。"他是这样说的，也是这样做的。为了能让年轻教师尽快脱颖而出，他甘愿退居二线，并为他们创造各种条件。他的为人受到众口称赞。

简历

1927 年 6 月 21 日 出生于浙江省绍兴市。
1945~1949 年　在浙江大学农学院学习并获学士学位。
1949~1954 年　任浙江大学农学院助教。
1954~1978 年　任浙江农学院土壤农业学系讲师。
1978~1983 年　任浙江农业大学土壤农化系副教授。
1983~1984 年　任浙江农业大学土壤农化系教授，美国佛罗里达大学访问学者。
1984~1986 年　任浙江农业大学土壤农化系教授，系主任。
1986 年至今　任浙江农业大学土壤农化系教授，博士研究生导师。

主要论著

[1] 袁可能, 朱祖祥. 关于目前我国常用的几种土壤反应混合指示剂在使用上的探讨. 土壤学报, 1956, 4(1): 59-76.
[2] 袁可能, 何增耀, 朱祖祥. 水稻土养料速测法的研究(1)-(2). 浙江农学院学报, 1956, 1(2): 267-280; 1957, 3(1): 149-154.
[3] 袁可能. 浙江省肥沃水田土壤若干农业性状的研究. 浙江农业科学, 1961, (8): 363-366.
[4] 袁可能. 浙江省北部青紫泥的形成和肥力特征. 浙江农业科学, 1962, (1): 7-11.
[5] 袁可能. 海涂橘园的建立和抗咸. 见: 海涂橘柑栽培. 杭州: 浙江农业大学园艺系, 1971: 2-64.
[6] 袁可能, 蒋式洪. 浙江省一些土壤的含硼量和油菜缺硼的诊断. 浙江农业科学, 1977, (1): 27-30.
[7] 袁可能, 蒋式洪, 余允贵. 棉花施用氮肥的诊断技术研究. 浙江农业大学学报, 1979, 5(1): 43-52.
[8] 袁可能. 我国土壤化学研究工作的回顾(1949—1989). 土壤学报, 1989, 26(3): 249-284.
[9] 袁可能, 等. 土壤有机矿质复合体研究 I-X. 土壤学报, 1963, 1981, 1986, 1990, 1993, 1994, 1995, 1998, 1999.
[10] 袁可能. 植物营养元素的土壤化学. 北京: 科学出版社, 1983.
[11] 袁可能, 等. 土壤化学. 北京: 中国农业出版社, 1990.
[12] 袁可能. 络合作用. 见: 于天仁, 陈家坊. 土壤发生中的化学过程. 北京: 科学出版社, 1990: 67-95.

科研论文清单

[1] 柯能. 土壤是怎样来的. 科学大众, 1952, (5): 130-132.

[2] 袁可能. 土壤的肥力. 科学技术, 1952, 2: 42-43.

[3] 袁可能, 朱祖祥. 关于目前我国常用的几种土壤反应混合指示剂在使用上的探讨. 土壤学报, 1956, 4(1): 59-75.

[4] 袁可能, 朱祖祥. 各种饼肥在土壤中分解速度的比较研究. 浙江农学院学报, 1956, 1(1): 97-111.

[5] 朱祖祥, 何增耀, 袁可能. 水稻土养料速测法初步研究(I). 浙江农学院学报, 1956, 1(2): 267-280.

[6] 朱祖祥, 袁可能. 水稻与各种冬季作物轮栽对于土壤构造的影响. 浙江农学院学报, 1957, 2(1): 115-120.

[7] 袁可能. 土壤的真面目. 农林科学, 1957, 21: 36-37.

[8] 袁可能. 红黄壤. 农林科学, 1958, 1: 22-23.

[9] 袁可能, 何增耀, 翁振定, 等. 水稻土养料速测法的初步研究(II). 浙江农学院学报, 1959, 3(1): 149-154.

[10] 袁可能, 等. 土壤结构改良剂-纤维素粘胶的制造和团聚效果研究报告. 科学研究资料汇编, 1960: 56-59.

[11] 袁可能, 等. 高锰酸钾防治水稻烂根的初步研究. 科学研究资料汇编, 1960, (4): 66-68.

[12] 袁可能. 浙江省肥沃水田土壤若干农业性状的初步探讨. 浙江农业科学, 1961, (8): 363-366.

[13] 袁可能. 浙江省北部青紫泥的形成和肥力特征. 浙江农业科学, 1962, (1): 7-11.

[14] 袁可能. 土壤有机矿质复合体研究 I. 土壤有机矿质复合体中腐殖质氧化稳定性的初步研究. 土壤学报, 1963, 11(3): 286-293.

[15] 袁可能. 本省农业土壤肥力的综合分析. 浙江土壤志. 杭州: 浙江人民出版社, 1963: 139-151.

[16] 袁可能, 张友金. 土壤腐殖质氧化稳定性的研究. 浙江农业科学, 1964, (7): 345-349.

[17] 袁可能. 土壤肥力速测箱说明书. 浙江农学院, 1968.

[18] 袁可能. 海涂橘园的建立和抗咸. 见: 海涂柑橘栽培. 杭州: 浙江农业大学园艺系, 1971: 2-30.

[19] 袁可能. 海涂橘园的施肥. 见: 海涂柑橘栽培. 杭州: 浙江农业大学园艺系, 1971: 49-64.

[20] 袁可能. 土壤作物营养速测诊断箱说明书. 浙江农业厅, 1972.

[21] 袁可能. 通过土壤测定了解油菜施用氮、磷、钾的效果. 农业科技译丛, 1973, (1): 13-16.

[22] 袁可能. 水稻高产的土壤因素. 援外水稻进修班讲义, 1973: 60-69.
[23] 袁可能. 种植双季稻对植物生长和土壤氮素肥力状况的影响. 农业科技译丛, 1974, (1): 43-46.
[24] 袁可能. 应用土壤和植株硝态氮分析测报棉花重肥施用期试验. 中国棉花, 1975, (3): 12-14.
[25] 袁可能. 土壤的酸度. 见: 土壤基本知识. 杭州: 浙江人民出版社, 1975: 14-18.
[26] 袁可能. 土壤中的养料. 见: 土壤基本知识. 杭州: 浙江人民出版社, 1975: 19-23.
[27] 袁可能. 再论本省肥沃水田土壤的若干农业性状. 浙江农业科学, 1976, (1): 10-15.
[28] 袁可能, 蒋式洪. 浙江省一些土壤的含硼量和油菜缺硼的诊断. 浙江农业科学, 1977, (3): 140-143.
[29] 袁可能. 油菜缺硼的诊断. 科学种田, 1977, 11: 21-23.
[30] 袁可能. 土壤提取液、植物材料、堆肥、厩肥、水和营养液中硼的测定. 微量元素科研资料汇编, 1977.
[31] 袁可能, 蒋式洪, 余允贵. 棉花施用氮肥的诊断技术研究. 浙江农业大学学报, 1979, 5(1): 43-52.
[32] 袁可能. 土壤中氮的测定. 土壤农化分析. 北京: 中国农业出版社, 1980: 43-60.
[33] 袁可能. 土壤和植株的养分速测及其在诊断上的应用. 土壤农化分析. 北京: 中国农业出版社, 1980: 268-287.
[34] 袁可能, 黄昌勇, 朱祖祥. 盐化水稻土中黑泥层形成过程的初步研究. 浙江农业大学学报, 1981, 7(2): 3-7.
[35] 袁可能, 陈通权. 土壤有机矿质复合体研究 II. 土壤各级团聚体中有机矿质复合体的组成及其氧化稳定性. 土壤学报, 1981, 18(4): 335-344.
[36] 袁可能. 植物营养元素土壤化学的若干进展. 土壤学进展, 1981, 3: 1-9.
[37] Keneng Yuan, Changyong Huang, Zuxiang Zhu. Some laboratory observation on the formation of black layer in the recently reclaimed saline soils under rice cultivation. Proceeding of Symposium on Paddy Soil, 1981, 231-234.
[38] 袁可能. 酸性土壤水溶性磷的动态和机制. 浙江农大科学论文摘要集, 1984, 15.
[39] 袁可能. 美国的土壤科学现状. 浙江省土肥学会论文集, 1985.
[40] 侯惠珍, 袁可能. 土壤有机矿质复合体研究 III. 有机矿质复合体中氨基酸组成和氮的分布. 土壤学报, 1986, 23(3): 228-235.
[41] 于天仁, 袁可能, 李学垣. 近年来土壤化学发展中的一些问题.干旱区研究, 1986, 3: 17-28.
[42] 骆永明, 袁可能, 朱祖祥. 用 Zn^{65} 研究土壤固相物质对锌的吸附及其有效性. 中国土壤学会 1987 年第六次代表大会论文集, 1987: 31-32.

[43] Zhengmiao Xie, Keneng Yuan. Some observation on the quantity-intensity relationships of potassium in some typical soils in Zhejiang Province. Current Progress in Research in P.R. China, 1987: 308-319.

[44] 袁可能. 植物养分的土壤化学. 土壤化学原理. 北京: 科学出版社, 1987: 407-463.

[45] 袁可能. 谈谈微量元素. 新农村, 1988, 8: 27-28.

[46] 何振立, 朱祖祥, 袁可能, 等. 土壤对磷的吸持特性及其与土壤供磷指标之间的关系. 土壤学报, 1988, 25(4): 397-404.

[47] 谢正苗, 朱祖祥, 袁可能, 等. 土壤环境中砷污染防治的研究 II.绍兴银山畈水稻田砷污染治理. 浙江农业大学学报, 1988, 14(4): 371-375.

[48] Zhenli He, Zuxiang Zhu, Keneng Yuan. Desorption of phosphate from some clay minerals and typical soil groups of China: I. Hysteresis of sorption and desorption. Journal of Zhejiang Agricultural University, 1988, 14(4): 456-469.

[49] 胡国松, 朱祖祥, 袁可能. 磷酸离子在可变电荷表面吸附机制的初步探讨. 土壤通报, 1988, 5: 211-216.

[50] Guosong Hu, Keneng Yuan. Relationship between equilibrium pH of phosphate adsorption in soil with variable charge. Soils, 1988, 20: 305-309.

[51] 黄昌勇, 蒋秋怡, 袁可能, 等. 浙江省丘陵旱地土壤供钾能力的研究. 土壤学报, 1989, 26(1): 57-63.

[52] 谢正苗, 朱祖祥, 袁可能, 等. 土壤中二氧化锰对 As(III)的氧化及其意义. 环境化学, 1989, 8(2): 1-6.

[53] 何振立, 袁可能, 朱祖祥. 解吸态磷与土壤有效磷关系的初步研究. 科技通报, 1989, 5(5): 53-54.

[54] Zhenli He, Zuxiang Zhu, Keneng Yuan. Desorption of phosphate from some clay minerals and typical soil groups of China: II. Effect of pH on phosphate desorption. Journal of Zhejiang Agricultural University, 1989, 15(4): 441-448.

[55] 袁可能. 我国土壤化学研究工作的回顾(1949—1989). 土壤学报, 1989, 26(3): 249-254.

[56] 袁可能. 关于土壤腐殖质研究的现状和展望. 农业科技译丛, 1989, 3.

[57] 袁可能. 土壤有机矿质复合体的研究现状与展望. 开放实验室导向学术报告会论文集, 1989.

[58] 陈英旭, 朱荫湄, 袁可能, 等. 土壤中铬的化学行为研究Ⅱ. 土壤对 Cr(VI)吸附和还原动力学. 环境科学学报, 1989, 9(2): 137-143.

[59] 袁可能, 蒋式洪. 甲西胺-H 测硼方法的研究. 微量元素科研资料汇编, 1977.

[60] 何振立, 袁可能, 朱祖祥. 我国几种代表性土壤磷酸根释放动力学的初步研究. 土壤通报, 1989, 6: 256-259.

[61] 王光火, 朱祖祥, 袁可能. 红壤对磷吸附机理的初步研究. 科技通报, 1989, 5(4): 31-35.

[62] 何振立, 朱祖祥, 袁可能. 可变电荷土壤磷释放动力学初步研究. 土壤通报,

1989.
[63] 陈英旭, 朱荫湄, 袁可能, 等. 土壤中铬的化学行为研究I. 几种矿物对六价铬的吸附作用. 浙江农业大学学报, 1990, 16(2): 119-124.
[64] 侯惠珍, 袁可能. 土壤有机矿质复合体研究IV. 有机矿质复合体中有机磷的分布. 土壤学报, 1990, 27(3): 286-292.
[65] Yuan K N, Yuan T L. Dynamics of phosphate ion release from acid soil. 14th International Congress of Soil Science, 1990, VII: 333-334.
[66] Yuan K N, Yuan T L. Kinetics of phosphate desorption from variable change soils. 14th International Congress of Soil Science, 1990, VII: 331-333.
[67] 何振立, 袁可能, 朱祖祥. 有机阴离子对磷酸根吸附的影响. 土壤学报, 1990, 27: 377-384.
[68] 袁可能. 浙江省土壤肥料科学进展的回顾与展望. 浙江省土壤肥料学会论文选集, 1990.
[69] 何云峰, 等. 红壤中铝的形态及其与大麦生长的关系. 国际红壤会议, 1990.
[70] 袁可能. 红壤有机矿质复合体研究. 国际红壤会议, 1990.
[71] 沈志良, 朱祖祥, 袁可能. 铁铝氧化物吸附磷的研究. 浙江农业大学学报, 1990, 16(1): 7-13.
[72] 谢正苗, 朱祖祥, 袁可能, 等. 不同土壤中水稻砷害的临界含砷量的探讨. 中国环境科学, 1991, 11(2): 105-108.
[73] 何振立, 袁可能, 朱祖祥. 评价土壤磷素植物有效性的物理化学指标. 土壤学报, 1991, 28(3): 302-308.
[74] He Z L, Yuan K N, Zhu Z X, et al. Assessing the fixation and availability of sorbed phosphate in soil using an isotopic exchange method. European Journal of Soil Science, 1991, 42(4): 661-669.
[75] 葛雪良, 黄昌勇, 袁可能. 低丘红壤有机—矿质复合体的组成及其肥力特征. 土壤通报, 1991, 22(7): 45-48.
[76] 骆永明, 黄昌勇, 袁可能, 等. 渍水植稻环境中土壤 DTPA 浸提态锌动态的研究. 土壤通报, 1991, 22(7): 53-55.
[77] 袁可能, 徐建明. 土壤有机矿质复合体的络合化学研究. 土壤学会论文集, 1991: 52.
[78] 徐建明, 袁可能. 土壤胶散复合体生成条件及其组成特点的研究. 土壤学会论文集, 1991: 53.
[79] Zhenli He, Keneng Yuan, Zuxiang Zhu. Phosphate desorption and its relationship to plant availability of phosphorus in soil. Journal of Zhejiang Agricultural University, 1991, 17(3): 333-339.
[80] 何振立, 袁可能, 朱祖祥. 电解质种类和浓度影响磷酸根解吸机理的研究. 土壤学报, 1992, 29(1): 26-33.
[81] Jianming Xu, Huizhen Hou, Keneng Yuan. Composition and characteristics of organo-mineral complexes of red soils in south China. Pedosphere, 1992, 2(1):

23-30.

[82] Zhenli He, Keneng Yuan, Zuxiang Zhu. Effects of organic anions on phosphate adsorption and desorption from variable-charge clay minerals and soil. Pedosphere, 1992, 2(1): 1-11.

[83] 陈英旭, 朱荫湄, 袁可能, 等. pH, 温度对土壤溶液中 Cr(VI)减少速率的影响. 环境科学, 1992, 13(3): 7-10.

[84] Guosong Hu, Zuxiang Zhu, Keneng Yuan. Adsorption of phosphate on variable charge soils. Pedosphere, 1992, 2(3): 273-282.

[85] Jianming Xu, Keneng Yuan. Dissolution and fractionation of calcium- bound and iron- and aluminum- bound humus in soils. Pedosphere, 1993, 3(1): 75-80.

[86] 袁可能. 谈谈吨粮田建设中的几个问题. 中国土壤研究会会刊, 1993, No. 4.

[87] 徐建明, 袁可能. 土壤有机矿质复合体研究 V. 胶散复合体的组成和生成条件的剖析. 土壤学报, 1993, 30(1): 43-51.

[88] Keneng Yuan. The effect of clay-humus complexes on environment quality. 2nd Workshop on Material Cycling in pedosphere, 1993.

[89] 徐建明, 袁可能. 我国土壤中有机矿质复合体地带性分布的研究. 中国农业科学, 1993, 26(4): 65-70.

[90] Keneng Yuan. Effect of organic matter and decalcification on adsorption of phosphate in organo-mineral complexes. Journal of Environment and Analytical Chemistry, 1993, 2: 89-95.

[91] Keneng Yuan. Comparison of frundlich, langmuir and temkin equation to describe zinc adsorption-desorption in organo-mineral complexes of soils. Science International (Labure), 1993, 5: 329-341.

[92] Ansari M T. Jianming Xu, Keneng Yuan. Surface charge characteristics and zinc adsorption of organo-mineral complexes in soils. Journal of Zhejiang Agricultural University, 1994, 20(3): 228-234.

[93] 徐建明, 袁可能. 土壤有机矿质复合体研究 VI. 胶散复合体的化学组成及其结合特征. 土壤学报, 1994, 31(1): 26-33.

[94] Ansari M T, Jianming Xu, Keneng Yuan. Zero point of charge of organo-mineral complexes. Pedosphere, 1994, 4(3): 269-276.

[95] Cheema S U, Jianming Xu, Keneng Yuan. Composition and structural features of calcium-bound and iron- and aluminum-bound humus in soils. Pedosphere, 1994, 4(3): 277-284.

[96] Zhenli He, Xiaoe Yang, Keneng Yuan, et al. Desorption and plant availability of phosphate sorbed by some important minerals. Plant and Soil, 1994, 162(1): 89-97.

[97] Ke Wang, Yuai Yang, Keneng Yuan. Effects of manure on distribution of micronutrients in rhizosphere of wheat. Pedosphere, 1994, 4(4): 339-346.

[98] 王珂, 杨玉爱, 袁可能. 有机肥对小麦根际磷有效性影响及机制. 土壤通报, 1994, 25(7): 49-50.

[99] Tayyab, Keneng Yuan. Effect of pH on zinc adsorption in organo-mineral complexes in soils. Pakistan Journal of Science, 1994, 468.

[100] Tayyab, Keneng Yuan. Electrochemical properties of organo-mineral complexes. Science International (Labure), 1994, 6: 129-132.

[101] Tayyab, Saif, Keneng Yuan. Effect of pH on phosphate adsorption in organo-mineral complexes. Science International (Labure), 1994, 6: 299-302.

[102] 徐建明, 袁可能. 我国地带性土壤中有机质氧化稳定性的研究. 土壤通报, 1995, 26(1): 1-3.

[103] 徐建明, 袁可能. 土壤有机矿质复合体研究 VII. 土壤结合态腐殖质的形成特点及其结合特征. 土壤学报, 1995, 32(2): 151-158.

[104] 袁可能, 赛夫, 徐建明. 土壤有机矿质复合体的腐殖化学研究. 中国土壤学会第八次代表大会论文集, 1995: 36.

[105] 陆雅海, 黄昌勇, 袁可能, 等. 砖红壤及其矿物表面对重金属离子的专性吸附研究. 土壤学报, 1995, 32(4): 370-376.

[106] 陆雅海, 朱祖祥, 袁可能, 等. 针铁矿对重金属离子的竞争吸附研究, 土壤学报, 1996(1): 78-84.

[107] 徐建明, 侯惠珍, 袁可能. 土壤有机矿质复合体研究 VIII. 分离钙键有机矿质复合体的浸提剂——硫酸钠. 土壤学报, 1998, 35(4): 468-474.

[108] 李云峰, 徐建明, 袁可能. 土壤和沉积物胡敏素的研究现状. 土壤通报, 1999, 30(1): 17-20.

[109] 侯惠珍, 袁可能. 土壤有机矿质复合胶体的金属离子平衡. 浙江大学学报, 1999, 25(4): 389-391.

[110] 徐建明, 赛夫, 袁可能. 土壤有机矿质复合体研究 IX. 钙键复合体和铁铝键复合体中腐殖质的性状特征. 土壤学报, 1999, 36(2): 168-178.

[111] 侯惠珍, 徐建明, 袁可能. 土壤有机矿质复合体研究 X. 有机矿质复合体转化的初步研究. 土壤学报, 1999, 36(4): 470-476.

著作清单

[1] 谢建昌, 袁可能. 土壤的农业化学研究法. 高拯民等译(自苏联). 北京: 科学出版社, 1957.
[2] 周鸣铮, 吴本忠, 袁可能, 等. 土壤肥力速测法. 杭州: 浙江人民出版社, 1958.
[3] 贝尔 F E. 土壤化学. 袁可能, 朱祖祥, 俞震豫译. 北京: 科学出版社, 1959.
[4] 袁可能. 嘉兴专区土壤普查工作委员会. 浙江省嘉兴专区土壤志. 1959.
[5] 袁可能. 普通土壤学讲义. 未刊, 1960.
[6] 袁可能. 土壤分析讲义. 未刊, 1963.
[7] 金孟加, 袁可能, 等. 浙江省土壤志. 杭州: 浙江人民出版社, 1964.
[8] 冯兆林译, 袁可能, 等校. 土壤物理条件与植物生长. 北京: 科学出版社, 1965.
[9] 袁可能, 等. 海涂柑桔栽培. 杭州: 园艺出版社(内部), 1971.
[10] 袁可能, 等. 土壤农化讲义(援外水稻进修班). 1972.
[11] 袁可能. 土壤作物营养速测诊断说明书. 农业厅印, 1972.
[12] 袁可能. 园艺土壤学(油印讲义). 1972.
[13] 袁可能, 等. 土壤基本知识. 杭州: 浙江人民出版社, 1975.
[14] 袁可能. 土壤农化分析及诊断(油印讲义). 1976.
[15] 刘铮, 吴兆明, 袁可能, 等. 中国科学院微量元素学术交流会汇刊. 北京: 科学出版社, 1980.
[16] 史瑞和, 鲍士旦, 袁可能, 等. 土壤农化分析. 北京: 中国农业出版社, 1980.
[17] 周鸣铮译, 袁可能校. 土壤测定与植物分析. 农业出版社, 1982.
[18] 袁可能. 植物营养元素的土壤化学. 北京: 科学出版社, 1983.
[19] 李酉开, 蒋柏藩, 袁可能. 土壤农业化学常规分析方法. 北京: 科学出版社, 1983.
[20] 于天仁, 袁可能, 等. 土壤化学原理. 北京: 科学出版社, 1988.
[21] 于天仁, 袁可能. 土壤发生中的化学过程. 北京: 科学出版社, 1990.
[22] 袁可能. 土壤化学. 北京: 中国农业出版社, 1990.

获奖清单

[1] 土壤、植株养分速测技术的改进和大田简易诊断设备的研制. 浙江省科技成果推广二等奖, 1979.

[2] 油菜缺硼诊断和施用硼肥的增产效果研究(1974—1980 年). 浙江省优秀科技成果推广三等奖, 1981.

[3] 作物营养与土壤诊断技术研究. 浙江省科学大会科技成果三等奖, 1979.

[4] 海涂柑橘栽培技术研究. 农业部技术改进一等奖, 1982.

[5] 推广棉花施用钾肥的增产技术. 浙江省优秀科技成果推广三等奖, 1983.

[6] 植物营养元素的土壤化学. 浙江省高校自然科学研究成果三等奖, 1986.

[7] 有机矿质复合体氨基酸组成和有机氮分布. 浙江省高校自然科学研究成果三等奖, 1988.

[8] 森林土壤分析法 GB7830—7892—87. 国家技术监督局科学技术进步三等奖, 1990.

[9] 谢正苗, 朱祖祥, 袁可能, 黄昌勇. 土壤环境中砷转化激励及砷害防治措施. 浙江省教委科技进步三等奖, 1990.

[10] 排名第三. 土壤对 Cr(VI)吸附和还原动力学. 浙江省科协优秀论文一等奖, 1991.

[11] 排名第二. 有机阴离子对磷酸根吸附的影响. 浙江省科协优秀论文一等奖, 1992.

[12] 排名第三. 几种重要无机阴离子在土壤中的反应机理和动态研究. 浙江省科技进步三等奖, 1992.

[13] 排名第二. 评价土壤磷素植物有效性的物理化学指标. 首届浙江省农业科技论文竞赛鼓励奖, 1992.

[14] 排名第二. 红壤有机矿质复合体研究. 浙江省科协优秀论文二等奖, 1993.

[15] 土壤发生中的化学过程. 中国科学院自然科学二等奖, 1994.

[16] 黄昌勇, 何振立, 王光火, 朱祖祥, 袁可能, 等. 土壤养分平衡的微观机理及生物有效性的研究. 国家教委科技进步三等奖, 1994.

[17] 朱祖祥, 袁可能, 黄昌勇, 等. 浙江省土壤养分平衡及植物有效性的研究. 浙江省科技进步三等奖, 1994.

[18] 排名第四. 可变电荷土壤吸附态磷的解吸及植物有效性研究. 浙江省教委科技进步二等奖, 1994.

[19] 袁可能, 黄昌勇. 土壤化学. 校优秀教材奖, 1995.

[20] 土壤有机矿质复合体研究. 浙江省教委科技进步三等奖, 1996.

[21] 土壤有机矿质复合体研究. 国家教委科技进步二等奖, 1997.

指导研究生论文

王光火，浙江省红壤对磷的等温吸附的研究.

何振立，土壤对磷的吸持性及其土壤供磷指标之间的关系.

谢正苗，土壤钾素缓冲量的研究.

骆永明，淹水还原条件下水稻土锌的有效性与水稻的生长.

蒋秋怡，土壤的供钾状况及其与矿物组成的关系.

沈志良，铁铝氧化物吸附磷的研究.

胡国松，可变电荷土壤上 pH 与磷酸根吸附的关系.

陈英旭，土壤中铬(VI)吸附和还原动力学的研究.

陈标虎，浙江省桔园石灰性土壤中铁有效性的研究.

徐建明，土壤中钙键和铁铝键有机无机复合体的研究.

陆雅海，可变电荷土壤和矿物对重金属元素的络合特性及其与表面质子电荷关系的研究.

吕晓男，多熟制稻田土壤供钾特性的研究.

彭文瑜，多熟制稻田土壤氮矿化特性的研究.

何云峰，土壤中钙键复合体和铁铝键复合体的形成和转化机制研究.

葛雪良，浙江省红壤有机矿质复合体的研究.

倪才英，沸石对废水中 Pb(Ⅱ)的净化作用.

李云峰，土壤腐殖质的研究.

培养研究生

硕士生：

1979 届 王光火
1980 届 何振立，谢正苗
1982 届 骆永明，蒋秋怡，沈志良
1983 届 胡国松，王天翔
1984 届 陈英旭，陈标虎
1985 届 彭文瑜，吕晓男，陆雅海
1986 届 何云峰
1988 届 葛雪良
1990 届 倪才英

博士生：

1984 届 何振立，谢正苗
1985 届 陈英旭
1986 届 王天翔
1987 届 徐建明
1988 届 泰耶勃，章明奎
1989 届 王珂，塞夫
1991 届 阿夫萨尔
1993 届 李云峰
1994 届 何云峰

第二部分　论 著 选 录

第一章　土壤调查与土壤养分

土壤是怎样来的？①

柯　能②

说起泥土，庄稼人没有一个不熟悉的，一年三百六十天，倒有一大半是在田地里过活的，一忽儿翻耕啦，一忽儿松土啦，尽是和泥土混在一块，土性可真摸透啦，哪块地里的土质好，哪块地里的土质坏，满可以说上一大堆。庄稼可真是和泥土分不开的哩！

要说泥土是哪里来的？意见可就多啦！生活在海边的人，说泥土是海水里来的；河边的人，说泥土是河水里来的；在平原上的人们觉得泥土是地里长出来的；靠山住着的人们说泥土是石头变来的；还有的说泥土是风吹来的，这些意见都没错，泥土有从水里来的，从风里来的；也有从地上长出来的。

可是归根结底，还要先从石头说起。你想：水里面哪里来的泥土呢？风里面怎么会有泥土呢？这些都是从另外一个地方带来的！只有石头才能真正地变为泥土。

图 1　石头风化成土壤母质。1. 物理风化；2. 化学风化；3. 生物风化；4. 一部分被风刮走；5. 一部分随水流走；6. 一部分留在原地，这些土壤母质在各个停留下来的地方，生成土壤；7. 石灰石；8. 页岩

石头，我们在山上可以看见很多，那是大得惊人，而又异常坚硬的东西。要把这种东西变成细碎、柔软的泥土粒子，可真是件不容易的事！只有自然界才有这样巨大的力

① 原载于《科学大众》，1952 年，第 5 期，130~132 页。
② 袁可能笔名。

量。自然界中有无坚不摧的风化作用，就是这种作用把石头弄得像粉末一样。

这种风化作用的情形（图 1)，在我们日常生活里也常常能体会到：悬崖峭壁上的岩石，常常由于经过了无数年的风吹雨打，日晒冰结，而被折断后掉下来。在我国的北方，那些狂风夹带着泥沙，漫天卷过，所经过的地方，石碑上常刻成了无数的痕迹，这是石头被机械力量风化的记号。在那些被人称羡的风景区，往往有很深的山洞，这些山洞，就是经过许多年的自然界的化学作用腐蚀成的。还有那些我们常看到的表皮剥落、崩裂和松软的石头，也是风化作用的结果。这些现象，就够我们认识风化的力量了，再加上生物的腐蚀、摧残和自然界的各种各样的风化作用，是足够把石头变成泥土粒子的。

自然啰，石头变成泥土，也不是一朝一夕的事，那是要经过漫长的光阴的。从前有人曾经研究一座折断了的石墙，在那一座墙上，经过了 300 年才生了一尺厚的泥土。这还是最快的呢！有的石头要四五百年才能生出一寸的泥土来。

但是不要误会石头经过风化以后便立刻成了能够生长植物的泥土，事情并不是这么简单，石头经过风化作用后变成的微小石粒和石屑，并不能用来生长植物，因为植物在生长的时候需要水、空气和养料，它们绝大部分是从泥土里吸取的；但是石屑堆里，除了含有一些矿物质的养料外，其他水、空气和一些重要的养料都没有，如植物最重要的养料“氮素”，石头里就几乎没有。所以石屑只是石屑，并不是能够生长植物的泥土，这一点是我们必须认识清楚的。

那么要怎样才是能生长植物的泥土呢？这些泥土里要包含些什么呢？如图 2 所示，第一要含很多的石头的风化物（我们叫它矿物质），第二要包含适当量的空气，第三要包含适当量的水分，第四要包含适当量的有机质。有了这 4 种东西，泥土的物质条件才算是具备了，要是这 4 种东西配合得恰当，这泥土就有伟大的生产力了，也就是说有了肥力。这和纯粹的石屑完全不同，我们叫它“土壤”，就是一般农民所说的泥土。

图 2　土壤物质的来源。1. 雨水；2. 落叶；3. 空气；4. 叶堆；5. 有机质；6. 动物；7. 微生物；8. 地下水；9. 矿物质；10. 根系；11. 岩石；12. 土壤

这4种东西中矿物质是由石头风化来的，水和空气是大自然中取之不尽的东西，只有有机质我们比较陌生。有机质是什么呢？就是那些植物的枯枝落叶、死掉的根茎叶，以及动物的尸体、排泄物等，经过细菌的作用，变成腐烂或半腐烂的物质。说清楚了，也并不陌生，在我们的日常生活里也常常看见。城市阴沟和垃圾堆，就是这些东西最多的地方。农村里，常常把各种野草和猪粪、牛粪之类的东西堆在一起，让它腐烂，然后施到田里去，就是供给土壤有机质的意思。

矿物质、有机质、水和空气，这4种东西结合起来，就成为有肥力的土壤。凡是世界上能生长植物的土壤，都含有这4种东西。可是世界上的土壤却并不是一样的：这地方是红的，那地方是黄的；这边是黑的，那边是灰的；这里的土肥些，那里的土很贫瘠。这是什么道理呢？简单地说来，这是因为各个地方的土壤，里面所含的矿物质、有机质、水和空气，这4种东西的种类和数量不相同的缘故，如沙漠里的土壤便缺少水分。红色的土壤里含矿物质就特别多。这是因为各地方的环境不同，环境条件各种不同环境之下所生成的土壤，它的成分不同，因此它的性质和形状也不相同。影响土壤生成的条件很多，主要的有下面5种。

第一，在各种地方，有各种不同的石头，各种不同的石头生成的矿物质就不会相同，因此在那些地方的土壤理化性质也就不相同了。举个例子来说，有一种石头叫做砂岩，这是一种最硬、最不容易弄碎的东西，它的风化物就是沙，这些沙粒在土壤里要算是最大的粒子了，又硬又粗糙，又没有养料，这种石头生成的土壤，就全是沙粒，又不肥沃。另外一种石头叫做正长岩，风化起来就容易得多啦，它的风化物常是粒子很小、很黏手的，所含养料也非常丰富，所以如果土壤的矿物质是由正长岩风化来的，这种土壤就常常是很黏重的，肥力也比较好。如果有些地方的土壤，不是由本地的石头风化来的，而是从别的地方，由水或风带来的，那么这地方的土壤里的矿物质，就很复杂，不能和本地的石头相比了。

第二，各个地方的生物环境对土壤的影响也是很大的。例如，这个地方是生长森林的，那个地方是生长牧草的，那么这两个地方的土壤就会全不相同。因为森林和牧草的土壤理化性质不同，它们对土壤的影响也不相同。森林植被的根又粗又大，牧草的根又细又多，森林区的土壤有机质主要来自落叶，而在牧草区域，土壤中的有机质来自牧草的根茎叶。而且在森林区域，土壤里的微生物主要是细菌，在牧草区域里，土壤的微生物主要是好气细菌。这两种不同的微生物，用不同的方式去腐蚀两种不同的植物残体，因此所产生的有机质自然也是不相同的。

近代科学研究的结果表明，土壤不是一个死的、呆板的东西，而是一个活的、有生命的东西，就是说它并不是一个静止的东西，肥的土壤，并不永远是肥的，瘠薄的土壤也并不是生来就是瘠薄的，土壤是经常变动着的。苏联有一个土壤学家威廉斯，他发现了土壤变动的规律，他说土壤的变动主要是受生物的影响。植物生长在土壤里不但可以影响土壤，又可以影响其他的环境。当同一类植物在一个地方生长了许多年以后，其累积的影响，就产生了巨大的变化，从渐变到了突变的阶段，这时候原来的这一类植物对于新的环境就不能适应了，于是逐渐被自然淘汰。另外，适应这一新环境的植物就生长起来，新的细菌也开始活跃起来，成为新的主人。这时土壤的理化性质和形态便有了显著的改变，而达到另一个新的阶段。当这一类植物生长了许多年以后，按照同一方式又被淘汰，而由另外一种新的品种的植物来代替它，土壤又改变为另外一种样子。所以肥的和瘠的土壤只是土壤发展过程中的一个阶段，并不是永远如此，如果我们能够掌握它的发展规律，选择适当的植物来耕种，是可以把土壤变得很肥沃的，苏联有一种“特来沃颇利轮作制”，就是根据这个原理来利用土壤。

第三，气候因子也很重要，我们常常看到在热带多雨地方的土壤多数是红色的，在寒冷地方的土壤多是灰色或黑色的，就是最好的例子。同时气候可以影响植物，好像有些在南方生长的水果，如香蕉，在北方就不容易生长，在雨水多的地方适宜种水稻，干旱的地方就长不起森林来。气候是通过这些不同的植物，去影响土壤的性格和形态的。

第四，在不同地形的地方的土壤也是不相同的。就一座高山来说，在山顶上气候寒冷，只有一些耐寒的植物才能生长，这里的土壤和气候相同的寒带地方的土壤差不多，从山顶上往下，因为地势的关系，气候就逐渐暖和起来，土壤也跟着改变。在各种高山上常常会看见这种情形，就是地形通过气候和植物影响土壤的例子。又如，在大河的两边的土壤，或是大河入海的河口一带的土壤，往往是由河水从别的地方带来的（图 3），而在山地的土壤，往往是从原地的石头里风化来的，这又是地形通过母质影响植物的例子。即使在微小的地形不同的情形下，土壤也往往有很大的差异。例如，同在一座山上的南坡和北坡，因为南坡常受阳光的照射，而北坡则比较阴暗，结果南坡和北坡的土壤，在形态上和性格上，就有许多不同。如果一块土壤，它的周围都比较高，那么中间比较低的土壤，和其他四邻较高的土壤，在理化性质上就有很显著的不同，所以地形影响土壤是非常重要的。

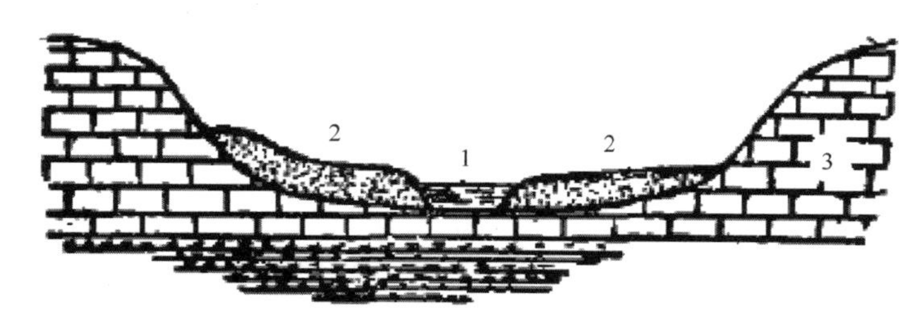

图 3　河流两岸的冲积土。1. 河流；2. 由河水冲积成的泥土；3. 原地的岩层

第五，土壤是在不断地蜕变中的，因此土壤的年龄也很重要。一个刚从石头风化成的幼年土壤，它的理化性质和本地的石头关系密切，可是随着年龄的逐渐增长，土壤上面生长的植物和土壤中的细菌的种类，一批批的更换，土壤的环境也在不断地改变中，土壤跟着逐渐的变化，表现出各种不同时期、各种不同阶段的土壤的形态和性状。所以一个地方的土壤的年龄和发育的阶段，决定了这个土壤的形态和性格。

综合所述，土壤受矿物质、生物、气候、地形和年龄 5 种条件的综合影响，如果有一种条件稍有不同，就会影响其他的条件，而使土壤有很大的差异，所以在各种地方，土壤是非常复杂的。但是我们不要忘记，无论怎样，人是具有最伟大的力量的，许多自然界的条件都可以由人来改变它。如果自然界的条件很好，而我们不能好好地利用它，反而不断地加以破坏，那么过不了多少年，肥沃的土壤就会变得不能耕种了，许多地方本来是肥沃的，后来逐渐变得贫瘠不堪，就是爱护不够，不加合理利用的结果。如果我们能够掌握科学技术和土壤的发育规律，那么即使自然界的条件很不好，我们也可以根据需要，加以改变，把沙漠变成绿洲，从贫困走向繁荣，这是完全可能的。人才是最伟大的土壤创造者！

关于目前我国常用的几种土壤反应混合指示剂在使用上的探讨①

袁可能　朱祖祥

一、引言

随着农业生产事业的日益发展与农业科学技术的日益推广，农民们对于测定土壤反应的要求也日益增长，因此，一个简单而准确的反应混合指示剂已十分迫切需要。但是我国目前所用的指示剂，种类很多，即使是同一类型的混合指示剂，各地的配制方法也很不一致。这些指示剂在使用上都还或多或少地存在着一些缺点。1954 年 7 月在北京召开的土壤肥料技术会议速测法小组会上已经讨论过这一问题，但是由于我们过去对这些指示剂还缺少深入了解，因此土壤反应混合指示剂未能得到进一步的发展。

土壤肥料技术会议以后，我们曾经做了一系列实验，来比较目前我们常用的几种混合指示剂在直接加入土壤的使用方法中所产生的误差及其根源。本文仅就我们在实验过程中所观察到的几点变化加以叙述，以供参考。

二、几种混合指示剂的比较

根据中国土壤学会第一次全国代表大会和土壤肥料技术会议上所收集的资料，我国目前普遍应用的反应混合指示剂，主要有下列两类。①溴甲酚绿、溴甲酚紫和甲酚红的混合指示剂，浓度各为 0.025%，不含或含少量乙醇。②甲基红、溴麝草酚蓝和酚酞的混合指示剂，这一类混合指示剂在各地的配制略有不同，有的还加上甲基橙或麝草酚蓝；指示剂的浓度亦稍有出入；一般都有较高的乙醇含量，多者达 60%，少者亦有 40%。

根据上述情况，我们配制了下列三种指示剂。

（1）溴甲酚绿、溴甲酚紫和甲酚红各 0.1 g，置于玛瑙研钵中，加入 0.1 M NaOH 5.9 ml[1]，以玛瑙杵研磨，并加入 10.5 ml 95%乙醇溶解，以蒸馏水稀释至 400 ml。

将指示剂 5 滴加于 5 ml 克拉克与勒勃司（Clark and Lubs）二氏的缓冲溶液中[2]，其颜色变化如下：

pH	4.0	5.0	6.0	7.0	8.0
颜色	蜡黄	深黄绿	灰绿	蓝紫	紫

（2）甲基橙 0.005 g、甲基红 0.015 g、溴麝草酚蓝 0.03 g 和酚酞 0.035 g，置于玛瑙研钵中，加入 0.1 N NaOH 1.04 ml[3]，以玛瑙杵研碎，加入 95%的乙醇 63 ml 以溶解之，

① 原载于《土壤学报》，1956 年 2 月，第 4 卷，第 1 期，59~75 页。

加水稀释至 100 ml。

将指示剂 8 滴加于 5ml 缓冲溶液中，其颜色变化如下：

pH	4.0	5.0	6.0	7.0	8.0	9.0
颜色	红	黄红	黄	黄绿	绿	蓝紫

（3）麝草酚蓝 0.0025 g、溴麝草酚蓝 0.04 g、甲基红 0.015 g、酚酞 0.025 g，置于玛瑙研钵中，加入 0.1 N NaOH 1.25 ml[3]，以玛瑙杵研碎，加入 95%的乙醇 63 ml 以溶解之，加水稀释至 100 ml。

将指示剂 8 滴加于 5 ml 缓冲溶液中，其颜色变化如下：

pH	4.0	5.0	6.0	7.0	8.0	9.0
颜色	红	黄红	黄	黄绿	深绿	绿蓝

以上 3 种指示剂，以下简称 1 号、2 号、3 号混合指示剂。

以上 3 种指示剂，在各种酸度的颜色表现，都是在没有土壤的纯缓冲溶液中观察的，这是一般定颜色标准的方式。但是当指示剂直接和土壤接触且不作任何稀释时，则土壤的反应常和指示剂所表现的颜色不相符合，这种情况近来已引起注意，并已有部分研究机构开始以土壤反应作为定颜色的标准，然而大多数的单位还是以缓冲液中所表现的颜色作为标准的。

我们试以上述 3 种混合指示剂测定土壤反应，方法如下。

置少量土壤于磁碟中，加入指示剂至过饱和，轻轻摇动，使指示剂和土壤充分混合，然后静置，待土粒澄清后，倾倒磁碟，观察指示剂的颜色并与标准色相比较，定其 pH。其中指示剂的标准颜色是在已经用玻璃电极电测法校正的缓冲液中测定的。同时又将上述土壤做成 1∶2.5 悬液，以玻璃电极电测法测定其 pH。兹选择测定结果的一部分作为代表列于表 1。

表 1　用玻璃电极电测法和混合指示剂比色法测定土壤反应结果

土壤样品	土壤反应（pH）			
	玻璃电极电测法	1 号混合指示剂比色法	2 号混合指示剂比色法	3 号混合指示剂比色法
红壤	4.2	4.2	5.5	5.5
黄壤	5.0	4.8	5.0	5.0
红壤	5.5	4.8	5.5	5.5
棕色森林土	5.6	5.0	5.2	5.4
灰化土	3.0	5.8	5.5	5.5
黑钙土	6.5	6.3	6.0	5.8
冲积土	6.7	6.5	6.0	5.8
湿土	7.3	7.2	6.5	6.5
黑钙土	8.0	7.8	6.7	7.0
冲积土	8.2	8.0	7.0	7.0
盐碱土	9.0	8.0	8.0	7.5

表 1 结果表明：以混合指示剂比色法测定的结果与玻璃电极电测法测定的结果之间，有相当大的误差。如以玻璃电极电测法作为标准，则 3 种混合指示剂所产生的误差，可如图 1 所示。

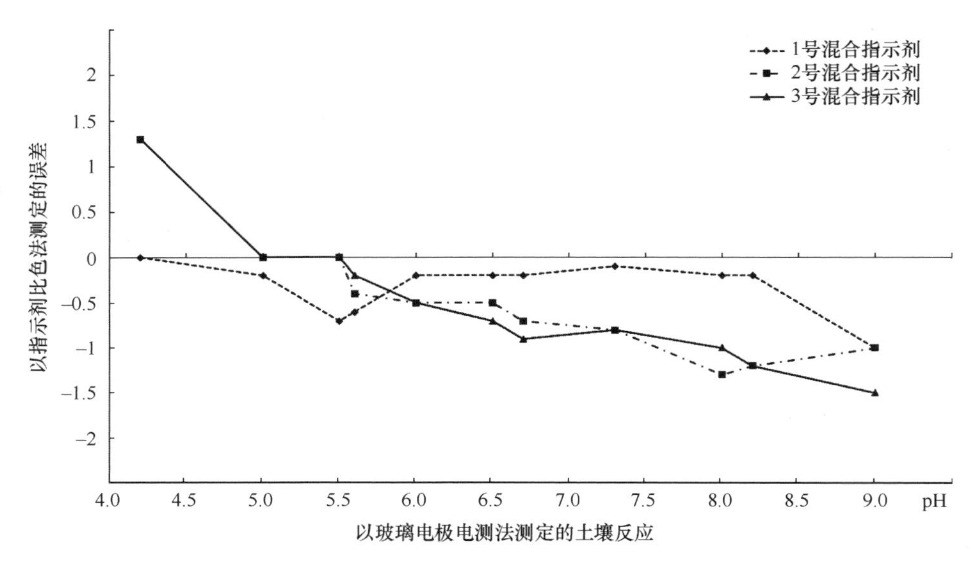

图1　以混合指示剂测定土壤反应的误差图解

很显然，这3种混合指示剂所产生的误差，在性质上和程度上都是不相同的。1号混合指示剂一般来说误差较小，只有在pH 4.5~5.5范围内误差比较明显。值得注意的是红壤和酸性棕色森林土误差较大，其他著作[4,5]也得到相似的结论。至于pH 8以上，由于指示剂的限制，已不属测定的范围。除此之外，其他的误差都只有0.2个pH单位左右，在这样粗放的测定方法中，应该是可以允许的。2号混合指示剂在酸性情况下所产生的误差，恰恰和1号混合指示剂相反。在pH 5以下所测得的反应，明显较以玻璃电极电测法测得者为碱，而在pH 5~6范围内，却比较符合。到了pH 6以上，误差向相反方向逐渐增加，达到了很大的程度。3号混合指示剂的误差情况，基本上和2号混合指示剂相同。

由此可见，这3种混合指示剂都有相当大的误差。特别是2号和3号，在pH 4~9的范围内，只有很小的一段才比较可靠，酸碱二方的最大误差达到2个多pH单位，这种情况是十分严重的，不能不引起我们的注意。

显然，产生这些误差的原因是十分复杂的，有人把它们单纯地看做是由于土壤的复杂性所致。实际上，由于误差产生的多方面性，因此不能把误差产生的原因完全归之于土壤。我们觉得土壤反应混合指示剂在应用方法方面和一般情况不同，如指示剂的浓度很高、乙醇浓度很高、指示剂和富有吸收性的土壤直接接触等。正由于这些区别，因此土壤反应混合指示剂在各种pH时的颜色反应，就可能和这些指示剂在一般情况下所表现的颜色不同。也就是说，这些混合指示剂产生误差的原因，除了由于土壤的影响以外，也还可能是由于指示剂本身所造成的。我们分析产生这些误差的原因，可能有下列数点。

（1）指示剂浓度：一般酸碱指示剂在应用的时候，浓度都是很小的，多数在0.001%左右或更小。当我们把指示剂加入缓冲液中以确定标准色时，缓冲液中的指示剂浓度也不过 0.001%左右。然而当混合指示剂直接和土壤接触以测定土壤反应时，这时指示剂的浓度比在缓冲液中高出数十倍，在浓度差异这样大的情况下，指示剂的变色范围很可能发生差异。

（2）乙醇浓度：一般指示剂在应用时，溶液中乙醇的浓度很低。虽然有些指示剂在配制的时候须用浓度相当高的乙醇，但是应用于溶液中时，即被稀释。在土壤反应混合指示剂中，常含有大量乙醇，甚至高达60%，虽然在缓冲液中配制标准色时，乙醇浓度已被稀释，但是当应用这些指示剂直接测定土壤反应而不再稀释，这时指示剂中含有大量乙醇，这种情况必然会引起指示剂变色范围的差异。

（3）土壤的吸收性：土粒表面带有电荷，具有强大的吸收能力。如果指示剂和土壤直接接触，则由于指示剂离解后的离子带有电荷，必然有一部分能被土壤吸收，此外指示剂也可能以分子状态被土壤吸收。这样就影响了指示剂的颜色。而且指示剂和土壤的种类都会影响指示剂被吸收的程度。这样，对于颜色的影响也就更复杂了。

（4）指示剂的溶解度：由于指示剂的浓度很高，个别溶解度较小的指示剂，在改变反应和盐类离子种类的时候会发生沉淀，因此影响指示剂的颜色。

以上几点，都将在以下各节详细讨论，并以实验证明。至于盐基离子浓度的影响所产生的误差，我们认为并不是十分严重的，因为盐基离子浓度对指示剂变色范围的影响很小。例如，据柯尔脱霍夫（Kolthoff）[6]的研究：当 KCl 的浓度为 0.5 N 时，甲基红只产生+0.1 pH 的误差，酚酞只产生–0.17 pH 的误差。其他的著作[4,7]亦同样证明，这种误差是很小的。而一般土壤中的盐基离子浓度实际上不可能有这样高的。同时我们还要考虑到在缓冲液中也有相当多的盐基离子，既然这样，那么产生的误差就更小了。因此我们认为由于盐基离子浓度所引起的误差不是主要的原因。

三、指示剂浓度的影响

对于每一种指示剂来说，浓度改变都会影响它的颜色变化范围[5]，这一方面固然是由于指示剂本身的性质[3]，另一方面也由于人类的辨色能力所致。关于指示剂浓度影响变色范围的问题，在各种文献上也有零星记载。我们为了求得指示剂浓度增加后，在各种 pH 时具体的颜色情况，曾经做了一个实验。实验是以克拉克、勒勃司的缓冲溶液做的。在各种 pH 的缓冲溶液中加入不同量的指示剂，使缓冲溶液中的指示剂浓度分别为0.01%及 0.001%，观察它们的颜色变化，实验结果列于表 2。

表 2　指示剂浓度对显色的影响*

指示剂种类	指示剂浓度	颜色					
		pH 4	pH 5	pH 6	pH 7	pH 8	pH 9
溴酚蓝	0.01%	灰紫	紫	紫	紫	紫	紫
	0.001%	灰紫	紫	紫	紫	紫	紫
甲基橙	0.01%	红黄	深黄	深黄	深黄	深黄	深黄
	0.001%	黄红	红黄	深黄	深黄	深黄	深黄
溴麝草酚蓝	0.01%	深黄	深黄	绿黄	蓝绿	蓝	蓝
	0.001%	柠檬黄	柠檬黄	微绿黄	绿蓝	蓝	蓝

续表

指示剂种类	指示剂浓度	颜色					
		pH 4	pH 5	pH 6	pH 7	pH 8	pH 9
溴甲酚紫	0.01%	深黄	深黄	灰紫	紫	紫	紫
	0.001%	柠檬黄	柠檬黄	灰紫	紫	紫	紫
酚红	0.01%	深黄	深黄	红黄	黄红	红	玫瑰红
	0.001%	柠檬黄	柠檬黄	深黄	黄红	红	玫瑰红
甲酚红	0.01%	深黄	深黄	红黄	黄红	红	玫瑰红
	0.001%	柠檬黄	柠檬黄	柠檬黄	深黄	红	玫瑰红
酚酞	0.01%	无色	无色	无色	无色	微红	红
	0.001%	无色	无色	无色	无色	无色	红
甲基红	0.01%	玫瑰红	红	红黄	深黄	深黄	深黄
	0.001%	玫瑰红	红	深黄	柠檬黄	柠檬黄	柠檬黄
溴甲酚绿	0.01%	黄绿	浅蓝	蓝	蓝	蓝	蓝
	0.001%	绿黄	浅蓝	蓝	蓝	蓝	蓝

* 以上颜色是根据目测估定的。

从表 2 可以看出，指示剂浓度对变色范围虽然有影响，但不是十分严重。一般来说，当指示剂的浓度增加以后，在同一 pH，颜色虽然加深了，但是颜色通过目测法观察却改变得很少。比较值得注意的是那些红-黄双色指示剂，这些指示剂当浓度增高后，在红变黄的时候，常常不够明显。这样，在一定的程度上就会影响上述混合指示剂的变色情况，使它和标准色之间有一些差距，因为标准色是在指示剂浓度较小的情况下确定的。当然，这种影响不是很严重，因此也不是上述测定土壤反应时产生误差的最主要原因。

四、乙醇浓度的影响

溶液中的乙醇浓度能够降低指示剂的离解常数，从而影响指示剂的变色范围，这一点也已经为以前的研究者们所证实[7]。当乙醇浓度很小的时候，这种影响可能不大，但是当乙醇浓度相当大的时候，指示剂的变色范围就会有很大的改变。在有些土壤混合指示剂中含有大量乙醇，而且在应用时不再稀释，由于乙醇所造成的影响，是值得我们注意的。

为了求得各种指示剂在乙醇浓度不同的溶液中，在各 pH 时所表现的颜色，我们做了一个试验：把不同量的乙醇加入蒸馏水中，配成各种不同比例的水和乙醇混合液，然后以 HCl 与 NaOH 调节成各种 pH，以玻璃电极电测法测定。取出各种 pH 的水和乙醇混合液 5 ml，分别加入浓度为 0.1%的指示剂 2 滴，观察指示剂在各种 pH 下的颜色情况。结果载入表 3。

表 3　乙醇浓度对指示剂颜色的影响*

指示剂种类	pH	乙醇浓度（容积百分数）/%								
		0	10	20	30	40	50	60	80	95
溴甲酚绿（pH 3.8~5.4）	4	绿黄	绿黄	绿黄	绿黄	绿黄	绿黄	绿黄	黄	黄
	5	绿蓝	绿蓝	绿蓝	绿蓝	绿	绿	绿	黄绿	绿黄
	6	蓝	蓝	蓝	蓝	蓝	蓝	蓝	浅蓝	绿黄
	7	蓝	蓝	蓝	蓝	蓝	蓝	蓝	蓝	黄绿
	8	蓝	蓝	蓝	蓝	蓝	蓝	蓝	蓝	绿
	9	蓝	蓝	蓝	蓝	蓝	蓝	蓝	蓝	蓝
甲基橙（pH 3.1~4.4）	4	红黄	深黄	深黄	深黄	柠黄	柠黄	柠黄	柠黄	柠黄
	5	深黄	深黄	深黄	深黄	柠黄	柠黄	柠黄	柠黄	柠黄
	6~9	深黄	深黄	深黄	深黄	柠黄	柠黄	柠黄	柠黄	柠黄
甲基红（pH 4.4~6.2）	4	玫红	红	红	红	红	红	红	浅红	黄红
	5	红	黄红	黄红	黄红	黄红	黄红	黄红	黄红	红黄
	6	深黄	深黄	深黄	深黄	红黄	红黄	红黄	红黄	红黄
	7	柠黄	柠黄	深黄	深黄	深黄	深黄	深黄	红黄	红黄
	8	柠黄	柠黄	柠黄	柠黄	柠黄	深黄	深黄	深黄	深黄
	9	柠黄	柠黄	柠黄	柠黄	柠黄	柠黄	柠黄	柠黄	深黄
酚红（pH 6.8~8.0）	4	柠黄	柠黄	柠黄	柠黄	柠黄	柠黄	柠黄	柠黄	柠黄
	5	柠黄	柠黄	柠黄	柠黄	柠黄	柠黄	柠黄	柠黄	柠黄
	6	深黄	深黄	深黄	深黄	深黄	柠黄	柠黄	柠黄	柠黄
	7	黄红	黄红	黄红	红黄	红黄	柠黄	柠黄	柠黄	柠黄
	8	红	黄红	黄红	黄红	红黄	深黄	深黄	柠黄	柠黄
	9	紫红	黄红	黄红	黄红	黄红	黄红	红黄	深黄	柠黄
甲酚红（pH 7.2~8.8）	7	深黄	深黄	深黄	柠黄	柠黄	柠黄	柠黄	柠黄	柠黄
	8	红	黄红	深黄	深黄	深黄	柠黄	柠黄	柠黄	柠黄
	9	紫红	黄红	深黄	深黄	深黄	深黄	柠黄	柠黄	柠黄
麝草酚蓝（pH 8.0~9.6）	8	绿黄	柠黄	柠黄	柠黄	柠黄	柠黄	柠黄	柠黄	柠黄
	9	蓝紫	蓝	绿蓝	绿	柠黄	柠黄	柠黄	柠黄	柠黄
溴甲酚紫（pH 5.2~6.8）	6	灰紫	柠黄	柠黄	柠黄	柠黄	柠黄	柠黄	柠黄	柠黄
	7	紫	紫	紫	灰紫	灰紫	黄绿	柠黄	柠黄	柠黄
	8	紫	紫	紫	紫	灰紫	灰紫	黄绿	黄绿	柠黄
	9	紫	紫	紫	紫	紫	灰紫	灰紫	绿	柠黄
溴麝草酚蓝（pH 6.0~7.6）	6	绿黄	柠黄	柠黄	柠黄	柠黄	柠黄	柠黄	柠黄	柠黄
	7	绿蓝	绿	黄绿	绿黄	绿黄	柠黄	柠黄	柠黄	柠黄
	8	蓝	绿	绿	黄绿	黄绿	绿黄	绿黄	柠黄	柠黄
	9	蓝	绿	绿	绿	绿	黄绿	黄绿	绿黄	柠黄
酚酞（pH 8.2~10.0）	9	红	微红	无色	无色	无色	无色	无色	无色	无色

* 颜色的名词是根据目测估定的。由于指示剂的颜色十分复杂，所以颜色的定名可能不很恰当。同时颜色的变化常是连续性的，因此对于那些过渡类型的颜色，尤难描述。例如，同为深黄，实际上还有程度上的区别。所以表中的颜色，只有相对的意义。本表中柠檬黄简称柠黄；玫瑰红简称玫红。

表 3 的结果和柯尔脱霍夫[7]的工作结果在性质上是一致的。

从表 3 可以看出，乙醇浓度于指示剂变色范围的影响是相当大的。例如，甲基红在乙醇浓度为60%的溶液中，其变色范围已超过一般书上所列的有效范围，而大于pH 4~8，且变色异常迟钝，在pH 4时不显出鲜明的玫瑰红色；在pH 6~7时不是柠檬黄色，而是相当深的红黄色。这样就严重地影响了混合指示剂的变色情况。因此使混合指示剂在pH 4~6.5范围内始终是红-棕色，变色极不明显，从而降低了比色法的准确度；我们认为有些含乙醇浓度较高的、含有甲基红成分的混合指示剂（如2号和3号指示剂），所测得的土壤反应常常太酸，和这种原因有密切关系。

2号和3号混合指示剂在酸性反应中的误差，也是和乙醇浓度的关系分不开的。这是因为在碱性反应中是有效变化反应的溴麝草酚蓝、酚酞和麝草酚蓝，在乙醇浓度很大的溶液中，变色都受到了很大的影响。溴麝草酚蓝在乙醇浓度为60%的溶液中，它的变色起点，向碱性方面增加了一个多pH单位，而且直到pH 9时，还没有变成纯蓝色。这种情况就和指示剂在缓冲溶液中的变色范围不同，因此我们拿缓冲溶液中的颜色作为标准色，是和混合指示剂的实际情况不符的。

酚酞和溴麝草酚蓝的情况同样也是严重的，酚酞在乙醇浓度大于10%的溶液中，在pH 9时几乎不显红色。麝草酚蓝在乙醇浓度大于40%的溶液中，在pH 9时，几乎不显蓝色，这样就使这两种指示剂在乙醇浓度较高的混合指示剂中不能起很好的作用。因此使2号和3号指示剂在pH 8以上时不能突出应有的紫色和蓝色，造成误差。

在表3中的其他指示剂，也有同样的情况。因此我们认为土壤反应混合指示剂所产生的误差，是和乙醇浓度有密切关系的。特别是2号和3号指示剂。至于1号指示剂，由于配制时不需要很多的乙醇，因此它所含的乙醇较少，影响也较小。

五、土壤吸收性的影响

关于指示剂能够为土壤吸收的这种观念，也已经为土壤科学工作者们注意。例如，李庆达、鲁如坤[1]在他们所著的《土壤分析法》一书中已经指出：甲基红能够为土壤吸收。但是关于其他指示剂以及这些指示剂被吸收的具体研究，在土壤文献中尚不多见。

我们为了了解各种指示剂被土壤吸收的情况，曾做了一些实验。实验方法如下：取土壤10 g，加入蒸馏水20 ml，做成1∶2的土壤悬液，在土壤悬液中加入指示剂，使悬液中的指示剂浓度为0.001%，然后振摇1 min，将混合液体装入离心管中，以每分钟2000转的速度转动20 min，然后取出上部清亮液体，置于光电比色计读其透光百分数。

另外取同样土壤10 g，加入蒸馏水20 ml，做成1∶2的土壤悬液，但不加指示剂，振摇1 min后，以同样速度的离心机分离出清亮液体，当土壤浸出液和土粒分开后，在土壤浸出液中加入指示剂，也就是指示剂不和土壤接触，使指示剂在浸出液中的浓度仍为0.001%，在光电比色计上读其透光百分数，并和指示剂与土壤接触的结果作比较。如果指示剂和土壤接触后的透光百分数较大，证明一部分指示剂为土壤吸收。结果见表4。

从表4可以看出：各种指示剂与土壤接触后，颜色都要受到影响，但是影响情况则视指示剂的种类和土壤的种类而异。在实验的几种土壤样品中，以红壤和酸性棕色森林土的吸收能力最强。它们不但能吸收甲基红，而且也大量地吸收其他的指示剂，如溴甲酚绿、溴酚蓝，甚至甲基橙。

表 4　各种指示剂被土壤吸收情况

指示剂种类	指示剂浓度/%	土壤种类	土壤反应（pH）	滤光片**（波长：nm）	透光百分数*/%	
					土壤浸出液+指示剂	土壤悬液+指示剂
溴酚蓝	0.001	红壤	5.5	红色（610）	70	92
溴酚蓝	0.001	冲积土	6.7	红色（610）	66	70
溴甲酚绿	0.001	红壤	5.5	红色（610）	48	81
溴甲酚绿	0.001	棕色森林土	5.4	红色（610）	50	70
溴甲酚绿	0.001	冲积土	6.7	红色（610）	48	56
溴甲酚绿	0.001	黑钙土	8.0	红色（610）	45	47
甲基红	0.001	黄壤	2.0	蓝色（410）	26	34
甲基红	0.001	棕色森林土	5.4	蓝色（410）	34	90
甲基红	0.001	红壤	5.5	蓝色（410）	36	100
甲基橙	0.001	红壤	5.5	蓝色（410）	18	49
溴甲酚紫	0.001	冲积土	6.7	红色（610）	69	76
溴麝酚蓝	0.001	黑钙土	8.0	红色（610）	36.5	40
酚红	0.001	黑钙土	8.0	蓝色（410）	53	54
甲酚红	0.001	黑钙土	8.0	蓝色（410）	35	40

* 比色时以蒸馏水的透光度为 100；** ceneo filter No.87309 A，C.，下同（表 5~表 10）。

我们认为 1 号指示剂在酸性土壤中所产生的误差，主要就是由于溴甲酚绿的蓝色离子被土壤吸收所致。我们曾经做了一个简单的实验：把 1 号指示剂滴入 pH 5.5 的红壤中至土壤含水达过饱和状态，摇匀后静置，让土粒沉下，这时上部指示剂所显示的颜色为 pH 4.8。如把上部指示剂吸去，再加入 1 号指示剂，摇匀后静置，待土粒沉下后，我们发现上部指示剂的颜色已接近 pH 5.5 了。由此可见，土壤对于溴甲酚绿离子的吸收，是 1 号指示剂发生误差的重要原因。

当然，这几种指示剂被土壤大量吸收，是和土壤的种类有关的。例如，从表 4 中可以看出：溴甲酚绿虽然被红壤和酸性棕色森林土强烈吸收，但是被黄壤、冲积土和黑钙土吸收得却很少。这也是为什么 1 号指示剂在另外一些土壤中误差很小的原因。

同样，甲基红虽然为红壤和酸性棕色森林土强烈吸收，但是被黄壤吸收得却很少。因此我们就不能笼统地认为某一种指示剂能被土壤吸收，而应根据土壤的不同，分别对待。

由表 4 也可看出，其他的指示剂被土壤吸收得很少。

指示剂能为红壤和酸性棕色森林土等强烈吸收，已为上述实验所证明。我们为了进一步了解各指示剂被吸收的程度，又做了下列的实验：在四系列的试管中，各加入红壤 10 g 及蒸馏水 20 ml（其中第四系列试管中加入 60%的乙醇溶液），做成 1∶2 土壤悬液。在第一系列试管中分别加入不同数量的溴甲酚绿；第二系列试管中分别加入不同数量的溴酚蓝；第三系列试管中分别加入不同数量的甲基橙；第四系列试管中分别加入不同数量的甲基红。振摇 1 min，然后以每分钟 2000 转的速度转动 20 min，取出上部清亮溶液，在光电比色计上读其透光百分数。

另外将红壤做成 1∶2 的土壤悬液(其中一部分用 60%乙醇溶液,其他用蒸馏水),但不加入指示剂,然后用同样方法取得澄清的土壤浸出液。将土壤浸出液分成若干份,各加入不同数量的溴甲酚绿、溴酚蓝、甲基橙或甲基红指示剂,在光电比色计上读其透光百分数。

将实验第一部分所得的透光百分数换算成相当的指示剂浓度(根据实验第二部分中指示剂浓度与透光百分数的关系),此即为指示剂被吸收后的浓度。这一浓度与指示剂被吸收前的浓度比较,即为指示剂被吸收的数量。这一实验的结果载入表 5~表 8 中。

表 5　溴甲酚绿被红壤吸收数量

土壤种类	土壤反应(pH)	滤光片(波长:nm)	透光百分数*		指示剂浓度/%		被吸收前后的指示剂浓度差/%
			土壤浸出液+指示剂	土壤悬液+指示剂	吸收前	吸收后	
红壤	5.5	红色(610)	48.5	81	0.001	<0.001	<0.001
红壤	5.5	红色(610)	31	—	0.002		
红壤	5.5	红色(610)	24	55	0.003	<0.001	0.002~0.003
红壤	5.5	红色(610)	20	—	0.004		
红壤	5.5	红色(610)	18	43	0.005	0.001~0.002	0.003~0.004
红壤	5.5	红色(610)	17	—	0.006		
红壤	5.5	红色(610)	16	—	0.007		
红壤	5.5	红色(610)	15	28	0.008	0.002~0.003	0.005~0.006
红壤	5.5	红色(610)	14.5	—	0.009		
红壤	5.5	红色(610)	14	25	0.010	0.002~0.003	0.007~0.008
红壤	5.5	红色(610)	—	19	0.015	0.004~0.005	0.010~0.011
红壤	5.5	红色(610)	—	17	0.020	0.006	0.014

* 比色时以蒸馏水的透光度为 100。

表 6　溴酚蓝被红壤吸收数量

土壤种类	土壤反应(pH)	滤光片(波长:nm)	透光百分数*		指示剂浓度/%		被吸收前后的指示剂浓度差/%
			土壤浸出液+指示剂	土壤悬液+指示剂	吸收前	吸收后	
红壤	5.5	红色(610)	70	92	0.001	<0.001	<0.001
红壤	5.5	红色(610)	59	—	0.002		
红壤	5.5	红色(610)	53	—	0.003		
红壤	5.5	红色(610)	49	—	0.004		
红壤	5.5	红色(610)	46	69	0.005	0.001~0.002	0.003~0.004
红壤	5.5	红色(610)	44	—	0.006		
红壤	5.5	红色(610)	42	—	0.007		
红壤	5.5	红色(610)	41	—	0.008		
红壤	5.5	红色(610)	40	—	0.009		
红壤	5.5	红色(610)	39	56	0.010	0.002~0.003	0.007~0.008
红壤	5.5	红色(610)		46	0.015	0.005	0.01

* 比色时以蒸馏水的透光度为 100。

表 7　甲基红被红壤吸收数量*

土壤种类	土壤反应（pH）	滤光片（波长：nm）	透光百分数**		指示剂浓度/%		被吸收前后的指示剂浓度差/%
			土壤浸出液+指示剂	土壤悬液+指示剂	吸收前	吸收后	
红壤	5.5	蓝色（410）	36	82	0.001	<0.001	<0.001
红壤	5.5	蓝色（410）	14	—	0.002		
红壤	5.5	蓝色（410）	7	—	0.003		
红壤	5.5	蓝色（410）	5	—	0.004		
红壤	5.5	蓝色（410）	4	48	0.005	<0.001	0.004~0.005
红壤	5.5	蓝色（410）	—	25	0.010	0.001~0.002	0.008~0.009
红壤	5.5	蓝色（410）	—	15	0.015	0.001~0.002	0.013~0.014
红壤	5.5	蓝色（410）	—	13	0.020	0.002~0.003	0.017~0.018
红壤	5.5	蓝色（410）	—	11	0.025	0.002~0.003	0.022~0.023
红壤	5.5	蓝色（410）	—	9	0.030	0.002~0.003	0.027~0.028

* 在 60%的乙醇溶液中；** 比色时以蒸馏水的透光度为 100。

表 8　甲基橙被红壤吸收数量

土壤种类	土壤反应（pH）	滤光片（波长：nm）	透光百分数*		指示剂浓度/%		被吸收前后的指示剂浓度差/%
			土壤浸出液+指示剂	土壤悬液+指示剂	吸收前	吸收后	
红壤	5.5	蓝色（410）	18	49	0.001	<0.001	<0.001
红壤	5.5	蓝色（410）	8	—	0.002		
红壤	5.5	蓝色（410）	6	—	0.003		
红壤	5.5	蓝色（410）	5	—	0.004		
红壤	5.5	蓝色（410）	4.5	8	0.005	0.002	0.003
红壤	5.5	蓝色（410）	3.5	4.5	0.010	0.005	0.005

* 比色时以蒸馏水的透光度为 100。

从这些结果中可看出：对红壤而言，甲基红被吸收的数量最多，溴甲酚绿和溴酚蓝等次之，而甲基橙则最少。显然这是和指示剂本身的性质有关的。同时还可看出：当指示剂浓度增加的时候，被吸收的数量按照浓度增加而增加。当然，这种情况并不是无止境的，我们相信吸收到了一定的程度就会停止。

六、甲基红的溶解度

最后我们要特别提出甲基红的溶解度问题，如果单从土壤的吸收性来看，还不能说明甲基红在土壤特别是红壤上应用时所存在问题的严重性。因为甲基红虽然会被土壤吸收，但是它的红色，常常只要不高的浓度就会很明显。然而在实际测定土壤特别是红壤的过程中，最后甚至会几乎看不到红色。这种情况，除了一部分甲基红为土壤吸收外，也可能和它的溶解度有关。

甲基红在水溶液中的溶解度很小，只有它的钠盐可以溶解于水中，但如果溶液是乙醇溶液，则甲基红也能够溶解。正由于这种情况，因此甲基红在酸性土壤中必然会引起一部分沉淀。

表 9 的实验是在缓冲溶液中做的，这一实验结果证明了：当甲基红浓度较高时，在 pH 5~6 时就会沉淀，因此也可证明甲基红在酸性土壤中沉淀的可能。

表 9　甲基红（pH 4.4~6.2）在缓冲液中的沉淀情况

甲基红浓度/%	缓冲液反应（pH）			
	4	5	6	7
0.001	无沉淀	无沉淀	无沉淀	无沉淀
0.01	沉淀	沉淀	无沉淀	无沉淀
0.02	沉淀	沉淀	沉淀	无沉淀

当然，如果在混合指示剂中有大量乙醇存在，那么甲基红沉淀的情况就会不同。例如，根据我们的实验：在 pH 4 的溶液中，当甲基红的浓度为 0.005%时，如果溶液中的乙醇浓度大于 30%，就不会发生沉淀。同时，当溶液中乙醇浓度增加时，甲基红的溶解度也跟着增加。但是，即使溶液中乙醇的浓度增加到 60%，如果甲基红的浓度超出 0.04%，也还是要发生沉淀的。

当然，当指示剂和土壤混合时，情形还要更复杂些。

下面的实验结果更可帮助我们说明这一问题：这一实验是把 pH 5.5 的红壤装入四系列的试管中，在第一系列试管中以蒸馏水做成 1∶2 的土壤悬液；第二系列试管以 30%乙醇溶液做成；第三系列试管以 40%乙醇溶液做成；第四系列试管以 60%乙醇溶液做成。在每一系列试管中，都加入甲基红，甲基红的浓度分别为 0.001%、0.005%、0.010%、0.015%及 0.020%，各系列的处理相同。将试管振摇 1 min，在离心机上以 2000 r/min 的澄清。取出上部清亮滤液，在光电比色计上读其透光百分数，结果见表 10。

表 10　甲基红在乙醇浓度不同的溶液中经过土壤吸收后的显色状况（以透光百分数表示）

土壤种类	土壤反应（pH）	指示剂浓度/%	滤光片（波长：nm）	透光百分数*			
				乙醇 0%	乙醇 30%	乙醇 40%	乙醇 60%
红壤	5.5	0.001	蓝色（410）	100	100	100	82
红壤	5.5	0.005	蓝色（410）	100	94	85	48
红壤	5.5	0.01	蓝色（410）	100	85	63	25
红壤	5.5	0.015	蓝色（410）	100	80	58	15
红壤	5.5	0.02	蓝色（410）	100	72	55	13

* 比色时以蒸馏水的透光度为 100。

由表 10 可以看出，同一浓度的甲基红，在乙醇浓度不同的溶液中，经过土壤吸收后，颜色情况完全不同。乙醇浓度越高者，颜色越深。而在蒸馏水中，则不论浓度多寡，几乎都是无色，但是如果把这些试管内沉淀的土壤取出来，加入含乙醇浓度相当高的水和乙醇混合液浸渍土壤，则土壤浸出液又显出红色。这一种情况，如表 9 所示，我们认为不能单以土壤的吸收性来解释，而是和甲基红的溶解度有关。同时在另外的实验中，我们也已证明，在乙醇浓度不同的溶液中，甲基红的溶解度也不相同，乙醇浓度高的，甲基红的溶解度也较大。因此，表 10 中所示，甲基红在乙醇浓度不同的溶液中所表现的不同颜色，很可能和它的溶解度有关。

七、结论

上述实验已可证明，我国目前常用的几种土壤反应混合指示剂，当直接加入土壤中应用时，在标准度方面还存在着一些缺点。造成这些缺点的原因是多方面的，包括：①土壤吸收性的影响；②乙醇浓度的影响；③指示剂浓度的影响；④指示剂溶解度的影响；⑤其他盐类浓度的影响等。

由溴甲酚绿、溴甲酚紫和甲酚红 3 种指示剂混合配制成的混合指示剂，是我国彭谦、朱祖祥首先创制的[8,9]。一般来说，这种指示剂的缺点不大，只在部分土壤中（如红壤、酸性棕色森林土等），由于溴甲酚绿被土壤吸收，因而其误差较大。这种误差，我们建议以增加指示剂用量的方法来补救。其次，这种指示剂在 pH 5~6.5 范围的颜色变化不十分明显，在使用中非常不便，因此对于没有经验的工作者们，应事先加以训练。虽然如此，由于这种指示剂的本身不会引起很大的误差，因此用以测定土壤反应，还是比较妥当的。

由甲基红、甲基橙、溴麝草酚蓝和酚酞，或由甲基红、溴麝草酚蓝、麝草酚蓝和酚酞等配制的混合指示剂，其特点是变色非常明显，但是所产生的误差很大。产生误差的主要原因，首先是由于指示剂中含有大量的乙醇，因此影响了变色范围，其次是由于甲基红被土壤强烈吸收所致。要补救这种缺点是比较困难的，我们不可能大量地降低乙醇的浓度，因为甲基红在水中的溶解度非常小，如果指示剂中的乙醇浓度太低，在酸性反应中就会引起甲基红的沉淀。但是为了使混合指示剂的变化比较明显起见，我们建议酌量降低乙醇的浓度（如降低至 30%~40%）。但是仍旧不能解决甲基红被吸收和一部分沉淀等问题。至于酚酞和麝草酚蓝在这种混合指示剂中的作用，是值得怀疑的。

最后，标准颜色的配制，是造成误差的主要原因。为了使标准颜色符合指示剂应用的实际情况，我们建议直接调节混合指示剂的 pH，以混合指示剂在各 pH 时所表现的颜色作为标准色，并且用各种土壤纠正之。这样做，对于后两种指示剂尤为必要。

参考文献

[1] 李庆逵, 鲁如坤. 土壤分析法. 北京: 科学出版社, 1953.
[2] Hillbrand W F, Lundell G E F, Bright H A, et al. Applied Inorganic Analysis, 1953: 166-174.
[3] CLARK, Mansfield W. The determination of hydrogen ions. 3rd ed. The Williams & Wilkins Co., 1928.
[4] Kolthoff I M, The dissociation of acid-base indicators in ethyl alcohol with a discussion of the medium effect upon the indicator properties. The Journal of Physical Chemistry, 1931, 85: 2732.
[5] Kilpatrick M. The Colorimetric determination of Hydrogen-ion concentration in aqueous solution. Chemistry Review, 1935, 16(1): 57-66.

[6] Peng C, Chu T S. Development and use of a powdery indicator for rapid & accurate estimation of soil reaction. Soil Science, 1944, 57: 387-389.
[7] Kolthoff I M. The salt error of indicators in the colorimetric determination of pH. The Journal of Physical Chemistry, 1928, 31: 2732.
[8] Сердобощский И П. Методы определения pH и окислительно-восстановителъного потенциапа при агрохимнческгх. Агрохимические методы исследования почв: 1954, 202.
[9] 彭谦, 朱祖祥. 粉体土壤酸度试剂之配制及其应用. 土壤季刊, 1942, 2(2): 81-83.
[10] 曹元宇. 定量化学分析. 商务印书馆, 1936: 62-64.

各种饼肥在土壤中分解速率的比较研究①

袁可能　朱祖祥

一、引言

饼肥是一种有机肥料，它施入土壤中后，对于土壤的作用主要有两个：第一，它能产生一些腐殖质，从而改善土壤的结构，改善土壤物理性质；第二，它能提供大量氮素及其他一些植物营养元素，从而改进土壤的化学性质。此外，近几年来的研究，也证明饼肥具有抗生作用，可减少农作物的病发率。但以上几种作用的发挥，都须通过土壤中微生物对饼肥的分解活动。在一定的微生物活动条件下，不同饼肥，由于其化学组成及物理性质的不一致，其分解速度是不同的。了解不同饼肥的分解速度，对于正确施用饼肥，以提高施肥效果，有很大实践意义，作者从事于本项工作的动机即在于此。

本工作完成于 1951 年。而在中华人民共和国成立以来，政府大力提倡将油饼作为饲料，通过牲畜的消化后再用作肥料。当然，这样可以更充分地发挥饼肥的经济价值（对于饼肥的抗生作用是否有碍，还需要进一步的研究）。因此，对于那些可以用作饲料的油饼，如豆饼、花生饼等，应该首先用作饲料。在本文中涉及的有关这些饼肥在土壤中的分解情况，可作为理论上的参考。而对于另外一些不能用作饲料的油饼，如柏饼、青饼等，则目前仍广泛地用作肥料，因此它们在土壤中的分解情况，仍有其重要的实践意义。

不同微生物对有机质进行分解的共同特征，即是放出 CO_2，但由于不同微生物对不同有机质在不同条件下所产生的 CO_2 的量各不相同，因之对非单一性的有机质，如油饼，在微生物区系又极复杂的土壤中分解出来的 CO_2 量，只能看做是特定条件下的有机质分解强度的一种综合指标[1,2]，它的数值大小，只具有相对的意义。在我们的这一工作中，亦即利用油饼在分解过程中所放出 CO_2 量的多少来综合的指示其分解速度，所以也只是具有比较意义。

此外，在这一工作中，我们还通过对饼肥施入土壤后所放出的硝酸态、铵态氮等的定量，来比较各种油饼中含氮有机物的分解和转化的速度。

为了密切结合农民施用饼肥的习惯，我们同时在饼肥施入土壤以前，进行了各种处理，包括与水、石灰或草木灰等一同混合，作为储存前的预处理，观察这些处理对饼肥分解速度以及肥效损失的影响。

二、试验材料和方法

本试验所取的来自浙江省各地的 9 种饼肥包括：豆饼、花生饼、芝麻饼、生菜饼、

① 原载于《浙江农学院学报》，1956 年，第 1 卷，第 1 期，97~111 页。

熟菜饼、棉籽饼、棉仁饼、柏饼和青饼。所有饼肥，都经磨碎，并通过 20 孔筛子。这些饼肥中所含的全氮量经测定如表 1 所示。

表 1　各种饼肥的含氮量

饼肥种类	豆饼	花生饼	芝麻饼	生菜饼	熟菜饼	棉籽饼	棉仁饼	柏饼	青饼
含氮量/%	6.97	6.93	7.02	4.96	4.76	4.46	4.94	1.28	6.14

将上述饼肥磨碎混入土壤中，饼肥和土的重量比例为 1∶100，所用土壤为冲积性的耕作土壤，含有机质极少，砂质壤土，pH 7.2。饼土充分混合后，加水搅拌，使土壤中的含水量为 25%，并在实验过程中经常保持这一湿度。兹将为了 3 种不同目的所进行的不同实验分述于下，全部试验都重复一次。

（1）各种饼肥在土壤中分解的一般速度的测定：取土壤和饼肥碎屑混合物 300 g，置于平底烧瓶中，以双孔橡皮塞塞瓶口，橡皮塞插入细玻璃管 2 根，其中一根较长，使尽可能接近土面，另一根则为短玻璃管。平时将此两玻璃管以螺旋夹封闭，并以石蜡密封瓶塞，以防漏气。每隔数天从长管中通入空气（先用 NaOH 洗气瓶吸去空气中的 CO_2）并同时把从另一短玻璃管中排出瓶外的 CO_2 气体，引入装有 0.1 M NaOH 的气体吸收瓶吸收。剩余的 NaOH 用 0.1 N H_2SO_4 滴定，算出 CO_2 的毫克数。此 CO_2 放出量即作为该时期饼肥分解强度的综合指示，其数值大小，有其相对意义。

（2）饼肥中含氮有机物的氨化及硝化作用速度的测定：将土壤和饼肥碎屑混合物 300 g 置于广口瓶中，加盖但不密闭，每隔数天取出土壤 2 份，各 10 g，分别以氯化钠及蒸馏水浸提后过滤。在所得氯化钠浸出液中，加纳斯勒试剂使铵态氮显色，然后在光电比色器上以 410 nm 滤光片比色，定其浓度。另外，再在水浸出液中分别测定硝酸态及亚硝酸态氮，前者系用酚二磺酸及 NH_4OH 显色，然后在光电比色器上以 410 nm 滤光片比色定量。后者系用对氨基苯磺酸及乙酸萘胺显色，然后在光电比色器上以 525 nm 滤光片比色，定量[3]。

（3）为了加速饼肥氨化作用所进行的预措：取豆饼、花生饼、生菜饼三种碎屑，分别加入等量的石灰或草木灰混匀后加水至饱和。同时另取一份饼屑，只加清水，作为对照。各放置一星期后，再混入土壤中（仍按饼肥 1%计算）。以后每隔数天，按上述方法分别测定土壤中铵态氮、硝酸态氮和亚硝酸态氮的含量。

以上试验都在浙江杭州地区 6~8 月的室温（22~23℃）下进行。

三、结果和讨论

（1）各种饼肥分解速率的比较：在不同时期，测定烧瓶中的油饼和土壤的混合物所释放出来的 CO_2 气体量，即可约略知道该时期内各种油饼的分解强度。测定 CO_2 的时间间隔，在开始时是 2 天，以后逐渐放宽测定周期，前后共经过 48 天。分析的结果见表 2。

从表 2 中所列 CO_2 放出的数量来看，各种饼肥的分解速率依次为：豆饼、芝麻饼、花生饼、棉仁饼＞棉籽饼、生菜饼、熟菜饼＞柏饼、青饼。我们如果把它们分别绘成曲线，则得图 1。

表 2　各种饼肥的 CO_2 的放出量　（单位：mg）

饼肥种类	测定项目	日期									
		5.24~5.26	5.26~5.28	5.28~5.30	5.30~6.1	6.1~6.4	6.4~6.8	6.8~6.12	6.12~6.19	6.19~6.26	6.26~7.12
豆饼	CO_2 放出量	160.0	204.4	237.6	231.7	195.1	169.2	172.7	208.8	185.5	213.9
	平均每天放出量	80.0	102.2	118.8	115.9	63.0	42.3	43.2	29.8	26.5	13.4
	CO_2 累积量	160.0	364.4	602.0	833.7	1028.8	1198.0	1370.7	1579.5	1765.0	1078.9
花生饼	CO_2 放出量	172.5	166.2	228.0	211.2	198.9	159.7	182.2	170.8	154.7	227.3
	平均每天放出量	86.3	83.1	114.0	105.6	66.3	39.9	45.6	24.4	22.1	14.2
	CO_2 累积量	172.5	338.7	566.7	777.9	967.8	1136.5	1318.7	1489.5	1644.2	1871.5
芝麻饼	CO_2 放出量	198.7	207.7	230.1	199.4	194.5	171.4	153.3	204.6	162.7	179.5
	平均每天放出量	99.4	103.9	115.1	99.7	64.8	42.9	38.3	29.2	23.2	11.2
	CO_2 累积量	198.7	406.4	636.5	835.9	1030.4	1201.8	1355.1	1559.7	1722.4	1901.9
生菜饼	CO_2 放出量	175.8	169.2	189.7	169.2	162.6	146.1	155.5	169.6	159.1	165.9
	平均每天放出量	87.9	84.6	94.9	84.6	53.2	38.7	38.9	26.9	22.7	10.4
	CO_2 累积量	175.8	345.0	534.7	703.9	866.5	1010.6	1166.1	1335.7	1494.8	1660.7
熟菜饼	CO_2 放出量	158.4	188.8	177.8	169.7	179.2	145.4	123.0	158.2	143.2	165.3
	平均每天放出量	79.2	94.4	88.9	84.9	59.7	36.3	30.8	22.6	20.5	10.3
	CO_2 累积量	158.4	347.2	525.0	694.7	873.9	1019.3	1142.3	1300.5	1443.7	1609.0
棉籽饼	CO_2 放出量	130.7	166.7	162.9	197.1	213.7	145.0	144.8	163.9	114.9	177.4
	平均每天放出量	65.4	83.4	81.5	98.6	71.2	36.3	36.2	23.9	16.4	11.1
	CO_2 累积量	130.7	297.4	460.3	657.4	871.1	1016.0	1160.8	1324.7	1439.6	1617.0
棉仁饼	CO_2 放出量	173.6	190.3	183.6	214.3	246.6	163.1	162.8	245.7	160.4	230.8
	平均每天放出量	86.8	95.2	91.8	107.2	82.2	40.8	40.7	35.1	22.9	14.4
	CO_2 累积量	173.6	363.9	557.5	771.8	1028.4	1191.5	1364.3	1610.0	1770.4	2001.2
柏饼	CO_2 放出量	125.9	125.4	126.8	166.5	182.9	125.4	133.7	202.0	147.0	208.9
	平均每天放出量	63.0	62.7	61.9	83.3	61.0	31.4	33.4	28.9	21.0	13.1
	CO_2 累积量	125.9	251.3	375.1	541.6	724.5	849.9	983.6	1185.6	1333.2	1542.1
青饼	CO_2 放出量	139.0	149.1	142.0	162.6	190.0	95.9	88.5	101.7	95.0	112.4
	平均每天放出量	69.5	74.6	71.0	81.3	63.3	24.0	22.1	14.5	13.6	7.0
	CO_2 累积量	139.0	288.1	430.1	592.7	782.7	878.6	967.1	1068.8	1163.8	1276.2

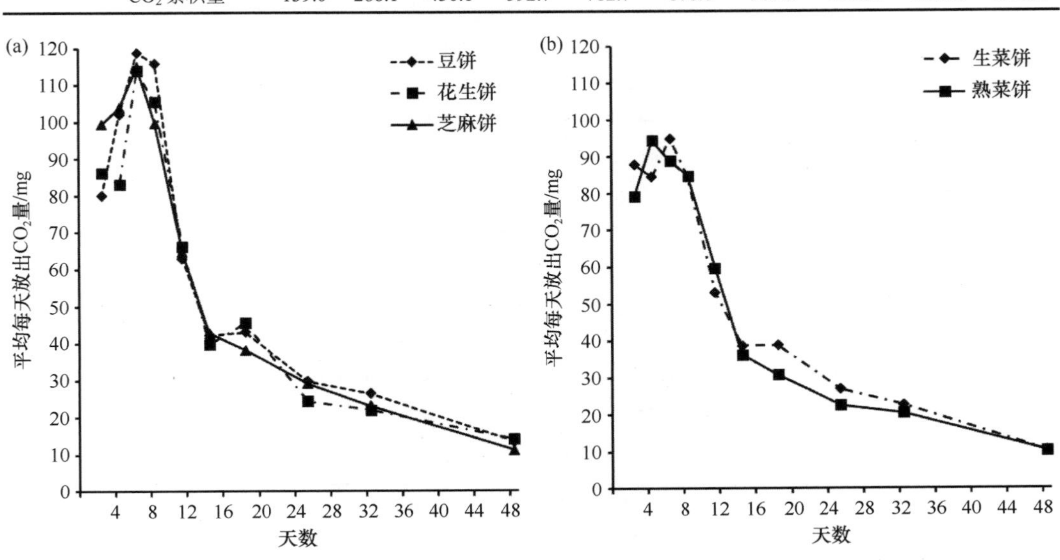

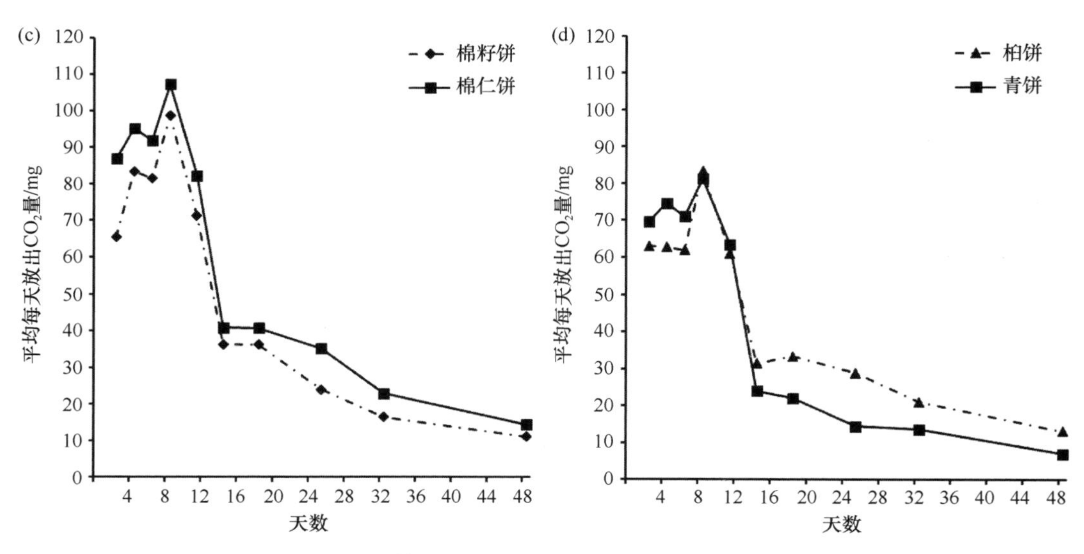

图1　各种饼肥混入土壤中后每天放出的CO_2量

这一实验结果可使我们了解饼肥施入土壤后微生物的活动情况。从图1中可见各种饼肥在土壤中分解的速率，虽互有差异，但其总的趋势，基本上是一致的，即在它们施入土壤后，都能很快地引起微生物的剧烈活动，一般在施入土中1周左右，放出的CO_2量就已到顶点，说明这一时期内饼肥的分解强度最大，以后即迅速下降，到2周以后就渐趋平稳。把图1的曲线和氨化作用强度的曲线（图2）对照起来，我们就不难发现它们之间的一致性。此一致性告诉我们饼肥中最先开始分解的是含氮有机质。

就个别的饼肥对微生物活动的强度的影响来看，和饼肥的成分有一定的关系。含氮较多的，如豆饼、花生饼、芝麻饼等放出的CO_2量就较多，也就是微生物的活动较强，或饼肥的分解强度较大。但是含氮量很少的柏饼，到后来放出的CO_2量反而超过了含氮较多的青饼，这又说明氮素成分并不是唯一的因子，其他如碳氮比、含氮化合物或含碳

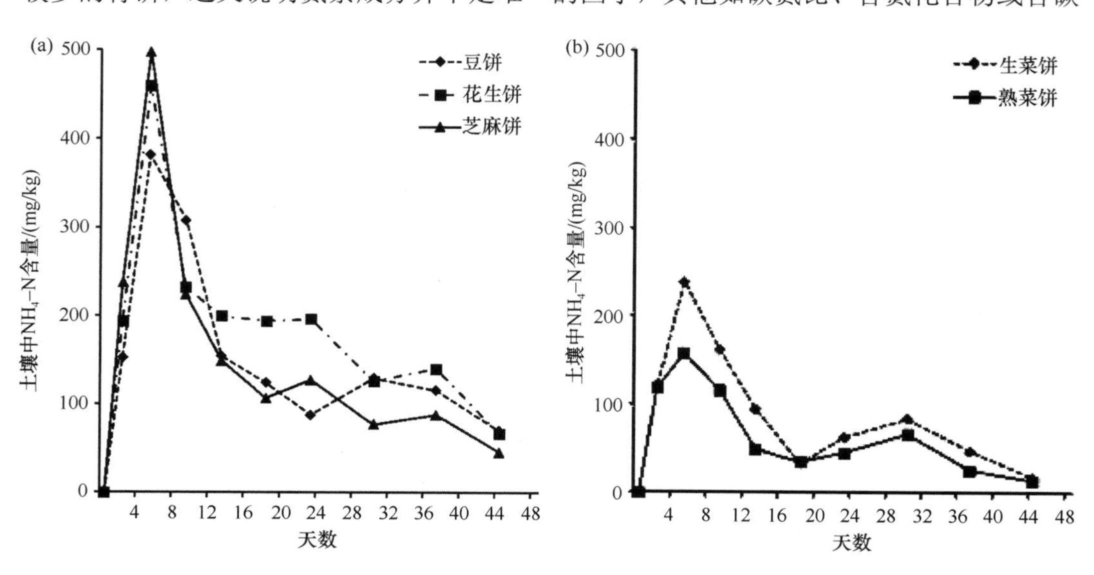

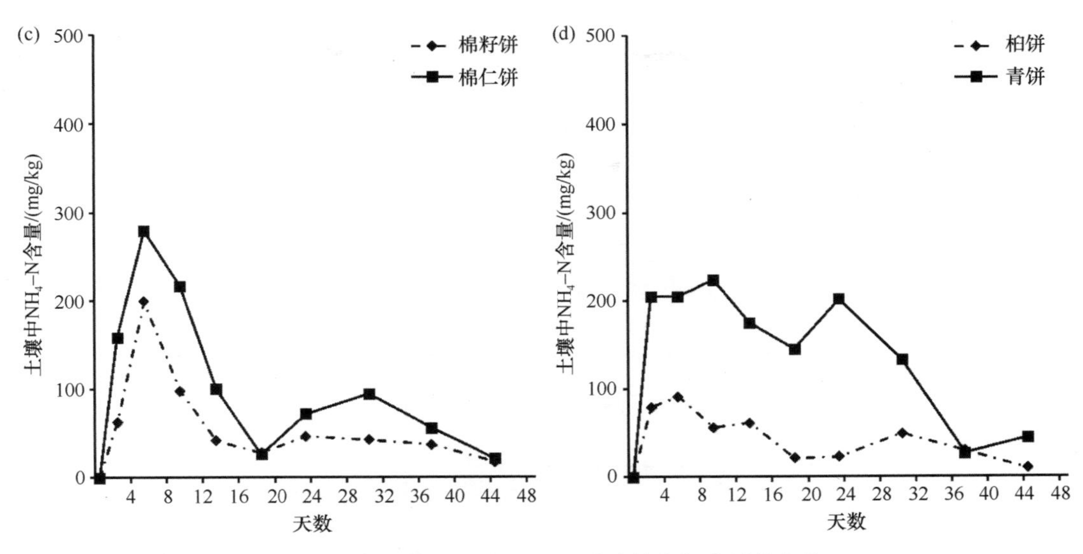

图 2　各种饼肥施入土壤后，土壤中铵态氮含量的变化

化合物的类型等都可影响 CO_2 放出的速度[4]。在各种饼肥中，由于其成分不同，所以影响也不同。

（2）各种饼肥中含氮有机物的转化速率：氮素是饼肥中所含的主要营养元素，当饼肥施入土壤中后，饼肥中的含氮有机化合物就开始分解，首先形成铵态氮，而后又转化为硝酸态氮。转化作用的速率/快慢影响土壤中有效态氮素的供应状况。在不同时期对瓶内饼肥和土壤的混合物进行有效态氮含量的测定（包括铵态氮、硝酸态氮和亚硝酸态氮），就可以对各种饼肥在各个时期内所产生的氮素化合物的转化作用有所了解。兹将分析结果列于表 3，其中亚硝酸态氮的含量，因为极大部分都小于分析所能检查出来的范围，只有在第 9~23 天中间少量出现，为了简化计算起见，我们把它并入硝酸态氮中一起计算。

表 3　各种饼肥施入土壤后，土壤中有效态氮含量的变化（百万分之一）

饼肥种类	测定项目	日期									
		6 月 30 日	7 月 2 日	7 月 5 日	7 月 9 日	7 月 13 日	7 月 18 日	7 月 23 日	7 月 30 日	8 月 6 日	8 月 13 日
豆饼	NH_4—N	0	152.25	381.5	308.0	154.0	124.25	87.5	129.5	115.5	70.0
	NO_3—N*	0	0.8	3.0	66.3	243.75	315.5	325.25	275.8	307.5	334.5
	总有效 N 量	0	153.05	384.5	374.3	397.75	439.75	412.75	405.3	423.0	404.5
花生饼	NH_4—N	0	194.25	458.5	232.25	199.5	194.25	196.0	126.0	140.0	66.5
	NO_3—N*	0	0.68	5.15	176.3	207.0	185.0	198.0	213.8	333.0	330.0
	总有效 N 量	0	194.93	463.65	408.55	406.5	379.25	394.0	339.8	473.0	396.5
芝麻饼	NH_4—N	0	238.0	497.0	224.0	148.75	106.75	127.25	77.0	87.5	45.5
	NO_3—N*	0	0.82	4.4	118.2	197.0	227.6	278.1	307.5	305.5	336.0
	总有效 N 量	0	238.82	501.4	342.2	345.75	334.35	405.35	384.5	393.0	381.5

续表

饼肥种类	测定项目	日期									
		6月30日	7月2日	7月5日	7月9日	7月13日	7月18日	7月23日	7月30日	8月6日	8月13日
生菜饼	NH_4—N	0	120.75	238.5	161.0	94.5	33.25	63.0	84.0	47.25	17.5
	NO_3—N*	0	0.8	4.9	65.7	146.3	159.6	174.9	166.5	205.5	207.0
	总有效N量	0	121.55	243.4	226.7	240.8	192.85	237.9	250.5	252.75	224.5
熟菜饼	NH_4—N	0	119.0	157.5	115.5	49.0	34.75	45.5	66.5	25.75	14.0
	NO_3—N*	0	0.9	3.5	36.0	95.4	112.5	81.0	94.5	153.0	148.5
	总有效N量	0	119.9	161.0	151.5	144.4	147.25	126.5	161.0	178.75	162.5
棉籽饼	NH_4—N	0	63.0	199.5	98.0	42.0	28.0	46.5	42.5	37.0	17.5
	NO_3—N*	0	0.8	25.4	109.5	144.0	137.8	174.0	163.5	208.5	216.0
	总有效N量	0	63.8	224.9	207.5	186.0	165.8	220.5	206.0	245.5	233.5
棉仁饼	NH_4—N	0	159.0	280.0	217.0	100.0	26.25	71.75	94.5	56.0	21.0
	NO_3—N*	0	0.68	2.63	58.8	149.5	184.5	195.0	211.5	228.0	258.0
	总有效N量	0	159.68	282.63	275.8	249.5	210.75	266.75	306.0	284.0	279.0
柏饼	NH_4—N	0	79.0	91.0	56.0	61.25	21.0	23.0	49.0	30.0	10.0
	NO_3—N*	0	1.25	3.3	5.7	7.75	25.5	24.0	24.0	24.0	24.0
	总有效N量	0	80.25	94.3	61.7	69.0	46.5	47.0	73.0	54.0	34.5
青饼	NH_4—N	0	205.0	205.0	224.0	175.0	145.0	202.0	133.0	27.0	45.0
	NO_3—N*	0	1.3	9.9	100.4	190.9	183.2	198.5	265.5	313.5	313.5
	总有效N量	0	206.3	214.9	324.4	365.9	328.2	400.5	398.5	340.5	358.5

*其中包括部分NO_2—N。

表3中所列土壤中铵态氮含量的变化也可用图2的曲线表示。

图2表明：土壤中铵态氮量的大量发生，基本上是在饼肥施入土壤后的一星期以内，此后即迅速降低而转化成硝酸态（图3）。铵态氮量的大量发生时间，和CO_2放出最多的时间基本上相吻合。在图2中也可看出土壤中存在的铵态氮的最高量和原来饼肥中的全氮量有一定的关系，但是也和饼肥中的其他成分有关。例如，在有些饼肥（像芝麻饼、花生饼、豆饼、棉籽饼、菜籽饼等）中，铵态氮的含量在很短的时间达到了最高峰，但是此后即迅速降低，图2中所示的氨化作用曲线的坡度陡峻，这说明其中绝大部分的含氮化合物在较短的时间内分解（图4），以后虽亦可能另起高峰，但已很微弱了。而在有些饼肥（像青饼）中，虽然它最后释放出的总氮量并不比上述的饼肥少，但土壤中铵态氮含量的高峰却并不突出，而且高峰也并不迅速降低，维持了相当长的一段时间，这说明这些饼肥中含氮化合物的分解比较缓慢。

土壤中硝酸态氮的变化，如果也用同样的曲线形式表示，则得图3。

图3表明，饼肥施入土壤中后，要经过一星期后才能产生硝化作用，那时，氨化作用已达高峰（图2），而微生物的活动，亦正强盛（图1）。从饼肥施入土壤中以后的第5~9天开始约至第12~16天，在这一段时期内，氨化作用已过了高峰开始急趋下降，但微生物活动（图1）还很强烈，这时由于硝化作用的急速增长，所以硝酸态氮的增加也最显著。12~16天以后，微生物活动强度已急降，而同时硝酸态氮素增长的数量也就不显著了。由此可见硝酸态氮的大量发生，主要是在饼肥施入土壤后1~2周的时间内。

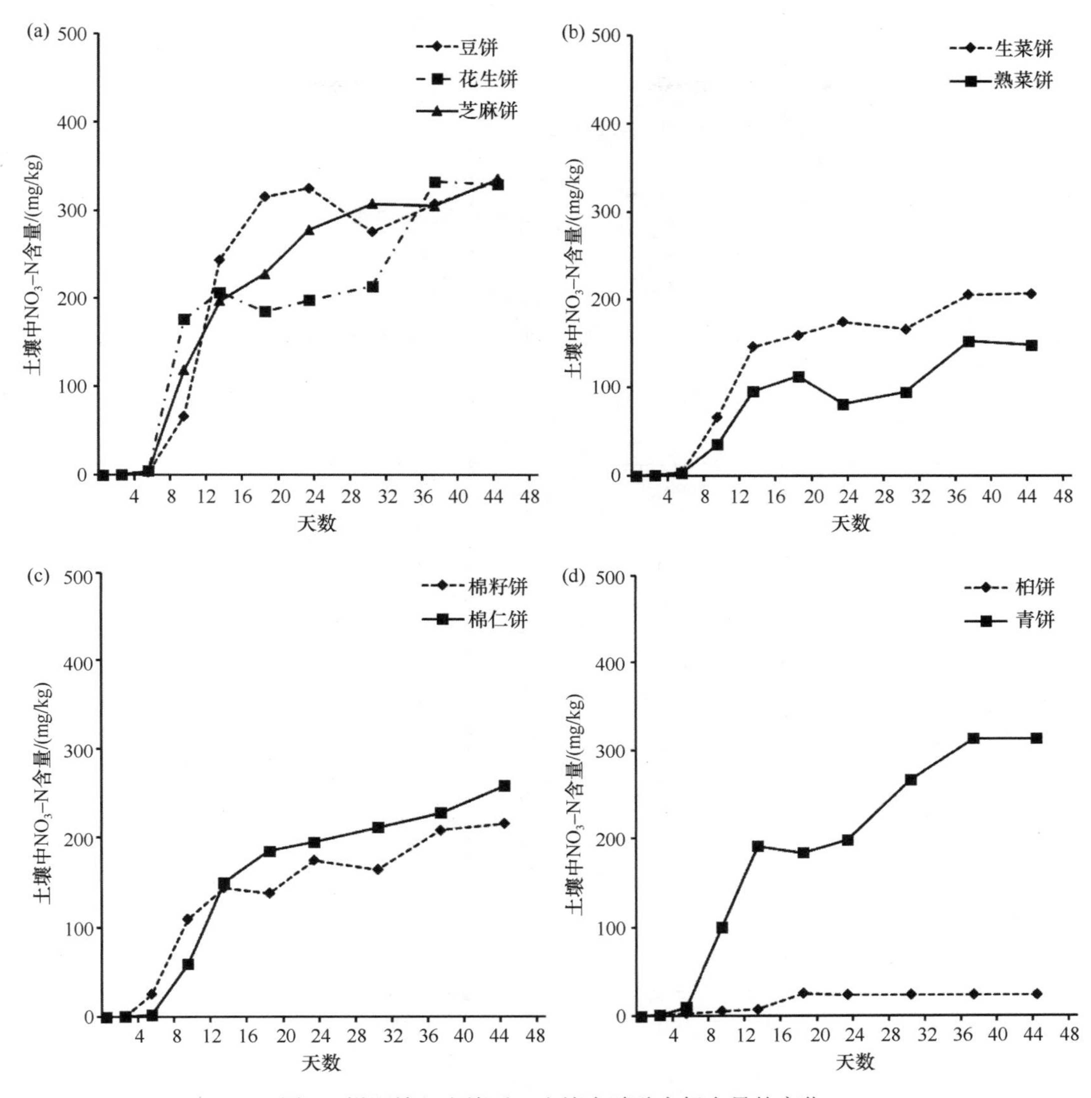

图 3　饼肥施入土壤后，土壤中硝酸态氮含量的变化

硝酸态氮的发生是在铵态氮大量发生以后才开始的。但是在铵态氮大量发生以后，并不能立刻大量发生硝酸态氮，而需要经过一定的时间。在本实验条件下这一时间间隔大约要一星期（表 3），在这期间，我们在分析时只发现在数量上较少的亚硝酸态氮，由此可见，在大气条件适宜的情况下，作为中间产物的亚硝酸化合物存在的时间非常短暂，很快就转变成硝酸态化合物。

硝酸态氮生成的数量，随饼肥中所含的全氮量的增加而增加。

饼肥施入土壤后，土壤中有效态氮（包括铵态氮和硝酸态氮）总量的变化可见图 4 的曲线。

图 4 表明，饼肥中大部分含氮化合物都在饼肥施入土壤后一星期左右迅速分解（大部分达饼肥中全氮量的 50%以上），因此土壤中有效态氮总量在此时即达高峰。个别的

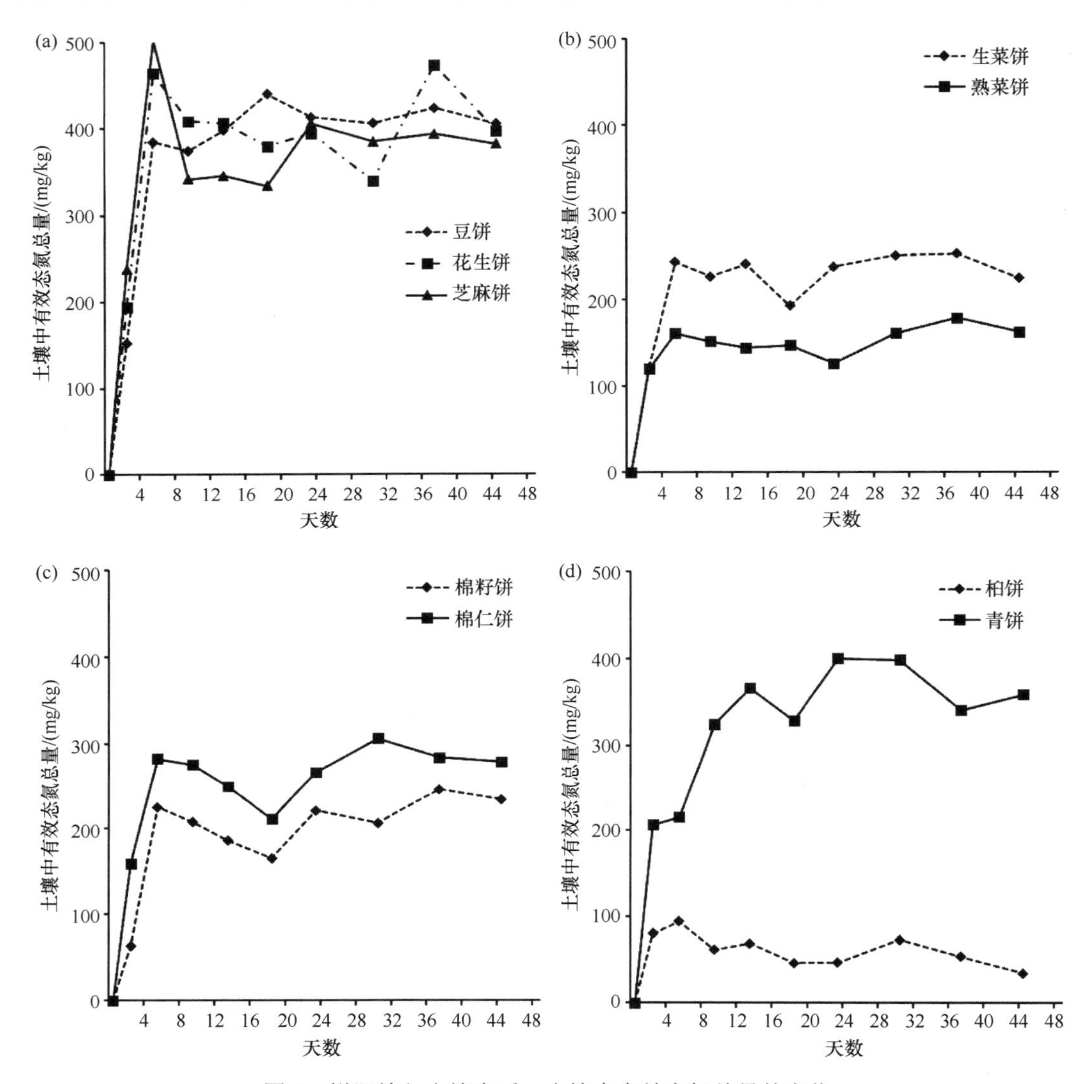

图4　饼肥施入土壤中后，土壤中有效态氮总量的变化

饼肥，如青饼，分解比较缓慢，所以曲线上升较缓，直到20天后才到顶峰，这显然是由其成分决定的。

从图4中也可以看出，土壤中有效态氮的总量曲线在达到最高峰后，其总的趋势虽然是平稳的，但仍表现出一定程度的起伏。曲线上升部分可认为是饼肥中含氮有机物继续分解的高潮，由于饼肥中含有分解难易不一致的化合物，所以在不同时间出现含氮有机物的转化高潮是可以理解的。但在几个分解高潮之间，土壤中既无植物的生长和吸收，又何以会产生有效态氮含量的下降呢？我们认为这可能有几个原因：一部分是被微生物利用，重新合成有机态氮；另一部分可能是在铵态氮大量累积的时候由于土壤呈微碱性而导致了部分氮的挥发损失；也有可能有一部分因反硝化作用而损失。此外从图2~图4中也可看出，有效氮的损失主要是在铵态氮转化为硝酸态氮的时候，所以其他的一些原因，如中间物的生成和亚硝酸态氮的分解等等，都可以造成氮的损失，正因为这样，土壤中所测得的有效态氮含量，并不能准确地代表从饼肥中分解出来的氮素的全部。

在各种饼肥中就有效态氮素总量来看，依次为豆饼、花生饼、芝麻饼、青饼＞棉仁饼、生菜饼、棉籽饼＞熟菜饼＞柏饼。其中青饼虽然分解的速率较慢，但最后所产生的有效氮总量几乎和花生饼相等，这说明青饼是一种很好的氮素肥料，只是它的肥料效果较迟缓而已。

（3）经碱化预处理后的饼肥，在施入土壤后的氮素转化情况：有的农民为了避免饼肥施入土壤中的有害作用，以及加速饼肥的肥效，所以在施用前把饼肥和石灰、草灰和粪肥等搅和发酵，因此我们把豆饼、花生饼和生菜饼，分别以石灰和水、草灰和水，以及清水处理一星期，然后施入土壤中，分析土壤中有效态氮含量的变化，结果记载于表 4。

表 4　经预措处理后的饼肥在土壤中所产生的有效态氮数量的变化（百万分之一）

饼肥种类	预措项目	测定项目	日期									
			6月30日	7月2日	7月5日	7月9日	7月13日	7月18日	7月23日	7月30日	8月6日	8月13日
豆饼	加石灰	NH_4—N	157.5	220.5	359	165.5	82.25	66.5	36.75	63	60	26.25
		NO_3—N*	1.34	2	7.75	44.2	170.8	186.5	226.5	239	252	258
		总有效氮量	158.84	222.5	366.75	209.7	253.05	253	263.25	302	312	284.25
	加草灰	NH_4—N	187.5	280	280	101.5	78.5	49	52.5	77	35	35
		NO_3—N*	2.1	1.9	21.85	227.7	259.3	190.4	267.9	210	228	216
		总有效氮量	189.6	281.9	301.85	329.2	337.8	239.4	320.4	287	263	251
	加水	NH_4—N	217	376.25	322	147	147	152.25	121	70	61.25	63
		NO_3—N*	2	2.45	62.6	194.7	268.9	310.5	320	315	318	307.5
		总有效氮量	219	378.7	384.6	341.7	415.9	462.75	441	385	379.25	370.5
花生饼	加石灰	NH_4—N	210	266	350	94.5	54.25	38.5	26.25	80.5	30	0
		NO_3—N*	0	2	7.6	86	180	210	240	243.5	250.5	246
		总有效氮量	210	268	357.6	180.5	234.25	248.5	266.25	324	280.5	246
	加草灰	NH_4—N	231	259	315	108.75	89.25	42	59.5	80.5	38.5	42
		NO_3—N*	0	2.6	12.5	179.75	208	175	199.5	189	186	204
		总有效氮量	231	261.6	327.5	288.5	297.25	217	259	269.5	224.5	246
	加水	NH_4—N	374.5	409.5	271.25	174.25	170	150.5	121	94.5	91	93
		NO_3—N*	2.5	4.4	95.9	201	260.5	300	298	298.8	297.5	294
		总有效氮量	377	413.9	367.15	375.25	430.5	450.5	419	393.3	388.5	387
生菜饼	加石灰	NH_4—N	124.25	189	243.25	80.5	47.5	59.5	45.5	45	17.5	21
		NO_3—N*	0	2.4	16	89.1	129	175	210	216	210	220.5
		总有效氮量	124.25	191.4	259.25	169.6	176.5	234.5	255.5	261	227.5	241.5
	加草灰	NH_4—N	78.25	152.25	238	77	54.25	59.5	52.5	39	12.25	31.5
		NO_3—N*	0	2.4	12.2	96.3	159	163.5	165.8	220.5	219	223.5
		总有效氮量	78.25	154.65	250.2	173.3	213.25	223	218.3	259.5	231.25	255
	加水	NH_4—N	220.5	231	177	91	70	87.5	91	45.5	38.5	45.5
		NO_3—N*	3.5	4.2	54	144.8	156.8	205.5	177	233.5	225	215
		总有效氮量	224	235.2	231	235.8	226.8	283	268	279	263.5	260.5

表 4 中数字可用图 5~图 7 的曲线表示之。

从表 4 中可以看出，饼肥在施入土壤前，先用石灰、草灰或水处理一个星期，那么在施入土壤后，可迅速放出有效态氮（和表 3 比较）。即使在施入土壤的第一天，土壤中已经含有相当高量的铵态氮，而饼肥经用水处理过后含更多铵态氧，因此可以说明，很有可能有一部分氨，已经在饼肥预处理过程中损失了。至于硝酸态氮的大量发生则还需要经过 5 天左右的时间。这和微生物的发展有一定的关系。但是即使这样，也已经比没有经过处理的饼肥直接施入土壤中提早了几天，特别是单用水处理过的饼肥在施入土壤后的第 5 天就已经有较多量的硝酸态氮发生，而用石灰或草灰处理的饼肥，则硝酸态氮的大量发生显然较迟，由此可见，油饼在施入土壤前单用水处理，可使土壤中有效态氮提早大量释放，用作追肥，是有利的。

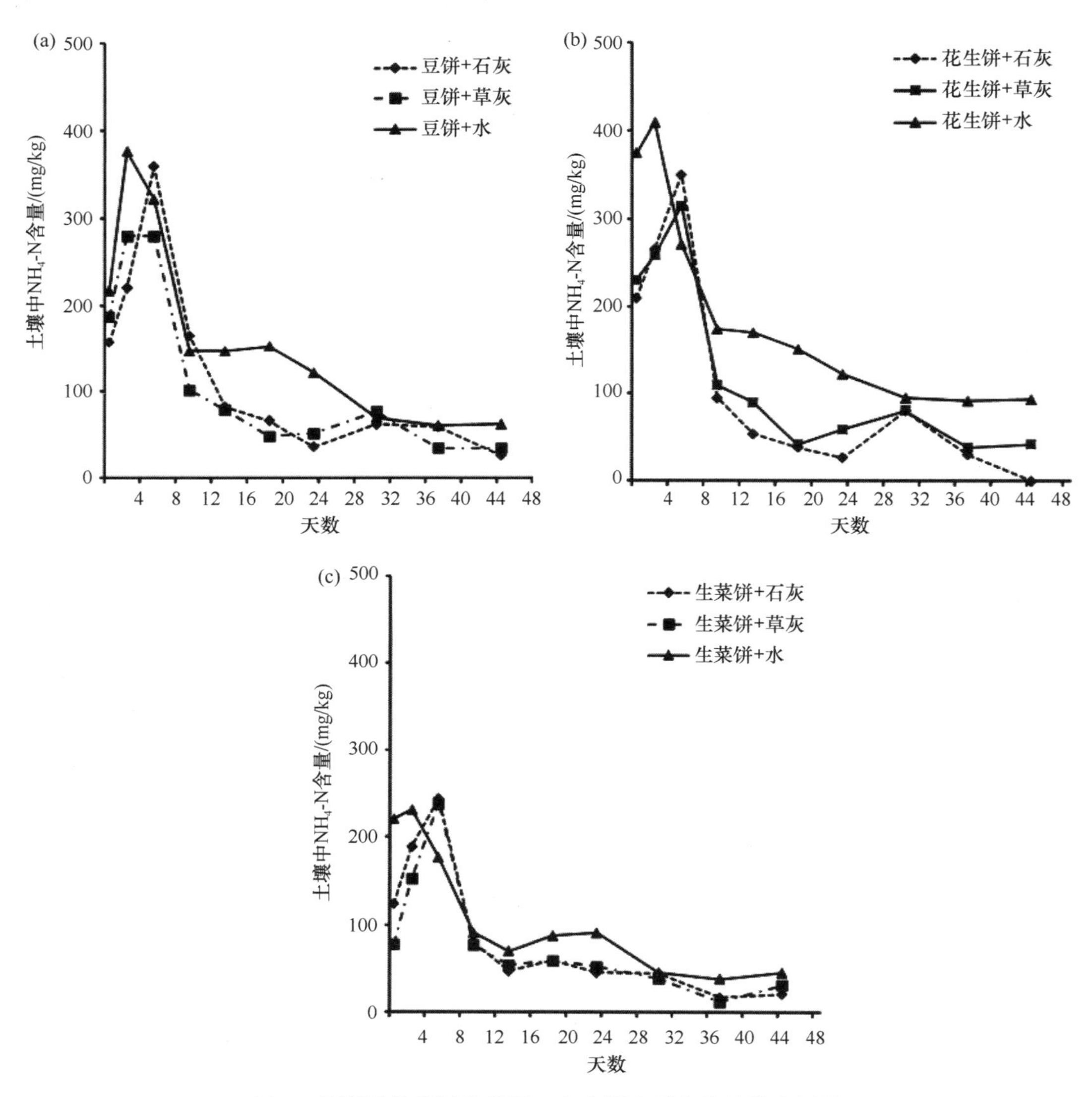

图 5　经预措处理过的饼肥，在土壤中所产生的铵态氮量

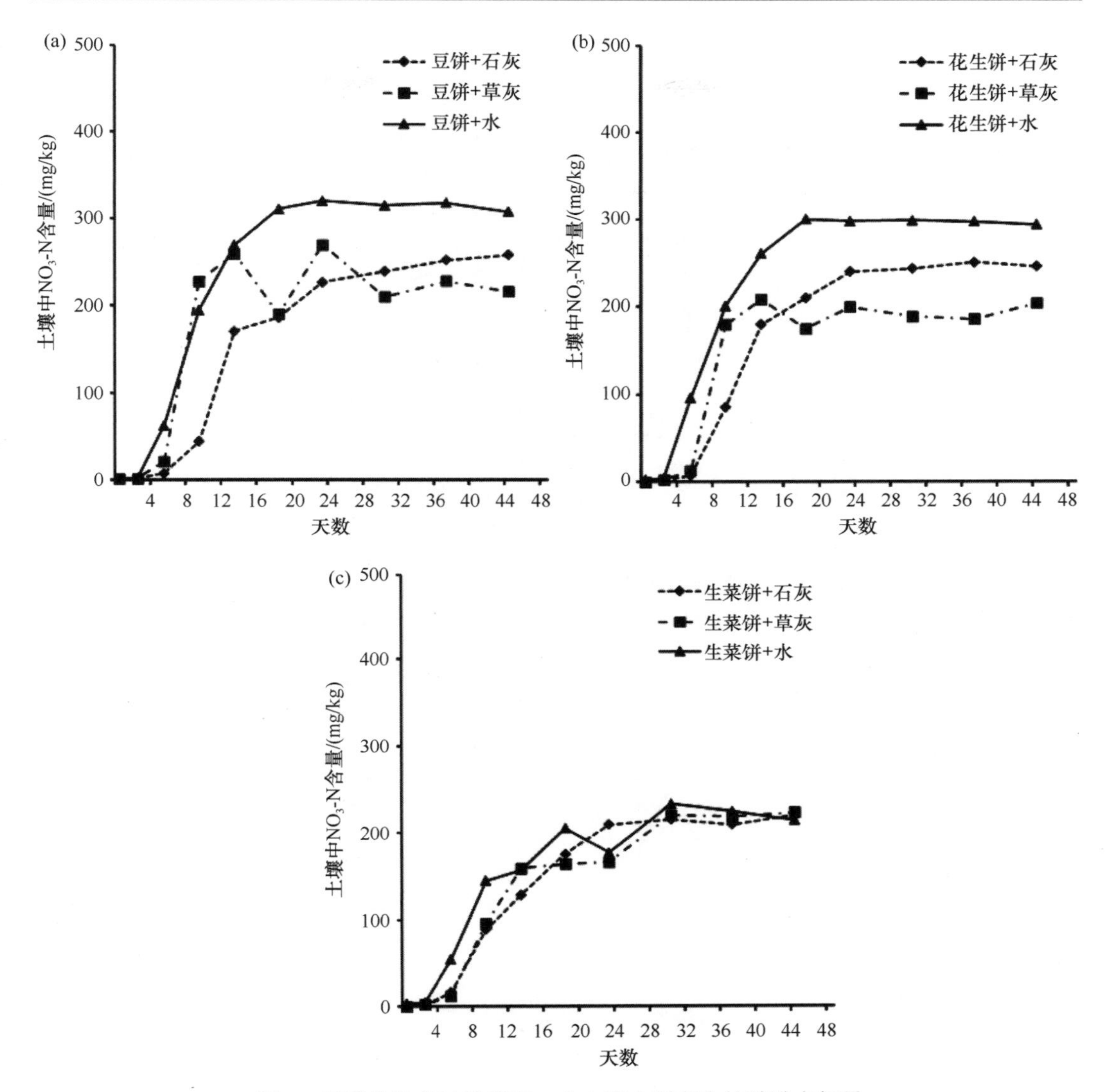

图 6　经预措处理过的饼肥，在土壤中所产生的硝酸态氮量

进一步看，这些饼肥经过各种处理后，土壤中总有效态氮的含量也有明显的不同，其中饼肥单用水处理过的，土壤中总有效态氮的含量高，而用石灰或草灰处理过的则低。特别是含氮量高的饼肥（如豆饼、花生饼）这种区别尤为显著。如果和没有经过任何处理直接施入土壤中的饼肥比较，同样也有很大的差别。我们认为，用石灰或草灰处理过的饼肥，可能是由于 pH 过高而影响了微生物的活动，也可能是由于 pH 的增加，使氨的挥发作用大大加强，同样因 NH_4^+和 NO_3^-相互作用而损失的氮也会增加[5]，这样就使饼肥中的一部分氮损失，而且是一个不小的数目，因此我们认为在农业实践中应用草灰和石灰处理饼肥，这一措施应考虑改进，为了加速饼肥的肥效，可在施入土壤前用水湿润 3 天至一星期，使它发酵，然后再施入土壤中，就可增加饼肥的速效性。

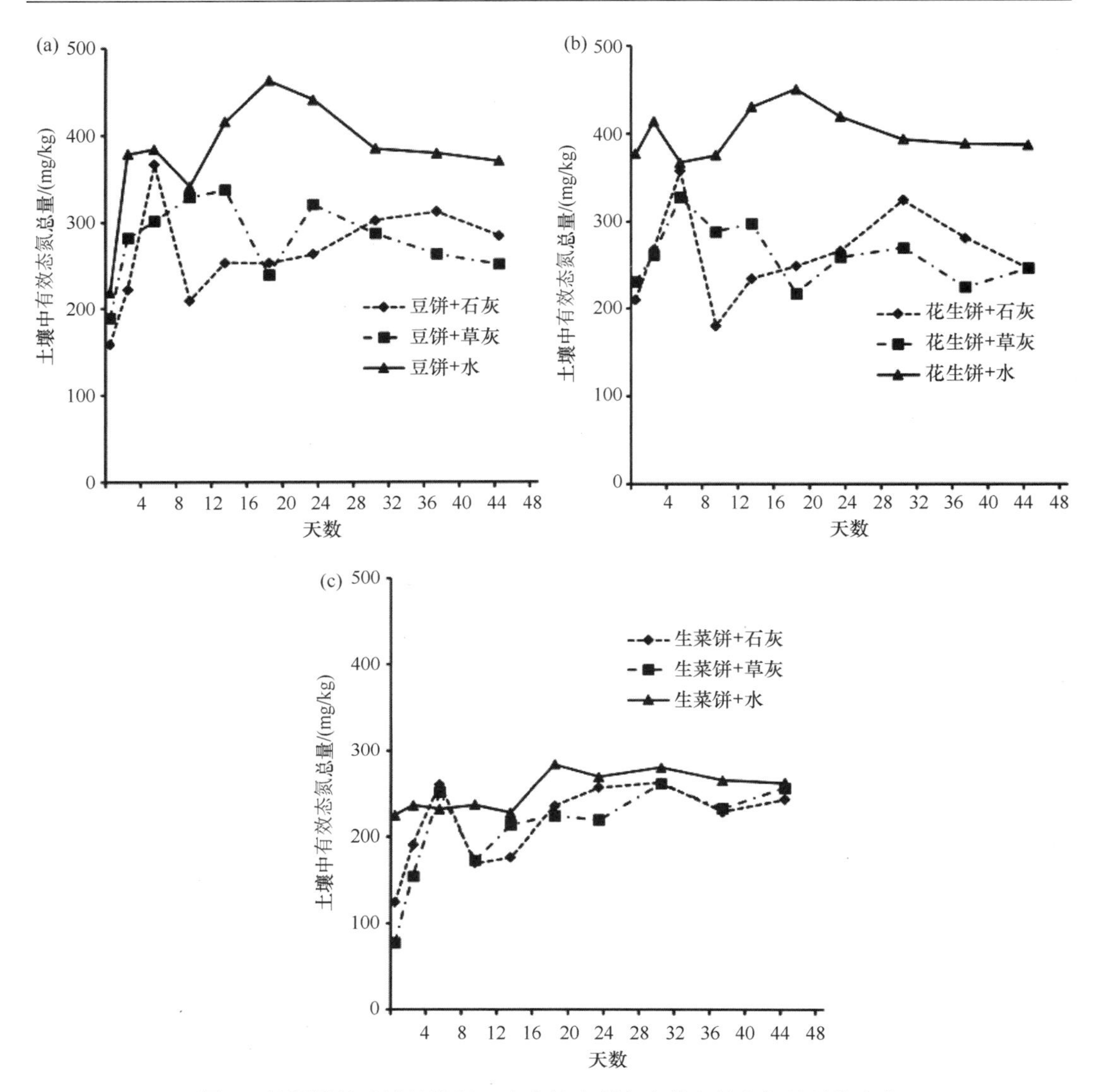

图 7　经预措处理过的饼肥，在土壤中所产生的有效态氮总量的变化

当然，从理论上看，以石灰和草灰等碱性物质处理油饼，可除去饼肥中的油分，从而促进饼肥的分解，应该比单用水处理的效果好。但是考虑到在我们这样的实验条件中，很可能有大量的氨挥发，因而减少了有效氮的总量，所以不能单从土壤中有效氮的总量来判断这些处理对油饼分解的作用。为了促进饼肥的分解，以及防止氮的损失，应该考虑到这些碱性物质的数量和施用方法等等。关于这些，都有待进一步研究。

四、摘要

研究了浙江省施用的 9 种主要饼肥在土壤中分解的情况，各种饼肥都经磨碎，并通过 20 孔筛。

实验证明，在夏天的温度下，饼肥施入土壤后即迅速分解，它的分解最盛时期是在一星期左右，此后即迅速下降，到两星期后，即渐趋稳定。

饼肥施入土壤后，铵态氮的大量发生是在一星期以内，此后即迅速降低，转化成硝酸态氮。硝酸态氮在一星期至两星期的时间内开始大量发生，到两星期后就渐趋稳定。土壤中有效态氮总量在各个形态转化过程中，有显著减少的趋势。

饼肥在施入土壤前用石灰、草灰或水处理一星期，可使土壤中有效氮提早发生，其中单用水处理的效果尤其好。实验证明，用石灰或草灰处理饼肥，使有效态氮大量损失，而用水处理则没有这种情况。

在本实验条件下，各种饼肥的分解速率依次为：豆饼、芝麻饼、花生饼、棉仁饼>棉籽饼、生菜饼、熟菜饼>柏饼、青饼。各种饼肥中氮素化合物转化后所产生的有效态氮总量依次为：豆饼、花生饼、芝麻饼、青饼>棉仁饼、生菜饼、棉籽饼>熟菜饼>柏饼。

参 考 文 献

[1] 科诺诺娃. 土壤腐殖质问题及其研究工作的当前任务. 北京: 科学出版社, 1956.
[2] Waksman S A. Humus, origin, chemical composition and importance in nature. The Willams and Wilkins Co, USA, 1938.
[3] Prince A L. Determination of total nitrogen, ammonia, nitrates and nitrites in soils. Soil Science, 1945, (56): 47-51.
[4] 席承藩. 碳氮率对于有机物分解与硝酸氮生成的影响. 中国土壤学会会志(1), 1950, 197-216.
[5] Wahhaab A, Uddin. Fazal. Loss of nitrogen through reaction of ammonium and nitrites ions. Soil Science, 1954, (78): 119-126.

水稻土养料速测法初步研究（Ⅰ）①

朱祖祥　何增耀　袁可能

一、引言

中华人民共和国成立以来，各地农业科学工作者在总结农民对于水稻丰产经验的基础上，逐步开展了水稻土肥力问题的研究；其中也着手进行了水稻土速测法的研究。这一研究的主要目的有三：第一，通过速测法对照作物对施肥的反应，来建立土壤中速效养料和作物产量的关系，为合理施肥提供科学的依据；第二，通过速测法来总结农民对水稻土施肥的经验，使这些经验能和速测分析联系起来，找出规律，从而更有效地指导施肥及其他有关土壤肥力的技术措施；第三，通过速测法来初步窥测水稻土在肥力上的特征，特别是水稻土中的养料动态。

我们认为利用速测法来研究土壤肥力，特别是水稻土的肥力，无论在理论上还是实际上都还存在着不少问题，有待解决。重要的如：第一，水稻土中所存在的速效养料究竟是何种形态？用通常的速测法所测得的水稻土养料，在水稻的营养生理上，究竟代表何种意义？它能否反映在水稻生长的质和量上？换句话说，也就是：用速测法所测得之养料，对水稻的有效度究竟应如何来理解？它能否代表水稻对养料的需要情况？第二，水稻土的淹水和还原状态特性，对于速测法的结果有何影响，如何克服？换句话说：目前普遍应用的速测法，是不是也能适用于水稻土？如果不适用，应如何进行修改？

要完全解决上述问题，是一项较为复杂的研究工作，其中包括土壤化学、水稻生理及水稻生物化学上的理论研究，我们认为土壤养分速测法在施肥诊断上的应用，其本身在理论上就有许多局限性。第一，用化学速测法所测得的养料很多在其形态类别上就很难有明显界限。第二，纵然它们代表了一定的化学形态，而其生理上有效程度如何，又是问题。第三，生理上有效的养料存在于土壤中，并不能保证其必然为植物所吸收。第四，土壤各种养料形态不断变化以及各种养料形态间的动态平衡，使速测法所测得的结果很难判定其意义。第五，土壤的其他性质将在不同程度上对植物的养料吸收作用及生长发育，产生直接或间接的影响，单纯地从土壤中速效养料出发来考虑施肥或判断肥力将会得出完全错误的结论，走上历史上曾经走过的农业化学派土壤学者的道路。虽然如此，速测法在了解土壤中速效养料的情况，以及通过对植物生长情况对照的试验后，在施肥上仍有一定的意义。鉴于上述复杂情况，目前关于速测法的研究，我们认为不是一个找寻理论根据的问题，而是一个方法的实用性的问题。我们对这个题目的研究，也是从这一角度出发的。

① 原载于《浙江农学院学报》，1956年，第1卷，第2期，267~280页。

二、实验部分

1. 水稻缺乏养料的形态特征及枝叶组织分析的方法

显然，要使速测法达到应有的效果，也就是速测法的结果能够代表土壤中速效养料的状况，那么必须结合观察植物的生长状况和进行枝叶组织分析，只有在这三者紧密结合的条件下，才有可能对速测法的准确性得出可靠的结论。但是很遗憾，过去对于水稻缺乏养料的形态特征，和适合于水稻的枝叶组织分析方法，都研究得比较少。因此，我们在研究土壤的速测法以前，首先进行了观察水稻缺乏养料的形态特征和枝叶组织分析方法的研究。这一试验是应用纯石英砂来进行盆栽的，处理如表 1 所示，我们所以先选用石英砂而不用土壤是由于石英砂的性质简单，养料在进入石英砂后基本上仍可以维持原来的状况不变，因之它的养料情况可以通过不同的肥料处理，来进行控制，而土壤中则由于有发生各种次生作用的可能，如磷酸固定作用等，故其养料状况就不易简单地通过肥料处理来进行控制。

表 1　石英砂栽培水稻的肥料处理

代表符号	处理（每钵质量/g）*		
	$(NH_4)_2SO_4$	$Ca(H_2PO_4)_2$	KCl
砂 $N_0P_3K_3$	0.1	0.3	0.3
砂 $N_1P_3K_3$	0.1	0.3	0.3
砂 $N_2P_3K_3$	0.2	0.3	0.3
砂 $N_3P_0K_3$	0.3	0.0	0.3
砂 $N_3P_1K_3$	0.3	0.1	0.3
砂 $N_3P_2K_3$	0.3	0.2	0.3
砂 $N_3P_3K_0$	0.3	0.3	0.0
砂 $N_3P_3K_1$	0.3	0.3	0.1
砂 $N_3P_3K_2$	0.3	0.3	0.2
砂 $N_3P_3K_3$	0.3	0.3	0.3

* 在石英砂栽培试验中，每钵 0.1 g $(NH_4)_2SO_4$ 的处理，相当于每亩（150 000 kg）3.18 kg 氮，每钵 0.1 g 的 $Ca(H_2PO_4)_2$ 相当于每亩 3.975 kg 磷，每钵 0.1 g KCl 相当于每亩 7.85 kg 钾。各处理所用药品都为“化学纯”。

石英砂栽培试验的处理　在一系列的玻钵中各装入等量的石英砂（1000 g），这些石英砂事先经过淘洗，并检定其中不含酸溶性的氮素、磷素和钾素养料。在每一玻钵中同时播入等量的水稻种子，待其出芽后间苗，使其所留枝数相等（20 枝）。各玻钵的肥料处理如下（重复一次）。生长期中灌溉水分都以自来水补充。因此微量元素缺乏问题是不存在的。

在播种一个月后，加施追肥一次，处理同上，但数量全部减半。播种 50 天后，也就是施肥后约 20 天，观察记录各玻钵中不同养料状况的水稻形态特征，并进行水稻植株的枝叶组织分析方法的研究。

水稻缺乏养料的形态特征　栽培在石玻钵中的水稻，在不同的养料情况下，经过 50 天后，其生长情形如图 1~图 3 所示。从图 1~图 3 中可以看出水稻生长高度和各个等级的肥料处理基本上是一致的。其中氮肥处理对水稻生长的影响最为明显，水稻生长高度亦因氮肥处理不同而分为4个等级，不同磷肥处理的水稻生长高度分为三级，其中$N_3P_2K_3$处理和$N_3P_3K_3$处理中水稻的生长高度几乎相等，这说明很可能是由于$N_3P_2K_3$处理中的磷肥数量，已能满足水稻生长的需要。不同钾肥处理的水稻生长高度则分为2级，其中

图1　不同氮肥处理的水稻生长情况

图2　不同磷肥处理的水稻生长情况

图 3 不同锌肥处理的水稻生长情况

砂 $N_3P_3K_1$、砂 $N_3P_3K_2$ 和砂 $N_3P_3K_3$ 的生长高度几乎相等，这也说明很可能是由于砂 $N_3P_3K_1$ 和砂 $N_3P_3K_2$ 中的钾肥数量已能满足水稻生长的需要（这两点可参考枝叶组织分析的结果）。由此可见，在试验中，水稻生长高度可以作为水稻缺乏养料的反应之一。

水稻幼苗缺乏氮、磷或钾的形态，见图 4。从图 4 中可以看出：当水稻缺氮、缺磷或缺钾时，是有一定的形态特征的，其情况大致如下。

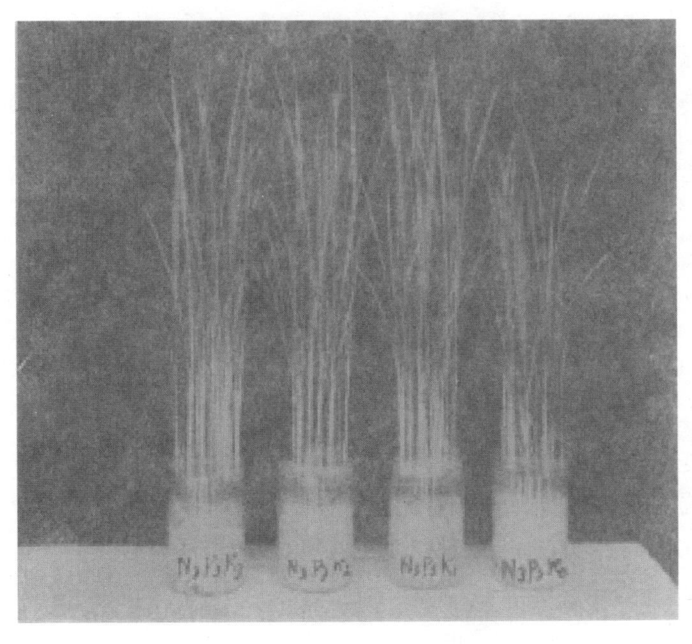

图 4 水稻幼苗时期缺乏养料的形态

缺氮：植株矮小，叶片细瘦，并向上直耸，叶片黄绿色至绿黄色，缺氮严重的，叶片自尖端开始焦黄，遍及全叶，甚至顶叶亦不可免，最后趋于死亡。

缺磷：植株较矮，叶片较窄，并向上直耸，叶色深绿偏蓝，略带紫色，基叶显紫红色。

缺钾：植株较矮，叶片较正常者柔软，中部及基部叶片自尖端开始发黄。

这些形态特征，可以帮助我们诊断水稻幼苗缺乏养料的情况。

水稻的枝叶组织分析 为了了解和建立水稻植株组织液中养料含量的情况，以及它和生长基质（砂）中速效养料情况的关系。我们进行了枝叶组织分析方法的研究，现将我们初步研究的方法步骤及结果分述如下。

（1）水稻植株中磷素的枝叶组织分析方法：参考桑登氏（Thornton）等法[1]。桑登氏等法中，虽然没有特别为水稻设计的枝叶组织分析方法，但是对于许多农作物特别是禾本科植物所应用的方法，是可以作为参考的。因此我们基本上采用了桑登氏的方法，但略加修正，分析方法如下：将新鲜水稻的顶叶剪成长 1~2 mm 的小片，混合后，称取 0.2 g 样本，置于试管中，加入钼酸铵试剂①10 ml，重摇 1 min 后，将植物浸出液倒入另一试管中，加入氯化亚锡溶液数滴，显色后，在光电比色计上以 680 nm 滤光片过滤比色。

（2）水稻植株中钾素的枝叶组织分析方法：这一方法主要也是参考桑登氏等[9]的方法，但略加修正，方法如下：将新鲜水稻的叶片剪成长 1~2 mm 的小片，混合后，称取样品 0.2 g，置于试管中，加入钴亚硝酸钠液②10 ml，重摇 1 min 后，将植物浸出液倒入另一试管中，加入乙醇 5 ml 95%乙醇混合，放置 3 min 后，比较其浑浊度。

（3）水稻枝叶组织分析时组织部位的选择：以上对于磷、钾的枝叶分析方法，在石英砂栽培的水稻植株上试用，都证明效果一般良好。为了决定枝叶组织分析时究竟应采取哪一部位的样品，使分析结果最能反映土壤中的养料情况，我们曾用上法对不同部位的枝叶，包括顶叶、叶鞘及基叶分别进行试验，分析结果见表 2。

表 2 水稻植株各部位组织中磷、钾的枝叶组织分析结果（单位为每一百万分组织浸出液中的含量）

水稻植株部位	不同肥料处理下组织浸出液中磷的含量				不同肥料处理下组织浸出液中钾的含量			
	砂 $N_3P_0K_3$	砂 $N_3P_1K_3$	砂 $N_3P_2K_3$	砂 $N_3P_3K_3$	砂 $N_3P_3K_0$	砂 $N_3P_3K_1$	砂 $N_3P_3K_2$	砂 $N_3P_3K_3$
顶叶	1	3.3	4.2	>5	20	20	30	30
叶鞘	<1	5	>5	> 5	0	60	60	60
基叶		3.2	5	> 5	0	40	60	80
植株高度/cm	38	42	54	66	42	54	60	56

分析结果表明，就磷而言采用顶叶和基叶作为样品的分析结果，和各肥料处理的等级基本上是一致的，同时和水稻生长情况对照基本上也是一致的，其中砂 $N_3P_2K_3$ 和砂 $N_3P_3K_3$ 的水稻生长高度相似，据我们的推测，可能是由于 $N_3P_2K_3$ 钵中的磷肥情况，或

① 钼酸铵试剂：溶 4 g 钼酸铵于 500 ml 水中，在搅动时，加入由 63 ml 浓盐酸及 437 ml 水配制的混合液，储于棕色瓶中。

② 钴亚硝酸钠液：溶 5 g 钴亚硝酸钠及 30 g 亚硝酸钠于水中，加入冰醋酸 5 ml，稀释至 100 ml 后，放置数日，将此液 5 ml 加入含亚硝酸钠 15 g 的 100 ml 水中，用乙酸调节至 pH 5.0。

植株中磷的数量，已经能够满足水稻那一生长阶段上的营养需要了。在以后的实验工作里证明，顶叶和基叶二者又以顶叶的分析结果比较明显。由于它们最能反映土壤中有效磷的状况，因此我们觉得以水稻的顶叶作为水稻磷的枝叶组织分析的试样部分，是比较适当的。

根据索高洛夫（A. B. Соколов）对燕麦及玉米进行试验的结果[2]，我们认为当植物对磷的需要没有满足的时候，植株组织液中无机磷的数量是维持一定水平的；但是在我们的试验中却未能发现同样的情况。另据格拉特可娃（К.Ф. Гладкова）应用放射性磷（同位素 ^{32}P）的研究结果[3]，认为植物顶部嫩叶组织中所含磷酸化合物较为稳定，而底部较老组织中所含磷酸化合物则常因肥料处理或土壤中有效磷含量而变化，故在施肥诊断上格氏[3]建议采用基叶较为适宜；而在我们的试验中，则顶叶较基叶更为明显，所以这只能作为进一步工作时的参考。

从表 2 中还可以看出，就钾而言叶鞘的枝叶分析结果是和植株生长情况相一致的，但和一部分肥料处理情况不符；而基叶的分析结果则和肥料处理相一致；但和一部分植株生长情况不符。我们认为，首先，石英砂栽培中砂粒基本上不会吸收钾肥，也就是说砂钵中的有效钾的情况，应该和肥料处理相同；其次，根据一般生物化学理论[4]，植株营养组织特别是输导组织中的钾素，绝大部分是无机状态的。从这两点看来，植株中的无机钾素应该和肥料处理有一定的关系。所以我们认为以基叶作为采样部位是适当的。至于和生长情况不符合这一点，我们认为可以解释为由于在砂的处理中钾素养料数量已经能满足水稻的要求了。

上述结果也可说明，这一方法，能够反映土壤中有效钾的状况，也可反映水稻植株中的钾素营养状况，因此这一方法可以适用于作为水稻植株中钾素的枝叶分析方法。

（4）水稻枝叶组织液中磷钾的临界浓度：我们知道植物从土壤中吸取的磷主要为 $H_2PO_4^-$形态[2,5]，这种磷酸离子进入植物体后，就随着导管输送至植物各部[6]，枝叶组织液中的磷主要反映出这一部分鳞的含量，它代表植物所吸入之磷和植物体内磷素同化量之差。如果组织液中无机磷缺乏，不足以供应植物同化作用的需要，那么植物生长将受到影响，反之如果组织液中无机磷很多，超过了植物体内同化作用的需要，则多余之磷将不会反映在植物生长上。因此，在植物生长的不同阶段，通过枝叶的组织分析对照植物的生长状况，我们就有可能找出该时期组织液中各种养料的临界浓度，在此浓度以下，植物生长将会受到影响，由此施肥，可以得到生长上的反映，在此浓度以上，则植物所需的养料已足，施肥将不会在生长上产生反应。根据这一理论我们如果分别研究表 2 中水稻磷的含量和其相应的植株高度，以及基叶组织中钾的含量和其相应的植株高度关系，就可以发现在本试验的栽培条件下，生长 50 天的水稻，其枝叶组织中磷的临界浓度（浸出液浓度）为 4 ppm①左右（顶叶），而钾的临界浓度（浸出液浓度）则为 40 ppm 左右（基叶），在以后的土壤栽培试验里，证明这一临界浓度基本上是正确的。但这里必须声明的是本试验所测得的临界浓度并不是一个绝对数值，故不能普遍应用。这个数值的意义，必须从下面这些因子中去加以肯定：①栽培条件；②品种；③生长发育阶段；④枝叶分析方法；⑤采样部位及时期。尽管如此，临界浓度的概念，以及它在施肥诊断上的意义，还

① 1 ppm=1×10^{-6}，下同。

是值得重视的。

（5）水稻植株中氮素的枝叶分析问题：水稻植株中氮素的枝叶分析是比较困难的。根据我们的检验，水稻植株各部位中所含的水溶性铵态氮很少，硝态氮则更少。虽然在水浸出液中加入纳斯勒试剂时，会发生大量的黄色或灰色沉淀，但是经我们用蒸馏法检验的结果，证明水浸出液中所含铵极少，所以这些黄色沉淀，大部分是植株中其他的水溶性物质在碱性溶液中发生的沉淀，这样就大大影响了铵的测定。因此可见，水稻植株中氮的枝叶分析不能应用这些简单的方法，而必须通过其他的途径。

2. 水稻土中速效养料的速测

为了主动地掌握土壤中有效养料的状况，我们对水稻土养料速测法的初步研究，是结合了一定肥料处理的土壤盆钵栽培试验进行的。

盆栽试验处理　在一系列的玻钵中，各装入等量的冲积土（1000 g），土壤的质地是细砂壤土、微酸性、无石灰反应。在每一玻钵中同时播入等量的水稻种子，待其出芽后，间苗，使其所留枝数相等（20 枝），各玻钵的肥料处理如下（重复一次）。

播种一个月后，加施追肥一次，处理同上，但数量全部减半。播种 50 天后，进行土壤速测分析，同时结合进行水稻生长情况观察，并进行枝叶组织分析。

水稻土中速效磷速测法的研究　在土壤速效磷的速测法中，目前最通用的方法，是在土壤浸出液中加入钼酸铵溶液，使成为钼蓝，然后进行比色。这一个方法在理论上不会受到水稻的还原状态特性的影响，在我们的工作中也未见这一方法应用于水稻土中发生任何还原物质的干扰，因此，在本试验中，我们就采用了钼蓝比色法。

表 3　土壤栽培水稻的肥料处理

代表符号	处理（每钵质量/g）*		
	$(NH_4)_2SO_4$	$Ca(H_2PO_4)_2$	KCl
土 $N_0P_3K_3$	0.0	0.3	0.3
土 $N_1P_3K_3$	0.1	0.3	0.3
土 $N_2P_3K_3$	0.2	0.3	0.3
土 $N_3P_0K_3$	0.3	0.0	0.3
土 $N_3P_1K_3$	0.3	0.1	0.3
土 $N_3P_2K_3$	0.3	0.2	0.3
土 $N_3P_3K_0$	0.3	0.3	0.0
土 $N_3P_3K_1$	0.3	0.3	0.1
土 $N_3P_3K_2$	0.3	0.3	0.2
土 $N_3P_3K_3$	0.3	0.3	0.3
土 $N_0P_0K_0$	0.0	0.0	0.0

* 在土壤栽培试验中，每钵 0.1 g $(NH_4)_2SO_4$ 的处理相当于每亩（150 000 kg）3.18 kg 氮，每钵 0.1 g 的 $Ca(H_2PO_4)_2$ 相当于每亩 3.975 kg 磷，每钵 0.1 g KCl 相当于每亩 7.85 kg 钾，所用药品均属“化学纯”试剂。

关于水稻土中磷的化合物的状态及其有效率问题，现在我们还知道得很少，因此在对水稻土中速效磷进行速测的时候，应选用何种浸提液最为相宜，就成了亟待解决的问题。目前我国各地最常用的非石灰性土壤速效磷的浸提液有下列几种。

（1）乙酸钠浸出液[7]：浓度 10%，pH 4.8。提取土壤浸出液时，以土壤 10 g，加入此浸提液 50 ml，振摇 30 min 后过滤。

（2）乙酸浸提液[8]：浓度 1∶3，其 pH 约为 3.2。提取土壤浸出液时，取土壤 2 g，加水 12 ml，加入此浸提液 1 滴，摇 1 min 后过滤。

（3）盐酸浸提液[9]：浓度为 0.1 N，pH 约为 1.1。提取土壤浸出液时，取土壤 1 g，加入此浸提液 10 ml，重摇 1 min 后过滤。

我们在土壤栽培中，应用上述的浸提方法，及钼酸铵显色法，分析各种肥料处理的土壤（分析样品是潮湿的土壤，但同时另采一份测定其含水量，以计算干土重量）。并同时结合进行枝叶组织分析和水稻外部形态的观察，在形态观察中，没有发现缺磷的症状。分析结果记于表 4。

表 4　水稻土中速效磷的速测分析与水稻植株的生长高度及枝叶组织分析结果对照

符号	土壤速效磷含量*			顶叶组织浸出液中磷的含量**	水稻平均生长高度/cm
	NaAc 浸提	HAc 浸提	HCl 浸提		
土 $N_3P_0K_3$	5	6	70	6	48
土 $N_3P_1K_3$	15	30	70	5	50
土 $N_3P_2K_3$	35	40	70	4	54
土 $N_3P_3K_3$	36	50	70	5	50

* 以干土计算，单位为 ppm；** 以组织浸出液计算，单位为 ppm。

这一结果表明，用乙酸钠或乙酸做浸提液的分析结果，虽然能符合施肥等级，但是与枝叶组织分析结果及水稻生长情况则显然不符；而用 0.1 N 盐酸浸提液分析的结果，则与水稻生长高度及枝叶组织分析结果基本上符合。从这一结果来看，本试验的土壤中原来所存在的能为水稻利用的磷素（即土 $N_3P_0K_3$ 处理中所含的磷），实际上已超越了水稻在那一生长阶段所需要的磷素。正因为这样，在各种处理的玻钵中（包括不施磷肥的玻钵土 $N_3P_0K_3$）反映在水稻植株的生长情况和枝叶组织中磷的含量上面都没有显著的差别，再从枝叶组织分析的结果来看，各项处理顶叶组织中磷的浓度，和上述砂栽培试验所求得的临界浓度（4.2 ppm 左右）比较，也都超过或接近这一临界浓度，因之不同磷肥处理对水稻生长高度自然也就不可能产生显著的影响。由此可见，用 0.1 N 盐酸作为浸提液的分析结果，比较能代表水稻土中可为植物利用的速效磷的含量。

水稻土中磷的状况，由于淹水关系，有其特殊之点，据三井进午[10]引奥干（M. Aoki）的研究，水稻土中的磷酸化合物，仅仅由于淹水关系，而大大地增加了其在酸性溶液中（pH 4.5）和碱性溶液中（pH>7）的溶解度。这种溶解度因 pH 不同而有剧烈变化的特征，和磷酸亚铁及铁的沉淀所表现出来的特性极相近似。水稻根际的土壤反应如一般所推测者为小于 pH 4.5，则水稻土对水稻速效磷的供应情况比同一土壤在非淹水条件下为优。在上述试验中，所用 NaAc 及 HAc 浸提液均远不如 0.1 N HCl（pH 近于 1）为酸，故其浸提所得的磷酸，并不能反映淹水条件下磷酸化合物的特征。另外，土壤学上无数文献已经告诉我们，水溶性的磷肥施入土壤中后，会和土壤发生各种复杂作用，产生所谓磷酸固定现象，这中间包括物理的、化学的、物理化学的，以至于机械的和生物学的作用[5]。水稻土的磷酸固定作用又有其特殊之处。据奥干[6]的试验，水稻土中施用磷肥［$CaH_4(PO_4)_2$］后，仅仅因为淹水的关系，所施磷肥在50天后，竟完全失其有效性，不仅不能在酸性溶液中（直至pH 3）也不能在碱性溶液中（直至pH 8）溶解。鉴于上述种种理由。因之在这里我们衡量土壤中速效磷的多寡，就不可能完全依据肥料处理中所施用的磷肥量，而应该对照着水稻的实际发育情况和枝叶组织中磷的实际含量多寡来判断。从上述分析的结果来看，显然只有用0.1 N HCl浸提所得之土壤速效磷含量是和水稻的生长高度及枝叶组织中含磷量是一致的。因之，我们认为以0.1 N HCl为浸提液的方法比较最能代表水稻土中速效磷的状况，因之也最适合水稻土的速测法的要求。但这一方法在水稻的不同的发育阶段上，是否皆能够适合，则还需作进一步的研究。

土壤中速效钾的速测法的研究 土壤中速效钾的测定一般应用钴亚硝酸钠和乙醇，使发生沉淀，然后进行比色。在理论和实际工作中都证明这一方法并不受水稻土特性的干扰，因此我们也就采用了这一方法。

在土壤速效钾的速测法中，我们也进行了各种浸提液的比较，其中主要是乙酸钠[7]和乙酸[8]两种，浸提液的配制和浸出方法与前相同。应用这两种浸提液所得的土壤浸出液中，加入钴亚硝酸钠和乙醇后，测定结果见表5，并同时进行水稻生长情况观察和植株枝叶组织分析作为对照，在形态观察中，没有发现缺钾的症状。

表5 水稻土中有效钾的速测分析与水稻植株生长高度及枝叶组织分析结果对照

符号	土壤速效钾含量*		基叶组织浸出液中钾的含量**	水稻平均生长高度/cm
	NaAc浸提	HAc浸提		
土 $N_3P_3K_0$	30	10	40	47
土 $N_3P_3K_1$	40	10	80	53
土 $N_3P_3K_2$	76	20	100	55
土 $N_3P_3K_3$	160	60	100	54

* 以干土计算，单位为ppm；** 以组织浸出液计算，单位为ppm。

这一分析结果表明，应用乙酸钠或乙酸作为浸提液的分析结果和肥料处理的等级基本上是一致的，和水稻植株枝叶分析的结果大体上尚一致，但水稻的生长高度的等级则不很明显。这一结果也表明：即使在不施钾肥的栽培钵中（$N_3P_3K_0$），植株中钾的数量也已经相当多了；植株中钾的这一数量（40 ppm），如果和石英砂栽培中的枝叶分析结果来比较，那么也已经接近或超过满足植物需要的临界浓度了。同时通过对$N_3P_3K_0$这一玻钵中土壤分析，结果表明含钾较低和组织浸出液中含钾接近临界浓度，我们可以相信，如果这一玻钵中的水稻继续生长，钾素就可能会不够。这一分析结果，一方面说明土壤分析必须结合植物枝叶组织分析，另一方面也说明本方法所测得的结果还是可以代表土壤中在当时的速效钾状况的。因此我们认为这两种浸提液都可以适用于水稻土。

关于土壤中速效氮速测法的研究　关于水稻土的氮素养料状况，我们还没有作过系统的研究，根据各方面文献报道，水稻土中的速效氮素，主要是以铵的形态存在的。三井进午[10]认为水稻土中除剖面的最上层因氧化位势高，故有少量稳定的硝态氮外，其大部剖面均以铵态氮素为主要的无机氮素形态，据此，我们在测 NH_4—N 时取样必须注意采取至少离表面 2 cm 深的土壤。

一般分析铵的方法，是采用土壤浸出液加入纳斯勒试剂，然后比色的方法。但这一方法在水稻土中应用存在着许多缺点，首先是还原性物质，常与纳氏试剂生成各种沉淀，因此在水稻土中加入纳氏试剂时产生的灰色或黄色等各种沉淀的量，并不能代表土壤中所含铵态氮的量。其次是水稻土中存在着大量的游离低价铁，这些低价铁离子很快被氧化成高价铁，如果浸提液是乙酸钠，就会生成乙酸铁，使溶液染成棕色，这一过程在夏天大概只要 1 h 左右，这些红棕色的物质，大大地增加了比色的困难，或甚至根本无法进行比色。

为了克服上述两个方面的缺点，我们试用了另一种新的简易方法（微量简易蒸馏法）来测定水稻土中的 NH_4-N，方法如下：取土壤浸出液 1 ml，置于表面玻璃之中心，加入 2N NaOH 0.5 ml，另取一较小的表面玻璃，中置滤纸一张（约 3.0 cm×0.7 cm），在滤纸上加纳氏试剂一滴，使之湿润，然后将较小的表玻面，复合于另一玻片之上，将两玻片置于 80℃之水浴上，加热 10~15 min，此时供试液中的铵蒸馏至滤纸上与纳氏试剂生成棕色，棕色深浅代表铵的数量，与标准色①比较其含量。

这一方法过去多在铵的定性分析上应用，但是经我们把铵的数量分成等级后，反映在滤纸上的颜色，也是十分清楚的，可以作为 NH_4—N 定量的基础。

为了进一步试验这一方法的可靠程度，我们曾经把各级标准铵液加到土壤中去，然后即以乙酸钠浸提液提取土壤中的速效氮，再用本方法测定土壤浸出液中的铵，测得结果和加入的铵量相符合，也就是说所加入的铵态氮能够全部收回。综上我们认为本方法是可以反映水稻土中铵态氮的情况的，在我们的试验里曾多次应用了这一方法，结果也证明它是可靠易行的。

三、讨论及摘要

通过我们这一次的初步工作，对于水稻土中养料速测法的研究有一定进展，主要有下列数点：

（1）获得了水稻缺乏养料时的形态特征的初步概念。

（2）初步肯定了水稻植株枝叶组织分析的磷钾分析方法，并确定了采样部位。

（3）利用石英砂的水稻栽培试验，找出了在试验条件下水稻枝叶组织中磷钾的“临界浓度”范围，并阐明了其在需肥诊断上的意义。

（4）对于水稻植株的氮的枝叶组织分析的方法进行了研究，明确了水稻植株中水溶氮数量很少，并且不能用简单的纳斯勒试剂显色法测定，必须另找途径。

① 标准色的配制：以氯化铵标准液配成含铵各为百万分之 2、5、10、15、20、30 的供试，按上法显色后，即为标准色。

（5）肯定了以钼酸铵显色法来测定水稻土中的有效磷的方法，并且建议用 0.1 N 的盐酸作为浸提液。

（6）肯定了以钴亚硝酸钠沉淀比浊法来测定水稻土中有效钾的方法，进行了浸提液的比较，并确定乙酸钠和乙酸浸提液适用于水稻土的分析。

（7）明确了水稻土中铵态氮分析的困难及其原因，并且试用了新的微量简易蒸馏法来测定水稻土浸出液中的铵态氮，获得了良好的结果，建议今后采用。

显然，由于时间及种种关系，我们的工作是不够细致深入的，分析的样品也不够多，特别是还没有经过田间速测的考验，这些只能在新的一年里，以进一步的工作充实它。

参 考 文 献

[1] Thornton S F, Conner S D, Frazier R R. The use of rapid chemical tests on soils and plants as aids in determining fertilizer needs. Purdue University Agricultural Experiment Station, 1939, 204: 1-16.

[2] Соколов А В. Агрохимия Фосфора, 1950, Стр. 23-26, 46-50, Изд-во АН СССР.

[3] Гладкова К Ф. ФосФосфорное Питаиие Растеній и Обмен Фосфорных Соединений в Растениях в Завимости от Сроков и Сноcбов Внесния Фофагов. Применэние Изотопов при Агрхимических и Почвенных Исследованиях, 1955, Стр.63-142, Изд-во АН СССР.

[4] Ulich A. Physiological bases for assessing the nutritional requirements of plants. Annual Review of Plant Physiology, 1952, 3: 207-228.

[5] Аскинаэн д л. Фосфатный Режпм и Иэвесткование Почв с Кислой Реакцией, Стр. 98-131, Изд-во АН СССР.

[6] Arnon D I. The physiology and biochemistry of phosphorus in green plants. Soil and Fertilizer Phosphorus in Crop Nutrition. New York: Academic Press, 1953: 1-39.

[7] Peech M, English L. Rapid Microchemical Soil Teats. Soil Sci, 1955, 57: 167-195.

[8] Spurway C H, Lawton K. Soil testing, a practical system of soil diagonosis. Michigan State College, Agricultural Experiment Station, 1944: 132.

[9] 中国土壤学会第一次代表大会暨土壤肥料工作会议汇刊. 中华人民共和国农业部土地利用总局编印, 第 89 页.

[10] Mitsui S(三井进午). Inorganic nutrition, fertilization and soil amelioration for lowland rice. Tokyo: Yokendo Ltd, 1955.

水稻与各种冬季作物轮栽对于土壤构造的影响①②

朱祖祥　袁可能

一、引言

在耕作土壤的表层中，最富肥力意义的构造形式为团粒构造。关于团粒构造对一般旱地土壤的肥力意义，经过苏联土壤学家威廉士的研究，早已为大家所熟知，但在水田中，团粒构造在肥力上的作用，尚缺乏系统的研究。关于这方面，作者准备以后另作报告说明团粒构造在水田中的特殊作用，现在需要指出的是：根据近几年各方面对丰产水田的研究结果，证明团粒构造对于水稻土的肥力，同旱地土壤一样，也起着重要的良好的作用。

团粒构造对于水田土壤的肥力，既然同样具有重要意义，如何提高及恢复水田土壤的团粒构造，就成为水田土壤管理上的重要任务之一。威廉士的学说，苏联农业上所广泛推行的草田农作制（多年轮作），以及最近的马尔采夫耕作法（一年轮作），都证明合理的轮作制度，结合一定的耕作措施，是恢复及促进土壤团粒结构的最有效的方法。我国农民长期以来也有在水田中轮种冬旱作的习惯，但各种轮作制度对于土壤构造的影响如何，尚未见研究。为了更好地指导农业生产，必须对于在水田中轮种各种冬作所产生的对土壤肥力的影响有科学的认识。我国农民耕种经验丰富，数千年以来，创造的轮栽方法也很多，本试验目的即在比较我国南方水稻区域中较普遍的几种一年轮栽方法，研究其对土壤构造的影响，以供拟订轮栽制度时参考。

二、试验材料及方法

本试验地是在冲积性母质上经耕作而熟化的土壤，剖面发育不显著，质地是细砂壤土，寻常年份地下水位常在 1 m 左右，前作物是水稻。土壤的其他主要性质见表 1。

表 1　试验地土壤之主要性质

pH	有机质/%	各级水稳性团粒之百分数/%				
		>5 mm	5~2 mm	2~1 mm	1~0.5 mm	<0.5 mm
7.1	1.104	50.4	17.6	8.4	6.0	17.6

本试验地之夏季作物是水稻，冬季分别给以休闲和种植紫云英、苜蓿、油菜、蚕豆、小麦、大麦和豌豆等 8 种处理，各重复 3 次，每小区面积为 300 平方尺，所有各区水稻

① 原载于《浙江农学院学报》，1957 年，第 2 卷，第 1 期，115~120 页。
② 刘嫩春同志曾短期参加过本试验的田间管理工作，特此致谢。

的栽培及田间管理方法均相同。冬作紫云英为撒播；苜蓿为条播，行距 4 尺；油菜点播，行株距各为 1 尺；蚕豆和豌豆行距各为 1.5 尺，株距各为 1 尺；小麦和大麦条播，行距各为 1 尺。施肥计冬季施人粪尿一次，春季施人粪尿一次。其他操作，一如农家所为。冬作除小麦、大麦和油菜于成熟后连藁杆收起外，其余都于第二年春季当作绿肥，翻入土中。休闲处理则在水稻收获后，不再进行耕犁除草等任何农事操作，直至第二年春季始再耕翻整田插秧。

本试验共历时两年半，中间经过 3 次冬作，2 次水稻（夏作），试验结束于第三次冬作收获以后。试验结束后，采取各试验区耕层土壤的样品，经过室内风干后，分析其有机质和各级团粒的含量。所采用的分析方法如下。

土壤有机质的测定，采用华克莱（Walkley）及勃拉克（Black）二氏的重铬酸钾滴定法[1]。

团粒分析采用育特（Yoder）氏之湿筛法[2]。铜筛筛孔直径分别为：5 mm、2 mm、1 mm、0.5 mm、0.25 mm 及 0.1 mm。

三、结果与讨论

试验及分析结果综合于表 2 中，表 2 中数字均为三个土样的测定数的平均值。

表 2　各试验区土壤之团粒组成

处理		各级水稳性团粒之百分数/%					有机质含量百分数/%
		>5 mm	5~2 mm	2~1 mm	1~0.50 mm	<0.5 mm	
休闲	1	80.0	9.4	3.2	3.8	3.6	1.17
	2	73.0	8.8	9.6	3.6	5.0	1.24
	3	78.4	8.8	4.8	4.6	3.4	1.31
	平均	77.1	9.0	5.9	4.0	4.0	1.24
紫云英	1	42.4	35.0	15.0	2.0	5.2	1.38
	2	44.4	28.4	17.8	3.6	5.8	1.52
	3	46.6	40.0	8.0	1.2	4.2	1.45
	平均	44.5	34.5	13.6	2.3	5.1	1.45
苜蓿	1	78.6	7.0	9.6	1.4	3.4	1.21
	2	64.4	20.4	7.2	3.2	4.8	1.10
	3	78.4	7.6	8.8	0.8	4.4	1.28
	平均	73.8	11.7	8.5	1.8	4.2	1.20
蚕豆	1	72.4	14.0	9.6	1.8	2.2	1.28
	2	72.0	7.8	14.2	1.2	4.8	1.20
	3	79.2	8.2	5.2	3.4	4.0	1.14
	平均	74.5	10.0	9.7	2.1	3.7	1.20
豌豆	1	63.0	20.4	11.0	1.8	3.8	1.24
	2	63.8	18.1	10.4	3.2	4.5	1.20
	3	80.0	5.2	9.8	1.2	3.8	1.10
	平均	68.9	14.6	10.4	2.1	4.0	1.18

续表

处理		各级水稳性团粒之百分数/%					有机质含量百分数/%
		>5 mm	5~2 mm	2~1 mm	1~0.50 mm	<0.5 mm	
油菜	1	77.6	6.0	11.4	1.8	3.2	1.04
	2	83.4	2.8	7.0	2.4	4.4	1.17
	3	72.4	8.8	8.6	2.2	8.0	1.10
	平均	77.8	5.9	9.0	2.1	5.2	1.10
小麦	1	89.4	3.6	2.6	1.0	3.4	1.07
	2	84.4	6.6	1.8	2.6	4.6	1.14
	3	89.6	1.6	1.6	1.2	6.0	1.07
	平均	87.8	3.9	2.0	1.6	4.7	1.09
大麦	1	78.6	3.0	9.6	1.4	7.4	1.10
	2	86.6	7.4	1.2	1.0	3.8	1.10
	3	78.8	6.1	8.8	1.2	5.1	1.10
	平均	81.3	5.5	6.5	1.2	5.4	1.10

对照表 1 及表 2 的数值，可见试验田土壤，经过两季的水稻及三季的冬作栽培以后，其有机质含量及团粒构造的情况都有所变化。如把试验前的土壤与休闲田的土壤比较，则其直径在 5 mm 以下的各级构造体都显著地减少了，而直径在 5 mm 以上的团粒则有了显著地增加。这一增减趋势主要应归于试验前的土样和试验后的土样所代表的轮作季节不同，前者是在水稻收割后的已翻耕土壤上采取的，后者是在冬季休闲后水田整田前的未翻耕土壤上采取的。因此，在发生学上，前者基本上反映了水稻生长时土壤构造的影响，后者则反映了冬旱地的构造形成条件。也正因如此，在本试验里要研究土壤性质在轮作中的变化，合理的比照标准不是试验前的土壤，而是休闲田的土壤。

以休闲田土壤为对照，表 2 的数字显示出不同冬作处理对于直径小于 1 mm 的团粒是没有影响或影响很小的（包括休闲处理在内，各处理土壤中所含直径小于 1 mm 的团粒，均变化于 6%与 8%的两极端数值之间，只有大麦区土壤含 5%，算是例外）。在直径大于 1 mm 的各级团粒构造中，值得注意的是 1~2 mm 及 2~5 mm 两级团粒的百分数。因对一般土壤而言，这种大小的构造在肥力上的意义是较明确而有利的。至于直径大于 5 mm 的构造，则经过水稻轮作之后，在水田耕作的一系列操作影响下，实际上将必然趋于破裂，因之它的重要性是暂时的，至少在水稻土中，它对肥力的意义是不及较小的团粒的。

从直径为 1~5 mm 的团粒在土壤中所占百分数的大小来看，冬作中以豆科绿肥的紫云英对促进团粒最为理想。苜蓿在本试验里不及紫云英，但要声明的是由于土壤排水不良及其他原因，在本试验中黄花苜蓿的生长不及紫云英繁茂，设若土壤条件良好，栽培得法，我们有理由相信它会繁茂的，而且我们相信黄花苜蓿对团粒结构的促进作用，可以和紫云英相当。

在对团粒的影响上，和豆科绿肥显然不同的，是禾谷类的大麦和小麦，和十字花科主根作物的油菜。在这些冬作区里，直径为 1~5 mm 的团粒百分数，甚至比休闲田的土壤还少，这说明它们对团粒结构不仅无益，相反地有破坏作用。除这两类作物之外，豆科主根作物如豌豆及蚕豆，对团粒构造亦有一定的促进作用，而其中尤以豌豆较为显著。但总的说来，它们的影响不及紫云英。这种差异的主要原因可能有二：第一，在轮作过程中，不同冬作有不同的栽培和耕作技术，主要为对中耕的要求不同，这就不能不影响到土壤的结构；第二，它们根系性质的悬殊，也显然会影响到土壤结构的生成。

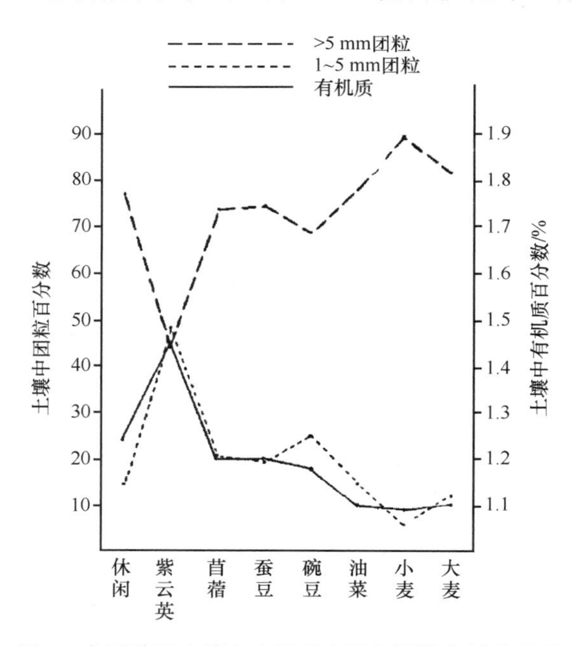

图 1　各试验区土壤中有机质含量与团粒含量的关系

比较表 2 中各级团粒构造在各区土壤中的分配情况，和土壤中有机质的含量百分数，我们不难发现它们之间的相关。图 1 表示直径为 1~5 mm 的团粒在各处理间的变化和土壤中有机质含量的变化的关系。从图 1 中的曲线可以看出直径为 1~5 mm 的团粒含量变化基本上是和土壤中的有机质含量变化相一致的。这一致性说明了有机质是促进直径为 1~5 mm 的水稳性团粒的重要物质。同样，我们如果把直径大于 5 mm 的构造单位的百分数也绘在同一图上，则可以看到它在各处理间的升降趋势，和有机质的含量不仅不相一致，而且有相反变化的趋势。这说明本试验中所测定的直径大于 5 mm 的构造单位，很可能不属于团粒的范畴，至少在本质上和直径为 1~5 mm 的团粒不同。它们的形成不依赖于有机质的存在。

如果把本试验所揭露的一年生豆科绿肥显著增加了水田土壤的有机质含量和促进了团粒构造的结果，和浙江地区的气候条件（在绿肥翻耕时较湿润）及试验地的水分条件（地下水位较高）综合起来，则再一次证明了马尔采夫对于一年生植物在一定的气候条件下，配合一定的耕作方法，可以有利于土壤有机质的累积和团粒构造的发展的分析[3]。从维护水田土壤的团粒构造的角度来看，在浙江地区推行多年生豆科植物的轮栽，是没有必要的。但在一年生豆科绿肥中，紫云英与苜蓿之间，究竟选择何者为宜，则尚须结合土壤条件加以考虑。

四、摘要

本试验的一年轮作制，包括单季水稻与下列冬作的轮栽：紫云英、苜蓿、蚕豆、豌豆、油菜、小麦及大麦。另以冬季休闲作为对照。经过3次冬作，2次水稻（夏作）的轮栽，结果如下：

（1）冬季种植一年生豆科绿肥，能够增加土壤中有机质含量。其中以紫云英最佳，苜蓿、蚕豆、豌豆等次之。

（2）在水稻与紫云英轮作的土壤中，直径为1~5 mm的团粒含量有显著的增加。水田中的其他豆科绿肥，如苜蓿、蚕豆、豌豆等，也能维护土壤中的团粒构造，但其效果较差。水田中禾谷类冬作轮栽或油料作物轮栽，对于土壤中直径为1~5 mm的团粒含量，均有破坏作用。

（3）各轮作区，凡土壤有机质含量较高的，其直径为1~5 mm的水稳性团粒也比较多；而其他大小的构造单位，和有机质的多少无关。

参考文献

[1] Walkley A, Black T A. An examination of the Dagtjareff method for deter-mining soil organic matter and a proposed modification of the chromic acid titration method. Soil Science, 1934, 37: 29-38.
[2] Yoder R E. A direct method of aggregate analysis of soil and a study of the physical nature of erosion losses. Journal of the American Society of Agronomy, 1936, 28: 337-351.
[3] Малъцев Т С. О методах обработки почвы спосбствуюшпх получению высокнх и устойчивых урожаев седъскохозяиственных кудътур. Седьское Хозяиство 8 авг, 1954.

水稻土养料速测法的初步研究（II）①

袁可能　何增耀　翁振定　朱祖祥

一、引言

在 1956 年的《水稻土养料速测法的初步研究（I）》的报告里[1]，我们曾根据系统试验的结果，初步提供了水稻植株枝叶组织中以及水稻土中磷养料的速测方法，并同时介绍了一个新设计的速测土壤中铵态氮的简易微量蒸馏法。此外，报告中还对组织分析的采样部位的选择和土壤浸提液的选择，进行了试验，作出了建议。为了便于目测诊断，报告里也曾描述了水稻植株在缺乏氮、磷、钾养料时的某些形态特征，以及它们在营养诊断学上的意义。

在上述报告提出后，我们又反复地进行了和第一报告大致相同的试验，这些试验的结果证明上文中的各项结果有一定的重复性。此外，我们还对水稻植株中氮素养料的速测方法继续进行研究，并且把上文中所建议的速测法实际应用于田间试验中，以求进一步检验应用这种速测法以指导生产的实践意义。这一报告的目的，主要就是叙述这些试验的主要结果，并对土壤中的铵态氮和植物组织中的胱胺态氮的测定方法，作进一步的说明。

二、水稻植株中氮素养料的枝叶组织分析方法

在前一报告里[2]我们曾提到通过我们的分析检验证明在水稻植株中几乎不含任何游离态硝酸盐。水稻的这种生理生化特征，不难从水稻土的特性上找到原因。许多研究工作都已证实水稻土中速效态氮素养料的存在状况是以铵态氮为主，而只有在靠近表面 2 cm 左右的土层内才可能有硝酸态氮素养料的存在，因此水稻在其自然条件下就不能不以铵态氮作为其氮素营养的主要来源。

普里亚·尼施尼科夫的工作[3]证明：植物从外界环境里所吸收的氮的形态不论其为硝酸态、亚硝酸态、铵态，到了植物体内后，在其利用的最初阶段，都将还原为铵态。在酶的影响下，这种铵和有机酸相结合，形成为合成蛋白质所必需的完整的大氨基酸组。普里亚·尼施尼科夫的这一工作告诉我们，由水稻根部吸入的铵态氮在其以后生理生化的合成过程中不可能再变成硝酸态氮。

水稻所吸收的氮素既然主要为铵态氮，而在铵态氮进入水稻植株后又不可能转化成硝酸态氮素，因此用普通的组织分析方法，对植株组织进行硝酸态氮的检定，从而诊断土壤中有效态氮素的供给状况，这对水稻来说已失去其应有的理论基础而成为没有意义

① 原载于《浙江农学院学报》，1959 年，第 3 卷，第 12 期合刊，149~154 页。本试验完成于 1956 年。

的事了。

基于此，对植株组织进行铵态氮的检定，看来应是诊断水稻氮素营养的一个方向，但在这方面仍然还存在着两个问题需要解决。这两个问题，一个属于纯方法上的问题，另一个则牵涉到生理生化的理论问题。

首先就分析的方法来说，目前最适用的定氨速测法是采用纳氏试剂来显色的。我们曾企图用浸提液把植株中的水溶性铵盐浸提出来，然后加纳氏试剂进行测定，但是试验结果表明组织浸出液常含有一些溶解性的胶体、碱土金属离子和有机酸（如草酸等）等，这些混杂物在加入纳氏试剂时或者发生大量黄色沉淀，或者使溶液混浊，干扰了比色，使测定的精确度受到了根本性的影响。

其次，根据植物生物化学的一般理论，氨在植物体内的累积对植物是有毒害作用的，它不能像硝酸态氮素那样，在进入植物体内后，仍可以以原来形态暂时储存在输导组织里。因此在水稻土里即使有效态氮素的供应十分充足，也不可能在水稻植株内检查出有铵态氮的累积，它在进入植株中后就很快地转化为简单的含氮有机化合物。根据普里亚·尼施尼科夫的报告，在碳水化合物有充分储存或供应时，植物体内的多余铵就转变为天冬酰铵和谷氨盐胺等对植物无害的化合物（天门冬氨盐胺和谷盐胺在植物有机体中与尿素在动物有机体中具有同等的作用）。根据这些理论，水稻所吸收的氮素形态虽然是以铵为主，但水稻中铵态氮供应多少，并不反映在植株组织中氨的含量上，而可能反映在其胱胺类化合物的含量上。因此，诊断水稻土中铵态氮供应的余亏情况就不能不依靠检验植株组织中胱胺态氮的含量多寡了。

水稻组织内胱胺的积累，既然可能是氮素营养充足的标志，那么在对水稻组织进行氮素分析时就必须考虑这些胱胺类化合物的含量。鉴于速测法的基本特征及胱胺类化合物的化学特性，我们考虑把这类化合物水解，分离出氨来加以测定。水解胱胺有三种途径，一是用酸，二是用碱，三是用盐。我们选择了用碱水解的方法，因为它具有许多优点：①用碱水解时间较短；②水解后所得到的氨可以直接蒸馏，不需另加试剂；③手续简便，合乎速测法的要求。反之如果用酸水解，则时间长，而且在测空气氨的时候，还有许多手续。至于用酶水解，那就更繁复了，对速测法来说，是不适宜的。

测空氨的方法，原则基本上和本文第一报中关于土壤中铵态氮的速测方法相同，只是具体手续稍有不同，兹说明如下：取水稻叶片数片，剪成1~2 mm的碎片，充分混合后，称取样品0.1 g，置于平口小玻皿中（直径约4 cm，高1 cm，可用扁平称量瓶的底部代替），加入2 N NaOH 5 ml。另取一较大表面皿，中置滤纸一张（约3.0 cm×0.7 cm），在滤纸上加纳氏试剂1~2滴，使之湿润为止。将表玻片覆盖于玻皿上，放在80~90℃的水浴上，加热约15 min。这时液体中的氨已经蒸馏至滤纸上与纳氏试剂作用呈棕黄色。滤纸上棕黄色的深浅代表铵的数量，取下与标准色比较。标准色的配制方法见本文第一报。

这个方法是否能够反映氮素养料的供应情况，必须由实际的栽培试验来验证。为此，我们布置了一个盆栽试验，所用的土壤是冲积性母质的水稻土，质地为细砂壤土，微酸性，无石灰反应。每钵装土15 kg，播入等量的水稻种子，出芽后，间苗，每钵各留苗30株。在各盆钵的肥料处理中，除了磷、钾和微量元素有足够的数量以外，氮的处理分为 7 级，分两次施下。第一次在出苗后 30 天，第二次在出苗后 60 天，分别施硫酸铵 0 g、0.5 g、1.0 g、1.5 g、2.0 g、2.5 g、3.0 g。每次施肥后数天，分别测定土壤及植株中铵态氮的含量。应用上述的方法测得的结果如表 1 所示。

表 1 水稻土和水稻植株中铵态氮的速测分析结果

氮肥处理（每盆硫酸铵质量/g）	土壤中铵态氮含量*（百万分之一）		水稻组织浸出溶液中铵态氮**（百万分之一）			生长状况
	第一次	第二次	第一次	第二次		
			基叶	顶叶	基叶	
0	<10	10	5	15	5	茎叶萎黄，生长矮小
0.5	20	10	8	15	8	叶片呈黄绿色
1.0	40	10	10	18	10	生长良好
1.5	40	35	15	18	15	叶色深绿
2.0	50	50	18	20	10	生长茁壮
2.5	90	75	15	20	12	叶片柔软
3.0	75	75	18	30	15	茎叶茂盛，叶片下垂

* 以 10% NaAc 为浸提液；** 以组织浸出液中含量计算。

表 1 表明，茎叶组织分析的结果，其趋势基本上和水稻土的速测结果相一致。同时根据我们试验过程中对水稻生长情况的观察，也证明这样的分析结果和水稻的生长情况是大致符合的。因此这个方法可以推荐作为判断水稻中氮素营养状况的速测方法。

当然，分析时取样的部位，仍然是一个重要的问题。根据我们的经验，叶色枯黄的叶片，是不宜采用的，因为这些叶片中所含的游离铵态氮很多，因此取样的时候应该尽量避免，即使是叶片尖端或边缘的一部分，也应该弃去。取样应尽可能采取正常的、健康的、有代表性的叶片。特别应注意叶片的颜色，否则会造成误差。至于采样的部位，我们曾经做了基叶和顶叶的比较试验，其结果已列于表 1 中。从这个结果看起来，这两种部位的样品，都各有其一定的代表意义，但是它们的具体定量是不同的，顶叶显然比基叶要高一些，因此，这也是可以理解的。

另外一个问题是水稻茎叶组织分析中铵态氮的临界浓度的标准问题。关于临界浓度的问题，我们在《水稻土养料速测法的初步研究（Ⅰ）》中已经作了详细的分析，至于氨态氮的临界浓度当然也要看植物生长情况而定。根据我们对生长 30 天和 60 天的幼苗的观察，其临界浓度（浸出液浓度）在基叶中为 10%~15%，在顶叶中为 20%左右。当然这个浓度数值，也必须根据具体条件进行矫正。

三、速测法在水稻生产实践中的应用

以上讨论，偏重于速测法方法上的问题。验证这些方法的根据是溶液培养、砂培及自然土壤在盆栽试验条件下受控制的速效养料含量。为了进一步考查这样指导出来的速测法，能否在水稻的生产实践中对施肥工作起指导作用，我们曾在 1956 年布置了一个简单的田间试验。试验包括三种处理：①除以河泥作基肥以外，不施追肥；②除河泥基肥相同外，每小区加施堆肥 50 kg 及硫酸铵 250 g，相当于每亩 5 kg，以后再根据当地农民习惯施用追肥；③除河泥基肥相同外，加施硫酸铵 125 g，相当于每亩 2.5 kg，以后则根据速测的结果，施用追肥。试验分早稻及晚稻分别进行，各重复 4 次，共 24 小区，每小区面积为 15×20 平方尺。水稻品种，早稻为南特号，晚稻为猪毛簇。

根据速测法来进行施肥时，还同时配合着观察水稻植株生长的形态特征，以便和速测结果相互印证。速测包括土壤速测及茎叶组织分析。由于受试验时人力的限制，在整个水稻的生长期中，对水稻茎叶组织及土壤的速测仅各进行 3 次。每次测定后，即根据所得结果，分别判断水稻的营养状况及水稻土中速效养料的供应情况，从而考虑追肥种类及数量。在本试验里，第一次采样速测是在插秧后第 15~20 天，这时正当分蘖时期。根据测定结果，第一次施加的肥料为早稻施硫酸铵每小区 125 g，相当于每亩 2.5 kg；晚稻施硫酸铵每小区 250 g，相当于每亩 5 kg。第二次采样速测在插秧后的第 35 天，正当拔节时期。根据当时测定的结果，施加的追肥有：早稻施硫酸铵每小区 250 g，相当于每亩 5 kg；硫酸钾每小区 125 g，相当于每亩 2.5 kg。第三次采样速测在插秧后的第 40~50 天，正当孕穗时期。根据当时速测的结果，早稻追施硫酸铵每小区 125 g，相当于每亩 2.5 kg；晚稻追施硫酸铵每小区 250 g，相当于每亩 5 kg。每次采样速测时，水稻生长的形态特征也都显现不同程度的需肥要求，而在每次施肥后，又明晰地表现出施肥的效果。如果把 3 次追肥的总量加起来，而和当地农民所施用的量来比较（即本试验中的第二种处理），则早稻每亩少施硫酸铵 2.5 kg，过磷酸钙 2.5 kg，堆肥 1000 kg，多施硫酸钾 2.5 kg，晚稻每亩少施硫酸铵 2.5 kg，堆肥 1000 kg。

兹将三种处理的水稻生长情况列于表 2。

表 2 早稻（南特号）及晚稻（猪毛簇）的田间试验结果

品种	处理	初穗期	齐穗期	有效分蘖数	植株高度/cm	穗长/cm	茎秆重/kg	籽实重/kg	千粒重/kg	产量/（斤/亩）
早稻（南特号）	根据速测结果施肥	6 月 28 日	7 月 4 日	8.94	79.4	22.64	18.875	10.935	12.425	218.75
	依当地农民习惯施肥	6 月 29 日	7 月 4 日	8.44	77.6	21.75	17.1	10.435	12.85	208.45
	不施追肥	6 月 30 日	7 月 5 日~6 日	7.32	69.0	19.0	14.25	9.5	12.44	190
晚稻（猪毛簇）	根据速测结果施肥	9 月 20 日	9 月 25 日	6.12	72.4	18.9	12.35	10.45	11.775	209.25
	依当地农民习惯施肥	9 月 20 日	9 月 25 日	5.42	33.1	19.1	12.55	9.75	11.885	195.75
	不施追肥	9 月 22 日	9 月 27 日	4.50	68.2	17.8	8.7	7.25	11.95	147.25

在试验过程中，当水稻抽穗以后，各区均曾普遍遭受螟害，虽经防治而免于完全受损，但在产量上已显然受到影响，估计至少约有三成至四成的损失。尽管如此，试验结果无论就田间实况观察或数字统计比较，处理间的差异仍然显著。

从这个试验的结果来看，应用速测法来指导施肥，所施的肥料较少，而获得的产量却较高。虽然在速测过程中需要花费一些人工，但是在大面积生产中，平均负担是不会太大的，因此它是有一定实践意义的。虽然在这一试验里，所得产量还没有达到丰产的水准，但考虑到后期的虫害、其他有关栽培技术因子的限制，以及应用速测法本身所存在的一些尚待解决的问题（如采样和速测时间的掌握、临界浓度的确定和应用等），则速测法对水稻生产实践上的潜在价值似更可以肯定无疑。但必须指出，从我们目前初步尝试的结果来看，水稻土速测法的本身，特别是对速测结果的判断和应用，都还存在着一些问题。因此，要使水稻土速测法真正能在生产施肥上起指导作用，不仅还需要有更精细的试验研究，而且需要有更多更广泛的实践尝试。

四、摘要

在《水稻土养料速测法的初步研究（Ⅰ)》的基础上，我们又继续进行了一些盆栽和田间试验，盆栽试验所获得的结果和第一报中所报道的相似，证明这些方法在具体条件下有一定的重复性。

在本文中讨论了诊断水稻植株中氮素营养的茎叶分析方法，并提出了一个简单的新方法。通过田间肥料试验证明用这一方法所获得的速测结果是能够代表土壤速效肥力和当时的水稻需肥要求的。在本试验里，根据速测结果来进行施肥，其所获早晚稻产量都超过了一般施肥方法，而所用肥料则反而较少，这证明水稻土的速测法作为一个方法来说，是有它的生产实践价值的，尽管在具体方法上及应用技术上还存在一些问题而有待于进一步的研究。

参考文献

[1] 朱祖祥，何增跃，袁可能. 水稻土养料速测法初步研究. 浙江农学院学报, 1956, 1(2): 267-280.

[2] Прянитников Д Н. 1951. Asот В Жизни Растений и в Земледелии СССР. Избр. Соч. Т.1, Изд. АН СССР.

[3] Ратнер Е И. 1955. Питание Растений и Применение Удобрним. Изд-во АН СССР.

浙江省肥沃水田土壤若干农业性状的初步探讨①

袁可能

一、引言

在 1958~1959 年的全省土壤普查中，发现各地均有部分肥沃的土壤，它们具有稳定高产的特点，其年产量常超过当地一般土壤生产水平一倍左右。根据嘉兴等专区的统计，在全部耕地中，肥沃高产的土壤占 10%左右。尽管目前它们所占的面积还不是很大，但却是各地土壤中的标兵，是耕地土壤培肥的方向。

因为工作关系，曾有机会对本省若干水田土壤资料进行分析比较，发现在不同地区的肥沃水田土壤之间，虽然其形成条件有所不同，但却有共同特点，揭示这些共同特点，对进一步认识本省肥沃水田土壤的特征，深入研究其形成规律，对今后水田土壤的培肥，促进水稻和水田旱作增产将起到一定的作用。

由于资料有限，因此本文不可能对水田土壤所有的农业性状全面地加以分析，仅就腐殖质、酸碱度、地下水位和机械组成等性质加以阐述。其中可能有谬误之处，希望同志们予以指正，以便得到正确的认识。此外必须说明，土壤肥沃性是各个因子综合作用的结果，而不是取决于一个因子。但为了叙述方便起见，分别加以分析，而并不是忽略了它们的综合作用。

二、分析与讨论

1. 腐殖质

土壤耕层腐殖质的数量和质量，常是体现土壤肥沃性的重要标志之一。本省的肥沃水田土壤在这方面也同样具有它的特点，问题是在本省的具体条件下，肥沃水田土壤的腐殖质应具有如何的数量和质量。

显然，肥沃土壤应具有比一般土壤更高的腐殖质含量，但是在耕地土壤中，由于耕作、施肥以及各种成土条件的影响，在平衡状况下，腐殖质数量的积累往往有一定的范围。例如，根据本省各地数百个标本的分析，耕层腐殖质含量很少超过 4%。相反，一些腐殖质含量过高的土壤，却并不一定是良好的耕地土壤，如某些烂田土、高山香灰土等。这样看来，在本省目前的具体条件下，土壤腐殖质含量有它的一定规律性。

从本省土壤普查资料的统计数字来看，全省水田平均腐殖质含量为 2%左右，当然在各地区和各土科间还有所区别。例如，平原水润地区的土壤平均率在 2%以上，而山

① 原载于《浙江农业科学》，1961 年，第 8 期，363~366 页。

区、半山区的红壤性水稻土则在 2%以下。肥沃土壤一般要高于这个水平，按目前我省情况来看，大体上是 2%~4%。这个范围是比较宽的，因为它和土壤类型密切有关。例如，质地比较轻松的小粉土、黄泥砂土和培泥砂土等土科，通常达到 2%以下，就能表现出比较肥沃的性状；而在质地较黏重的青紫泥、黄斑坤等土科中，则必须达到 3%左右。本省水田主要土科目前的腐殖质含量范围大体如表 1 所示。

表 1　目前本省主要土科的腐殖质含量

土壤类型	腐殖质含量/%		
	较低水平	一般水平	较高水平
青紫泥	1.5~2	2~3	3~4
黄斑坤土	1.5~2	2~3	3~4
小粉土	＜1.5	1.5~2	2~3
培泥砂土	1 左右	1.5 左右	2 左右
泥砂土	1~1.5	1.5~2	2~3
泥筋土	1~1.5	1.5~2	2~3
黄大泥	1~1.5	1.5~2	2~3
黄泥砂土	1 左右	1.5 左右	2 左右

目前耕地中的腐殖质含量还不单是取决于土壤的质地，而和当地的耕地条件有关。例如，平原地区的青紫泥或黄斑坤土中腐殖质含量在 3%~4%的并不少见，但在山区的黄大泥，尽管其质地与前者相似，但腐殖质含量很少超过 3%。因此，在分析目前土壤中腐殖质含量范围时，也必须考虑到当地的施肥水平和地区的特点。

肥沃土壤的腐殖质质量也应该和一般土壤有所不同，可惜在这方面的研究资料还很缺少。但是从它的碳氮比例上仍然可以找到一些规律。我省不同类型的水田土壤中，腐殖质的碳/氮值相差很大，其中如烂田土、青死泥等土组，其碳/氮值只为 5~6，而黄泥土、白泥土等土组中某些土种则可高达 15 以上。我们知道，碳/氮值是腐殖质质量的重要标志之一，同时它也体现着腐殖质的腐熟化程度。一般来说，在土壤中随着熟化程度的提高，有机质碳/氮值也逐渐趋窄。在本省耕地土壤中也可以看到同样的情况（图 1）。此外，在同一土科中，碳/氮值也随着肥力的高低而改变。例如，黄大泥科熟化度较低的黄泥土或白泥土中某些土种，其碳/氮值可高达 15 以上，而肥力较好的乌泥土，则下降至 8~10。同样在其他的肥沃土科中，碳/氮值一般也保持在 8 左右（表 2）。另外，值得注意的是一些碳/氮值过窄的土科，如青紫泥等，在它们的肥沃化过程中，碳/氮值却有放宽的趋势，即从 5~6 提高至 7~8。由此可见，尽管在各类型水田土壤中碳/氮值变化较大，但在肥沃程度提高的过程中，却逐渐趋于接近，一般肥沃水田土壤的碳/氮值多在 8 左右。这说明高度肥沃的水田土壤，其腐殖质的碳/氮值有一定的范围，从而也可认作是肥沃土壤的重要标志之一。

2. 酸碱度

在耕地土壤中，酸碱度是影响土壤肥力和农作物生长的一个重要因素。国内的研究资料表明：在各种母质上发育的水田土壤，不论其原来是强酸性或碱性的，随着熟化程度的提高，也逐渐趋于中性到微酸性，这已成为水田土壤发育过程中的共同趋向。

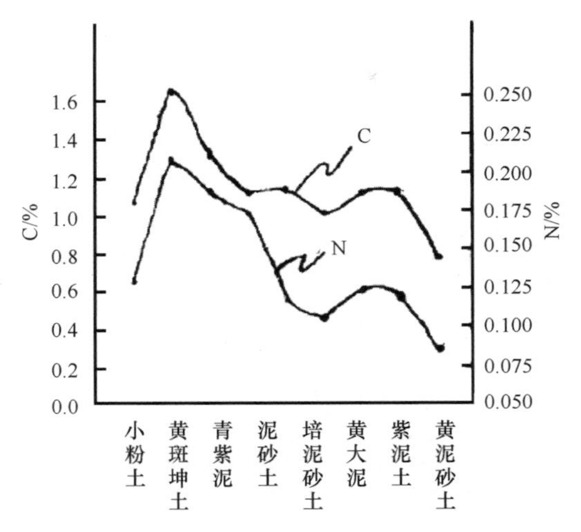

图 1　本省水田主要土科的碳、氮平均含量

我省水田土壤分布的面很广，有各种不同的母质起源，包括滨海地区的盐土以至山区红黄壤。这些母质的 pH 差别很大，在这些母质的基础上所形成的水田土壤的 pH 也有一定差别，其变化范围一般为 5~8。

表 2　本省几个肥沃度不同的土种的 C/N 值

土种	肥沃度	C/N	土种	肥沃度	C/N
咸性汀浆泥（淡涂泥料）	一般	8.8	蚧子土（淡涂泥料）	高	8.8
死青紫泥（青紫泥料）	低	5.4	乌沙土（青紫泥土）	高	8.3
黄斑土（黄斑坤土科）	一般	9.1	灰泥土（黄斑坤土科）	高	7.7
白泥土（黄大泥土科）	低	20.0	乌泥土（黄大泥土科）	高	10.2
青死泥（泥筋土科）	低	9.8	畈田大泥（泥筋土科）	中上	8.1
白泥筋土（泥筋土科）	低	16.0	半砂土（泥砂土科）	中上	7.8
白砂土（黄泥砂土科）	低	9.2	灰黑砂土（黄泥砂土科）	中上	10.0

尽管水田土壤的 pH 变化范围较大，而在土壤的肥沃过程中，却逐渐趋向中性到微酸性反应。例如，滨海地区熟化度较低的水田土壤（咸黏土、返咸僵粉泥、咸性淀浆泥等）其 pH 一般为 7.5~8.5，而在同一地区的肥沃土壤（如蚧子土），则 pH 已降低至 7 以下；同样，在山区红黄壤母质上发育的水稻土，经过肥沃化以后，pH 也由 5.5 提高至 6 以上。经过这些变化以后，各类土壤中的肥沃土壤的 pH 范围就大大变窄（表 3），而共同趋向于微酸性反应。

表 3　本省主要水田土科以及其中肥沃土种的 pH

土科	一般 pH	肥沃土种	pH
淡涂料	7.0~8.0	蚧子土（黄岩）	6.12
小粉土	6.5~7.5	灰土（德清）	6.40
黄斑坤	6.0~7.0	灰泥土（奉化）	5.90
青紫泥	5.5~6.5	乌沙土（绍兴）	6.70

续表

土科	一般 pH	肥沃土种	pH
泥砂土	5.5~6.5	泥砂土（建德）	6.64
泥筋土	5.5~6.5	畈田泥土（临安）	6.58
黄大泥	5.0~6.0	乌泥土（余姚）	6.05
黄泥砂土	5.5~6.5	灰黑沙土（遂昌）	6.03

我们知道，土壤的 pH，不但对于生物本身有重大的影响，而且也是决定土壤养料及其有效性的重要因素。我省 100 多个水田土壤样品分析结果也充分说明了这一点（表 4）。

表 4　本省水田土壤反应和养料含量的关系

项目	土壤反应（pH）					
	＜5.5	5.5~6.0	6.0~6.5	6.5~7.0	7.0~7.5	＞7.5
分析样品数	13	30	27	15	15	16
全量氮/%	0.12	0.15	0.15	0.15	0.12	0.11
腐殖质 C/N 值	10.0	7.3	7.7	7.2	9.5	—
速效磷/ppm	6.3	23.3	26.3	49.6	20.5	—
速效钾/ppm	74	77	134	167	178	179

从表 4 中可以看出，土壤中氮、磷、钾的含量，随着 pH 而有规则的变化。其中氮素以 pH 5.5~7 的范围内最为丰富；速效磷则在 pH 6.5~7.0 的范围内含量最高，并随着 pH 向两极变化而减少；但钾素的含量则随 pH 增高而增高，同时腐殖质中 C/N 值也随 pH 而改变，因此腐殖质的质量也和 pH 有一定关系。根据上述分析数据，以及肥沃土壤的实际 pH，我们大致可以认为肥沃土壤的 pH 应该调节在 6~7，才能得到较为满意的养料供应状况。

3. 地下水位

在水田土壤中，地下水位往往可以影响到土壤肥力。近年来，研究者也颇多以这一方面作为判断土壤肥力的一个依据。显然，地下水位过高，造成强烈的嫌气状况，并使土壤糊烂，常影响作物的起苗发棵。但是排水过好，往往使土壤中淋溶作用过强，以及有机质易于消耗，土壤往往不易培肥。

我省水田土壤，自山坡以至洼地皆有分布，地下水位高低很不一致。低洼烂田，其地下水位在 1 尺以内者屡见不鲜；而山坡梯田，则在土层内常无停滞的水层。一般来说，我省水田土壤的地下水位大多在 3 尺左右，2 尺以内的不过占全部水田土壤面积的 30%左右（表 5）。

从表 5 来看，平原地区的水田土壤中，黄斑坤土和小粉土一般是非潜育性的土壤，其地下水位以 2 尺以下占多数；而青紫泥则多属潜育性土壤，地下水位以 2 尺以内占多数；河谷、山区土壤中，泥砂土、黄大泥和黄泥砂土都是排水较好的土壤，其他地下水位也多在 3 尺以下，只有泥筋土科是排水较差的土壤，其地下水位多在 2~3 尺。但在这

表 5　我省主要水田土科的冬季地下水位统计（面积%）

土壤类型	地下水位				
	地面积水	1 尺以内	1~2 尺	2~3 尺	3 尺以下
小粉土科	—	6.0	34.0	47.0	13.0
黄斑坤土科	—	8.0	36.0	45.0	11.0
青紫泥科	0.7	17.0	50.0	12.0	2.3
泥砂土科	—	0.6	6.0	7.0	86.4
泥筋土科	0.1	13.0	10.0	58.9	18.0
麸浆泥组	—	0.5	4.0	—	95.5
畈师泥和青死泥组	—	7.0	3.0	90.0	—
烂泥组	1	50	47.0	2.0	—
黄大泥科	5.2	3.5	6.0	18.0	69.3
冷水烂田组	53.0	45.0	1.5	0.5	—
黄泥砂土科	—	0.3	1.5	2.2	94.0
平均	0.48	5.46	22.9	98.23	42.94

些土科中，进一步分析一下土组的情况，就可以清楚地看出，以潜育过程为主的烂泥土组和冷水烂糊田土组，仍以 2 尺以内占多数。这样就给了我们比较明确的概念，也就是在我省水田土壤中，冬季地下水位 2 尺左右，可能是一个比较重要的界线。冬季地下水位在这界线以内，则在多雨季节，很可能使土壤产生强烈的潜育过程，形成“烂田”。除此以外，我们也必须考虑到由于统计等级上的原因，这条界线当然并不恰好在 2 尺，因此也还有进一步细致研究的必要。从大量的田间数据来看，这条界线还可以略往上移。根据在土壤普查中的实地对证，大体可以提高到 1.5 尺左右。如果干旱季节的地下水位还保留在 1.5 尺以内，则上层土壤中，即使在冬季一般也表现了强烈的还原征象，可见其在平时就具有严重的潜育化过程。

另外，我们也看到在水田土壤中，地下水位过低也不是必要的。从我省的资料来看，地下水位过低的土壤，往往不是肥沃度很高的水田土壤，如山区的黄大泥和黄泥砂土。而在各个土科中的肥沃土种或土组，其地下水位往往趋向于一定的水平。我们可从表 6 的资料中得到概念。

表 6　本省几种肥沃水田土壤的冬季地下水位

土科	土种或土组	地下水位
淡涂泥	蚧子土	2~3 尺
小粉土	灰土	2 尺左右
黄斑坤土	灰黄土	2 尺左右
青紫泥	黑泥土	2 尺左右
泥筋土	肥大泥	2 尺左右
黄大泥	乌泥土	2~3 尺
黄泥砂土	香灰泥砂土	2~3 尺

从表 6 资料中可以看出，肥沃水田土壤在地下水位方面也有它的共同趋向，在排水差的土壤，如青紫泥、泥筋土等土科中，肥沃土壤的地下水较之一般略为降低，也就是在排水条件上得到了改良；而在排水过好的土科中，如黄大泥、黄泥砂土、小粉土等，其肥沃土壤的地下水位反而比一般有所提高。这些说明了肥沃的水田土壤要求有一个适当的地下水位，地下水位过低，并不是保证稻田土壤高度肥沃的必要条件。在我省目前的情况下，使冬季地下水位保持在 2~3 尺，是比较适当的。

4. 土壤质地

在我省土壤普查过程中，群众对于土壤质地给予极大的重视，其原因是多方面的。因为在砂质土攘中，土壤质地不但对耕性起着决定性的作用，而且也影响土壤的水、热条件，肥效以及作物的生长发育。

我省水田土壤大部分属于中壤到轻黏土，其中<0.001 mm 的黏粒含量，大多在 10%~45%的范围内。在平原地区一般都不含砂粒，除了黏粒就是粉砂；而在山区及河谷地区则含有数量不等的砂粒和砾石，多者可达到 30%~50%。

在水田土壤的质地中存在的主要问题，首先表现在耕性上。一般黏粒含量过高，就表现出明显的大泥性，其通透性随之减弱，作物有迟发现象。黏粒含量达 40%左右，则表现出严重的黏韧难耕。随着黏粒含量的逐渐减少和砂或粉砂的增加，质地趋于轻松，但如果>0.05 mm 的砂粒含量过高，即表现出严重的砂性和漏水漏肥现象。如果粗粉砂含量高达 40%~50%，而且粗粉砂/黏粒又大于 2，则表现出严重的汀板性。这和国内的其他研究资料是一致的。与此相反，肥沃的水田土壤，一般具有较好的耕性，松而不板，软而不韧，肥效快而不猛，水分渗而不漏，能保证作物起发和后期结实饱满，这些土壤除了在结构上已得到改良以外，一般在机械组成上也有它的特点（表 7）。

表 7 本省几个肥沃土壤耕层的机械组成

土科	土组或土种	质地	机械组成/%							
			>1 mm	1~0.5 mm	0.5~0.25 mm	0.25~0.05 mm	0.05~0.01 mm	0.01~0.005 mm	0.005~0.001 mm	<0.001 mm
淡涂泥	蚧子土	轻黏土	—	4.3	1.5	12.7	16.4	11.1	28.4	21.6
黄斑坤土	灰泥土	轻黏土	—	0.0	0.0	1.1	31.9	16.3	75.7	24.0
青紫泥	黑泥土	重壤土	—	0.0	0.5	3.5	37.0	15.0	16.0	28.0
泥砂土	半沙土	中壤土	—	0.1	0.9	18.5	37.0	12.0	16.0	16.0
黄大泥	乌泥土	轻黏土	—	0.6	1.2	2.2	30.1	16.5	20.9	28.5

大量的分析资料表明，我省肥沃的水田土壤，质地大多属于重壤土到轻黏土。耕性良好的肥沃土壤，其<0.001 mm 的黏粒含量最好为 20%~30%。在这个范围内，一般不会表现过分黏重或砂散，也不会造成严重的脱肥或使作物迟发。适当地含有砂粒，有助于土壤的通透性，但一般不宜超过 30%，而且应以新砂为主。在粉砂的含量中，应有粗、中、细三级粉砂的搭配，一般来说，其中粗粉砂一级的含量最好不超过 40%，否则就易引起板结。换句话说，在耕性良好的肥沃土壤中，要求各个粒级有比较均匀的搭配，其中任何一级的含量都不宜过高，这样才能使各个粒级的优缺点到得调和，从而表现出较

好的物理性质。本省肥沃水田土壤的若干例证充分说明了这一点。

三、小结

本文是在本省土壤普查资料的基础上进行总结分析的。根据我省肥沃水田土壤所表现的若干农业性状，提出下列见解，以资探讨。

（1）我省肥沃水田土壤的腐殖质含量为2%~4%，其中砂质土应达到2%以上，黏质土应达到3%以上。肥沃稻田土壤腐殖质的碳/氮值为8左右。

（2）肥沃水田土壤的pH应为6~7，在这个范围内，具有较好的养料供应状况。

（3）肥沃水田土壤的地下水位，在冬季干旱季节应在1.5尺以下，但地下水位也不要求过低，根据目前我省资料分析，冬季地下水位以保持在2~3尺较为适宜。

（4）肥沃水田土壤的质地一般为重壤土到轻黏土，其机械组成中<0.001 mm的黏粒含量为20%~30%；>0.05 mm砂粒的含量在30%以下，且以细砂为主；粉砂中应有粗、中、细三级，其中粗粉砂的含量，不超过40%比较适宜。

（5）肥沃水田土壤，应注意各个因子的综合作用，不能过分强调某一个因子的作用，否则就不能得到良好的效果。

浙江省北部青紫泥的形成和肥力特征①

袁可能

一、引言

青紫泥是分布在本省北部平原地区的一种主要的水田土壤。根据嘉兴、吴兴等几个县的统计，占该地区全部水田面积的50%左右；同时它又是本省平原地区的三大土科之一。因此，在水田土壤中极为重要。

青紫泥是本省农民命名、而在土壤普查中经过鉴定讨论后定名的一种耕地土壤。它所表现的生产性能，迥然不同于其他类型的水田土壤。过去一般认为它属于潜育性或沼泽型水稻土，但是关于它的形成特点和理化性状，还缺少系统的研究与阐明。我们在土壤普查中，有意识地对这种土壤进行了较为详细的观察，并通过此后的一系列分析研究，对于青紫泥的形成和性状，获得了一些初步认识。近年来，各科研单位所进行的各项研究，也有助于问题的阐明。本文的目的，就是把历年来所收集的资料和研究所得，加以整理分析，通过不断的研究和交流，使这一重要的水田土壤性质，进一步得到阐明，以便合理地加以利用。

二、青紫泥的剖面性状特征

1. 剖面形态简述

青紫泥具有明显的剖面形态和层次构造，在野外极易辨认。兹举嘉兴东栅一个典型剖面为例（图1）。

0~18 cm，耕作层，暗灰色，杂少数锈斑，轻黏土，比较疏松，pH 5.8。

18~28 cm，犁底层，青灰色，棕色锈斑很少，密实，棱块状结构亦较明显。

28~80 cm，腐泥层、黑色，半干时有紫色光泽，组织极为致密，干时呈横向裂缝，质地为中黏土；但其下部层次中，黑色渐少，地下水位为60 cm左右，pH上升至7。

80~100 cm，浅灰色，夹杂黄色锈斑较多，质地转为中壤土，组织也较疏松，pH仍为6.5。

从青紫泥的剖面形态中，可以看到一个共同特征，那就是全剖面呈色较暗，含锈斑锈纹较少，局部地区虽然可以出现大片锈斑，即所谓鳝血斑，但这往往是向其他土科过渡的类型。

① 原载于《浙江农业科学》，1962年，第1期，7~11页。本文部分数据引自土壤普查数据。

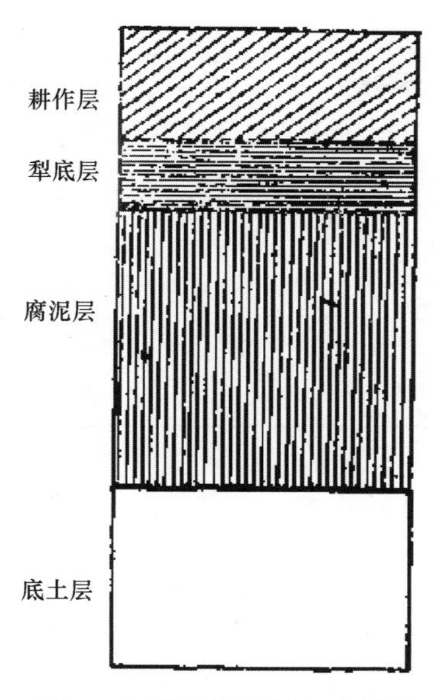

图 1　青紫泥剖面层次示意图

在青紫泥的剖面结构中，除了典型的耕作层和犁底层以外，经常在心土中出现一层黑色的腐泥层，其厚度为 10~60 cm，这个层次以颜色乌黑和组织致密为其特点，是本省北部青紫泥剖面中引人注意的一个层次。它在杭嘉湖一带经常出现在犁底层以下，而在部分地区则处在 60 cm 以下的土层中。由于这个层次所特有的致密性，对青紫泥的形成过程影响很大。

此外，在本省北部青紫泥的剖面下部（一般是腐泥层以下），常常出现一层颜色较浅、质地较轻、锈斑纷呈的层次，和其上的腐泥层截然不同，这在我们研究它的发生过程时，也是不可忽视的一个层次。

2. 剖面物理性质

青紫泥的质地多数是黏重的。一般表层质地是轻黏土到中黏土，其机械组成上的特点是含黏粒（<0.001 mm）达 30%以上，含粉砂（0.05~0.001 mm）成分特多，一般可达 50%~70%，而砂粒含量却极少，几乎无足轻重。由于这个机械组成上的特点，因此它表现得非常细腻光滑，而且易于闭结，造成湿时黏韧，干时硬结的不良耕性。应当指出，一些分析结果表明，在机械组成中粉砂这一粒级起着重要作用，因为粉砂在其中所占的比例很高，甚至像粉砂中的粗粉砂、中粉砂、细粉砂等粒级的相对比例，也是对之影响很大的。粗粉砂成分的增高，往往意味着耕性的轻松；而细粉砂成分的增高，则使土壤趋向黏闭。因此，各级粉砂的作用表现得很突出。

在青紫泥的质地剖面中，其上下层的质地分布是很不均匀的（图 2）。一般表现为表土层黏，心土层闭结，而底层则转为轻松。其中粉砂的含量是随着剖面深度而增加的，至底层增加的幅度尤大。由此我们很容易理解，上述剖面底层之所以颜色转浅，锈斑增多，这是和它的质地分不开的。

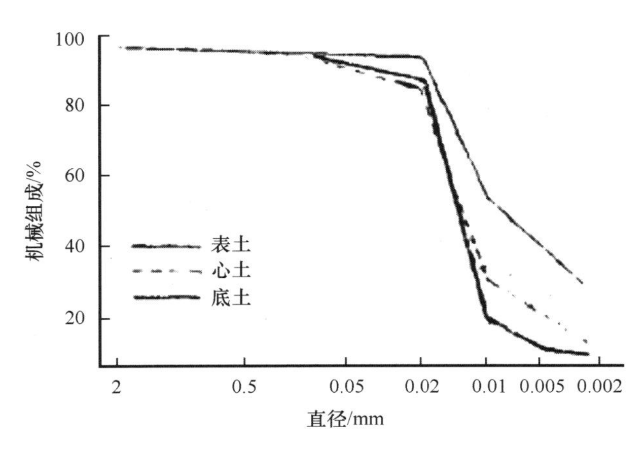

图 2　青紫泥剖面的机械组成曲线（组成百分数按曲线在纵坐标上的投影长度计算）

土壤质地层次和它的结构结合起来以后，就给土壤剖面各层次带来了不同的物理特性（表 1）。表层虽然质地黏重，但结构比较疏松；而心土，尤其是腐泥层，则不但质地黏重，而且极为致密，这一层中，由于大量有机质的存在，虽然有较低的容重和比重，并且有较高的孔度，但其透水性极差，这就使表层水分难以下渗，造成土壤内部排水不良，在心土层以上形成临时滞水，显示出潜育化现象。由此可见，青紫泥剖面各层次的物理性质，对它的发育有很大影响，我们将在下一节再详细讨论。

表 1　青紫泥的物理性质

层次名称	深度/cm	容重/（g/cm^3）	比重	孔度/%	透水率/（mm/min）		
					第 1 小时	第 2 小时	第 3 小时
耕作层	0~22	1.06	2.61	59.39	1.30	0.40	0.37
犁底层	22~56	1.30	2.67	51.51	0.00	0.43	0.30
腐泥层	56~100	0.92	2.50	63.20	0.06	0.02	0.03

3. 化学性质

青紫泥和一般水田土壤一样，具有微酸性反应，其表层 pH 一般为 5.5~6.5，和这一地区的其他土壤比较起来，它是比较偏酸的，但从生产上看，它对水稻和冬作物的生长，并未构成明显的影响。值得注意的是它的 pH 剖面，即在大多数情况下，剖面中的 pH 自上而下渐渐增高，其犁底层以下的土层中，pH 一般高达 7 左右，或甚至在 7 以上（表 2），而显著高于表土。这种变化和它的母质来源（浅海沉积物）以及表层土壤受耕作影响是分不开的。在发生学上也是值得注意的一个现象。

表 2　青紫泥的 pH 剖面

采样地点	pH		
	表土	心土	底土
嘉兴东栅	5.8	6.5	7.0
桐乡乌镇	6.4	7.0	7.3
绍兴东湖	6.5	7.0	7.5

青紫泥的腐殖质含量一般较高，平均达2%~3%，这是它肥力稳长的一个重要原因。另外，在青紫泥的腐泥层中，含有较高的有机质量，一般为2%~7%，这一部分腐殖质的充分利用，在生产上有重大意义。我们曾对这一部分腐殖质的组成进行了研究，其结果见表3。

表3　青紫泥中腐殖质的组成

土样	层次名称	灼失量/%	腐殖质总量/%	腐殖质组成（以占总碳量的百分数计算）			
				沥青部分	溶于0.1 N NaOH部分	以HCl处理后溶于NaOH部分	不溶部分
青紫泥（桐乡）	表层	5.73	3.54	—	21	24	55
	腐泥层	6.79	4.35	—	7	35	58
青紫泥（平湖）	腐泥层	14.60	12.79	6	27	12	55

从表3中可以看出，青紫泥中的腐殖质含量虽然较高，但是其中和硅酸盐结合，而不溶于碱液的部分占了很大比例，一般高达60%左右，表层也不例外，这就表明这些腐殖质是比较难于分解的。分析结果也表明：青紫泥中活性腐殖质数量很少，而和钙结合部分却有相当数量。我们知道腐殖质钙盐和活性腐殖质不同，它具有较黑的颜色，虽然它的数量不太多，但已足以把土层染黑。我们认为，这是造成青紫泥剖面颜色灰黑的主要原因。

青紫泥中腐殖质的另一个特点，是它的C/N值较小。从大多数青紫泥的分析结果看来，其表层C/N值小于10，而且随质地和排水条件而异，排水条件很差的死青紫泥、油灰土等，其C/N值可低至6以下，因而显著区别于其他土壤。C/N值较低，就意味着它有较为充足的氮素供应条件，即能保证土壤中有较多的有效氮，因而它的质量也是比较好的。但下层土壤中的腐殖质就不是这样。青紫泥中腐殖质C/N值的剖面分布的特点是，表层C/N值小，至心土层反而增大。这一方面说明其下层剖面中的腐殖质质量较低，另一方面也反映它的母质的沼泽化过程特点。

此外，青紫泥具有较高的吸收性，大多数青紫泥吸收总量都在20 mg当量/100 g土以上，肥沃的可达30 mg当量/100 g土左右，因此它具有较好的保肥性能。在吸收性阳离子中，盐基饱和度高达90%以上，其中钙∶镁∶钾的比例接近70∶25∶5，具有较高的代换性镁（表4）。

表4　青紫泥剖面的代换性质

土样	取样深度/cm	pH	吸收总量/（mg当量/100 g土）	代换性盐基离子/（mg当量/100 g土）				盐基饱和度/%
				Ca	Mg	K+Na	总量	
青紫泥（桐乡）	0~15	6.4	26.38	17.45	6.10	0.78	24.33	92
	30~40	7.0	26.71	16.91	7.28	0.91	25.10	93
	50~60	7.0	24.85	15.27	7.28	1.11	23.66	95
	80~100	7.3	24.85	11.00	5.42	1.33	19.75	95

青紫泥所含养料也是比较丰富的。根据普查中若干分析资料，其含氮量一般在0.12%以上，速效磷平均为10~20 mg/kg，速效钾平均为100 mg/kg左右，在水田土壤

中，这些都是中等以上的水平。青紫泥含有较丰富的养料是和它的一系列性质有关的。腐殖质的含量和它的 C/N 值，决定了这个土壤中有较好的氮素养料供应，同时它的嫌气条件又促进了含磷化合物的溶解，此外，青紫泥的强大吸收能力，也保证了各种盐基成分的供应。因此，就青紫泥本身来看，它的养料供应条件是比较优越的。

三、青紫泥形成条件的分析

青紫泥的形成条件和它的形成过程，还有一些是不够明确的，因此也常常成为讨论的问题。这主要是因为青紫泥在平原地区和其他土科穿插分布，而其剖面性状则迥然不同于其他土科，因而有许多特征是比较难以理解的。嘉兴等地的农民有称之为“泥龙”的，以形容其出现和分布的不规则性。

我们在土壤普查中曾对青紫泥的形成进行了系统的调查研究，证明青紫泥的形成和当地的地貌历史有着密切的联系。

首先是青紫泥母质的来源问题。我们知道本省北部平原在历史上曾经是一个湖泊众多的沼泽地区，此后随着淤泥的沉积而逐渐开辟为水田，至今也仍然沿用所谓“圩荡田”的名称，可以想见，这些土壤和它的湖沼淤积物的母质来源是分不开的。

这个地区的土壤母质，基本上可分为两种类型：一种是浅海沉积物质，即平原逐渐向外伸展时期堆积的母质；另一种是在潟湖形成以后淤积的物质，这些母质中的一部分此后在低洼地段的湖沼中改造成为湖底沉淀物，其中有一部分夹杂了较多的有机物质，成为腐泥。腐泥多分布在湖泊的中心或底部，因此其中的机械组成也较黏细，这一部分我们可以把它看做是青紫泥的主要母质，青紫泥中的腐泥层，就是这些母质残留的部分。我们在探索了腐泥层的来源以后，完全证明了上述观点，如在德清城关镇附近一个剖面分布就是这样。这里是一个小田畈，西靠小山麓，东临湖泊（湖泊中心密布着大小不等的圩荡田），田畈近山麓部分，剖面上层主要为山麓堆积物所覆盖，剖面中在 75 cm 以下才出现腐泥层；离山麓越远，腐泥层也逐渐增高，最后和湖底淤泥相连接（图 3）。这充分说明青紫泥中的腐泥层是由湖底淤泥产生的，而部分地区由于表层覆盖物的缘故，把腐泥埋在较深的层次，因而出现了不同的深度。同时，调查表明，腐泥层的厚薄和数量并不相等，一般在中心较厚，四周较薄，这种现象在平原地区到处可以看到，这和湖底淤积物的分布特点也是相同的，因此更可以说明腐泥层的来源是和湖底淤积物分不开的。至于各地看到的青紫泥中腐泥层厚薄和分布范围不等的现象，那就很容易理解了。

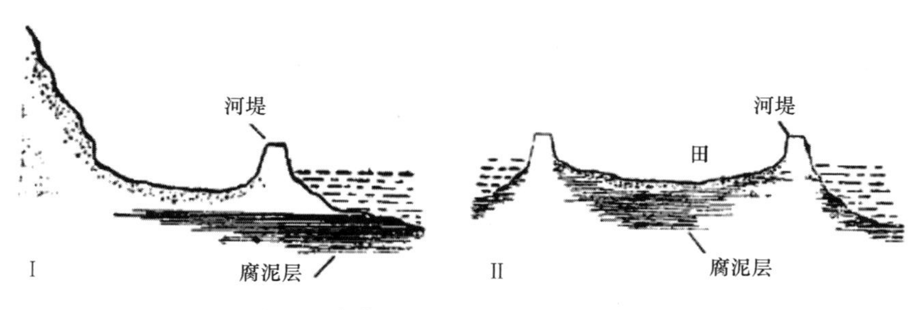

图 3　青紫泥中腐泥层的分布示意图

青紫泥的母质来源和它形成的地形条件也是一致的，一般分布在比较低洼的地区。但是在平原地区，地形平坦，而且在同一地区又可以同时存在着其他类型的土壤，因而关于青紫泥形成的地形条件，常常不能给出明确的印象。我们在进行了广泛的调查以后，可以肯定这样一个事实，即青紫泥的大面积分布是和地面的高程有关的。例如，在杭嘉湖一带，青紫泥主要分布在东塘、德清、菱湖、乌镇、嘉兴县以北等地区，这一带的地形最为低洼，其地面高程只有海拔 3~4 m，这些地区的青紫泥分布最多。一般都占全部水田面积的 50%~70%。相反，在这一线以南，青紫泥的数量就显著减少，一般都在 30%以下。由此可见，青紫泥和低洼的地形条件是分不开的。同时即使在小区域内，也可以普遍发现这一事实，即在低洼的畈心田或下爿田，青紫泥的数量多；而地形较高的河头田或上爿田，青紫泥就比较少见。因此可以认为青紫泥形成的地形条件是平原地区的洼地，在本省北部平原中，其所在地位的海拔一般在 3.5 m 左右或更低，因而排水条件是比较差的，其冬季地下水位一般在 2 尺左右，地面排水条件也是不好的。但同时也应该指出，由于这个地区在历史上兴修水利、平整土地等变动较多，因此在局部地区的土壤分布上不能反映这些形成条件。例如，在低洼地区除青紫泥外还存在其他土壤，而在地形较高的地区也出现局部的青紫泥，这些情况还是比较多的，如果我们充分了解这个地区湖泊分布的特点和人工改良土壤的作用，那么就不能认为这是不可理解的了。

在指出了上述的形成条件以后，可以明显看出青紫泥应属于潜育类型的水田土壤。然而在我们详细地研究了它的剖面性质以后，发现有许多问题是难以解释的。例如，在大多数青紫泥剖面的下层（—般在地下水位以下），土色转淡，没有或很少有灰斑和低铁反应，相反，锈斑却有所增加。又如，在剖面中部的腐泥层，虽然其形态和灰黏层相似，但是也没有或很少有低铁反应，而且大多数没有软糊现象，这些都说明在青紫泥的心底土中没有强烈地进行还原过程。但是在上部剖面，尤其是犁底层以上的层次中，土壤中灰斑很多，低铁反应强烈，这又说明它的上部剖面中到目前为止还在进行着强烈的潜育化过程。青紫泥的剖面形态使我们有理由相信，在青紫泥中仅有局部的潜育过程，而并不是全层潜育的，而且潜育过程主要在表层中进行。关于这一点，我们可以引用它的剖面中的水分分布情况进一步加以证明。前面已经指出，青紫泥心土的透水性极差，具有不透水层的特性，因此表层的水分难以下渗，内部排水不良，同时由于所处的地形低洼，地面排水也很困难，因此极易形成上层滞水。在它种植旱作时期的剖面上下层的水分分布情况（图 4），有力地支持这种看法，这就是表层含水量高于心土和底土，尤其是在春季多雨季节，几乎是经常性的现象了。在春季，当我们挖掘土坑时，地下水位可高至接近地面，而这种水分也主要来自表层。由此可见，青紫泥的表层是经常为水分所饱和的；而不透水层以下的心底土则未必如此，同时由于底土质地疏松，易受河港水位涨落影响，地下水不易停滞，因此在下部土层中并没有进行强烈的还原过程，这是可以理解的。由此我们也可以初步认为青紫泥的形成过程，更确切地说应该属于表层潜育的类型，以区别于一般全层潜育的土壤。只有在局部地形特别低洼、腐泥层又特别深厚的，才有全层潜育的特征，这和一般的青紫泥是有所不同的。但这种烂田土在本省北部平原的青紫泥中为数不多，只占青紫泥面积的 5%~10%。

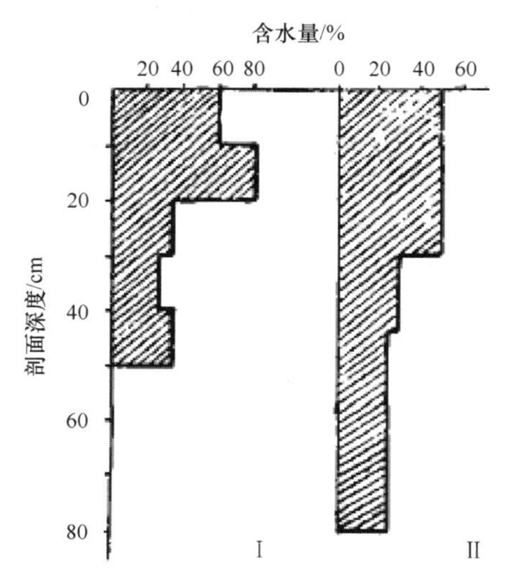

图 4　青紫泥在种植旱作时剖面含水量分布图

四、青紫泥的一些肥力特征

青紫泥的形成过程和它的理化性质，决定了它的肥力特征不同于其他土壤，从而在生产上也有它的利用特点。

首先，青紫泥是一种表层过湿的土壤，正像前面已指出的，青紫泥的排水性很差，它的表层经常积水而处于饱和状态，这就使青紫泥的耕层处于过湿状态，反映在生产上就是土温低、出苗迟、发育慢。一般青紫泥比同地区的其他土壤，土温低 0.5~2 ℃，作物出苗和还青比一般土壤迟 2~5 天，生长发育也比较慢，因此对于某些赶季节的作物是不利的。其次，由于表层经常处于过湿状况下，土壤氧化势低，还原性物质含量较高，影响作物根系的发育，易产生烂根、烂秧等现象，在冬作中不利于喜欢高燥的麦类等作物。因此在青紫泥中冬季实行高畦深沟，增加地面排水，减少表层含水量，对改良土壤性质有很大作用，对冬季作物及来年的水稻都有很大益处。此外，青紫泥的耕性较差，一般表现为湿时黏韧，干时硬结，这和它的质地及排水条件是分不开的。青紫泥含黏粒高达 30%以上，而且基本上没有砂粒；加之在排水不良的条件下，结构分散，因此严重影响它的耕性。当然增加有机质是能够改良它的耕性的，但是根据青紫泥已有的有机质含量来看，一般已经达到中等水平，因此除一部分有机质较少的以外，还可以从发挥有机质的作用、加强结构形成方面着手改良耕性，如我省有些地区实行冬季干耕燥作，促进土壤结构形成，改良土壤物理机械性，取得了较好的效果。但是也有些地区主张泡水过冬，使土壤保持软糊。根据我们的调查结果来看，从青紫泥的特性来说，实行冬季翻耕冻垡，对改良土壤性质是有多方面的好处的，但对改良耕性的效果大小，则因质地和排水条件而异。在低洼地区，如果多季水分不能排干，使土壤处于潮湿状态，则来年易成僵块，而如果在搞好排水的基础上进行，那么黏重的土壤，干耕燥作可以产生更好的效果。至于在耕前提早灌水，使土壤充分浸透，也是有利于水田耕作的有效措施。

另外，青紫泥具有较好的潜在肥力。根据前述，其中有机质含量一般可达 2%以上，而且有机质的质量较好，C/N 值较小。就养料状况而言，除有较高全氮量，能经常保持稳定的有效氮供应外，在磷素养料方面也是具有较好的供应能力的。近年来的研究表明，青紫泥类型有较多的有效磷供应水稻吸收，这是因为多数的磷化合物在还原状态下，都具有较高的有效性的缘故。至于钾素养料，我们从它的有效钾含量可以看出也是比较丰富的。此外，青紫泥还具有较高的吸收性能，能保存较多的养料。

由此可见，本省北部平原的青紫泥，具有较好的化学性质和肥沃性潜力，但是它的物理性质是不良的，主要表现在表层水分过多和耕性不良，因此积极改良地面排水条件和促进结构的发育，是能够使青紫泥的肥力得到进一步发展，从而提高其生产力的。

土壤腐殖质氧化稳定性的研究①

袁可能　张友金

一、腐殖质氧化稳定性的意义

腐殖质是土壤肥力的重要因素，已众所周知。但是一般多注重于腐殖质的数量，而对于腐殖质的质量则缺少具体的指标。不过如果仅仅用数量来显示腐殖质的作用，则是不全面的。例如，在浙江省土壤普查中曾发现许多腐殖质含量相当高的土壤，在肥力上（尤其是在养料供应上）的作用却不显著，或效果很缓慢。相反，在某些瘦瘠的土壤中，只要增加少量的腐殖质，却可在肥力上引起显著的变化。这就说明，除了数量的指标外，还必须考虑腐殖质的质量如何，尤其是和动态有关的质量。然而腐殖质是很复杂的，如何用一些简易的方法来反映它的质量指标，一直是比较困难的问题。

氧化稳定性是腐殖质的一项性质，它和腐殖质抵抗氧化的能力有关。一般认为氧化在有机质分解过程中起重要作用。通过氧化作用有机质分解为二氧化碳、水和其他盐类。土壤中腐殖质的分解过程（包括微生物的分解作用），主要也是通过氧化作用来进行的。因此，腐殖质的氧化稳定性，关系到腐殖质分解的难易，可以作为它的一项动态质量指标。

腐殖质的氧化稳定性，早为前人所注意。例如，麦克林[1]在 1931 年就曾提出用不同浓度的过氧化氢来氧化腐殖质，并将腐殖质分为易氧化的、中等氧化的和难氧化的三组。此后歇弗耳[2]、熊田恭一[3]等又进一步说明腐殖质的氧化稳定性是和它的腐殖化深度有关的，腐殖化程度越深，则氧化稳定性越高；近年来的工作[4,5]还进一步说明了腐殖质的氧化稳定性和它的灰分含量（主要是铁、铝氧化物）有关。

根据前人的工作，可以认为腐殖质的氧化稳定性是和它的成分及分子结构有关的。腐殖化程度越深的，其分子缩合程度越高，芳香性越强，因此其氧化稳定性也越大。除此以外，我们对从自然土壤中分离出来的有机矿质复合体进行研究的结果[6]，证明了各种类型的有机矿质复合体具有不同的氧化稳定性。可见腐殖质的氧化稳定性还和它与矿物质结合的形式有关。这是因为腐殖质和矿物质部分结合以后，其氧化作用面受到较大影响，因此，其氧化稳定性也随之有所改变。其中与矿物质结合最紧密的胡敏素具有最大的稳定性。因此，氧化稳定性还可在一定程度上指示腐殖质与矿物质结合的状态。

腐殖质的氧化稳定性，除了用来鉴别它的易氧化特性，作为土壤中腐殖质组成的相对指标外，当然也和土壤肥力有密切联系。例如，腐殖质通过分解过程为植物提供有效养料，因此它的易氧化性如何，就必然和养料供应的容量因素及强度因素有关。熊田恭一就曾经试验过氧化稳定性与有效氮数量的关系，并认为腐殖质的氧化稳定性增高，则

① 原载于《浙江农业科学》，1964 年，第 7 期，345~349 页。

水解性氮的相对含量有降低的趋势。除此以外，腐殖质的氧化稳定性，当然还和它在土壤中的分解与积累的平衡有关，从而也对土壤的稳定高产起着一定作用。

由于氧化稳定性的测定比较简易，在目前还缺少有关腐殖质动态的质量指标的情况下，用腐殖质抵抗氧化的能力来衡量腐殖质的动态质量，尚不失为一个实际可行的方法。

二、试验样品

分析样品包括浙江省主要的4类土壤，即山地黄壤、低丘红壤、浅色草甸土和水稻土。并在同一土类中选择肥力有差别的两种样品（要求这两个土样分布在同一地区，基本上具有相同的水分条件和母质条件）。此外，在水稻土中又根据其母质和渍水条件，分别采取本省的青紫泥、黄斑坤土和水田黄筋泥3种土壤，以代表潜育型、潴育型和红壤性水稻土3种类型。现将各土壤样品的具体性状列入表1。

表1　土壤样品的基本性状

土壤类型	层次	pH	质地	腐殖质含量（有机碳，毫当量/克土）
山地黄壤	表层	5.5	壤黏土	13.23
低丘红壤（肥沃）	表层	6.0	壤黏土	3.49
低丘红壤（肥力一般）	表层	5.7	壤黏土	2.95
浅色草甸土（肥沃）	表层	7.0	细砂壤土	3.83
浅色草甸土（肥力一般）	表层	6.8	细砂壤土	3.05
潜育型水稻土（青紫泥）	表层	6.8	壤黏土	7.34
潴育型水稻土（黄斑坤土）	表层	6.8	黏壤土	2.95
红壤性水稻土（水田黄泥筋）	表层	5.6	壤黏土	3.94

所有样品风干后，拣去细根，研磨通过100目筛。

三、腐殖质氧化曲线的测定

1. 测定方法

测定腐殖质的氧化稳定性，通常是用氧化能力不同的氧化剂进行部分氧化。例如，以不同浓度的过氧化氢进行氧化，以浓度较稀的过氧化氢测定较易氧化的腐殖质[1]。又如，以碱性高锰酸钾和酸性高锰酸钾分别与腐殖质作用[2,3]，酸性高锰酸钾的氧化能力很强，能测出腐殖质总量；而碱性高锰酸钾的氧化能力较弱，用以氧化其中的易氧化部分。然后根据易氧化部分在腐殖质总量中所占的比例，推断腐殖质的氧化稳定性。但是这些方法都有一定的缺点，主要是花时间多，而且结果不易稳定。

为了使测定方法更趋简便，我们尝试用不同浓度的重铬酸钾溶液进行部分氧化。重铬酸钾溶液的氧化能力视反应条件而有所不同，其中最重要的是重铬酸钾浓度、酸的浓度和反应温度等。溶液中重铬酸钾和酸的浓度越小、作用时的温度越低，则其氧化势和氧化速度就显著降低。因此，调节这些氧化条件，就能和氧化稳定性不同的各种腐殖质组成进行作用。

我们用重铬酸钾液在下列 5 种不同的氧化条件下进行了试验：

A. 0.40 N $K_2Cr_2O_7$—1∶1 H_2SO_4 液，在 170~180℃下煮沸 5 min，测定的结果代表有机碳全量（依、符、丘林法）；

B. 0.27 N $K_2Cr_2O_7$—1∶2 H_2SO_4 液，在 150~160℃下煮沸 5 min；

C. 0.20 N $K_2Cr_2O_7$—1∶3 H_2SO_4 液，在 130~140℃下煮沸 5 min；

D. 0.13 N $K_2Cr_2O_7$ —1∶5 H_2SO_4 液，在 120~130℃下煮沸 5 min；

E. 0.073 N $K_2Cr_2O_7$—1∶10 H_2SO_4 液，在 110~120℃下煮沸 5 min。

上述 5 种溶液的氧化能力依次降低，它们所氧化的有机碳数量也不相等。根据各溶液所氧化的有机碳，即可测出腐殖质中易氧化性不等的各个部分。把各部分的数量除以有机碳全量（A），算出各部分的百分数，并连成曲线，即为土壤中腐殖质的氧化曲线。

2. 测定结果

现将上述 8 种土壤样品的腐殖质氧化曲线，分别绘成图 1~图 4。从图 1~图 4 中可以看出，不同土壤中腐殖质的氧化曲线是不一样的。根据图 1，浙江省 4 种土壤中易氧化部分的腐殖质的相对含量是不等的，其中以水稻土（青紫泥）的比值最小，浅色草甸土次之，低丘红壤和山地黄壤最高。而且随着氧化剂氧化能力的降低，其差异逐渐增大。易氧化的腐殖质相对含量越低，则氧化稳定性越大，因此，它们的氧化稳定性次序可排列如下：

水稻土（青紫泥）>浅色草甸土>低丘红壤>山地黄壤

上述次序，符合各土壤的发生条件和腐殖质组成。青紫泥是长期潜育的水田土壤，其反应接近中性，腐殖质组成中胡敏酸/富啡酸的比值较高，和矿物质结合紧密的胡敏素含量也较高[6,7]，因此，其氧化稳定性也较大。相反，红黄壤是酸性土壤，其腐殖质组成中胡敏酸/富啡酸的比值较小，而且活性腐殖质的含量较高。活性腐殖质及富啡酸都是较易氧化的，因此，红黄壤的氧化稳定性较低。

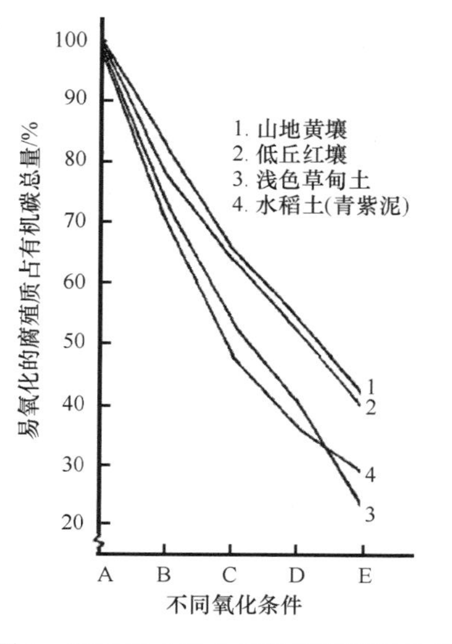

图 1　浙江省 4 种土壤的腐殖质氧化曲线

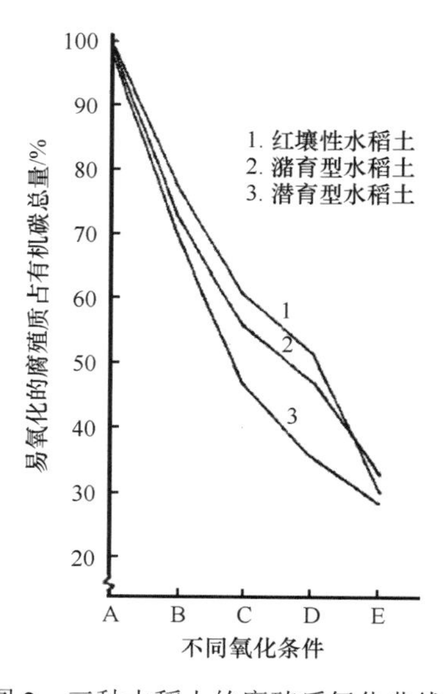

图 2　三种水稻土的腐殖质氧化曲线

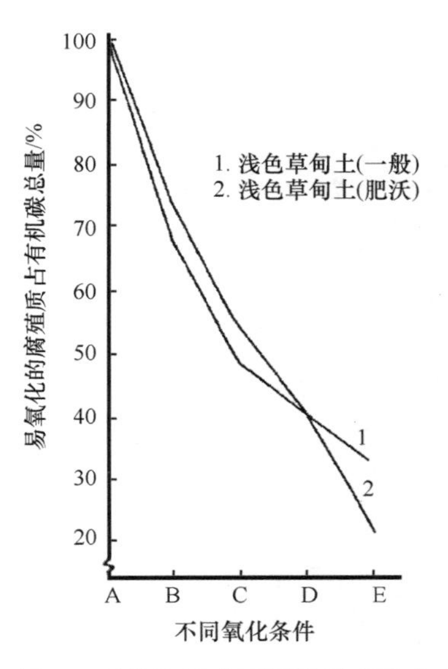

图 3　两种肥沃度不同的浅色草甸土的腐殖质氧化曲线

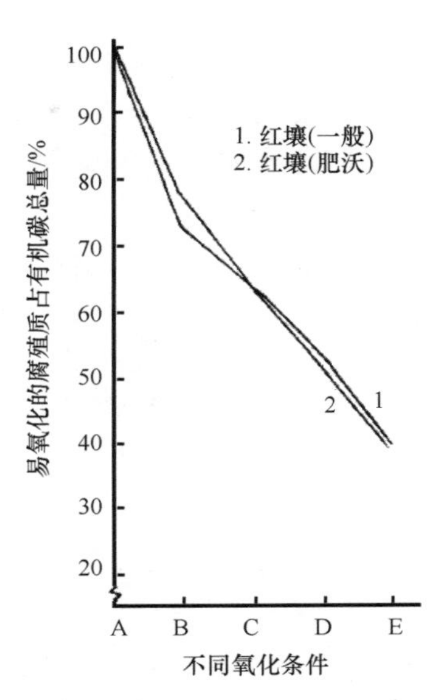

图 4　两种肥沃度不同的低丘红壤的腐殖质氧化曲线

在同一土类的各个亚类中，由于形成条件的差异，其腐殖质组成也有所不同。其中尤以水稻土变化最大。图 2 显示了三种水稻土的氧化曲线。总的来说，潜育型的水稻土（青紫泥）易氧化部分腐殖质所占比例最小，其氧化稳定性最大；其次是潴育型水稻土（黄斑坤土）；而以红壤性水稻土的氧化稳定性最低。我们知道，红壤性水稻土是在红壤母质上发育的，其腐殖质组成接近于旱地红壤，改成水田以后，其氧化稳定性虽有一些提高，但仍显著低于其他类型的水稻土。由此可见，水稻土由于形成条件（水分、母质）的差异，在腐殖质组成和性质上有较大的区别，这可以在它的氧化曲线上反映出来。

此外，土壤类型相同，而肥沃度不同的土壤，其腐殖质组成和性质也略有差异。图 3 和图 4 显示了两组性质上基本相同的肥、瘦土壤的腐殖质氧化曲线。从图 3 和图 4 看来，肥土和瘦土的腐殖质中，各个组成部分的差异，似有所不同。其中最易氧化的部分（D、E）肥土比瘦土低，较易氧化的部分（B、C）肥土比瘦土高，而难氧化的部分（A、B）则肥土又低于瘦土。这似乎说明，中等稳定性的腐殖质在土壤肥力中起了一定的作用。但总的来说，同一种土壤虽然肥瘦有所不同，但其腐殖质的氧化稳定性差异不大。

四、氧化稳定系数的计算及应用

腐殖质的氧化稳定系数，就是腐殖质中稳定性的部分与易氧化部分含量的比值。但是由于这两者之间没有特定的界限，因此确定这两部分的代表值是比较困难的。从上面各种氧化曲线来看，不同土壤的易氧化部分腐殖质的含量差异，是随着氧化条件而改变的。大体上似有随着溶液氧化能力降低而差异增大的趋势。但也有部分土壤在最易氧化的部分，差值反而减小或甚至为负值。因此，如果在上述 5 种处理中选择其一用以体现腐殖质总的氧化稳定性，那么，我们认为处理 C 测得的易氧化部分是较有代表性的。因为这个测定结果，能较好地反映出各土壤中易氧化部分的腐殖质含量差异，同时对大多数土壤来说，这一级含量的差异幅度也比较宽，有利于区别各种土壤的氧化稳定性。

计算方法如下：设腐殖质总量（以有机碳计算）为 b，易氧化的腐殖质（以处理 C 测得的有机碳计算）为 a，则稳定性腐殖质即为 $b–a$，氧化稳定系数 K_{os} 的计算如下：

$$K_{os}=\frac{b-a}{a}$$

这个系数可用以表示腐殖质总的氧化稳定性。根据初步测定结果，在大多数土壤中，腐殖质氧化稳定系数的范围为 0.5~1.0，个别土壤达到 0.4~1.3 的范围。这个系数越大，则腐殖质的氧化稳定性越大，反之则氧化稳定性越小。

氧化稳定性除了作为鉴别土壤腐殖质类型的依据外，也可作为研究土壤肥力演变的方法。首先，氧化稳定性可指示腐殖质的分解速率。腐殖质的分解除了受外界条件和微生物的活动影响外，也和它本身是否稳定有关。氧化稳定性较高的土壤，腐殖质分解比较困难，相反，氧化稳定性较低的土壤，分解就比较容易，同时，有机态养料的释放也强烈得多。我们以康菲尔德的碱解法测定了土壤有效氮供应力和氧化稳定系数的关系（表 2）。从表 2 中可以看出，氧化稳定系数（K_{os}）和土壤腐殖质类型有关。红、黄壤类型土壤的腐殖质氧化稳定性低，其 K_{os} 值为 0.5~0.6；红壤改成水稻土后，K_{os} 值提高至 0.65，但仍和红壤相接近；水稻土各个亚类的 K_{os} 值则因母质和渍水条件而异，变化范围较大。因此氧化稳定系数对于鉴别土壤类型是有一定作用的。

表 2　几种土壤的腐殖质氧化稳定性及氮素有效率

土壤类型	有机碳含量（毫当量/克土）		K_{os}	全氮量（毫当量/克土）		氮素有效率（碱解氮÷全氮量×100%）
	难氧化的	易氧化的		全氮量	碱解氮	
山地黄壤	4.53	8.80	0.51	0.18	0.031	17.2%
低丘红壤	1.28	2.21	0.57	0.11	0.015	13.6%
红壤性水稻土	1.55	2.39	0.65	0.11	0.014	12.7%
潴育型水稻土	1.29	1.66	0.77	0.10	0.010	10.0%
浅色草甸土	1.53	1.53	1.00	0.09	0.008	8.9%
潜育型水稻土	3.87	3.47	1.12	0.17	0.014	8.2%

同时，氮素的有效率则和氧化稳定系数有一个明显的负相关。氧化稳定系数增高，则氮素有效率降低。例如，潜育型水稻土（青紫泥）虽然有较高的全氮量，但是由于其腐殖质的氧化稳定性高，因此氮的有效率低，其有效氮几乎和红壤性水稻土相等。由此可见，土壤的氧化稳定性和有机态养料的转化及供应有一定的联系。

此外，我们的另一个试验结果表明：腐殖质的氧化稳定性和团聚体的形成也有一定关系[8]。

五、小结

氧化稳定性是土壤腐殖质的一种性质，可以作为鉴别土壤腐殖质的一项质量指标。

对于不同土壤类型，由于其腐殖质组成、分子结构和有机矿质复合体的类型不同，因此其氧化稳定性也有差异。在同一土类中，如果成土条件或肥沃度有所改变，则氧化稳定性也会有不同程度的差异。

为了得到土壤腐殖质氧化稳定性总的概念，我们设计了测定氧化稳定系数的简捷方法，即取均匀的土壤样品，仔细拣去其细根和砾石，研磨通过 100 目筛，然后称取重量相等的样品 2 份，各重 0.2~0.5 g（视土壤腐殖质含量而定），分别置于 100 ml 三角瓶中。其中一份加入 0.4N $K_2Cr_2O_7$—1∶1 H_2SO_4 液 10 ml，盖上漏斗一只，在 170~180℃油浴中煮沸 5 min，冷却 0.5 h 后，以 0.2N $FeSO_4$ 溶液滴定，计算出每克土壤消耗的 $K_2Cr_2O_7$ 毫当量数，即为土壤有机碳总量（b）。另一份土壤样品，加入 0.2N $K_2Cr_2O_7$ —1∶3 H_2SO_4 液 10 ml，盖上小漏斗后，在 130~140℃油浴中煮沸 5 min，冷却后以 $FeSO_4$ 液滴定，计算出每克土壤消耗的 $K_2Cr_2O_7$ 毫当量数，即为土壤易氧化部分有机碳的含量（a）。

氧化稳定系数（K_{os}）的计算式为：

$$K_{os} = \frac{b-a}{a}$$

K_{os} 值在一般土壤中为 0.5~1.0，个别土壤达到 0.4~1.5。此值越高，则氧化稳定性越大。土壤腐殖质的氧化稳定性与团聚体形成及有机态养料的有效率有关。

参 考 文 献

[1] Mclean W. Effect of hydrogen peroxide on soil organic matter. Journal of Agricultural Science, 1931, 21: 251.

[2] Scheffer F, Welte E, Hampler G. Über oxydimetrische Eigenschaften von Huminsäuren 4. Mitteilung über Huminsäuren. Z pflernahr Düng, 1952, 58-68.

[3] 熊田恭一. 腐植酸の形成に関する物理化学の研究(第 8 报). 日本土壤肥料学杂志, 1955, 26: 287.

[4] Saeki H, Azuma J. The oxidation stability, light absorbing power and component of humic acid from different origins and their natural relation. Soil and Plant Food, 1960, 6: 49.

[5] Oades J M, Townsend W N. The influence of iron on the stability of soil organic matter during peroxidation. Journal of Soil Science, 1963, 14: 134.

[6] 袁可能. 土壤有机矿质复合体研究 I . 土壤有机矿质复合体中腐殖质氧化稳定性的初步研究. 土壤学报, 1963, 11: 286-293.

[7] 袁可能. 浙江省北部青紫泥的形成和肥力特征, 浙江农业科学, 1962, (1): 7-12.

[8] 袁可能, 等. 土壤有机矿质复合体研究 II . 土壤各级团聚体中的有机矿质复合体组成及其氧化稳定性. 土壤学报, 1981, 18(4): 335-344.

应用土壤和植株硝态氮分析——测报棉花重肥施用期试验①

浙江农业大学土壤、农化教研组

在浙江，每当棉花蕾期就要施用一次重肥，又称当家肥，以氮肥为主，酌情配施其他肥料。施肥时间在6月下旬至7月中旬。这时正当梅雨季节，如果施肥不当，会影响棉株生长发育。因此迫切需要进行科学试验，了解棉株和土壤中的氮素养料的供需状况，作为施肥时判断的依据。

以往国内外的研究工作中，曾进行了大量有关棉株叶柄硝态氮含量的试验，并认为叶柄的硝态氮含量基本上能反映棉株的氮素营养状况。但是对施肥来说往往施之过迟，因而还不能满足生产上的要求。我们认为，棉株叶柄的硝态氮含量变化和土壤的供氮条件（包括施入的氮肥）有关，在土壤硝态氮含量、植株硝态氮含量和外观形态之间存在着因果关系。如果系统地测定土壤和植株硝态氮含量，并参考植株外观形态，找出它们之间的相互关系，就有可能预测植株氮素营养状况趋势，并为确定适宜的施肥时期提供依据。本试验就是有关这一科学实验的初步尝试。

测定方法

硝态氮测定：为了适应农村使用，采用较简便的硝酸试粉速测法。硝酸粉末试剂配制方法：称取化学纯硫酸钡100 g，分成数份，分别与10 g硫酸锰、2 g锌粉、4 g对氨基苯磺酸、2 g甲萘胺混合，最后把各部分混在一起，加入柠檬酸75 g，一起研磨均匀，储存在有色瓶中，固塞防潮。

① 原载于《中国棉花》，1975年，第3期，12~14页。

棉株叶柄分析：早晨取棉株主茎叶片（展开叶第 3~4 叶）5~10 片，从叶柄着生处开始剪成大小约 2 mm 的小块，混合均匀后，以克秤称取样品 0.35 g 放在试管中，加蒸馏水 10 ml，静置 10~15 min，然后加入硝酸试粉一小匙（约 0.1 g），盖塞后上下剧烈振荡 1 min，静置 3 min（气温高时，显色较快，1 min 即可），后与标准比色。

土壤分析：取新鲜土壤样品 2 g（以烘干重计，潮湿土壤应加含水量），放指形管中，加蒸馏水 4 ml（湿土应扣除土壤含水量），加塞后剧烈振荡 1 min，静置澄清（如土壤较黏不易澄清，可加硫酸钡粉一小匙或加硫酸钾少许一起振荡，或振荡后过滤），然后吸取澄清液 4 滴，置磁板凹穴中，加硝酸试粉少许，搅拌后静置 3 min，与标准比色。

标准液：以化学纯干燥硝酸钾 0.0721 g，溶解于水，准确稀释到 100 ml，此液含硝态氮 100 ppm。再将此液稀释成 2 ppm、5 ppm、10 ppm、15 ppm、20 ppm、25 ppm 的标准液，加硝酸试粉显色后，即可作为标准色，但不能持久，因此亦可预先画成标准色板，供比色之用。植株分析比色结果乘以 30，即为叶柄中硝态氮含量，土壤分析比色结果乘以 2，即为土壤中硝态氮含量。

试验结果和讨论

试验在浙江萧山县东方红公社共联大队第六生产队丰产试验田进行。土壤条件见下表。棉花品种为协作 2 号，4 月中旬播种，6 月中旬现蕾，7 月上旬始花。每亩施肥情况：4 月 12 日翻耕绿肥 1000 kg，4 月 23 日施氯化铵 8.5 kg，5 月 12 日氯化铵 1.5 kg，5 月 26 日饼肥 8.75 kg、碳酸铵 3.5 kg、过磷酸钙 3.5 kg，7 月 16 日饼肥 30 kg、过磷酸钙 5 kg，7 月 26 日氯化铵 10~12.5 kg，8 月 8 日氯化铵 9 kg。

土壤种类：丰咸涂地

耕层性质

1. 质地	细砂壤土
2. pH	7.3
3. 有机质/%	1.11
4. 含氮量/%	0.076
5. 有效磷/ppm	42
6. 有效钾/ppm	60

在棉花生长期间，定期定点采集植株和土壤样品进行硝态氮测定。根据土壤和叶柄中硝态氮含量变化趋势，在 6 月下旬至 7 月下旬发出三次施肥预报（图 1）。

第一次预报在 6 月 25 日发出。当时土壤硝态氮含量急剧下降，达到 5 ppm 左右的低水平，而叶柄硝态氮含量还比较高（650 ppm）。据此，提出土壤缺氮预报，要求及时施用饼肥，以免蕾花期脱肥。但由于当时棉株长势旺盛，施肥工作未能跟上，使棉株在 7 月 6 日普遍落黄。表明第一次预报符合氮素营养趋势。

第二次预报在 7 月 25 日发出。当时施用饼肥已有 10 天，据测定，土壤硝态氮含量虽有回升，但平均只 10 ppm 左右，而叶柄硝态氮含量继续下降（40 ppm），叶色未见转绿。据此，我们认为肥料还是跟不上，应继续近施化肥。

第三次预报在7月29日发出。当时施用化肥已有三天，而棉叶仍表现缺氮。据测定，土壤硝态氮含量平均已上升到26 ppm，叶柄硝态氮含量也开始回升（100 ppm左右）。据此，我们认为肥料已经足够。结果在预报后两天棉株叶色普遍转青。

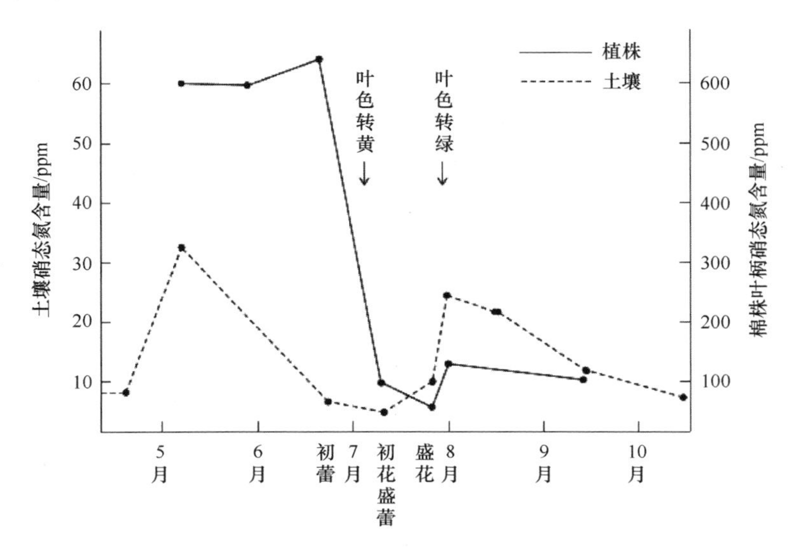

图1　土壤硝态氮含量及棉株叶柄硝态氮含量随时间的变化

通过实践，我们体会到综合地应用土壤和植株的硝态氮测定，结合观察植株形态变化，来预测棉株氮素营养的变化趋势，进而预报施肥时期是有可能的。在测定和预报过程中应注意下列几点：

（1）植株取样：棉株叶柄的硝态氮含量和叶色变化一致，说明叶柄的硝态氮含量基本上能反映植株的需氮状况。取样部位以主茎展开叶第3~4叶比较合适。取样点视田块大小而定，至少也要取3~5点，每一点取5~10株，混合后测定。取样点应有连续性，以便观察动态。

（2）土壤取样：为了使土壤硝态氮含量能较好地反映棉株氮素营养趋势，因此选择土壤采样部位十分重要。土壤采样部位包括地面位置和深度两个方面的含义，原则上应根据棉株根系分布范围、施肥方法以及土壤中硝态氮的移动情况等决定。土壤中硝态氮比较集中和棉株新生根大量发生的部位，应是采样的重点。但是在不同的土壤和栽培条件下，硝态氮积累的部位不完全相同。例如，有些进行表层施肥，而有些则是深层施肥；又如，在连续降雨后，硝态氮可能被淋入较深土层等等，必须机动灵活地选择采样部位。在一般条件下，可在同一采样点采集不同部位的土壤（如在棉行两边各设置小土坑，分别采取0~10 cm、10~20 cm土层的样品）进行测定，然后取其平均值。土壤采样点和植株采样点应尽量靠近。同样，土壤采样点和采样部位也应有连续性，以便系统地观察土壤硝态氮含量的变化。

（3）硝态氮含量标准：土壤和植株硝态氮含量的标准应根据土壤条件和棉株发育阶段而定。在这期试验中，蕾期当土壤硝态氮平均含量低于10 ppm时，有使叶柄硝态氮含量急剧降低的趋势；当叶柄硝态氮含量低于200 ppm时，则叶色转黄。可见，这两个浓度界限在蕾期是很重要的。而在开花后，如果土壤硝态氮含量平均保持在 10 ppm 以上，叶柄硝态氮含量在 100 ppm 以上，基本上可保持叶色不落黄（如叶片已落黄，则土壤硝态氮含量应提高到 20 ppm 以上，才能使叶色转青）。

因此，应根据棉株发育阶段，掌握硝态氮的含量标准。同时，还应重视土壤和植株中硝态氮含量的连续变化趋势，不要把每一次测定结果孤立起来，否则，就不能达到预测预报的要求。

（4）土壤和植株叶柄的硝态氮含量与叶色变化之间相互关系：系列试验表明，这三者之间不但有密切的关系，而且有时间上的顺序性，即首先是土壤硝态氮含量变化，而后引起植株硝态氮的变化，然后再反映到叶色变化上，其时间上的间隔为 3~10 天。因此，如果充分地掌握资料，并加以辩证分析，就有可能预测 3~10 天内的氮素营养供需趋势，为预报适宜的施肥期提供依据。

当然，施氮肥的预测预报是一项很复杂的工作，需要进行大量的试验研究。土壤和植株的硝态氮测定，可提供这方面应用的参考。

再论本省肥沃水田土壤的若干农业性状①

浙江农业大学土壤教研组

一、

在20世纪60年代初，我们曾经根据当时的土壤普查资料，初步总结了本省肥沃水田土壤的若干农业性状。并指出本省肥沃水田土壤的质地一般为重壤土到轻黏土，冬季地下水位应保持在66.66~99.99 cm，土壤酸碱度应为中性到微酸性（pH 6~7），腐殖质含量多在2%~4%，其碳氮比值多在8左右等等。十多年来，我省在毛主席革命路线指引下，普遍开展农业学大寨运动，农业生产有了新的发展，粮食单位面积产量大幅度地增长，高产田块的生产水平已从原来的每亩年产400 kg左右提高到800~1200 kg。在这种新的情况下，土壤的性质是否发生了变化？肥沃土壤的主导因素是否有所转化？在目前条件下获得高产的土壤因素主要是什么？这些问题必须重新加以考察，以供有关部门参考。

现在根据省农科院，各地、县农科所，农场，以及我们组在全省各地所进行的调查试验材料近百例，加以综合分析，论证肥沃土壤的农业性状，并探索进一步提高粮食产量的土壤肥力因素。这些材料大多数既有土壤化验数据，又有产量资料，有利于论证土壤肥力和产量的关系。其中包括：土壤腐殖质含量从0.4%到6.7%，pH从4.7到8.5，质地从砂壤土到黏土，全氮量从0.03%到0.45%，全磷量从0.03%到0.23%，全钾量从1.25%到2.66%，速效钾含量从17 ppm到85 ppm；早稻产量从150 kg以下到550 kg以上。在统计时把早稻一季亩产400 kg以上的40例，作为肥沃土壤田块，这些田块大多具有年亩产粮食800 kg以上的肥力条件；把早稻一季亩产350 kg以下的田块作为一般田，用以对比；早稻一季亩产350~400 kg的则作为过渡类型处理。当然，水稻的产量是受各种条件影响的，这样的划分仅有相对的意义，但是为了更具体地反映土壤的肥力水平，根据当时的实际产量加以划分还是有必要的。由于资料有限，结论可能不够全面，希望能在今后群众性科学实验活动中验证和充实我们的结论。

二、

目前本省肥沃水田土壤具有哪些性状？

腐殖质的数量和质量是土壤肥沃度的主要条件之一。十多年来，我省水田土壤中长期注意有机肥料的施用，腐殖质含量普遍有所提高。1959年土壤普查时全省水田土平均腐殖质含量为2%左右，目前，根据采自全省各地的代表性土壤的分析数据统计，水田

① 原载于《浙江农业科学》，1976年，第1期，10~15页。

土壤的腐殖质含量范围为 1.0%~6.5%，只有一些新开水田（海涂围垦和黄土丘陵改田）低于 1.0%。其中平原地区的土壤腐殖质含量最高，一般为 2%~4%，质地黏重的青紫泥、黄斑坤土壤的腐殖质含量很多超过 4%；河谷地区次之，一般为 1.5%~3.5%；山区、半山区的红黄壤性水稻土，以及滨海地区石灰性水稻土一般均为 1.0%~2.5%；全省水田土壤平均腐殖质含量在 2.5%左右，即较土壤普查时增长 25%。一些高产单位和试验单位，增长率更高，达 50%左右。例如，绍兴县东湖农场一些田块，在 1962 年为 2.38%~2.93%，到 1973 年已增加到 3.85%~4.17%；杭州华家池农场也由 1.1%左右增加到 1.6%以上。可见水田土壤中腐殖质的增长率是可观的。腐殖质含量的提高标志着本省水田土壤肥力的普遍增长。

肥沃土壤的腐殖质含量也有显著提高。本省高产田块的土壤腐殖质含量为 1.6%~6.5%，其中质地较粗的泥砂土或小粉土，腐殖质含量大多为 1.6%~3.0%，质地较黏重的青紫泥或黄斑坤土，腐殖质含量较高，大多为 3.0%~6.5%。高产田块的平均腐殖质含量约为 3.3%，较之 1959 年土壤普查时也有明显增长。肥沃土壤的腐殖质含量显著高于一般田块土壤，这表明在目前条件下，提高腐殖质含量仍然是培育高产土壤的重要因素。

土壤的全氮含量也是基本肥力因素之一。本省高产田块的土壤全氮含量范围为 0.14%~0.45%，但大多数为 0.15%~0.30%。

质地较轻土壤的含氮量较低，高产田块的平均含氮量为 0.22%，也比以前有了大幅度增长。而一般田块土壤，全氮量大多数在 0.15%以下，很少超过 0.20%。可见肥沃田和一般田之间全氮量有明显的差别，而且在一定范围内，水稻产量有随着土壤全氮量增加而增加的趋势。

表 1 本省肥沃水田土壤的一些化学性质统计*

腐殖质		全氮量		碳氮比值		全磷量		酸碱度	
含量范围/%	占田块/%	含量范围/%	占田块/%	C/N 范围	占田块/%	含量范围/%	占田块/%	pH 范围	占田块/%
>4	22.8	>0.3	17.2	>10	12.1	>0.2	7.1	5.5~6.0	8.8
3~4	20.0	0.2~0.3	28.6	9~10	36.3	0.15~0.2	32.2	6.0~6.5	44.1
2~3	45.8	0.15~0.2	37.2	8~9	36.3	0.1~0.15	42.9	6.5~7.0	38.8
<2	11.4	<0.15	17.2	<8	15.3	<0.1	17.8	7.0~7.5	8.8

* 各项性质的统计田块数不等，但均在 35 例左右。

土壤的全磷量和肥沃度之间也有一定关系，我省早稻一季亩产 400 kg 以上的高产田，其全磷量范围虽然可为 0.05%~0.23%，但绝大多数为 0.10%~0.20%，全磷量小于 0.09%是很个别的，高产田平均含磷量为 0.14%。相反，产量较低的一般田块，大多数含磷量在 0.10%以下，很少超过 0.15%。看来在目前条件下，增加土壤全磷量对于提高产量也有一定意义。

土壤含钾量和肥沃度的关系，目前由于资料不足，还很难总结。从少数高产田的资料来看，全钾量大多在 1.5%以上。但是影响有效钾的因素比较复杂，因此全钾量和产量的关系，还有待进一步研究。鉴于矿物态钾的有效度很不一致，因此用速效钾含量有可能较好地反映土壤的供钾情况，据调查，一般高产田块均有较高含量的速效钾，大多在 40 ppm 以上。

土壤腐殖质的碳氮比值，是指示腐殖质质量以及氮有效性的一项有用指标。我省目前肥沃土壤的 C/N 值主要集中在 8~10，而一般土壤则大多在这一范围以外，这表明在土壤培肥过程中，有使 C/N 值向 8~10 演变的趋势。这一范围较之土壤普查时有所放宽，当时大多数肥沃土壤的 C/N 值在 8.0 左右，这可能和土壤培肥条件有关。现在看来，在肥沃土壤中，土质越黏重、腐殖质含量越高的，其 C/N 值较高，多为 9~10；而土壤质地比较轻松、腐殖质含量较低的，其 C/N 值也较小。碳氮比值的差异可能是影响其氮素利用率的一个重要原因。

高产土壤的质地绝大多数是黏壤土到壤黏土，少数为砂壤土；土壤 pH 大多为 6~7，少数超出，但也很接近这一范围。高产田块的质地和 pH 基本上符合 1959 年的土壤普查结果，由此再一次可肯定这两项性质是肥沃水田土壤的基本要求。

深厚的耕作层是获得粮食高产的重要土壤条件。耕作层深厚，则作物根系发育和吸收的范围扩大，有利于地上部分的生长发育；相反，如果耕作层浅，则限制了水稻后期根系的发展，影响吸收养料的范围，容易引起早衰。1959 年土壤普查时，一般肥沃土壤耕层深度均在 16 cm 以上。但是近年来，由于受农机具的限制，有些田块连年以木犁或旋耕犁翻地，使耕层减薄（表 2）。据我们在一些典型田块的调查：高产田块一般都具有 18~20 cm（即相当于 5.5~6 寸）的耕作层。相反，采用木犁或旋耕犁的，则耕作层厚度一般只有 14~17 cm（即 4~5 寸），不同耕作层深度的田块对比，前期稻苗长势有明显差异，产量相差则可达 10%以上。因此，加深耕作层，仍然是培育高产土壤的因素之一。

表 2　不同耕具对耕层深度的影响　　（单位：cm）

耕具	早稻田耕层厚度*（耕后 15 天）	晚稻田耕层厚度*（耕后 7 天）
电犁	17~20	18~21
木犁	15~18	16~19
旋耕犁	14~16	14~16

* 多点测定结果。

地下水位仍然是衡量水田土壤中水气状况的一项具体指标。在总结土壤普查资料时曾指出：地下水位过高，则上层土壤表现强烈的还原现象，土壤糊烂，影响作物的起苗发棵；相反，如果地下水位过低，则使土壤淋溶作用过强，有机质易于消耗，往往也不是肥沃度很高的土壤。而肥沃土壤则要求有一适当的地下水位，一般在冬季以保持在 67~100 cm 较为适宜。这一原则仍然适用于目前条件。据我们在一些平原地区高产单位的调查，这样的地下水位不仅有利于水稻，也有利于冬作小麦的高产。许多高产单位非常注意开沟排水，在春花田中畦沟加深至 40~60 cm，田边沟在 66 cm 以下，干沟保持在 100 cm 以下，做到沟渠相通，便于排水，以保证地下水位的降低。在平原地区做好排水工作，是发挥土壤肥力条件，夺取全年高产不可缺少的一个环节。

由此可见，十几年来，全省各地所进行的大量调查研究，进一步证实了本省肥沃水田土壤中质地、酸度、地下水位、耕层厚度等一些农业性状的总结。同时，还表明土壤的基本肥力条件（腐殖质、养料含量）有了显著提高，这是我省粮食单位面积产量不断提高的基本条件之一。

三、

目前本省肥沃土壤的主导因素是什么？当然，获得高产的因素是综合的，而且各因素之间互相依存，又互相制约，不能偏重偏废。但是对作物来说，仍然有一些因素起直接的主导作用，而另一些因素则起间接的从属的作用。例如，土壤酸碱度、质地，以及另外一些理化生物性质，一般要通过水、气、热、养料等因素对作物的生长发育产生影响；而水、气、热、养料，则是作物生活的必需因素，直接影响作物的生长发育，关系更为密切。因此，在生产达到一定的水平时，各种因素的相互配合，会有某些因素对产量的增长起主导作用。

从全省一般情况来看，目前水田土壤中氮素养料的供应水平和水稻产量关系较为密切。这可从以下三个方面进行论证。

首先，从全省各地所进行的氮肥试验结果来看，施用氮肥后增产的效果一般为10%~60%，即使在严重缺氮的土壤中，氮肥效果也很少能使产量成倍增长。换句话说，不施氮区的稻谷产量一般占施氮区产量的60%至80%以上。这虽然不是一个绝对的规律，却是一个相当普遍的现象。在我省的氮肥试验中，有 90%以上的试验结果均符合这一比例，很少例外，因而可以把它应用于一般大田生产。无氮区的稻谷产量反映了土壤供氮能力，因而可以认为土壤的供氮能力对于水稻的产量起着一定的限制作用。

其次，分析资料帮助我们进一步认识：水稻产量和植株所吸收的土壤氮素有一定的关系。水稻植株吸收的氮素营养主要来自土壤和肥料两个方面，从土壤中吸收的氮素可反映土壤的供氮能力。土壤供氮量一般以不施氮区水稻收获物中含氮总量代表，也可用施 N^{15} 同位素标记的肥料试验测定。两种方法所测得的结果表明：植株吸收的土壤氮素均与施氮区水稻产量之间呈显著的正相关，即施氮区的产量随土壤供氮量的增加而增加（图 1）。据此进一步证实了水稻产量和土壤供氮能力之间的依存关系。施用氮肥当然可以增产，但其增产幅度受土壤供氮量的限制，在土壤供氮能力较低的土壤中，即使施用大量氮肥，在当季也很难得到应有的肥效和预期的产量。这表明即使在氮肥充足的地区，仍然必须有相应的土壤肥力基础才能获得高产。我省目前的水田土壤的供氮水平很不平衡，新开水田（海涂和红壤）早稻期间每亩不足 1.5 kg，老水田土壤在一季早稻期间所供应的氮从每亩 2.5 kg 左右到 5 kg 以上不等，不施氮区的水稻产量则从不足 150 kg 到 350 kg 左右，这就大大限制了水稻的平衡高产，也显示了培肥土壤的重要性。在本省目前条件下，早稻一季亩产 400 kg 以上的田块，一般要求土壤供氮每亩为 4.5kg 至 5 kg 以上（以无氮区水稻吸氮总量计），而且随着土壤供氮量的增加，水稻产量仍有继续提高的趋势。可见在目前条件下，提高土壤的供氮能力可能是获得高产稳产的一个主导因素。

最后，土壤全氮量和产量之间也有明显关系。土壤供氮量是由许多因素综合造成的，既和土壤的全氮含量有关，又取决于氮释放的内在和外在条件，而土壤全氮量则是反映土壤供氮量的一个重要基础，因而也可作为指标。在本省各种肥力等级的土壤中，可以明显地看出水稻产量和全氮量之间是有一定关系的，尤其是在早稻亩产 450 kg 以下的土壤中，水稻产量随着土壤全氮量的增加而增加，相关性很显著。在一般试验条件下，土壤全氮量在 0.12%以上，都获得了亩产 250 kg 以上的早稻产量；土壤全氮量大于 0.20%的，都获得了亩产 350 kg 以上的早稻产量；而土壤全氮量大于 0.30%的，早稻产量都在 400 kg 以上。获得各级产量的土壤最高全氮量、最低全氮量以及平均值，都有明显的增长趋势（图 2）。可见，土壤全氮量与水稻产量的关系是很密切的。

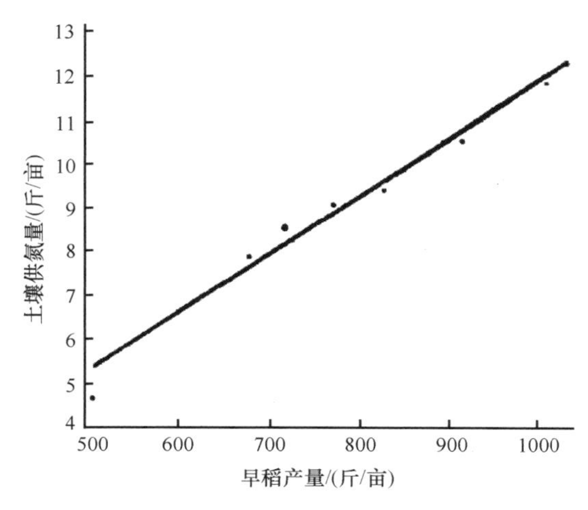

图 1　土壤供氮量和早稻产量的关系[①]

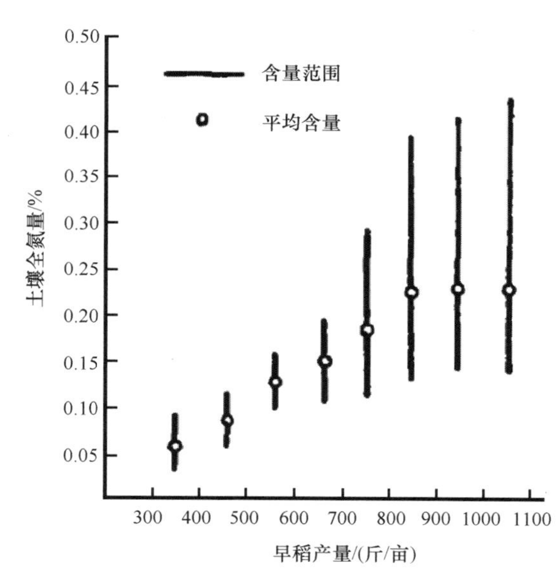

图 2　早稻产量和土壤全氮量的关系（产量以每百斤范围内的平均值分级）

从以上三个方面的关系来看：土壤的供氮水平是影响水稻产量的一个直接因素，而且由于在一定范围内几乎不可能以肥料氮代替，因而就成为影响水稻产量的一个限制性

① 根据省农科院中心实验室速效氮组，《土壤氮素肥力测定方法研究》（打印本）一文中部分资料改绘和改算。

因素。而提高土壤的供氮水平，则能相应地增加水稻产量。所以我们认为土壤全氮量及其供应能力可以看做是当前肥沃土壤的一个主导因素。

至于土壤磷的供应水平，从全省情况来看，虽然土壤全磷量和早稻产量之间也显著相关，但其相关性不及全氮量。当然，在局部地区，主要是严重缺磷地区，土壤磷素的供应对水稻产量的提高是一个重要因素，因为高产田块绝大多数都有比较高的含磷量。但是即使土壤含磷量很低，在施用磷肥后，产量也能大幅度地增长，因而其相关性就不及土壤氮素。

表 3　早稻产量①和土壤几项性质之间的相关性

土壤性质	回归方程式	相关系数
全氮量	Y=436.3+1424X	0.660**
全磷量	Y=450.2+3254X	0.346*
腐殖质含量	Y=386.8+95.2X	0.768**

① 产量在 150~450 kg/亩范围内；*0.05 显著水平；**0.01 显著水平。

土壤腐殖质含量是全氮量和全磷量的重要基础。因此，腐殖质含量的高低与水稻产量同样有密切关系。统计分析表明：在早稻产量为 150~450 kg 的范围内，腐殖质含量与早稻产量之间的相关也很显著。从图 3 中还可看出：随着早稻产量的增加，土壤腐殖质的最高含量、最低含量以及平均值，均有明显的增加趋势。可见，土壤腐殖质含量在提高产量中是有重要作用的。当然，腐殖质的作用是多方面的，改良土壤物理性质也是其重要的一面。

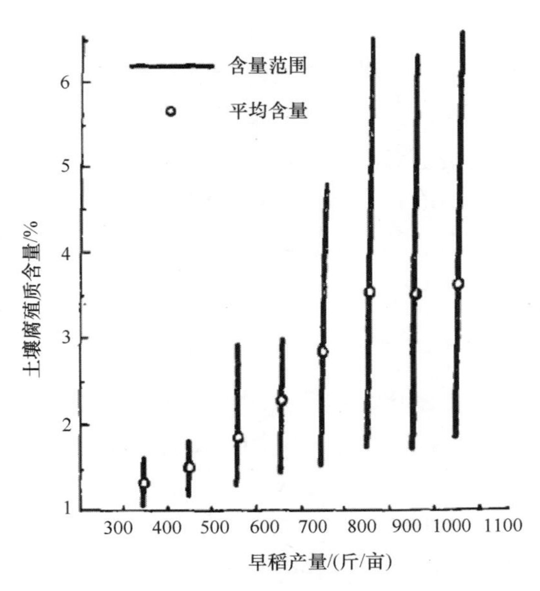

图 3　早稻产量和土壤腐殖质含量的关系

产量以每百斤范围内的平均值分级

早稻产量和土壤腐殖质及全氮含量之间的总趋势，说明了土壤腐殖质和全氮含量可能是肥沃水田土壤的重要性状指标，提高土壤腐殖质和全氮含量是获得高产稳产的可靠保证。但是高产土壤的腐殖质和全氮量范围较广，有一些田块虽然土壤腐殖质含量在 2%以下，全氮量不足 0.15%，也获得了早稻一季亩产 400 kg 以上的好收成。这样的田块为数虽然不多，但却值得重视。从分析数据来看，这些土壤虽然腐殖质和全氮含量不高，但水稻植株吸收的土壤氮却仍然在每亩 4.5 kg 以上，达到一般高产土壤的水平。表明这些土壤全氮量的利用率是相当高的。这也进一步证明了土壤供氮能力仍然是这些土壤获得高产的原因。这些实例又告诉我们：在腐殖质和全氮量并不太高的土壤中，如果能充分发挥其潜在肥力，提高土壤养料供应量，则仍然能获得较高的产量。

另外值得注意的是在早稻亩产 450 kg 以上的田块中，土壤平均腐殖质或全氮含量都没有增高的趋势；同样，在全氮量大于 0.20%或腐殖质含量在 3.5%以上的土壤中，全氮量或腐殖质含量与增产的关系也不明显。这表明在腐殖质或全氮量较高的土壤中，主要的问题已经不是养料的储量不足，而是这些养料的有效性太低了。试验资料表明，土壤氮的利用率是随着全氮量的增加而降低的。全氮量在 0.14%以下的土壤中，早稻期间氮的利用率[①]一般在 2%以上；全氮量为 0.14%~0.20%的，利用率一般降低至 2%以下，大多为 1.5%~2.0%；而全氮量在 0.20%以上，则利用率大多降低至 1.5%以下。这启示我们：在肥沃土壤中，提高土壤养料的利用率，尤其是氮的利用率，可能是使产量继续上升的重要因素。

为什么肥沃土壤中养料利用率低？这是一个比较复杂的问题。内因是在肥沃土壤中腐殖质的分子结构趋向稳定，不易分解。过去我们的试验曾指出：肥沃土壤中腐殖质的胡敏酸/富啡酸比值提高，氧化稳定性增加，这是腐殖质分子结构进一步缩合所致，需要更多的能量才能使之分解；同时，肥沃土壤中腐殖质的 C/N 值多为 8~10，而腐殖质含量在 4%以上的土壤，其 C/N 值更集中于 9~10，因而具有较强的生物稳定性，这也可能是养料利用率较低的重要原因。此外，影响腐殖质分解的外因，如通气性、温度、养料平衡等，也能影响养料的利用率。试验资料表明：质地较粗的砂壤土，其氮素利用率一般高于质地黏重的土壤，就是很好的例证。因此，对于那些腐殖质和全氮含量较高的肥沃土壤，研究如何促进其养料的有效化，尤其是增加这些土壤的氮素供应量，是今后进一步提高粮食单位面积产量的一项重要任务。

四、

综上所述，十多年来，本省水田土壤基本肥力普遍有所提高，平均腐殖质含量从 1959 年的 2%左右，提高到 2.5%左右。早稻一季亩产 400 kg 以上的肥沃水田土壤，腐殖质含量范围为 1.6%~6.5%，绝大多数在 2%以上；全氮量范围为 0.14%~0.45%，大多为 0.15%~0.30%；全磷量范围为 0.05%~0.23%，大多为 0.10%~0.20%；腐殖质的 C/N 值多为 8~10，全钾量多在 1.5%以上，速效钾超过 40 ppm。肥沃水田土壤一般还具有深厚的耕作层（5~6 寸）和适当的地下水位（冬季地下水位保持在 67~100 cm）。

---

① 土壤氮利用率 $=\dfrac{\text{无氮区水稻吸氮总量}}{\text{耕层土壤含氮总量}}\times 100\%$。

从全省各地历年来的试验资料来看，培育肥沃的水田土壤，除了改善环境（平整土地、兴修水利等）外，还必须提高土壤的肥力水平。试验资料的综合分析表明：在一般情况下，不同田块目前所能达到的早稻产量，是和土壤腐殖质含量以及全氮量呈正相关的，即随着土壤腐殖质含量和全氮量的增加而增加。因此在目前条件下，提高土壤腐殖质含量和氮素的供应水平仍然是大多数土壤培肥的基本要求。在这个基础上，保证磷和钾的供应，使各种养料之间保持一定的平衡是获得高产的必要条件。因此，仍应重视有机肥料的施用。一般要求在山区半山区的红黄壤性水稻土、平原地区的砂质水田土壤，以及围垦不久的海涂水田，腐殖质含量逐步能达到2%至2.5%以上，全氮量达到0.14%以上，全磷量达到0.09%以上；平原地区的黏质土壤，腐殖质含量能达到3.0%至3.5%以上，全氮量达到0.20%以上，全磷量达到0.10%以上。使土壤具备高产稳产的有利条件。

值得注意的是：早稻一季亩产450 kg以上的土壤，其全氮量和腐殖质含量较之450 kg上下的肥沃土壤并没有显著的增长，但其养料的利用率却有所提高。这也启示我们：肥沃土壤，除了应重视其养料的总储量以外，还必须注意提高其养料的利用率。目前，我省土壤中全氮量在早稻期间的利用率从1%左右到2.5%以上不等，相差一倍多，全氮量越高的，利用率就越低，可见一些肥沃土壤没有充分发挥其潜在肥力的作用。因此，在腐殖质含量3.5%以上，全氮量大于0.20%的肥沃土壤中，如何提高其养料利用率，以达到高产更高产的要求，是今后的一项重要任务。同时，对于土壤养料供应的季节性动态，尤其是对晚稻期间土壤养料的供应能力进行研究，为提高全年粮食产量提供依据，也是十分必要的。

浙江省一些土壤的含硼量和油菜缺硼的诊断①

浙江农业大学农化、土壤教研组

硼是农作物必需的微量元素之一，早在半个世纪以前，硼对于某些作物的良好作用已被肯定。浙江省从 1961 年开始对黄岩植橘土壤的含硼量进行了研究，证明喷施硼酸肥料能增加柑橘的着果率②。此后，在油菜生产中又发现“花而不实”的现象与缺硼有关。1974 年浙江省油菜大面积“花而不实”，严重影响产量，引起了广泛的重视，经有关单位试验后，证明喷施硼酸肥料，对防止油菜“花而不实”有良好效果，使菜籽产量大幅度上升。但是对于油菜“花而不实”的土壤和植株的化学诊断，则缺乏系统资料。本文是浙江省一些代表性土壤的有效硼含量，以及油菜缺硼叶片诊断的初步总结，以供有关单位参考。

一、浙江省主要土壤的有效硼含量

土壤中的硼一般分为全硼和有效硼，全硼量不能反映植物吸收的硼，而有效硼则和植物吸收的硼有较好的相关性。土壤中有效硼的含量大多为 0.05~2.5 ppm，一般以 0.5 ppm 作为丰足与否的临界浓度，但质地不同，临界浓度可为 0.3~0.8 ppm，砂土偏低，黏土偏高。各种土壤的含硼量则随土壤类型、质地、酸度、有机质含量和石灰性反应等而异，一般认为红壤、酸性土、砂质土、大量施用石灰和缺乏有机质的土壤含有效硼量较低。此外，土壤中的有效硼含量和水分条件有关，淋洗作用较强的土壤，有效硼含量偏低；长期干旱，可使部分有效硼被固定。

浙江省土壤中的有效硼含量资料较少，我们分析了浙江省主要土壤类型的含硼量，结果见表 1。

表 1 浙江省土壤的有效硼含量*

土壤种类		地点	质地	pH	有机质/%	石灰性反应	有效态硼/ppm
滨海地区	海涂泥	定海马目	粉砂黏壤土	8.7	1.39	强	2.30
	咸性夜潮土	慈溪长河	粉砂黏壤土	7.5	1.52	微	0.74
	咸性夜潮土	慈溪卫前	粉砂黏壤土	8.2	0.83	强	0.68
	咸性夜潮土	上虞联塘	粉砂黏壤土	8.4	1.08	强	0.70
	咸性夜潮土	肖山头蓬	粉砂壤土	8.6	1.16	强	0.72
	淡涂泥	肖山共联	细砂壤土	7.6	1.05	强	0.52
	淡涂泥	上虞勤建	粉砂黏壤土	7.4	1.58	微	0.45

① 原载于《浙江农业科学》，1977 年，第 3 期，140~143 页。
② 刘铮，等. 黄岩植桔土壤中微量元素的含量及其对柑桔的肥效，土壤学报, 1961, 9: 140~155。

续表

土壤种类		地点	质地	pH	有机质/%	石灰性反应	有效态硼/ppm
河网平原地区	青紫泥	杭州祥符桥	粉砂黏土	8.1	3.89	强	0.36
	青紫泥	海盐东风		6.7	2.13	无	0.76
	青紫泥	桐乡众安	壤黏土	6.8	3.04	无	0.67
	青紫泥	宁波凤岙		6.0	5.25	无	0.17
	小粉土	杭州华家池	细砂壤土	6.2	1.62	无	0.31
	小粉土	长兴三星抖	粉砂壤土	5.5	1.90	无	0.20
河谷地区	泥沙土	遂昌黄圩	壤质砂土	5.6	2.13	无	0.15
	泥沙土	丽水农科所	砾质砂壤土	5.4	1.85	无	0.24
	泥沙土	遂昌横溪	砂壤土	5.9	2.43	无	0.10
	泥沙土	金华含香桥	砂质黏壤土	6.1	1.38	无	0.20
	大泥土	浦江岳塘	黏壤土	5.5	0.98	无	0.62
	大泥土	永康岩后	黏壤土	5.9	1.67	无	0.18
	大泥土	武义祝村	黏壤土	5.5	3.28	无	0.42
	大泥土	余杭石鸽	黏壤土	8.0	4.82	强	0.34
丘陵山区	黄大泥	金华蒋堂	砂质黏壤土	5.9	1.54	无	0.18
	黄大泥	金华石门	砂质黏土	5.5	1.48	无	0.40
	黄大泥	衡县十里丰	砂质黏土	6.4	2.48	无	0.21
	山地黄泥土	诸暨牌头	砂质黏土	5.3	2.12	无	0.17
	山地黄泥土	杭州古荡	砂质黏土	5.5	—	无	0.25
	黄泥砂土	遂昌横溪	砂质黏壤土	5.5	1.87	无	0.19
	紫泥土	遂昌横溪	砂质黏土	5.7	2.73	无	0.21
	紫砂土	金华蒋堂	砂质黏壤土	7.0	1.19	无	0.28
	红砂土	金华十里丰	砂质黏壤土	6.1	1.22	无	0.20

*土壤有效硼以热水煮沸 5 min 提取，姜黄素比色法测定。

从表 1 资料可以看出，浙江省土壤中的有效硼含量，除盐土外，一般都在 0.8 ppm 以下。各地土壤的有效硼含量有明显的地区性分布，大致上以滨海平原的土壤含硼量最高，一般在 0.5 ppm 以上，显然是近期内受海水影响所致；河网平原地区次之，为 0.17~0.76 ppm，平均在 0.5 ppm 左右；而以山区和半山区的河谷平原、山垅田及山地土壤的含硼量最低，除个别外，一般均小于 0.4 ppm，大多数土壤为 0.1~0.3 ppm，这显然受母质和成土作用的影响，因为本省山区和半山区的土壤，大多发育自酸性母岩和第四纪红土，在风化、搬运和沉积的过程中，又受到强烈的淋洗作用，造成水溶性硼的损失，因此有效硼含量较低。

此外，有效硼的含量还和土壤质地、酸度等性质有关。酸性土壤一般含硼量较低；砂质土壤含硼量较黏质土为低。

这些资料表明，本省滨海平原的土壤含有效硼较为丰实，河网平原地区次之，而以山区半山区的土壤缺硼的可能性最大。当然，影响农作物吸收硼的因素是很多的，除了土壤中有效硼的含量以外，气候、灌溉水、耕作施肥等条件也都会不同程度地影响硼的有效量，而有效硼的丰缺范围又很窄，因此在一些接近临界浓度的土壤中，农作物对硼的需求是否能够满足，往往可为一些其他因素所左右。而且农作物种类不同对硼的要求相差很大，在同一土壤中，农作物是否表现缺硼更因作物而异。

二、油菜缺硼的诊断

油菜属于需硼量较高的作物，在缺乏硼素营养的条件下，苗期根系不发达，易产生死苗缺株；抽薹前后叶片呈现紫红色斑点，叶色暗绿，叶片增厚、皱缩；后期则产生“花而不实”现象。花蕾和幼荚大量脱落，即使形成角果也萎缩细小，对产量有严重影响。

油菜缺硼的诊断，除了观察其外形症状外，还应测定土壤和植株的含硼量，以便及早判断。据油料作物研究所报道：发病土壤含硼量一般在 0.25 ppm 以下，不发病土壤含硼量一般在 0.4 ppm 以上，临界浓度似在 0.4 ppm 左右。植株含硼量在各个部位相差很大，且因品种而异，国外资料报道：其临界浓度为 5~10 ppm。

为了摸索油菜缺硼的诊断方法，我们选择了油菜的上部叶片作为诊断的采样部位，因为测定叶片含硼量，不仅反应灵敏，操作较简便，而且不影响整个植株，是较好的诊断部位。从采自华家池各种农作物叶片含硼量来看（表 2），基本上能反映各种农作物对硼的需求和不同发育阶段的含硼量变化。例如，水稻、大麦、玉米等禾谷类作物含硼量较低，其叶片含硼量一般均在 10 ppm 以下，而其他作物的叶片含硼量一般均在 20 ppm 以上；又如，苗期叶片含硼量较低，而后期则有所提高。因此初步认为：测定叶片含硼量，可以在一定程度上反映农作物吸硼量的多寡，有助于及时诊断植株缺硼的程度。

表 2　各种农作物的叶片含硼量

作物种类	叶片含硼量/ppm	作物种类	叶片含硼量/ppm
水稻（孕穗期）	7.1	番茄（结果期）	40.8
大麦（苗期）	7.5	棉花（蕾期）	20.0
玉米（苗期）	4.8	黄麻（苗期）	38.8
蚕豆（苗期）	20.2	油菜（苗期）	20.2
大豆（结荚期）	62.8	油菜（抽薹期）	24.2
萝卜（苗期）	17.2	油菜（结荚期）	44.6

浙江省 1975 年的油菜生产中，在一些地区（主要是丘陵山区和河谷地区）产生了不同程度的缺硼症状，出现缺硼症状的土壤，主要是河谷地区的泥沙土、大泥土，丘陵山区的黄泥沙土、红砂土、黄大泥等。我们有计划地测定了一些正常的和缺硼程度不等的油菜叶片和土壤样品，测定的部分结果列于表 3。

表 3　油菜的缺硼症及其土壤和植株叶片的含硼量*

地点	土壤含硼量（有效硼）/ppm	叶片含硼量（干重）/ppm	缺硼程度
遂昌黄圩大队	0.15	不喷硼 2.6	极严重
丽水农科所	0.24	不喷硼 4.8	严重
		喷硼 13.8	正常

续表

地点	土壤含硼量（有效硼）/ppm	叶片含硼量（干重）/ppm	缺硼程度
遂昌横溪大队	0.19	不喷硼 6.9	明显
		喷硼 45.0	正常
余杭石鸽农场	0.34	不喷硼 5.0	明显
		不喷硼 8.2	不明显
		喷硼 12.6	正常
衡县十里丰农场	0.21	不喷硼 9.2	不明显（盆栽有缺硼现象）
		喷硼 22.0	正常
遂昌横溪大队	0.10	不喷硼 9.4	不明显（1974 年表现缺硼）
杭州华家池	0.31	不喷硼 24.2	正常

* 叶片含硼量测定是将叶片灰化后，以 0.1N HCl 提取，姜黄素比色法测定。

分析结果表明：油菜是否缺硼，在土壤或油菜叶片含硼量方面都有一定的规律性。一般产生缺硼症状的土壤，含硼量都在 0.4 ppm 以下，因此，初步认为以 0.4 ppm 作为临界浓度是恰当的。但是，也有一些土壤虽然含硼量不足 0.4 ppm，但未出现明显的缺硼症状，这表明影响植株硼素营养的因素是很复杂的。

油菜叶片的含硼量和缺硼症状之间的关系更为明显，严重缺硼的叶片含硼量低于 5 ppm，有明显缺硼症状的叶片含硼量为 5~8 ppm，而正常的或经喷硼以后症状消失的叶片含硼量一般均在 10 ppm 以上。因此，初步认为叶片含硼量 8~10 ppm 可作为判断油菜是否缺硼的临界浓度。小于这一浓度的均有可能缺硼，含量越低，缺硼越严重；反之，大于这一浓度，则一般不致缺硼，或施硼肥无明显效果。

棉花施用氮肥的诊断技术研究①

袁可能　蒋式洪　余允贵

应用土壤和植株的硝态氮测定作为棉花施用氮肥的诊断手段，是在20世纪60年代前后发展起来的。Jaham[1]在棉株的组织测定中比较系统地研究了硝态氮的分布和适宜的取样部位。Amer[2]、Baker[3]、Grimes[4]和 Mackenzie[5]等进一步研究棉花叶片或叶柄中硝态氮含量与氮肥施用量、施用时间、水分及栽培条件等等的关系，并提出硝态氮的临界浓度及其和产量相关性。Sabbe 和 Mackenzie[6]总结了这方面的工作。我国也在60年代前后由中国农业科学院江苏分院等单位[7,8]用硝酸试粉速测法诊断棉花叶柄的硝态氮含量，认为能较好地反映土壤的地力差异和氮肥肥效。山西运城地区农科所土肥研究室[9]利用酚二磺酸法测定叶柄硝态氮含量，并提出了高产棉花各发育阶段的硝态氮含量及其指标。为棉花施氮肥的组织诊断提供了基础。此外，Gardner[10]还研究了土壤硝态氮含量与棉花生长的关系，指出土壤的播前（起始）硝态氮含量与籽棉产量有一定的相关性。但是有关土壤硝态氮诊断方面的工作，比棉花叶柄的硝态氮诊断少得多。

为了进一步研究棉田土壤的硝态氮变化，把土壤硝态氮测定和叶柄硝态氮测定结合起来，用于预测棉花的氮素营养和预报施肥期。我们从1972年开始这方面的研究[11]，并在1972~1977年在浙江省北部棉区进行了一系列调查研究和肥料试验。肥料试验是在肖山县东方红公社共联大队和杭州华家池浙江农业大学（现浙江大学）农场进行的（两地土壤均属砂质壤土，棉花品种为协作二号）。通过试验，基本上明确了土壤和棉株的适宜取样部位、测定方法、不同发育阶段的硝态氮变化和临界浓度。并在把这一诊断技术应用于指导棉花施用氮肥的生产实际中取得了一定的成效。本文是这几年工作的总结。

一、取样部位和测定方法

1. 取样部位

在进行土壤的硝态氮诊断时，取样部位十分重要。一般随机取样的方法往往不能反映棉花生育期间土壤中硝态氮的变化与丰缺。主要是因为：第一，在棉株生育旺盛期间，土壤矿化作用所产生的硝态氮很难积累，因此测定结果大多偏低，不能反应硝态氮的实际供应水平；第二，棉株生育旺盛期间，根系吸肥重点转入施肥行内，因此施肥行的土壤硝态氮含量随着施肥和根系吸肥的相对强度而有明显的变化（图1）；第三，土壤硝态氮随着水分的渗漏和蒸发而在垂直方向移动比较频繁。因此，从诊断的要求出发，测定

① 原载于《浙江农业大学学报》，1979年，第5卷，第1期，43~52页。

土壤硝态氮含量的取样部位，重点应在施肥行的耕层土壤。同时辅之以非施肥行的土壤，以资对照。还有必要采取耕层以下的土壤进行测定。尤其在多雨季节，硝态氮常常积聚在耕层以下的土壤中，测定心土层的硝态氮含量有重要参考价值（图2）。

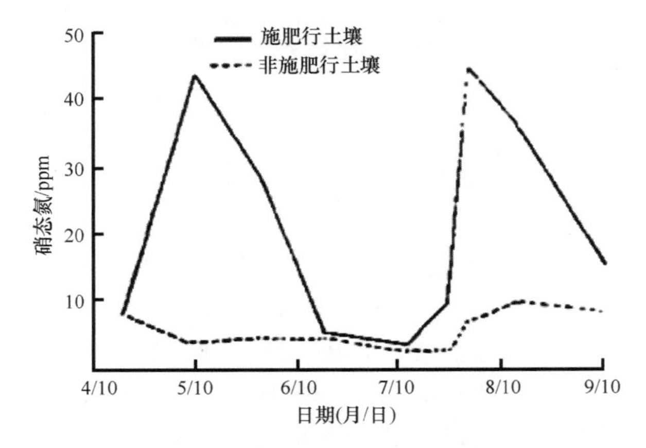

图1　耕层施肥行和非施肥行土壤的硝态氮变化（1975年）

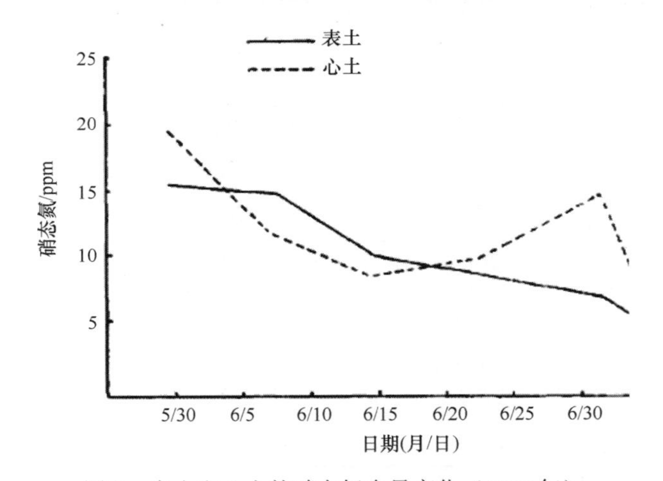

图2　表土和心土的硝态氮含量变化（1975年）

播前的土样仍按一般随机取样的方法采集。

棉株的取样部位以叶柄较好。由于根系吸收的硝态氮中一部分经过叶柄运送至叶片内还原，因此叶柄硝态氮含量变化对反映棉株氮素营养的丰缺比较明显，和叶色变化也比较一致。而且叶柄浸出液无叶绿素干扰，有利于比色测定。但是不同叶位的硝态氮含量变化有不同规律。一般在氮素营养充足时，上部叶片的叶柄硝态氮含量高于下部叶片，而在氮素营养不足时则相反。因此，应选择能较灵敏地反映氮素营养的叶片部位。

Jaham[1]认为棉株上部叶的叶柄是较好的诊断部位。

我们经多次试验证实：在氮素营养充足和氮素营养不足的不同情况下，以新展开的第三或第四张主茎叶片的叶柄反应最为灵敏（表1）。因此是较好的诊断部位。

表 1 棉花主茎叶不同叶位的叶柄硝态氮含量（1976 年） （单位：ppm）

氮素养分 \ 叶片序位*	1	2	3	4	5	6	7	8	9	10
氮营养充足	300	400	500	500	400	300	200	150	200	150
氮营养不足	100	100	100	100	100	120	120	120	150	120

* 以新展开的第一张主茎叶开始，从上往下计数。

2. 测定方法

为了便于在田头进行大量测定，硝态氮的测定方法采用 Bray[12]设计的硝酸试粉速测法。这个方法的数据分级虽然比较粗放，但稍经训练就可掌握分级标准。我们把硝酸试粉法目测比色的结果和用硝酸根电极法测定的结果进行比较，证实测定值是比较接近的。在硝态氮浓度过高或过低时，两种方法测得的数据误差扩大，但仍符合速测诊断要求。因此我们认为硝酸试粉速测法适宜于田头进行诊断之用。本试验中所用的硝酸根电极是由上海复旦大学物理二系生产的，配以 pHS-2 电位计和甘汞电极。测定硝酸根浓度的土壤和棉花叶柄水浸提液与硝酸试粉比色法相同，测得的电位值在标准曲线上查得其硝酸根浓度。我们把含各种硝酸根浓度的水浸出液，同时用硝酸试粉目测比色和硝酸根电极法两种方法测定，比较其结果见表 2。

表 2 硝酸试粉比色法和电极法测定硝态氮结果比较

土壤（1∶2 水浸提液）		棉花叶柄（1∶100 水浸提液）	
比色法（ppm）	电极法（ppm）	比色法（ppm）	电极法（ppm）
4	4.6	100	80
6	5.0	200	180
8	7.6	450	450
10	8.0	600	650
12	13.2	700	800
16	15.6	800	960
20	24.0	1000	1200

3. 土壤和植株的测定步骤

土壤：在施肥行内上下均匀地切取耕层土壤一片，多点取样（取样点多少视面积大小而定，但不少于 5 点），混合均匀后立即称取新鲜土壤 4 g（以烘干重计，潮湿土壤应加含水量），放在试管中，加入 5%硫酸钾溶液 8 ml（湿土应扣除含水量，硫酸钾作凝聚剂用）。加塞后剧烈振荡 1 min，静置澄清（如不易澄清，也可过滤），以皮头滴管吸取澄清液约 1 ml，置于直径为 1.5 cm 的指形管中，加入硝酸试粉少许（约 0.1 g），振摇 0.5 min，静置 5 min，待溶液充分显色后，与标准比色。比色结果乘以 2，即为土壤硝态氮含量。

必要时可同时采集非施肥行耕层土壤或心土进行测定，方法同上。

植株：在上午 7~8 时，采取主茎展开叶第 3 或第 4 叶，至少 5~10 张，用干净纱布抹拭干净后，从叶柄着生处开始剪成大小约 2 mm 的小块，混合均匀，立即称取新鲜样品 0.25 g，放在试管中，加蒸馏水 10~25 ml（苗期和初蕾期可加水 25 ml，使成 1∶100

浸出液；盛蕾初花期以后可加水 10 ml，使成 1∶40 浸出液），静置 10 min 后，加塞，剧烈振荡 1 min。然后以皮头滴管吸取浸出液 1 ml，置于直径为 1.5 cm 的指形管中，加入硝酸试粉少许（约 0.1 g），振摇 0.5 min，静置 5 min，待溶液充分显色后，与标准比色。比色结果乘以 40（1∶40 浸出液）或 100（1∶100 浸出液），即为叶柄硝态氮含量。

二、结果和讨论

1. 土壤中硝态氮含量的变化

在棉花生育过程中，土壤中硝态氮含量随气温、降雨、施肥和作物吸收而变化。

田间试验和测定结果表明：在不施氮肥的小区中，从棉花现蕾以后，土壤硝态氮含量直线下降，以后始终保持在 5 ppm 左右。其间略有起伏，大致和气候变化有关。例如，在雨季结束（6 月底至 7 月初）后硝态氮含量相对稳定了一个短时期，然后在进入花铃期后又有所下降。在盛夏期间（8 月），由于干旱高温，硝态氮含量略有回升，而后又继续下降。但这些变化幅度都很小，而且绝对量很低，不足以供应棉株正常生长所需要的硝态氮量。

在施用氮肥的试验小区，土壤硝态氮含量变化很大。如前期施用基肥，则在蕾期土壤中可积累相当数量的硝态氮；但到了盛蕾初花期（7 月上旬），由于棉株的强烈吸肥使土壤硝态氮迅速消耗而下降。7 月中旬随着当家肥的施用，土壤硝态氮又开始上升，但在花铃期又下降。此后由于花铃肥的施用，硝态氮含量再度上升，在成熟期又逐渐下降（图 3）。这种变化规律与施肥和棉花吸肥的过程相一致，反映了土壤的供氮规律。

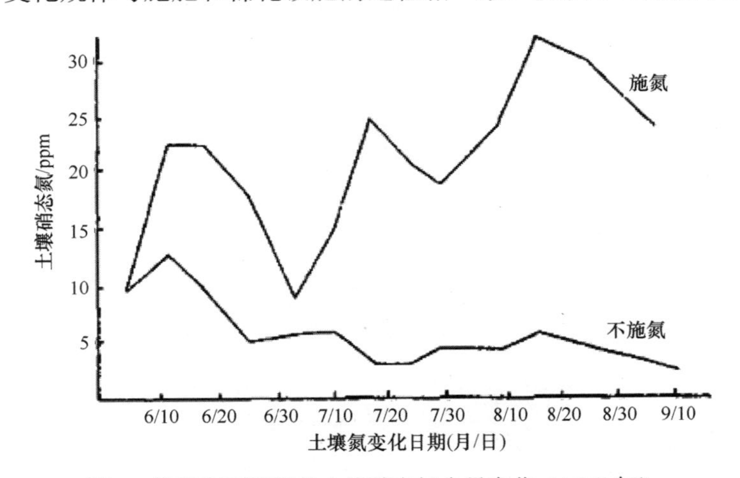

图 3　施肥和不施肥的土壤硝态氮含量变化（1975 年）

各种肥料施入土壤后的供氮强度和持续时间，也可从连续测定的结果得出相对概念。例如，在浙江省杭州地区的气候条件下，1972 年在直播棉田中，苗期（4 月中旬）翻埋的新鲜绿肥，在 5 月上旬肥效可达高峰，约 6 月中旬消耗殆尽。1975 年的移栽棉田中，5 月上旬、中旬翻埋的饼肥和厩肥，6 月上旬、中旬肥效分别达高峰，6 月下旬就迅速下降。6 月上旬施用的化肥则在 5~7 天硝态氮大量产生，20 天后迅速下降（图 4）。历年的试验还显示在蕾期和花铃期施用的氮肥中，饼肥需 10~15 天产生较多的硝态氮，20 天左右达高峰，1 个月左右逐渐消失。而在盛夏施用的化肥，如土壤湿度适宜，则只要 3~5 天就能产生大量的硝态氮，但半个月后硝态氮就明显下降（图 5）。当然，这些变化因各地的土壤条件和历年的气候而异，必须就地具体测定。

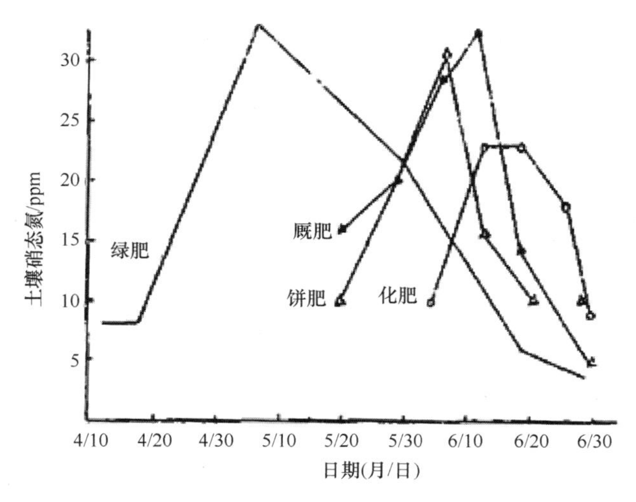

图 4　棉花苗期施用各种氮肥后土壤硝态氮含量的变化

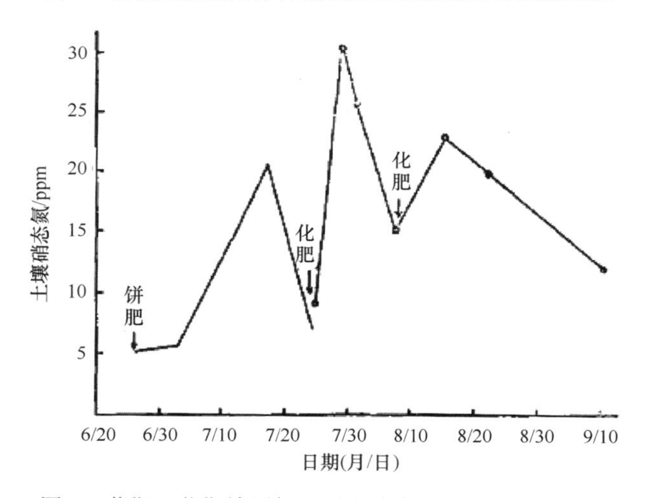

图 5　蕾期、花期施用氮肥后土壤中硝态氮含量的变化

2. 棉株叶柄硝态氮含量的变化

棉株叶柄中的硝态氮含量不仅受施用氮肥的时间和数量的影响，而且还随发育阶段而变化。在较肥沃的土壤中，不施氮肥的条件下，叶柄硝态氮在苗期能保持在 400 ppm 以上，进入蕾期后逐渐下降，初花盛蕾阶段降至 200 ppm 以下，花铃期又进一步下降至 100 ppm 以下。施用氮肥对叶柄硝态氮有明显影响。苗期施用氮肥的，叶柄硝态氮含量可高达 500 ppm 以上，个别可高至 1000 ppm 以上，此后随着肥料的施用后时间推移，叶柄硝态氮有所升降，但一般均高于不施氮肥的植株。值得注意的是：尽管受施肥的影

响，但在正常情况下，叶柄硝态氮含量在进入盛蕾初花期后仍然逐步下降至 400 ppm 以下，进入花铃期又进一步下降至 300 ppm 以下（图 6）。由此可见，棉株各发育阶段的叶柄硝态氮含量变化是有一定规律的。大体上在苗期和初蕾期含量较高，至盛蕾初花期有一明显下降阶段，花铃期后又有一些降低。这是其共同点，氮肥的施用只对其升降幅度有所影响。

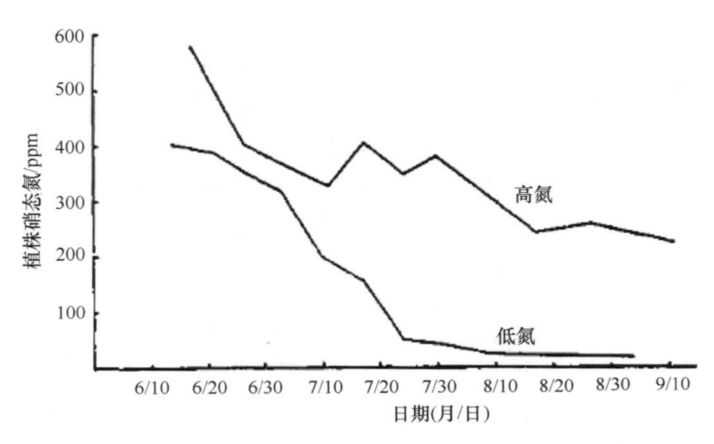

图 6　不同供氮条件下的棉株叶柄硝态氮变化（1976 年）

施用氮肥的肥效快慢和持续时间也可以从棉株叶柄硝态氮变化中反映出来。例如，在苗期施用的绿肥，约一个月后使叶柄硝态氮显著上升，肥效持续 40~50 天。又如，在初花期施用的饼肥，10~15 天后使叶柄硝态氮显著上升，肥效持续约一个月。施用化肥 5~7 天后，叶柄硝态氮迅速上升，但 15~20 天后又明显下降（图 7~图 9）。可见，通过叶柄硝态氮的连续测定，能有效地观察各种氮肥的供肥状况。

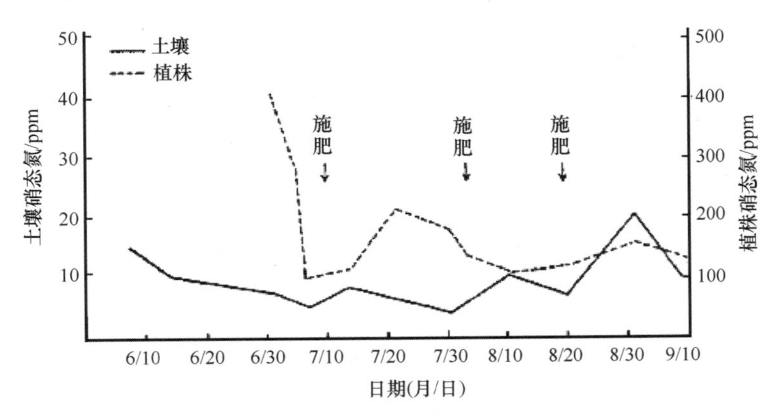

图 7　土壤和棉株叶柄硝态氮含量变化的关系（1975 年）

3. 土壤和棉株叶柄硝态氮的相互关系

几年来的试验研究结果证明在土壤和棉株叶柄的硝态氮含量之间是有明显联系的。从图 7~图 9 中可以看出：一般是土壤硝态氮含量首先变化，而后引起叶柄硝态氮含量的变化。其时间上的间隔为 3~10 天。叶柄硝态氮的升降和土壤硝态氮的含量高低有关。

一般在土壤硝态氮下降至 10 ppm 以下时，叶柄硝态氮就有下降的趋势；而当土壤硝态氮提高至 10 ppm 以上时，就有使叶柄硝态氮上升的可能。但是叶柄硝态氮反应的速度和强度，则和土壤的供肥强度及其他条件有关。例如，1972 年的试验中，7 月中旬土壤硝态氮从 3.3 ppm 上升至 10 ppm 左右，叶柄硝态氮反应很慢。而在 7 月下旬施用化肥后，土壤硝态氮达到 20 ppm 以上，叶柄硝态氮就迅速上升。在硝态氮下降的过程中也有同样的情况。例如，在 1972 年的试验中，试验地的土壤肥力较低。当土壤硝态氮在 6 月下旬降低至 5 ppm 后，2 星期内叶柄硝态氮从 650 ppm 迅速下降至 100 ppm 以下。而在 1975 年和 1976 年两年试验中，试验地的土壤肥力较高，肥土层较厚，心土层也有一定的硝态氮供应。因此，尽管表层土壤的硝态氮含量在 6 月中旬已下降至 10 ppm 以下，而叶柄硝态氮的下降不仅时间较慢，而且下降的幅度也较小。可见，土壤的潜在供氮能力对叶柄硝态氮含量的变化是有一定影响的。

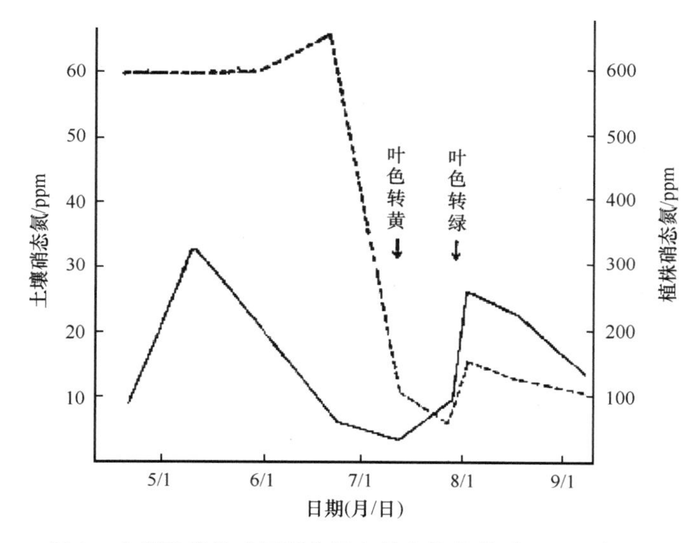

图 8　土壤和棉株叶柄硝态氮含量变化的关系（1972 年）

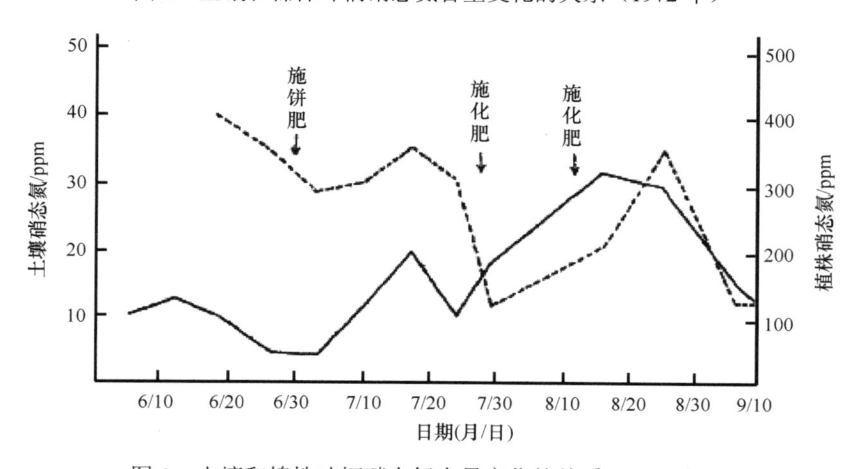

图 9　土壤和棉株叶柄硝态氮含量变化的关系（1976 年）

由于土壤硝态氮和叶柄硝态氮含量变化的前后联系，因此可根据土壤硝态氮含量的变化预测叶柄硝态氮的变化。反之，也可根据叶柄硝态氮的变化结合植株长势来判断土壤硝态氮含量的临界浓度及其潜在供氮能力。

4. 土壤硝态氮的诊断指标

土壤硝态氮的诊断指标可区分为播前指标和生育期指标。播前指标是指作物种植前（未施基肥）的土壤硝态氮含量指标；生育期指标是作物种植期间各发育阶段的土壤硝态氮含量指标。

土壤播前（起始）的硝态氮含量可作为土壤供氮力的指标，和土壤的基本肥力、腐殖质含量及水热条件等有关。Gardner 等认为土壤的播前硝态氮含量与棉花产量呈直线相关[10]。根据我们的田间调查：在浙江省前作为大小麦的条件下，棉田硝态氮的播前含量大致有三种水平，即硝态氮<10 ppm、10~20 ppm、>20 ppm，在这三种水平的土壤上种植的棉花，其产量虽然可由于栽培技术的改进而有增减，但棉花的生长情况是有所不同的。在第一种肥力较低的土壤上，棉花苗期虽然可由于施肥而保持较好的长相，但后期易早衰。而肥力较高的第二种和第三种土壤，则不仅苗期和蕾期生长较好，而且在后期也不易早衰。但第三种土壤较易出现徒长现象。因此可以认为：即使在施肥的情况下，播前土壤的硝态氮含量对棉花生育仍有一定影响。

在棉花生育期间的土壤硝态氮含量指标，前人还很少提出。我们根据叶柄硝态氮的反应，发现与棉花生育有关的土壤硝态氮含量也可分为三种水平（图 7~图 9）。

（1）在施肥不足时，土壤硝态氮随着棉株的吸收而下降至 10 ppm 以下，最低可达 1~2 ppm。如不及时施肥，叶柄硝态氮将明显下降，并随之出现缺氮症状。土壤硝态氮属不足。

（2）在土壤肥力较好的条件下，或由于施肥，而使土壤硝态氮保持或提高至 10~20 ppm。则一般能使叶柄硝态氮达到该发育阶段的正常水平。因此 10~20 ppm 属中等水平或适宜范围。

（3）在集中施肥的情况下，短时期内施肥行的土壤硝态氮含量可高于 20 ppm，局部可高达 50 ppm。则叶柄硝态氮将明显提高。如果土壤硝态氮保持这一水平，则叶柄硝态氮有可能超过正常水平，棉株将出现徒长现象。因此在 20 ppm 以上属于丰富或过高水平。

5. 棉株叶柄硝态氮的诊断指标

棉株叶柄硝态氮含量，已经提出过许多指标。但是不同工作者所提出的指标有较大的出入，这是因为确定叶柄硝态氮的诊断，指标是比较困难的，它和生理指标有关，而目前对许多生理现象还缺乏明确的指标。我们根据几年来在协作二号棉株上进行的田间试验和测定结果，结合棉花的生理反应（表 3），初步认为棉株叶柄的硝态氮含量指标大致可分为三个阶段。

（1）苗期和蕾期。这个阶段叶柄的硝态氮含量最高，一般都在 400 ppm 以上，最高可达 1400 ppm（鲜基）。如降低至 400 ppm 以下，可见某些生理现象和外形有一定程度的变化（表 3）。这个阶段如果硝态氮含量降低至 300 ppm 以下，则植株矮小，蕾数减少，外形有明显的缺氮症状，大多属三类苗（小苗、黄苗）。因此初步认为这个阶段的叶柄硝态氮含量应在 400 ppm 以上。

（2）盛蕾初花期。这个阶段叶柄硝态氮含量一般下降至 400 ppm 以下。如果继续保持在 400 ppm 以上，则棉株表现枝叶茂盛、叶色浓绿，有徒长现象。反之，如果叶柄硝态氮含量降至 100 ppm 以下，则叶色转黄，出现明显的缺肥症状。正常生长的棉株，叶柄硝态氮含量一般为 200~400 ppm，而以 300 ppm 左右的现蕾数和结铃数最高。过高或过低都会对某些生理指标产生影响。但是应当指出：盛蕾初花期是棉花氮素营养发生剧烈变化的阶段，这个时期的生理落黄对于防止棉株徒长，增加株间的通风透光，减少蕾铃脱落有一定作用；但如落黄过头，却影响蕾铃的形成。因此，从高产的要求出发，如何掌握好这一时期的叶柄硝态氮含量，促进棉花个体和群体的正常发展，需要从各方面进行尝试和探讨。

（3）花铃期。这个阶段叶柄硝态氮含量一般下降至 300 ppm 以下，如果低至 100 ppm 以下，则叶色明显转黄，蕾铃形成减少，后期易早衰；相反，如长期保持在 300 ppm 以上，则枝叶茂盛，荫蔽严重，蕾铃脱落增加。因此，一般以 200 ppm 左右较好。

表 3　叶柄硝态氮含量对棉株氮素营养及生长发育的影响（1976 年）

项目	蕾期			初花期			花铃期		
	高氮	中氮	低氮	高氮	中氮	低氮	高氮	中氮	低氮
叶柄硝态氮/ppm	>400	356	284	363	297	175	318	156	31
叶片含氮量/%	4.23	3.68	3.23	4.03	3.69	2.15	3.13	2.85	2.49
叶绿素/（mg/g 鲜叶）	1.88	1.84	1.73	1.78	1.63	1.40	—	—	—
主茎日增长量/cm	2.0	1.9	1.5	2.9	2.4	2.1	—	—	—
株高/cm	58.9	59.2	54.1	122.5	111.0	100.0	—	—	—
果档数	8.1	9.1	8.0	16.1	15.7	14.2	—	—	—
蕾数	15.7	15.7	11.6	15.8	16.9	11.7	7.8	5.4	4.3
花、幼铃数	0.30	0.37	0.07	1.3	1.4	1.8	3.3	2.7	2.1
大铃数	—	—	—	7.5	8.0	5.8	11.7	10.2	7.4
蕾铃脱落数	—	—	—	7.0	4.8	1.1	—	—	—

注：叶片含氮量和叶绿素测定日期分别为 7 月 3 日、7 月 17 日和 8 月 16 日。硝态氮含量系这一时期多次测定的平均值。其他项目测定日期分别为：7 月 9 日、8 月 1 日和 8 月 16 日。

三、实际应用

土壤和叶柄的硝态氮测定可用以诊断棉花的氮素营养状况，并据以提出施肥建议。Gardner[10]认为叶柄分析可在出现缺氮症状的两星期以前就预示棉株的需氮情况。但是从我们的多次试验中看到：叶柄硝态氮的含量和外形变化之间相隔的时间比较近，如待叶柄硝态氮降至临界浓度以下，此时施肥过晚，并可能出现短期的缺肥现象。而且单凭叶柄分析也不能确切地反映土壤中氮的供应情况。因此如果同时测定土壤和叶柄的硝态氮，则不仅能较早地预测棉株的需氮情况，而且可对氮素营养的供需作更全面的诊断。几年来，我们应用土壤和叶柄硝态氮诊断，预测棉花的施肥期，取得了一定的成效。例如，1975 年在杭州华家池农场的试验中，7 月初土壤硝态氮由 10 ppm 以上降至 5 ppm，叶柄硝态氮也开始明显下降。通过预测在 7 月 7 日施下重肥。棉花叶色在 7 月中旬一度落黄，但在 7 月 21 日就回升到 200 ppm 以上，生长正常。相反，1972 年在肖山东方红公社的试验中，通过诊断在 6 月 25 日发出施肥预报。但由于棉株外形长势过旺，未及时施肥。结果在 7 月 6 日叶色严重落黄，硝态氮含量不断下降，虽然赶施了饼肥，但很难恢复。直至 7 月 25 日施用化肥后，29 日预测到土壤硝态氮大幅度增高，植株硝态氮也开始回升。而叶色也在 31 日明显转绿[11]。正反两个方面的实践证明：应用土壤和叶柄的硝态氮测定，结合形态变化，预测棉花某一生育阶段的氮素营养趋势，并进而预报氮肥的施用期是完全有可能的。

正由于土壤和叶柄的硝态氮测定能及时地诊断棉花的需肥情况，因而不但能防止棉花脱肥，而且能防止由于氮肥过量而产生的徒长。1975 年和 1976 年我们连续在历年来棉花徒长比较突出的杭州华家池农场进行了防止棉花徒长的试验，也取得了一定的成效。通过硝态氮诊断指导氮肥施用，棉株在打顶前的平均高度为 100~110 cm，较同年同地的徒长棉花平均降低 10~20 cm，已接近于正常生长高度。证实硝态氮诊断对于防止由于氮肥过量而产生的徒长是有效的。

此外，通过诊断可以避免盲目施用氮肥，从而节省了氮肥，并获得较高产量。在 1975 年和 1976 年两年的肥料试验中，通过硝态氮诊断指导施肥的，总施肥量分别为纯氮 5.1 kg 和 7.25 kg，皮棉产量分别为 95.1 kg 和 60.5 kg，达到当年当地的较高产量水平。每生产百斤皮棉只施氮肥（以纯氮计）2.7 kg 和 6.0 kg。较当年当地按一般习惯施肥的节省氮肥 50%~70%。可见，由于硝态氮诊断能为合理施用氮肥提供技术资料，使氮肥发挥较大效果，因此能节省氮肥。

另外，棉花的产量受当年气候条件的影响很大。在我们的几年试验中也可以看出：即使其他栽培条件相似，而不同年份的皮棉产量很不稳，因而使氮肥的生产效率也差异很大。因此，硝态氮诊断可以预测棉花生长的某一发育阶段是否需要施用氮肥，为合理施肥提供依据。但是并不能通过诊断预测最高产量，也不能预测当年所需的总施肥量。

参 考 文 献

[1] Jaham H. The nutritional status of the cotton plant as indicetcd by tissue tests. Plant Physiology, 1951, 26: 76-89.
[2] Amer F, Abuamin H. Evalation of cotton response to rates, sources and timing of nitrogen application by petiole analysis. Agronomy Journal, 1969, 51: 635-637.
[3] Baker J M, Heed R M, Tncker B B. The relationship between applied nitrogen and the concentration of nitrate-N in cotton Petioles. Communications in Soil Science and Plant Analysis, 1972, 3: 345-350.
[4] Grimes D W, et al. A model for estimating desired levels of nitraten-N concentretion in cotton Petioles. Agronomy Journal, 1973, 65: 37-41.
[5] Mackenzie A J, et al. Seasonal nitrate-nitrogen content of cotton petioles as affected by nitrogen application. Agronomy Journal, 1963, 55: 55-59.
[6] Sabbe W E, Mackenzie A J. Plant analysis as an aid to cotton fertilization. In: Walsh L M. Soil testing and plant analysis. Madison, Wisconsin: Soil Science Society of America.
[7] 中国农业科学院江苏分院, 等. 棉花叶柄硝态氮的速测诊断. 中国农业科学, 1965, (10): 41-45.
[8] 唐秀娟. 棉花的施肥指标——棉株硝态氮速测法介绍. 华东农业科学通报, 1957, (7): 352.

[9] 山西运城地区农科所土肥室. 棉株叶柄硝态氮变化与看苗施肥诊断技术. 土壤肥料, 1974, (2): 28.

[10] Gardner B R, Tuker T C. Nitrogen effects on cotton: I. Soil and petiole analysis. Soil Science Society of America Proceedings, 1967, 31: 785-791.

[11] 浙江农业大学土壤、农化教研组. 应用土壤和植株硝态氮分析测报棉花重肥施用期试验. 棉花, 1975, (3): 12-14.

[12] Bray R H. Nitrates tests for soil and plant tissues. Soil Science, 1945, 60: 219-221.

盐化水稻土中黑泥层形成过程的初步研究①②

袁可能　黄昌勇　朱祖祥

摘　要　本文以实验室模拟试验，验证了新围垦的盐化水稻土中黑泥层的形成过程。试验证明，即使淋洗液中 Na_2SO_4 浓度低至 0.05%，只要有足够的能源和强烈的还原条件（Eh–200~–100mV），很易产生黑泥层。黑泥层中含有大量的 Fe^{2+}和 S^{2-}，这两种离子含量的平均克离子比，接近于 FeS 的分子式。黑泥层形成过程的动态变化显示，在还原初期，渗漏液中有较多的 Si 和 Fe^{2+}淋出，但后期则明显减少；渗漏液的电导率则随着硫酸盐的还原而逐渐降低。在淋洗和还原过程中，土柱中氧化层和还原层的 pH 趋向降低，还原层降低更多，但渗漏液的 pH 则随着硫酸盐的还原而升高。因此，在土壤剖面的下部层次有可能出现较高的钠吸附比，并使 pH 升高。

浙江省滨海地区的大片新围海涂中，常以种植水稻作为改良盐土的重要技术措施。在种植水稻过程中，往往由于耕层产生黑泥层而使稻根发黑霉烂，严重影响稻苗生长。但同一地区的一些高产水稻稻田，则黑泥层往往不明显或完全不存在。这表明黑泥层的产生是盐化水稻土中影响水稻生长的一个不可忽视的障碍因素[1]。

本文是通过田间调查和室内模拟试验，研究黑泥层形成过程的自然条件、物理化学性状及其动态变化的初步结果，为这一地区的土壤改良提供了依据。

一、试验材料和方法

试验分田间调查和室内模拟试验两部分。

田间调查主要在浙江省肖山地区新围海涂进行。根据群众反映和实地观察，选择黑泥层危害程度不等的水稻田数块，就地测定黑泥层的剖面位置、pH、Eh、透水速率等，并采集当地的灌溉水样和土样，分析其可溶盐总量、阴离子和阳离子含量等基本性状。

室内模拟试验在直径约 4 cm、长约 20 cm 的玻璃筒中进行。筒内盛以土柱，土柱下部以橡皮塞固定，留一出水口供渗漏水流出，出口处以螺丝夹控制渗漏速度。土柱上部以灌溉水保持一定水层，供连续渗漏之用。土样在装入玻筒前拌以 1%稻草粉或葡萄糖，作为能源。土柱保持一定的容积重，以控制孔隙度。然后用 0.2%或 0.05% Na_2SO_4 溶液淋洗，在不同温度下培养。在培养过程中，不断测定各土层的性质和成分，观察土层的颜色变化，同时也测定渗出液的成分，以探求黑泥层形成过程的动态变化。

① 原载于《浙江农业大学学报》，1981 年，第 7 卷，第 2 期，3~7 页。
② 本文摘要曾在 1980 年国际水稻土学术讨论会上交流。参加此项研究工作的还有莫慧明、厉仁安、王光火同志。

供模拟试验用的土样包括：浙江省肖山新围海涂盐土，质地为细砂壤土，pH 8.3，有机质 0.65%，可溶盐 0.498%；浙江温岭盐土，质地为黏土，pH 7.8，有机质 1.22%，可溶盐 0.172%；另以浙江省金华地区酸性红壤作对比，质地为砂质黏土，pH 5.2，有机质 0.29%。

测定方法：易还原铁以 H_2S 还原后比色测定①；pH 以锥形玻璃电极直接插入土层内测定；Eh 以铂电极直接插入土层内测定；硫化物以 4 N HCl 浸提，用氮气驱出 H_2S，在乙酸锌-乙酸钠溶液中吸收后以比色法测定；亚铁以 pH 2.5 的 0.1 M $Al_2(SO_4)_3$ 浸提后比色测定。硅酸盐以硅铝兰比色法测定。

二、结果与讨论

（一）田间调查结果

根据群众反映和田间调查，发现产生黑泥层的田块大多为有一定熟化程度的新围海涂，也就是含有一定数量的有机物质，能供给微生物能源的土壤。而那些含有机质很少的生地，即使灌水种植水稻，一般也不出现黑泥层。但如果在灌水前大量施有机肥，则也有出现黑泥层的可能。可见有机物能源是产生黑泥层的一个重要条件。

田间黑泥层的出现，通常是在氧化层以下，离表面不过 0.5~1 cm，因此表土稍一移动就可看到黑泥层。即使排水落干，短期内黑泥层也不易消失。黑泥层的结构糊散，其厚度为 2~10 cm，视形成条件而异。一般在种植早稻后随着气温升高，逐渐形成黑泥土，时间越长，黑泥土也越厚。

根据田间实地测定，土壤渗漏速度和黑泥层的形成有一定关系。一般在水旱轮作或结构性较好的田块中，由于渗漏量较大，因而很少形成黑泥层。相反，产生黑泥土的田块，其渗漏量一般较小，而且有随渗漏量的减少而黑泥层增厚的趋势（表 1）。可见渗漏水有补充氧的作用。渗漏量小则还原性强，促进了黑泥层的形成。

表 1　浙江省肖山地区一些盐化水稻土耕层的理化性状

采样地点	黑泥层深度 /cm	质地	有机质 /%	易还原铁 /ppm	渗漏量 /（mm/日）	pH	Eh	含盐量	
								总量 /%	SO_4^{2-} /（mg/100g）
宏图公社	0.3~10	细沙壤土	2.20	7157	2.1	7.98	−104	0.155	70.75
前进公社	0.4~6	细沙壤土	1.88	5914	2.9	7.99	−87	0.090	23.35
围垦农场	无	细沙壤土	1.18	5711	6.0	8.20	—	0.076	9.10

注：pH、Eh 为 1~5 cm 土层的平均值。

产生黑泥层的田块，土壤中均积有大量的硫酸盐（表 1）。硫酸盐在可溶盐总含量中所占的比例，也大大超过一般土壤。可见土壤中硫酸盐的大量积累为产生黑泥层创造了条件。同时，灌溉水中的硫酸盐含量也是一个重要因素。

田间测定也证实，黑泥层的 Eh 一般均在−100 mV 左右（表 1），表明黑泥层是在强

① 日本东京大学农学部农业化学教室：实验农艺化学（上卷），64 页，1962 年。

烈的还原条件下产生的。

（二）黑泥层形成过程的模拟实验

模拟实验的结果显示，土壤中含有一定数量的有机物能源和硫酸盐是产生黑泥层的基础。以田间采集的土壤装入玻管，不加有机物，用含硫酸盐的水淋洗培养 2 个月后，其 Eh 虽有所下降，但始终未呈负值；土壤中 Fe^{2+}含量提高到 192 ppm，硫化物也增至 12 ppm，但土层颜色变化很少，未出现黑泥层。同样，以不含硫酸盐的 1%葡萄糖液培养或淋洗土壤，其 Eh 虽有所下降至负值，Fe^{2+}含量也增高至 729 ppm，但硫化物的含量只有 35 ppm，也没有出现黑泥层。相反，在土柱中伴以 0.1%稻草粉和葡萄糖，同时以含硫酸盐的水淋洗土壤，则不论淋洗液中硫酸钠的含量为 0.2%还是 0.05%，皆能产生黑泥层（表 2），但硫酸钠浓度小的，黑泥层较薄。此外，黑泥层形成也和温度有关，温度越高，黑泥层出现越快，在 20~25℃培养一般需 30 天左右，在 30~35℃培养则需 15 天左右。可见黑泥层的形成和硫酸盐的还原条件[2,3]基本上一致。

表 2 不同处理淋洗培养后还原层的性质

土壤种类	处理	还原层性质					备注
		颜色	pH	Eh/mV	S^{2-} /ppm	Fe^{2+} /ppm	
砂质盐土	拌入 1%稻草粉，以 0.2% Na_2SO_4 液淋洗	黑色，厚 14 cm	7.8	–134	1473	2540	
	拌入 1%稻草粉，以 0.05% Na_2SO_4 液淋洗	黑色，厚 4 cm	7.6	–129	1639	2639	
	1%葡萄糖+0.05% Na_2SO_4 液淋洗	黑色，厚 4.5 cm	7.3	225	1968	2599	
	1%葡萄糖液淋洗	灰色	6.8	–265	35.5	729	
	0.02% Na_2SO_4 液淋洗	灰色	8.0	267	12	192	
黏质盐土	拌入 1%稻草粉，以 0.2% Na_2SO_4 液淋洗	黑色，厚 14 cm	7.2	–173	1813	1976	30~35℃
		黑色，厚 0.5 cm	7.5	–112	846	1626	20~25℃
酸性红壤	拌入 1%稻草粉，以 0.2% Na_2SO_4 液淋洗	灰色	6.4	–75	776	2522	30~35℃
		黄色	5.9	–20	12	141	20~25℃

土壤质地和酸度对黑泥层的形成有一定影响。我们的多次实验表明，在同样淋洗条件下，砂质土壤出现黑泥层比黏质土快。另外，酸性红壤在淋洗过程中 pH 虽略有升高，但在试验时间内，pH 只上升到 6 左右，Eh 也未降至–100mV 以下，还原层的颜色只转成灰色，而未出现黑泥层（表 2）。可见酸度对黑泥层的形成也是一个重要条件[4]。

在模拟实验中观察到，黑泥层最初在土表以下 5~10 mm 处出现，紧接在氧化层之下，界线清楚。黑泥层开始为一薄层，然后逐渐向下伸展。黑泥层之下则为一灰泥层，界线也比较清楚。黑泥层所处的深度和渗漏速度有关，渗漏较快的，其氧化层较厚，反之则较薄。静置培养的几乎没有氧化层，黑泥层从表面开始生成。这和前人[5]的结果稍有不同。

根据分析结果，黑泥层的 Eh 均在–100~200 mV，符合硫酸盐还原所需要的 Eh，也符合 pH 8 左右铁还原所需的 Eh[6]。低价铁和硫化物的同时存在导致了硫化铁($FeS \cdot nH_2O$)的沉淀，并使土层染上黑色。而在其下部的灰泥层，Eh 均未达到–100 mV，其硫化物和低铁化合物的含量也较低（表 3）。

表 3　模拟土柱各层次的物理化学性质和还原物质的平均含量*

土层**	pH	Eh/mV	S^{2-}/ppm	Fe^{2+}/ppm
氧化层	8.11	+361	17.1	190
黑泥层	7.34	–156	1456	2216
灰泥层	7.81	+0.5	225	907

* 17 个土柱的平均值；**土层由上而下排列。

从大量分析结果来看，黑泥层中硫化物（以 S^{2-}含量计）的含量最低的为 700 ppm，最高的近 2000 ppm，平均达 1456 ppm。而其下部的灰泥层最高仅为 600 ppm，氧化层则更少。黑泥层中的低铁化合物（以 Fe^{2+}含量计），最低的为 1600 ppm，最高近 3000 ppm，平均为 2200 ppm，而其下部的灰泥层最高仅为 1800 ppm，氧化层则更少。可见硫化物的大量积累是产生黑泥层的主要原因。值得注意的是黑泥层中 Fe^{2+}和 S^{2-}的克离子比接近于 FeS 的分子组成，Fe^{2+}和 S^{2-}的比值要大得多（表 3）。这又证实硫化铁（FeS）是黑泥层中主要的还原性化合物。

（三）黑泥层形成的动态变化

在模拟实验过程中，定期地连续测定土壤和渗漏液的结果，见图 1 和图 2。

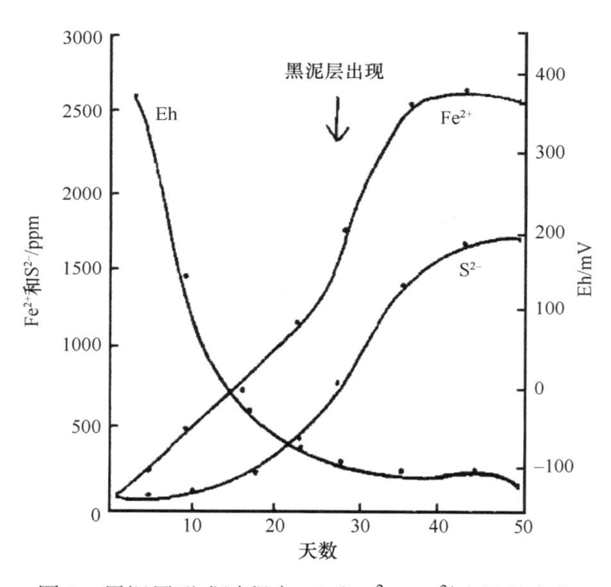

图 1　黑泥层形成过程中 Eh 和 S^{2-}、Fe^{2+}含量的变化

从图 1 中可以看出，渍水后土壤的 Eh 迅速降低，10 天左右即达到负值，但下降至–100 mV 以下，则需要较长的时间。因此在一般水稻土中，如还原条件没有达到这样的程度，就不一定出现黑泥层。从图 1 中可以看出，铁的还原在实验开始时就很明显，而且随着 Eh 的下降，Fe^{2+}和 S^{2-}的比值始终是比较大的，但形成的 FeS 数量不多，不能使土壤染成黑色。直至 Eh 降至–100 mV 以下，才能大量产生 FeS，并使土壤染成黑色。

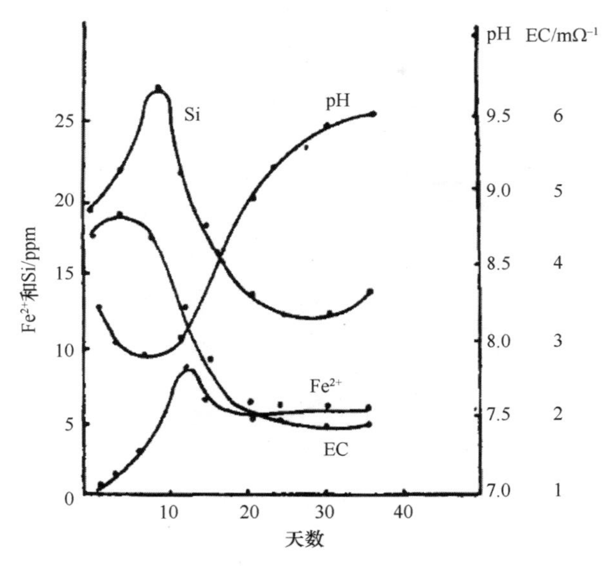

图 2 渗漏液中 pH、EC 以及 Fe^{2+}和硅酸盐浓度的变化

渗漏液的分析结果（图 2）显示：培养的前期阶段，Fe^{2+}的数量是比较多的，但以后就逐渐减少，这可能和土壤的还原性加强以及硫化物的增加有关。值得注意的是渗漏液中硅酸盐浓度的变化曲线和 Fe^{2+}十分相似，说明两者之间有一定关系。联系到溶液中电导度（EC）的变化来看，有可能是由于部分硅酸盐矿物在淋洗培养初期遭到破坏所致。但这一原因还有待于进一步研究证实。

（四）黑泥层形成过程中 pH 的变化

硫酸盐和含铁化合物的还原需要一定的 pH 条件。从分析结果看，黑泥层的 pH 一般为 7.0~7.8，平均为 7.34（表 2），低于其上部的氧化层，也略低于其下部的灰泥层。可见在黑泥层的形成过程中，土壤的 pH 是有变化的。

图 3 表明，在黑泥层形成过程中，土柱氧化层和还原层的 pH 随着培养天数的增加而降低。但是这两个土层的 pH 变化速度是有区别的，还原层的 pH 降低快得多，因此到实验后期，黑泥层的 pH 最低。值得注意的是，渗出液的 pH 变化规律和土壤完全不同，除实验开始阶段稍有降低（这时硫酸盐还原还不明显）外，以后就明显上升，在实验结束时已经达到 pH 9 以上。显然，渗出液 pH 的变化趋势是由于硫酸钠通过土柱时，硫酸根被还原并以 FeS 沉淀于黑泥层中；而过量的钠则进入溶液从而提高了渗出液的 pH。这一过程随着土壤中还原作用的增强而增加。田间调查证明，在这一类土壤中，其下层土壤的 pH 往往较高，pH 甚至达 9 以上。同时其钠吸附比增高，这和渗出液的 pH 变化是一致的。但在模拟实验中，由于土柱厚度有限，未能测出下层土壤的 pH。

三、生产实践意义

根据上述研究，可以初步认为盐化水稻土中黑泥层的形成是由于强烈的还原条件引

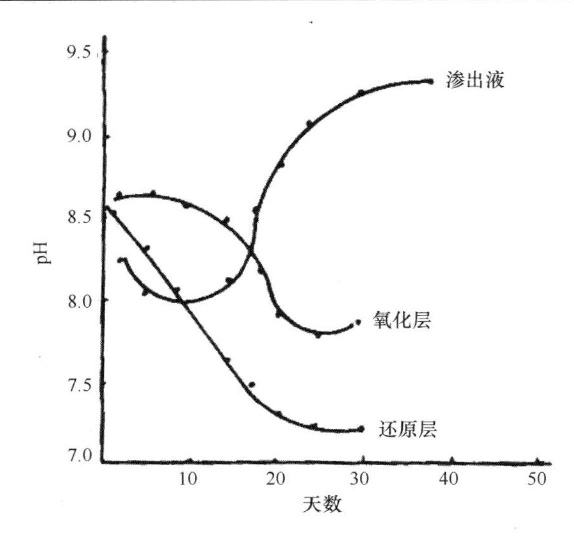

图 3　土壤渗滤试验中的 pH 变化

起了硫酸盐的还原，从而积累了黑色的硫化铁 FeS·nH$_2$O 所致。产生黑泥层的土壤，除了含有大量的硫酸盐（或浇灌水中含有较多的硫酸盐）外，还含有足够的有机物能源，并和土壤物理条件有关。黑泥层的诊断指标主要是土壤的氧化还原电位和硫化物的含量，其中 Eh 低于–100 mV，S^{2-}高于 700 ppm。此外，土壤中的 Fe^{2+}含量、硫酸盐含量、渗漏速率和 pH，以及灌溉水中的硫酸盐含量也作为辅助性的诊断项目，但对于黑泥层的形成只有间接意义。

在生产实践中，为了避免黑泥层对水稻秧苗的严重危害，在新围海涂地区种植水稻应重视灌溉水中的硫酸盐含量，一般应不超过 100 ppm，灌溉水中硫酸盐含量特别高的，应严加控制。有些地区排灌不分线，往往由于排水中带来盐分，而使灌溉水的硫酸盐含量提高，尤应引起注意。在种植过程中，如发现土壤 Eh 下降至负值，或硫化物迅速增长（达到 100 ppm 以上），则应及时采取排水搁田、深耘田等措施，提高耘层中氧化还原电位。由于黑泥层出现的部位多在表层 1~10 cm 深处，因此深耘田能够取得较好的效果。当然，为了排除产生黑泥层的根源，除了控制土壤和浇灌水中的硫酸含量外，还应提高土壤结构性，增加通气透水性能，使土壤有较好的氧化条件，以避免产生强烈的还原作用。

参 考 文 献

[1] 朱祖祥. 种稻后的盐土产生黑泥层的实验探讨. 盐碱土的改良与利用, 1976, 第二辑: 63-64.
[2] Starkey R L. Oxidation and reduction of sulfur compound in soil. Soil Science, 1966, 101: 297.
[3] Yamane l. Reduction of nitrate and sulfate in submerged soils with special reference to redox potential and water soluble suger content of soils. Soil Science and Plant Nutrition, 1969, 15: 139.
[4] Bloomfield C. Sulphate reduction in waterlogged soils. Canadian Journal of Soil Science, 1969, 20: 206.
[5] Patrick W H Jr, Delaune R D. Characterization of the oxidized and reduced zones in flooded soil. Soil Science Society of America Proceedings, 1972, 36: 572-576.
[6] Gotoh S, Patrick W H. Transformation of iron in a waterlogged influenced by redox potential and pH. Soil Science Society of America Proceedings, 1974, 38: 67-71.

土壤对磷的吸持特性及其与土壤供磷指标之间的关系[①]

何振立　朱祖祥　袁可能　黄昌勇

摘　要　本试验测定了浙江省几种代表性土壤对磷的等温吸持特性。实测值与Frundlich、Langmuir、两项式Langmuir和Temkin方程都很符合，相关系数变化范围为0.919~0.999，都达到极显著水平。其中以简单Langmuir等温式与本实验资料最为吻合。

从Langmuir方程得到的土壤吸持特性值（$k \times q_m$）被认为与土壤供磷特性有关。几种供试样品的（$k \times q_m$）值是：针铁矿21 100 > 黄筋泥4218 > 黄筋泥田991 > 青紫泥798 > 粉泥田660 > 高岭石485 > 老黄筋泥田423 > 泥质田298。根据土壤吸持特性值以田菁进行盆栽试验来估算作物磷肥需要量，结果表明，供磷强度0.3 ppm基本能满足田菁早期生长的需要。为使不同土壤达到相同的供磷强度，（$k \times q_m$）值大的土壤要求更高的有效磷值。供试土壤的几种磷素指标：E值、Bray 1-P值和（NaOH-$Na_2C_2O_4$）法所测的值对（$k \times q_m$）值的变化比较敏感，而EDTA-P和Olsen-P指标对（$k \times q_m$）值的变化较为迟钝。

磷在土壤固相、液相之间的分配特性，常用吸附等温曲线表征[1][②]。在常用的Freundlich、Langmuir和Temkin等吸附等温式中，Langmuir等温式应用最为广泛。Langmuir方程的最大优点是能够获得某些反映土壤吸附特性的参数，可用以计算吸附的强度（k）与饱和吸附量（q_m）。这有助于了解土壤对磷吸附反应的机制。

Langmuir吸附等温线可以在一定程度上反映强度因素（I）与容量因素（Q）的相互关系，故可从等温线求出平衡溶液中磷的浓度（C）与其相应的固相活性磷储量（q）之间的关系，由此可获得土壤的缓冲容量（dq/dc）。由于土壤对磷的吸附可能存在着不同能量水平的吸附位，所以Langmuir方程的表达有时由两项或两项以上的直线所组成[2,3]。

本试验试以不同的吸附等温式验证浙江省几种代表性土壤的吸附特性，并以Langmuir吸附模式探讨这几种土壤的磷吸持特性及其与土壤供磷指标之间的关系。

一、试验材料与方法

供试土壤为浙江6个代表性土种（编号为3、4、5、6、7、8）。此外还采用了自然

---

① 原载于《土壤学报》，1988年，第25卷，第4期，397~404页。
② 王光火、朱祖祥、袁可能，浙江省红壤对磷的等温吸附研究. 浙江农业大学硕士论文集，1981年。

产的高岭石（编号为 2）和实验室制备的针铁矿（编号为 1）作为对照。土壤基本性质见表 1。

土壤对磷吸附等温线的测定：称取风干土样（过 35 目筛）重 2.500 g，若干份，置于 125 ml 的有盖塑料离心管中，分别加入含有 0 ppm、5 ppm、10 ppm、15 ppm、20 ppm、25 ppm、30 ppm 磷的 0.02 M KCl 溶液（pH 7.0）各 50 ml，25℃恒温下间歇振荡，24 h 后离心，取清液用钼锑抗比色法测定磷的浓度。根据平衡前后溶液中磷浓度之差计算出磷吸附量。

温室盆栽试验：称取 4 种供试土壤（黄筋泥、黄筋泥田、青紫泥和泥质田）的表土（过 2.5 mm 筛）各 15 kg，置于盆钵中。每种土壤设 6 个磷肥等级，分别相当于磷平衡浓度为 0.1 ppm、0.2 ppm、0.3 ppm、0.4 ppm、0.5 ppm 和 0.6 ppm 时的土壤吸持磷量（表 5），同时设一不施磷肥的对照。且各配入适量的 N 肥和 K 肥，重复 3 次。每盆内均匀播入田菁种子，各 4 株。45 天后收割地上部分，60℃烘干后称重，用 H_2SO_4-H_2O 法测定植株磷。同时取土样，风干、过筛后测定 Olsen-P、Brayl-P（NaOH-$Na_2C_2O_4$）-P、EDTA-P 和 E 值（同位素交换性磷）。

二、结果与讨论

（一）吸附等温曲线与吸附方程式的关系

6 种土壤的吸附等温曲线见图 1。其图形与高岭石和针铁矿纯胶体的吸附等温曲线基本一致，但其吸附量远低于针铁矿，而与高岭石相近。6 种土壤中以黄筋泥吸磷能力最强，其余几种水稻土间差异甚小。

供试样品的吸附性能与 4 种吸附模式都很吻合（表 2），全部相关系数都达到极显著水平。且以简单的 Langmuir 方程吻合性最好。其中两项式 Langmuir 方程所以不及简单 Langmuir 方程，可能与本试验采用较低磷浓度处理有关。因为在磷浓度较低条件下，吸附一般只限于在能级无明显差异的吸附位上进行。在本试验中，据最优化计算（表 2），只有几种吸磷量较小；吸附饱和度较高的土壤，如老黄筋泥田和泥质田，才有可能涉及具有较低能级的另一种吸附位的吸持。因此这两种土壤的两项式 Langmuir 方程的理论值和实测值之差（误差平方和 S）接近消失。

（二）土壤对磷的吸持特性值及其与土壤性质的关系

Langmuir 方程式中的一些参数可反映土壤的某些吸附特性。若对 Langmuir 方程 $q = q_{\mathrm{m}}\dfrac{kc}{1+kc}$ 微分并求其极限得：$\lim\begin{pmatrix}\mathrm{d}q/\mathrm{d}c \\ c\to 0\end{pmatrix} = k\times q_{\mathrm{m}}$，Holford（1979）[4]曾称 $k\times q_{\mathrm{m}}$ 值为土壤对磷的吸持性值。它可以作为土壤对磷的吸持性的特征参数，综合反映土壤吸持磷的强度因素和容量因素。故可作为一项判断土壤供磷特性的综合指标。供磷强度相近的土壤，$k\times q_{\mathrm{m}}$ 值大者意味着有效磷储量多，因而土壤向作物提供的有效磷就多。另外，若土壤间的吸持磷量相近，则 $k\times q_{\mathrm{m}}$ 值大者，其吸着磷所处能态较低，因而其供磷强度

表 1　供试土壤样品主要理化性质

土壤		样品号 No.	pH		有机质/%	全磷/%	交换量 /（me/100g 土）	盐基饱和度 /%	黏粒量/%	E 值* /ppm	Fe_2O_3	Al_2O_3 /‰	Fe_2O_3	Al_2O_3 /‰	比表面积 /（m^2/g）	矿物组成
			H_2O	KCl												
旱地	黄筋泥	3	5.10	3.90	1.25	0.088	8.69	41.5	50	11.4	1.81	10.0	31.9	15.0	83.3	高岭、伊利、蒙脱
水稻土	黄筋泥田	4	5.67	4.50	2.05	0.097	5.57	82.2	39	22.2	2.28	8.00	24.1	13.6	61.1	高岭、伊利、蒙脱
	老黄筋泥田	5	5.32	4.00	2.55	0.14	8.96	76.4	32	—	—	—	—	—	37.0	高岭、伊利、蒙脱
	青紫泥	6	5.70	4.68	3.46	0.12	16.3	86.0	33	30.8	9.63	3.64	16.9	4.09	74.1	高岭、伊利、蒙脱
	粉泥田	7	5.40	4.38	3.52	0.13	10.9	80.0	32	20.7	7.94	4.15	9.12	4.25	72.5	高岭、伊利、蒙脱
	泥质田	8	7.40	6.55	3.45	0.14	15.6	99.0	20	20.2	2.31	4.28	12.2	4.79	59.5	高岭、伊利、蒙脱

* E 值：同位素交换性磷。

表 2　供试样品的吸附实验值对 4 种吸附模式的适合性

供试样品	吸附模式 Models								
	Freundlich 方程		Temkin 方程		Langmuir 方程		二元 Langmuir 方程		
	$-\ln q=\ln k+n\ln c$	r^{**}	$q=q_{\mathrm{m}}\dfrac{RT}{k}\ln Ac$	r^{**}	$\dfrac{c}{q}=\dfrac{c}{q_{\mathrm{m}}}+\dfrac{1}{kq_{\mathrm{m}}}$	r^{**}	$q=\dfrac{k'q'_{mc}}{1+k'c}+\dfrac{k''q''_{mc}}{1+k''c}$	r^{**}	S
No. 1（针铁矿）	$y=2.13+0.254x$	0.920	$y=27.7+12.7x$	0.968	$y=4.75\times10^{-5}+5.4\times10^{-4}x$	0.997	$y=\dfrac{6.87\times1720x}{1+5.87x}+\dfrac{0.22\times191x}{1+0.22x}$	0.990	1400
No. 3（黄筋泥）	$y=1.01+0.340x$	0.910	$y=0.43+0.98x$	0.999	$y=2.37+10^{-4}+0.00165x$	0.998	$y=\dfrac{22\times236x}{1+22x}+\dfrac{0.72\times365x}{1+0.72x}$	0.990	100
No. 4（黄筋泥田）	$y=0.990+0.220x$	0.990	$y=0.60+0.50x$	0.985	$y=0.001+0.00231x$	0.991	$y=\dfrac{32\times353x}{1+32x}+\dfrac{0.023\times1020x}{1+0.023x}$	0.970	150
No. 2（高岭石）	$y=0.97+0.220x$	0.995	$y=0.42+0.49x$	0.952	$y=0.0021+0.0023x$	0.996	$y=\dfrac{72\times175x}{1+72x}+\dfrac{0.13+432x}{1+0.73x}$	0.940	117
No.6（青紫泥）	$y=0.98+0.220x$	0.994	$y=0.50+0.49x$	0.978	$y=0.0013+0.0024x$	0.995	$y=\dfrac{56\times195x}{1+56x}+\dfrac{0.24\times293x}{1+0.24x}$	0.920	250
No. 7（粉泥田）	$y=0.92+0.260x$	0.997	$y=0.08+0.58x$	0.990	$y=0.0015+0.0024x$	0.994	$y=\dfrac{21\times192x}{1+21x}+\dfrac{0.21\times324x}{1+0.21x}$	0.980	50
No. 5（老黄筋泥田）	$y=0.94+0.180x$	0.998	$y=0.40+0.36x$	0.980	$y=0.0024+0.0031x$	0.997	$y=\dfrac{86\times129x}{1+86x}+\dfrac{0.27\times230x}{1+0.27x}$	0.970	13
No. 8（泥质田）	$y=0.84+0.260x$	0.998	$y=-0.54+0.50x$	0.993	$y=0.0034+0.003x$	0.995	$y=\dfrac{7.60\times164x}{1+7.60x}+\dfrac{0.11\times262x}{1+0.11x}$	0.980	13

r^{**} 表示相关性达极显著水平（1%）；S 为误差总平方和，$S=\sum_{i=1}^{n}\left(q_i-q_r\right)^2$。

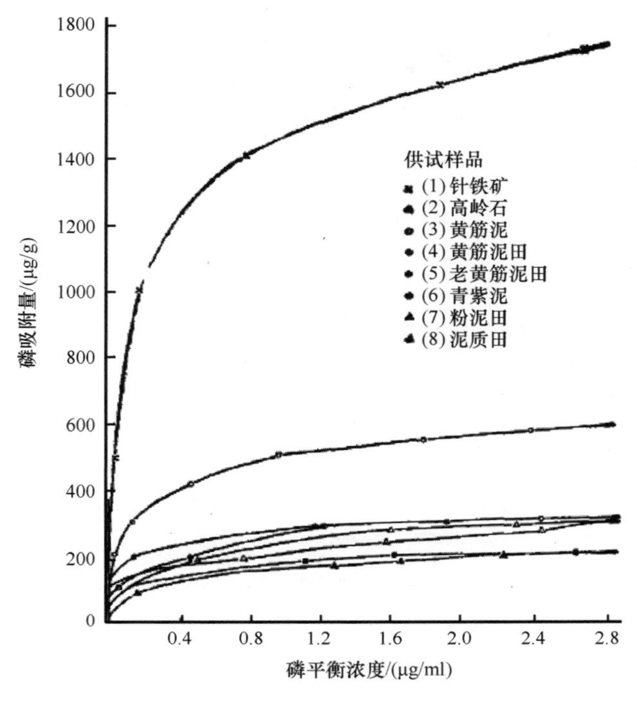

图 1　供试样品等温度吸附曲线

就较小，几种供试样品的 $k \times q_m$ 值见表 3。供试土壤的吸持性值大小依次为：黄筋泥＞黄筋泥田＞青紫泥＞粉泥田＞老黄筋泥田＞泥质田。可以推论土壤吸磷能力将会按同样顺序递减。如要维持相同的供磷强度，则黄筋泥所需的磷肥将是泥质田的十多倍。同理，当达到相同供磷强度时，前者磷的库储量大于后者。

表 3　供试样品的磷吸附性

供试样品	吸附特性			
	平衡常数 k 值	$\Delta G_T^{0^*}$ /（kw/mol.）	磷饱和吸附量 q_m /（μg/g）	土壤吸持性（$k \times q_m$）
No.1	11.4	−31.7	1 850	21 100
No.2	6.96	−30.4	606	4 218
No.3	2.30	−27.7	431	991
No.4	1.09	−25.8	445	485
No.5	1.90	−27.1	420	798
No.6	1.55	−26.8	426	660
No.7	1.31	−26.3	323	423
No.8	0.884	−25.3	337	298

* $\Delta G_T^{0^*} = -RT \ln k_m = -5.706 \log(k \times 31\,000)(T = 298.2°\text{K})$。

土壤吸持性值与土壤某些性质的关系见表 4，其中以土壤的交换性酸与土壤吸持性的关系最为密切。

表 4　土壤吸持性与某些土壤性状的相关系数（*r*）

土壤因素	盐基饱和度/%	交换性酸 /（me/100g 土）	黏粒含量/%	土壤有机质/%	土壤全磷/%	游离铁 Fe_2O_3/‰	游离铝 Al_2O_3/‰
土壤吸持性值 $k \times q_m$ value	–0.914**	0.012*	0.870*	–0.794*	–0.79*	0.83	0.75

*5%显著水平；**1%显著水平。

（三）土壤吸持性值与土壤供磷指标的关系

若已知作物最适的供磷强度，即吸附平衡溶液中磷的浓度（*c*），则可以由 Q/I 的等温曲线及其缓冲容量（dq/dc）求得保持这一供应强度所需的磷肥施用量。换言之，可以根据土壤吸收性的大小施肥，使土壤达到一定的吸磷饱和度，以获得作物生长所需的供磷强度。温室栽培田菁的试验结果表明，当土壤供磷度低于 0.3 ppm 时，随着土壤供磷强度的提高，4 种土壤上田菁干物质产量的增加都达到极显著水平；而高于此值时，尽管提高土壤供磷强度，增产都不显著（表 5）。还可从图 2 看出，当土壤供磷强度为 0.3 ppm 时，4 种土壤的田菁干物质相对产量都已达到 90%左右。故从经济施肥角度看，0.3 ppm 磷似乎可作为田菁早期生长的临界供磷强度指标。植株全磷含量分析也得到同样的结果。当田菁干物质的相对产量达到 90%时，4 种土壤的植株全磷含量都在 0.36%左右（图 3）。可见，土壤供磷强度指标与植株全磷指标基本符合。本项试验结果的供磷强度指标虽仅适用于田菁，但近年来的研究表明[5,6]，对于大多数旱地作物来说土壤溶液中最适宜的供磷强度在 0.2~0.3 ppm。当某些作物所需的供磷强度确定下来后，就可以通过吸附等温线和吸持性值估算各种土壤的作物需磷量。尽管这一方法有其局限性，如光照、温度以及磷肥在土壤中分布不均匀等都会影响临界土壤强度指标[6]，但根据吸附等温线估算施肥量，由于考虑了土壤的吸持特性，着重强调土壤中磷的能量水平或化学位的一致性，故它所确定的强度指标在生产应用上有可能不受土壤类型限制的优越性[6]。

表 5　不同土壤供磷强度下田菁生物产量差异显著性分析

供磷强度 /ppm	土壤 3 No.3			土壤 4 No.4			土壤 6 No.6			土壤 8 No.8		
	施磷量 /（P g/pot）	平均产量 /（P g/pot）	差异显著性*	施磷量 /（P g/pot）	平均产量 /（Pg/pot）	差异显著性*	施磷量 /（P g/pot）	平均产量 /（P g/pot）	差异显著性*	施磷量 /（P g/pot）	平均产量 /（P g/pot）	差异显著性*
0.6	0.733	2.34	A	0.375	4.06	A	0.336	3.99	A	0.175	3.14	A
0.5	0.704	2.20	A	0.346	4.04	A	0.306	4.10	A	0.155	3.08	A
0.4	0.669	2.14	A	0.310	3.69	A	0.273	3.95	A	0.132	2.93	A
0.3	0.615	2.07	A	0.264	3.18	A	0.229	3.65	A	0.106	2.69	A
0.2	0.529	1.61	B	0.203	2.30	B	0.174	3.23	B	0.076	2.24	B
0.1	0.373	1.32	C	0.121	1.43	C	0.101	1.52	C	0.042	1.62	C
Ck	0.000	0.664	D	0.000	0.81	D	0.000	0.738	D	0.000	0.052	D

*不同字母表示处理间产量差异达到 1%极显著水平。

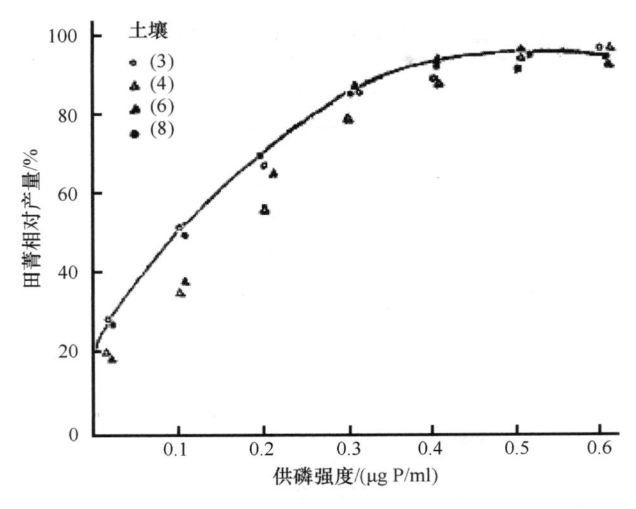

图 2　4 种土壤供磷强度与田菁相对产量的关系

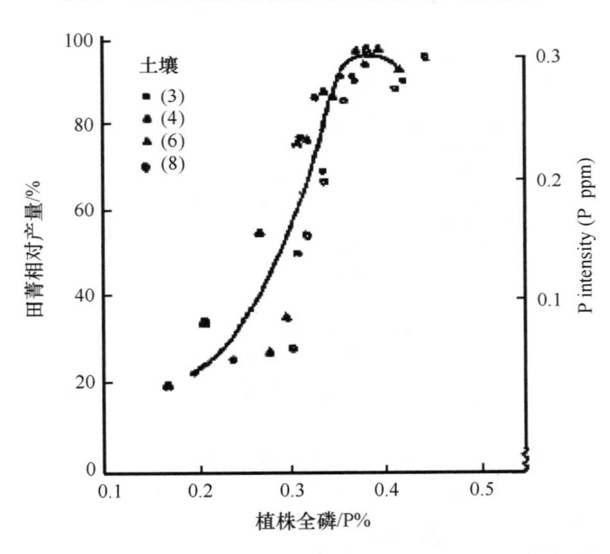

图 3　土壤供磷强度、植株全磷与生物相对产量之间的关系

与此相反，各种化学提取剂所测得的磷值仅仅只能反映土壤中有效磷的数量关系，而不能反映土壤中磷的能态。对于性质差异大的土壤，有效磷指标往往难以解释作物对磷肥的不同效应。由表 6 可知用 4 种常用化学方法（Olsen 法、Bray Ⅰ法、EDTA 法和 $NaOH-Na_3C_2O_4$ 法）提取的盆栽土壤之有效磷量和 E 值。它不仅揭示了各种提取剂在同一土壤上提取效果差异悬殊，而且表明同一提取剂在不同土壤上提取效率差异也极大。例如，在供磷强度为 0.3 ppm 的不同土壤间，黄筋泥用 Bray Ⅰ法可提取磷达 97.2 ppm，而青紫泥只有 11.4 ppm，两者差 9 倍左右。可见用化学试剂提取的土壤有效磷量对 $k\times q_{\rm m}$ 值相差大的土壤是难以反映其磷的有效性的。

表 6　在一定供磷强度下几种化学方法测得 4 种栽培土壤有效磷值的比较

土壤 Soil	方法 Methods	供磷强度 Intensity/ppm						
		ck	0.1	0.2	0.3	0.4	0.5	0.6
No.3	Brayl-P	10.9	33.4	62.3	97.2	152	189	247
	E value	11.4	36.4	40.1	59.8	88.1	123	121
	Olsen-P	7.3	23.1	37.8	529	71.2	97.5	113
	EDTA-P	6.0	12.7	20.5	35.6	43.4	55.2	67.0
	$NaOH-Na_2C_2O_4$-P	33.0	52.8	76.6	105	127	147	172
No.4	Brayl-p	12.3	21.1	39.3	55.8	72.9	99.7	110
	E value	22.2	41.4	67.1	70.6	72.1	74.7	77.5
	Olsen-P	7.5	24.7	33.1	45.4	61.0	70.1	81.0
	EDTA-P	8.0	23.0	31.0	36.3	49.7	61.1	69.8
	$NaOH-Na_2C_2O_4$-P	31.5	45.2	55.3	70.6	82.0	94.1	104
No.6	Brayl-P	4.3	6.9	10.7	11.4	13.5	15.0	17.3
	E value	30.8	39.9	44.6	45.4	44.7	44.7	45.5
	Olsen-P	11.4	28.3	33.2	40.9	50.6	57.1	64.7
	EDTA-P	11.8	23.1	37.8	52.9	71.2	97.5	113
	$NaOH-Na_2C_2O_4$-P	61.8	89.2	117	151	178	227	260
No.8	Brayl-P	9.3	12.7	14.4	19.2	21	22.7	27.9
	E value	20.2	25.2	28.2	32.4	36.6	39.6	43.9
	Olsen-P	15.0	37.2	45.8	49.9	57.9	66.1	71.5
	EDTA-P	25.0	29.6	40.3	41.6	49.9	52.4	61.0
	$NaOH-Na_2C_2O_4$.-P	44.2	62.0	78.5	88.5	96.7	107	117

参 考 文 献

[1] Sibbesen E. Some new equations to describe phosphate sorption by soils. Journal of Soil Science, 1981, 32: 67-70.

[2] Syers J K, et al. Phosphate sorption by soils evaluated by the Langmuir adsorption equation. Soil Science Society of America Proceedings, 1973, 37: 358-363.

[3] Holiord I R C. A Langmuir two-surface equation as a model for phosphate adsorption by soils. Journal of Soil Science, 1974, 25: 242-255.

[4] Holford I R C. Evaluation of soil phosphate buffering indices. Australian Journal of Soil Research, 1979, 17: 495-504.

[5] Parfitt R L. Anion adsorption by soil and soil materials. Advance in Agronomy, 1978, 30: 1-50.

[6] Fox R L. Comparative external P requirements of plant growing in tropical soils. 10th International Congress of Soil Science, Transactions, 1978, (4): 432-439.

Desorption of Phosphate from Some Clay Minerals and Typical Soil Groups of China: Ⅰ. Hysteresis of Sorption and Desorption①

He Zhenli　Zhu Zuxiang　Yuan Keneng

Abstract Desorption of the phosphate previously sorbed on the variable-charge minerals, and some typical groups of soils in China with soil reaction varying from very acid through neutral to alkaline and with different mineral composition was studied①. The hysteresis between sorption and desorption isotherms of phosphate was observed to be mainly associated with oxides of iron and aluminum. Desorb ability, as a simple measure of the reversibility, though increasing with sorption saturation, was much lower than the ^{32}P exchangeability of the sorbed phosphate at the same saturation. Desorption at constant pH and ionic strength was found to mainly involve the electrostatically adsorbed phosphate.

It seems to be reasonable to suggest that the desorption of phosphate is related with the mechanisms of adsorption, and the highly specific adsorption of phosphate on variable-charge surfaces of Fe- and Al-oxides, and kaolinite at low saturation is responsible for the hysteresis between its sorption and desorption in soils.

Keywords: soil; phosphate; desorption; desorb ability; hysteresis; exchangeability; clay mineral

1. Introduction

Desorption is one of the most important mechanisms of phosphate release in soils. The availability of phosphorus to plant depends greatly on the characteristics of phosphate desorption from the solid phase to liquid phase of soils[1~5].

Equilibrium of phosphorus between solid phase and soil solution could be described by adsorption isotherms[6~9]. The Langmuir equation was the most widely used equation to characterize the behavior of phosphate adsorption of a soil. Its parameters, i. e. the bonding energy related constant (k) and the adsorption maximum (q_m) vary with the soils concerned.

Recent studies demonstrated that there existed hysteresis between sorption and desorption isotherms of phosphate. However, up to date no general agreement has been reached on the mechanisms of causing the irreversibility of phosphate sorption and desorption[3,5,8,10].

In this paper we tested the application of the Langmuir equation in describing phosphate

① 原载于 *Journal of Zhejiang Agricultural University*，1988 年，第 14 卷，第 4 期，456~469 页。

desorption, and emphasis was put on the mechanism of hysteresis between phosphate sorption and desorption.

2. Materials and Methods

Samples selected for the experiments were 9 soils scattered throughout the whole country, with soil reaction varying from very acid through neutral to alkaline and with different mineral composition. Artificially synthesized oxides of iron and aluminum with varying crystallinity, and layer silicates including kaolinite and montmorillonite were also used for comparison. Calcite was used as a check. Some physical and chemical properties of the tested soils and minerals (shown in Table 1 and Table 2) were determined by the conventional methods as mentioned below: amorphous Fe- and Al-oxides contents extracted by Tamm's reagent and free Fe- and Al-oxide contents by the DCB solution; Specific surface area measured by the EGMG adsorption method; mineral composition analyzed by x-ray diffraction and IR spectroscopy and PZC value by potential titration.

Table 1 Some physical and chemical properties of the tested soils

Soils		Yellow earth	Yellow red earth	Red earth	Lateritic soil	Yellow brown earth	Black earth	Calcareous soils	
								A	B
pH	(in H_2O)	4.50	4.73	5.10	4.57	6.05	6.40	7.98	8.08
	(in KCl)	3.68	3.85	3.90	3.88	4.90	5.30	7.40	7.64
Content of organic matter/%		2.17	4.34	1.25	1.83	2.87	3.02	1.19	0.83
Total P content (P_2O_5%)		0.056	0.105	0.088	0.057	0.091	0.098	0.165	0.120
Olsen-P content/ppm		6.58	13.45	11.72	5.64	7.09	8.93	15.82	5.11
Exchangeable acid/(mmol/100g)		5.30	5.03	4.70	4.94	0.46	0.12	0	0
Clay content/%		24	34	45	41	25	26	22	16
Amorphous Fe, Al-oxides									
Fe_2O_3/%		0.446	0.085	0.181	0.122	0.217	0.198	0.083	0.043
Al_2O_3/%		1.185	0.879	1.000	0.254	0.312	0.319	0.212	0.150
Free oxides									
Fe_2O_3/%		0.930	1.50%	3.190	2.390	0.640	0.510	0.560	0.3200
Al_2O_3/%		1.970	2.690	1.500	3.130	1.280	1.130	0.980	0.49
$CaCO_3$/%		—	—	—	—	—	—	10.50	12.00
Mineral composition		kaol. chl. ill.	kaol. ill. Chl.	kaol. ill. chl.	Kaol. chl.	mica kaol. mont. ill.	mont. ill. Mica	mont. ill. mica	mont. ill. mica

Table 2 Some physical-chemical properties of the tested minerals

Minerals	PZC	Specific surface Area/(m^2/g solid)	Crystallinity/%	Source or reference
Montmorillonite	2.10	311	100	Zhejiang
Kaolinite	6.47	44	100	Suzhou
Amorphous Al-oxide	9.93	175	0	7
Goethite A		135	75	7
Goethite B	7.18	90	99	7

2.1 Determination of isotherms of sorption and desorption

Weigh portions of air-dried samples (1.0000 g for soil and layer silicate, 0.2000 g for goethite and 0.0500 g for amorphous Al-oxide) into previously weighed 50 ml plastic centrifuge tubes and added in duplicate 25 ml 0.02 mol/L KC1 solution containing 0, 5, 7.5, 10, 12.5, 15, 20, 25, 30, 40 ppm P as KH_2PO_4 with the solution pH being adjusted to 7.0, Shake the contents for 24 hours at 25℃. Centrifuged and transferred the supernatant solution into plastic bottles for analyzing P concentration. The adsorbed P was calculated by the difference of P concentration between added solution and the equilibrium solution.

Weigh the centrifuge tubes with phosphate-sorbed residue samples and pipet into 25 ml 0.02 mol/L KC1 solution without P. Shake the contents for another 24 hours and centrifuged. The concentration of P in solution was determined by the modified molybdenum blue method[11], The P concentration thus determined was the sum of the P concentration in the equilibrium solution contributed by the P desorbed from the soil surface and P left in the residual solution which was calculated from the increase of weight of contents in the tube. In this way, the net total amount of desorbed phosphate can be obtained by simple deduction method.

2.2 Kinetics of phosphate desorption

The kinetic experiment of phosphate desorption was similar to the determination of desorption isotherm but the soil samples were previously incubated with 500 ppm P for 4 months and air-dried, and the mineral samples were freshly equilibrated with 20 ppm P solution in adsorption experiment and centrifuged. After putting into 25 ml 0.02 mol/L KC1 solution (pH 7.0), the tubes and their contents were shaken at 25℃. At the end of 1/4, 1/2, 1, 2, 4, 8, 16, 24, 48 hours, duplicated tubes were taken and centrifuged. The supernatant solutions were analyzed for P concentration.

3. Results and Discussion

3.1 Time dependence of phosphate desorption

With increasing time for desorption at constant pH and ionic strength, two stages of desorption were observed in terms of phosphate desorbed (Fig. 1 and Fig. 2). At initial stage phosphate amount desorbed increased very rapidly, which was completed in about 2 hours. For the most soils and clay minerals studied, the initial stage was generally followed by a very slow and steady rate of P desorption stage which prolonged beyond the length of the experiment periods studied. There were, however, few exceptions. The lateritic soil as well as amorphous Al-oxide both rich in Al content showed quite differently in P desorption behavior. For lateritic soil the desorption of P in the second stage showed continuously constant increasing tendency, while desorption curve of amorphous Al-oxide in the second stage even showed an abrupt reversion in tendency which may be considered as reabsorption of P through secondary reaction. Similar tendency of decreasing the desorption rate in a less extent was also observed in case of $CaCO_3$. With the exclusion of these three exceptions, the amount of P desorbed at the second stage was negligible for all the other tested samples. Based on these observations, a desorption time of 24 hours was chosen for subsequent studies.

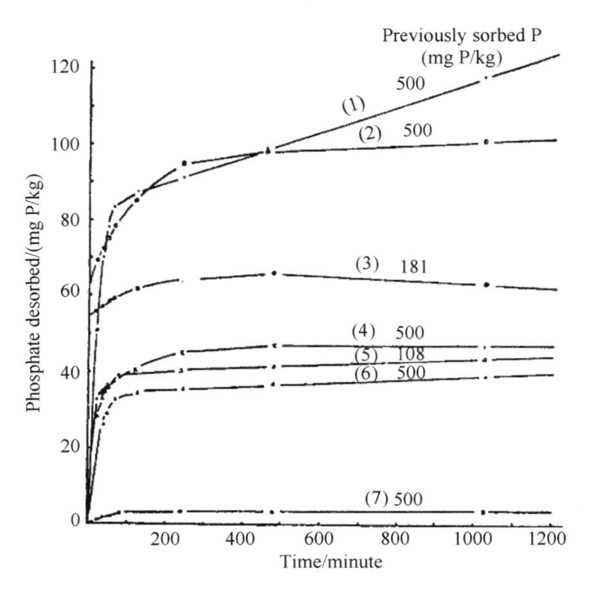

Fig. 1　Kinetics of phosphate desorption from mineral and some typical soils in China, (1) lateritic soil, (2) black earth, (3) kaolinite, (4) red earth, (5) montmorillonite, (6) yellow brown earth, (7) yellow earth

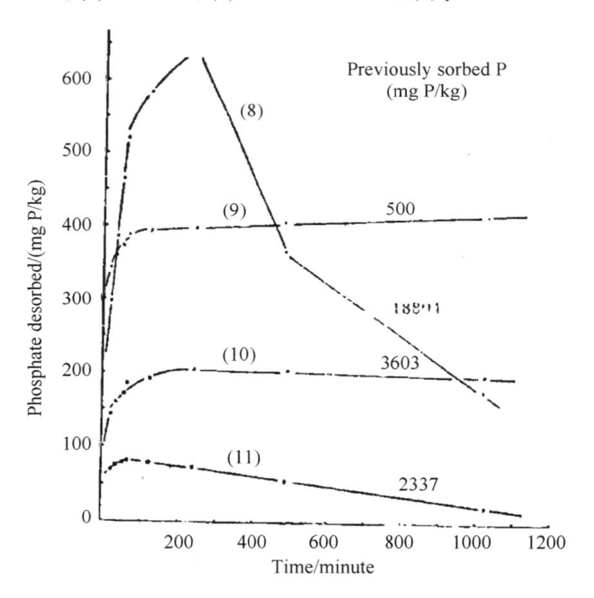

Fig. 2　Kinetics of phosphate desorption from minerals and some typical soils in China, (8) amorphous Al-oxide, (9) calcareous soil, (10) goethite, (11) $CaCO_3$

3.2　Sorption and desorption isotherms

Adsorption isotherm was frequently used to describe the partition of phosphorus between soil solution and solid phase. However, Combination of sorption and desorption isotherms could provide better understanding of phosphate reaction in soils. Fig. 3 to Fig. 4 demonstrated that there existed hysteresis between sorption and desorption isotherms. The characteristics of hysteresis depends largely on the surface chemistry of the minerals. The sorption-desorption of phosphate on artificially synthesized oxides of iron and aluminum was almost completely irreversible and little of the sorbed phosphate was desorbed at constant pH and ionic strength. In contrast to oxides, much more phosphate sorbed on kaolinite and montmorillonite was desorbed, indicating that their sorption reaction was more likely to be reversible. The higher proportion of the sorbed phosphate being desorbed from layer silicates than oxides may be mainly attributed to the different nature of the mechanism of sorption. In the case of oxides, apart from the surface adsorption (including ligand exchange) mechanism, certain kind of secondary surface reaction may cause the surface precipitation of R_2O_3 with phosphate. Such a chemisorption will be hardly reversible unless the acidity of the equilibrium solution is low enough to redissolve the precipitated phosphate. As to $CaCO_3$ the reversibility of sorbed phosphate was even more difficult (see curve (1) in Fig.4) presumably because here the sorption and desorption processes are mainly controlled by precipitation-dissolution mechanism instead of simple electrostatic attraction or ligand exchange.

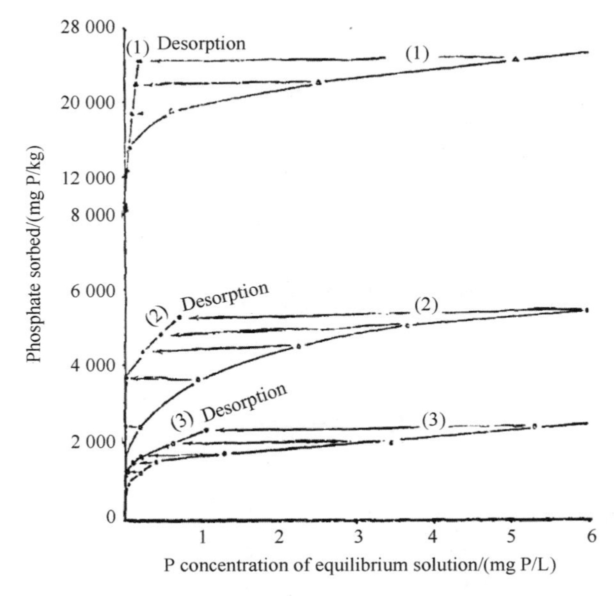

Fig. 3　Sorption and desorption isotherms of phosphate for (1) amorphous Al-oxide, (2) goethite A, (3) goethite B

The sorption-desorption isotherms of phosphate for soils showed that the phosphate desorbed was somewhat higher in proportion as compared to those for minerals (Fig. 5 and Fig. 6) . According to the proportion of the adsorbed phosphate recovered through desorption of the tested soils, they can be arranged in the following descending order: calcareous soils>neutral soils>acid soils. And among the acid soils the order descends as: lateritic soils>red earth>yellow red earth>yellow earth. It seems that the proportion of sorbed phosphate which is liable to be desorbed reversibly (but not through the same mechanism) was inversely closely related with their content of Fe and A1 oxides. For instance, as the contents of oxides and exchangeable A1 increased, the proportion of the sorbed phosphate which can be recovered reversibly as desorbed phosphate was progressively decreased. All above results suggest that Fe and A1- oxides, especially Al-oxide were responsible for the irreversibility (used to be called hysteresis) between sorption and desorption of phosphate in soils.

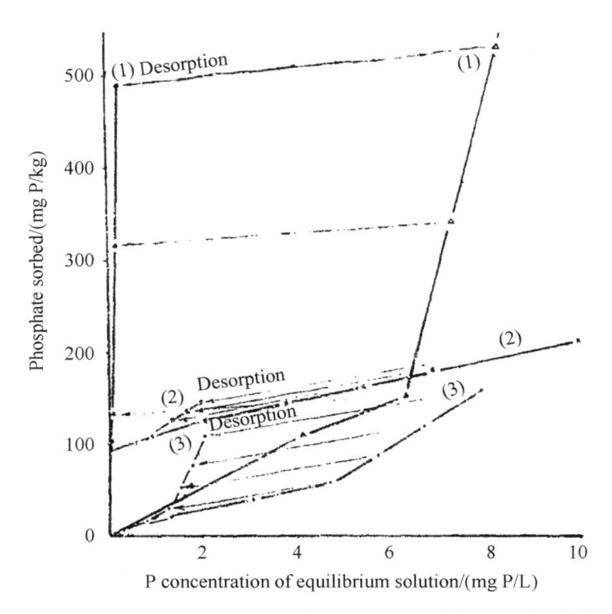

Fig. 4 Sorption and desorption isotherms of phosphate for (1) calcite, (2) kaolinite, (3) montmorillonite

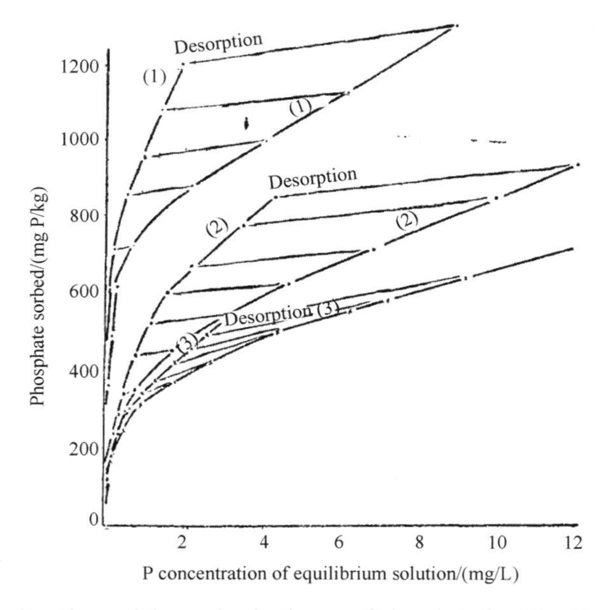

Fig. 5 Sorption and desorption isotherms of phosphate for (1) yellow earth, (2) yellow red earth and (3) red earth

At low range of phosphate concentration used for equilibrium study (as in this experiment) , both sorption and desorption isotherms of Fe and A1 oxides, kaolinite and acid soils fitted with the Langmuir equation very well, with the correlation coefficients ranging from 0.97 to 0.99 at 1% level of significance (see Table 3) whereas those of $CaCO_3$, montmorillonite and calcareous soils fitted much better with the linear equation than the Langmuir model (see Table 4). As for neutral soils (yellow brown earth and black earth) the data showed relationships which went between

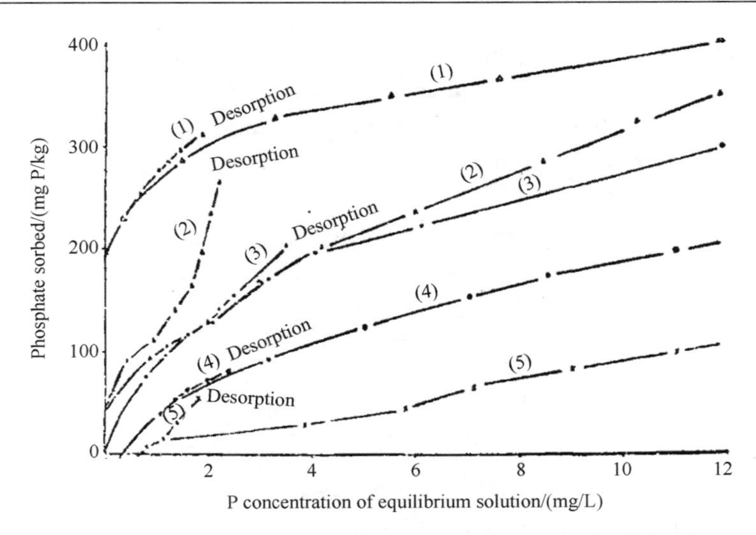

Fig. 6　Sorption and desorption isotherms of phosphate for (l) lateritic soil, (2) black earth,　(3) yellow brown earth and (4), (5) two calcareous soils

Table 3　Comparison of parameters of phosphate sorption and desorption from langmuir equation

Sorbents	Sorption				Desorption			
	r	K	q_m	MBC	r	K'	q'_m	MBC'
Amorphous Al-oxide	0.99	1.01	22 414	22 638	0.98	41.1	25 662	1 053 016
Goethite B	0.99	6.07	3 482	21 136	0.99	20.1	2 317	46 555
Goethite A	0.99	1.72	7 441	12 799	0.99	75.4	5 219	39 365
Kaolinite	0.99	1.23	209	257	0.99	10.6	144	1 523
Montmorillonite	0.57	0.043	417	18	0.61	0.30	135	40
$CaCO_3$	0.34	0.026	2 049	53	0.47	2.53	1 115	2 813
Yellow earth	0.99	2.51	1 274	3 198	0.99	9.17	1 197	10 976
Yellow Red earth	0.99	1.77	735	1 301	0.97	3.09	723	2 234
Red earth	0.99	1.30	655	852	0.98	3.69	528	1 950
Lateritic soil	0.99	2.15	407	876	0.99	8.35	321	2 681
Yellow Brown earth	0.86	0.28	427	121	0.78	0.53	308	163
Black earth	0.95	0.45	359	163	0.83	1.40	276	383
Calcareous soil A	0.86	0.21	300	62	0.79	1.51	93	140
Calcareous soil B	0.63	0.10	165	17	—	0.07	351	25

Table 4　Comparison of parameters of phosphate sorption and desorption from linear equation

Sorbents	Sorption			Desorption		
	r	a	b	r	a	b
Montmorillonite	0.96	–0.67	15.9	0.91	–11.6	39.3
$CaCO_3$	0.94	–5.7	56	0.98	24.8	1480
Yellow Brown earth	0.97	39.6	33	0.96	16.6	59.9
Black earth	0.93	57	31	0.06	16	104
Calcareous soil A	0.99	22	17.5	0.08	–7.43	42.1
Calcareous soil B	0.97	–55	22	0.93	–9.3	34

the aforementioned two models. This suggests that the mechanisms of phosphate reaction vary in different soil. Evaluation by the parameters from the Langmuir equation it was found that although decreasing the sorption maximum (q_m value) a little, desorption increased K value (bonding energy related constant) remarkably, thus increasing the maximum buffering capacity (MBC) considerably.

By applying the following expression the hysteretic value (H_v) between sorption and desorption isotherms at given concentration range could be calculated:

$$H_V = \int_0^c \left(\frac{q_m' k'c}{1+k'c} - \frac{q_m kc}{1+kc}\right)$$

where $q_m' k'c/(1+k'c)$ and $q_m kc/(1+kc)$ represent the desorption and sorption isotherm, respectively and C is the P concentration in equilibrium solution. The results of calculation (Table 5) also showed that the hysteresis was mainly associated with oxides of iron and aluminum for they had much higher values of the hysteresis, and at low range of equilibrium P concentration the difference between sorption and desorption isotherm was not significant for most soils except those containing large amount of the oxides.

Table 5　Estimation of hysteretic value of phosphate sorption and desorption at various equilibrium concentration

Samples	Hysteretic Value*				
	0.01	0.10	0.30	0.60	1.00 (mg P/L)
Amorphous Al-oxide	40.52	1 441.5	5 229.0	10 428.0	14 521.0
Goethite B	1.04	29.0	40.5		
Goethite A	12.62	316.1	917.5	1477.9	
Kaolinile	0.07	11.8	14.4	27.8	38.0
Montmorillonite	0.00	0.1	0.9	3.3	8.2
$CaCO_3$	18.82	198.6	643.4	1 372.8	2 400.0
Yellow earth Yellow	0.36	21.0	89.2	175.7	257.5
Red earth	0.05	3.5	19.8	47.9	81.5
Red earth	0.05	3.9	21.2	47.3	71.5
Lateritic Soil Yellow-brown	0.08	4.9	20.2	36.3	45.3
earth	0.00	0.2	1.6	5.0	10.3
Black earth	0.01	1.0	7.0	20.7	40.8
Calcareous soil A	0.00	0.3	2.2		8.6
Calcareous soil B	0.00	0.1	0.4	1.5	4.0

* represents the area between sorption and desorption isotherms of phosphate at given P concentration range of equilibrium solution

3.3　Relationship Between Desorb ability and Adsorption Saturation

Desorb ability, defined as percentage of the amount of desorption calculated from the concentration of P in the desorbing solution and the adsorption isotherm, is a simple measure of reversibility[5]. However, most researchers frequently neglected the saturation dependence of the desorb ability. Results obtained from this experiment (Table 6) demonstrated that desorb ability of phosphate not only varied significantly with the samples, but also relied upon sorption saturation. Desorb ability was very low (less than 10%) at low to medium saturation for most acid soils and even at high saturation for oxides. Desorb ability increased with increasing saturation for all the tested samples, and changed in the following order at the same saturation: alkaline soils> neutral soils > kaolinite > acid soils ≫ oxides of iron and aluminum. For example, at 90% of saturation the desorb ability of sorbeb phosphate reached as high as more than 80% for two alkaline soils, about 25% for black earth and less than 3% for oxides.

Table 6 Relationship Between Desorb ability (%) and Sorption Saturation (%) of Phosphate on Different Sorbents

Sorbents	Phosphate Sorption Saturation/%					
	15	30	45	65	75	90
Amorphous Al-oxide	0	0.20	0.56	0.96	1.36	1.72
Goethite A	0	0.8	2.29	3.79	5.29	6.78
Goethite B	0	0.21	0.9	1.6	2.29	2.99
Kaolinite	0.92	5.65	10.37	15.1	19.8	24.5
Montmorillonite	49	60	40	35	32	32
$CaCO_3$	5	10	7	7	7	7
Yellow earth	−0.06	0.59	1.24	1.90	2.55	3.21
Yellow red earth	0.69	1.94	3.19	4.44	5.69	6.94
Red earth	0.23	2.79	5.35	7.91	10.48	13.9
Lateritic soil	1.G2	5.05	8.49	11.92	15.36	18.79
Black earth	7.38	11.07	14.76	18.45	22.14	25.82
Yellow brown earth	11.95	17.43	22.91	28.38	33.86	39.34
Calcareous soil A	38.78	47.25	55.73	64.21	72.68	81.16
Calcareous soil B	44.93	52.62	60.32	68.02	75.72	83.42

3.4 Relationship Between Desorption and Sorption Mechanism

Isotopic experiment of ^{32}P was conducted to study the relationship between desorption and sorption mechanism. Recent work has demonstrated that phosphate sorbed as monodentate could be exchanged by isotopic ^{32}P and that as bidentate could not[4,9]. Therefore, the exchangeability (expressed as percentage of exchangeable part over the total sorbed P) was directly related to the mechanism of sorption and the desorb ability to that of desorption. Result in Table 7 showed that the isotopic exchangeability not only varied greatly with the samples but also depended on sorption saturation. This implied that the mechanism of phosphate sorption might be different at low saturation from that at high saturation. All of the phosphate sorbed on montmorillonite was exchangeable with ^{32}P at low saturation but the exchangeability decreased with increasing saturation probably because of some unknown secondary reaction. Only part of the phosphate on kaolinitic could be exchanged at low saturation but nearly all of the phosphate was exchangeable at high saturation, which may be due an increasing proportion of monodentate to bidentate complex as sorption saturation increases.

Table 7　Relationship Between Isotopic Exchangeability (%) of Phosphate Sorbed and Phosphate Sorption Saturation on Different Sorbents

Sorbents	Phosphate Sorption Saturation/%					
	15	30	45	60	75	90
Montmorillonite	113	97	85	76	75	72
Kaolinite	48	59	71	82	94	98
Red earth	0	23	68	76	75	72
Amorphous Al-oxide	0	0	22	52	54	56
Goethite A	0	0	6	39	72	72
Goethite B	0	0	0.5	1.6	9.0	12
$CaCO_3$	12	15	12	11.5	11.3	11.5

The exchangeability of phosphate on amorphous Al-oxide, goethite A and goethite B was characterized by three stages with respect to saturation. At low saturation (from 0~45% for amorphous Al-oxide and goethite A, to 0~60% for goethite B) , most of the sorbed phosphate was nonexchangeable and the exchangeability increased extremely slowly with increasing degree of sorption saturation, indicating the formation of bidentate surface complex associated with M-OH_2 site. At medium coverage (ranging from 45%~60% with amorphous Al-oxide, 45%~75% with goethite A and to 60%~90% with goethite B), the exchangeability increased rapidly with the degree of saturation of phosphate sorption, implying that single-point attachment occurred mainly at this stage. At the third stage the increase of exchangeability again became very slow with further increase of the degree of sorption saturation. In contrast to Fe and Al oxides, the exchangeability of phosphate on calcite was high at low P concentration and decreased rapidly with increasing saturation. The red earth had an exchangeability behavior between kaolinite and the oxides.

Compared Table 7 with Table 6 it was found that the value of desorb ability is much lower than that of exchangeability for all the tested samples, especially those with variable-charge surface. Of the ^{32}P exchangeable phosphate on oxides or acid soils only a very small part could be desorbed. Obviously, desorption only involves the loosely-bonded phosphate and the specifically sorbed phosphate was bonded so tightly that it was very difficult to be desorbed at constant pH and ionic strength, thus leading the hysteresis of phosphate desorption and sorption.

3.5　General Discussion

Three major mechanisms are involved in phosphate adsorption in soils, they include electrostatic attraction, cation-bridged sorption and ligand exchange or specific adsorption. Electrostatic adsorption is the first stage of adsorption. The cation-bridged sorption may be very important in the soils rich in Ca^{2+} and Mg^{2+} such as neutral soils and calcareous soils and the specific adsorption is dominant on the hydroxylated surface of variable-charge minerals, especially oxides of iron and aluminum. At low saturation phosphate is preferentially adsorbed onto M-OH_2 site with higher bonding energy.

$$\left.\begin{matrix} M-OH_2 \\ | \\ M-OH \end{matrix}\right)^{+1} + H_2PO_4^- \rightleftharpoons \left.\begin{matrix} M-H_2PO_4 \\ | \\ M-OH \end{matrix}\right)^{0} + H_2O$$

As saturation increases more and more phosphate is forced to exchange with -OH:

$$\left.\begin{matrix} M-H_2PO_4 \\ M-OH \end{matrix}\right)^0 + H_2PO_4^- \rightleftharpoons \left.\begin{matrix} M-H_2PO_4 \\ | \\ M-H_2PO_4 \end{matrix}\right) + OH^-$$

On the surface of Fe and A1 oxides phosphate tends to be adsorbed as bidentate and it is also true of kaolinite at low saturation:

$$\left.\begin{matrix} M-H_2PO_4 \\ | \\ M-OH \end{matrix}\right)^0 \rightleftharpoons \left.\begin{matrix} M \\ | \\ M \end{matrix} \!>\! HPO_4\right)^{-1} + H_2O$$

Therefore, the proportion of loose adsorption to tight adsorption increases with increasing saturation, and the bonding energy of the sorbed phosphate decreases correspondingly. Since much higher energy is required for the breakage of the covalent bond it may be impossible for the specifically sorbed phosphate to be desorbed at constant pH and ionic strength. It seems reasonable to conclude that desorption only involves loosely-bonded phosphate and the highly specific adsorption as well as some secondary precipitation reactions may account for the hysteresis between desorption and sorption of phosphate in soils.

References

[1] Ballaux J C, Peaslee D E. Relationships between sorption and desorption of phosphorus by soils. Soil Science Society of America Proceedings, 1975, 39: 275-278.

[2] Barrow NJ. A mechanistic model for describing the sorption anddesorption of phosphate by soil. Journal of Soil Science, 1983, 34: 733-750.

[3] Hingston FJ and et al. Journal of Soil Science, 1974, 25: 16-26.

[4] Goldberg S and Sposito G. On the mechanism of specific phosphate adsorption by hydroxylated mineral surfaces: A review. Communications in Soil Science and Plant Analysis, 1985, 16: 801-821.

[5] Hideo Okajima, Hiroyuki Kubota and Toshio Sakuma. Hysteresis in the phosphorus sorption and desorption processes of soils. Soil Science and Plant Nutrition, 1983, 29(3): 271-283.

[6] Ryden JC and Syers JK. Origin of the labile phosphate pool in soils. Soil Science, 1977, 123(6): 353-361.

[7] 何振立，等. 土壤对磷酸根的吸持性及其与土壤磷有效性的关系.土壤学报.

[8] Holford ICR. The comparative significance and utility of the Freundlich and Langmuir parameters for characterizing sorption and plant availability of phosphate in soils. Australian Journal of Soil Research, 1982, 20(3): 233-242.

[9] McLaughlin JR, Ryden JC and Syers JK. Sorption of inorganic phosphate by iron- and aluminium-containing components. European Journal of Soil Science, 1981, 32: 365-377.

[10] Parfitt RL. Anion adsorption by soils and soil materials. Advances in Agronomy, 1978, 30: 1-50.

[11] Murphy J and Riley JP. A modified single solution method for the determination of phosphate in natural waters. Analytica Chimica Acta, 1962, 27: 31-36.

Desorption of Phosphate from Some Clay Minerals and Typical Soil Groups of China: Ⅱ. Effect of pH on Phosphate Desorption①

He Zhenli Zhu Zuxiang Yuan Keneng

Abstract The desorption-pH curves of phosphate from some clay minerals and typical soil groups of China could be grouped into three classes. With the first class concerning hydrous Fe, Al oxides and montmorillonite, desorption increased with increasing pH within the pH range of 4.0 to 10.0, and for kaolinite and the tested acid soils which contained higher contents of Fe, A1 hydroxides and kaolinite, the desorption-pH coures were characteristic of "U" type with minimum P desorption at pH 6.5 for kaolinite and at 4.8 for the soils whereas phosphate desorption from the tested neutral soil and calcareous soil was similar to that from calcite at acid side of pH, i.e. desorption was reduced with rising pH value, and at higher pH range P desorption became steady or even increased. It was also observed that the effect of pH on both adsorption and desorption was essentially the same, though in reverse direction, and the pH range of minimum desorption lay just between the PZC_f and $PZC_{i,}$ value for kaolinite and acid soils. This suggested that P desorption, from the variable-charge surfaces was to a great extent charge-dependent and the effect of pH on phosphate desorption was mainly through the change of surface charge rather than through the protonation and deprotonation of phosphoric acid in solution as suggested by Hingstor. With regard to the neutral and calcareous soils the dissolution of calcium phosphate prevailed at low pH range but desorption of P from clay minerals became dominant at high pH.

Keywords clay mineral; soil; phosphate; desorption; pH; effect; variable-charge surface

In the previous paper, the study on phosphate desorption at given pH value (7.0) was presented. However, it is not always true of the field condition with great variability of pH. It is generally acceptable that pH has great influence on phosphate reactions in soils. There are four major aspects of the pH effect on phosphate adsorption and desorption as suggested by previous work: ①the surface charge of some important phosphate-sorbing clay minerals is pH dependent; ②distribution of chemical species of phosphate changes with solution pH; ③OH^- itself is a very strong competing ligand and ④dissolution of phosphate-sorbing surface of clay minerals at extreme pH[1~7].

① 原载于 *Journal of Zhejiang Agricultural University*，1989 年，第 15 卷，第 4 期，441~448 页。

Frequently, the influence of pH on phosphate reactions in soils is more complicated and the interactions of pH with soil components add much difficulty to the explanation. Therefore, up to date, no general agreement on the rationality of the pH effect on phosphate adsorption, especially on desorption, has been reached.

The present work is concerned with a detailed study and interpretation of phosphate desorption as a function of pH.

1. Materials and Methods

Samples of clay minerals and soils used in this study and their chemical properties were described in Part 1[8].

1.1 Determination of phosphate adsorption-pH curve

Portions of air-dried samples (1.000 g for soil, kaolinite, 0.2000 g for goethite and 0.0500 g for amorphous Al oxide) were weighed into 50 ml plastic centrifuge tubes and 25 ml 0.02 mol/L KC1 solution containing 20 ppm P were added in duplicate with the solution pH being adjusted to 3.0 to 10.0 using HC1 or NaOH. The contents were shaken for 24 hours on the end over end shaker at 25℃. The pH of the suspensions was readjusted if necessary one hour before the end of equilibrium. At designated time the pH of equilibrated suspensions was measured and the samples were centrifuged. The final supernatant solution was transferred into plastic bottles for analysing P concentration. The difference of P concentration between added solution and the equilibrium solution was taken as the adsorbed phosphate at the specific pH value. A plot of adsorbed P against pH was made.

1.2 Determination of desorption-pH curve

25 ml 0.02 mol/L KC1 solution was added into the 50 ml plastic centrifuge tubes containing samples of clay minerals previously equilibrated with 20 ppm P contained in 0.02 mol/L KC1 solution with pH 7.0 or soils incubated with 500 ppm P. The pH of the suspensions was adjusted to between 2~11, and readjusted, if necessary, one hour before the end of equilibrium. After being shaken for 24 hours, the pH of the suspensions was measured and the P concentration in the equilibrium solution was determined. A plot of P concentration in desorbing solution against pH was made.

1.3 Measurement of OH^- amoator released during phosphate adsorption

The measurement was similar to that of adsorption isotherm. But for the purpose of accuracy, the solid samples were previously mixed with 12.5 ml 0.02 mol/L KCl and the suspension pH was adjusted to 7.0. Another 12.5 ml 0.02 mol/L KCl solution (pH 7.0) but containing different amount of phosphate was added. After equilibrium, the suspension pH was measured, then two of the quadruplicate samples were taken for determining the amount of sorbed phosphate and the other duplicate suspensions were back titrated with known concentration of dilute HCl to their initial pH (7.0). The amount of OH^- released during phosphate adsorption was calculated based on the standard HCl solution consumed.

2. Results and Discussion

2.1 Effect of pH on phosphate desorption from clay minerals and soils

Desorption of phosphate freshly sorbed on the tested clay minerals as a function of pH was shown in Fig. 1 Phosphate desorption increased with increasing pH value within the range from 4.0 to 10.0 for goethite, amorphous Al-oxide and montmorillonite and the increase became more remarkable after the pH was raised above 6.5 to 7.0. For kaolinite desorption was minimum at pH about 6.5 and increased at doth acid and alkaline sides. On the contrary, phosphate desorption from calcite declined linearly with increasing pH, a behavior very similar to the dissolution of calcium phosphate.

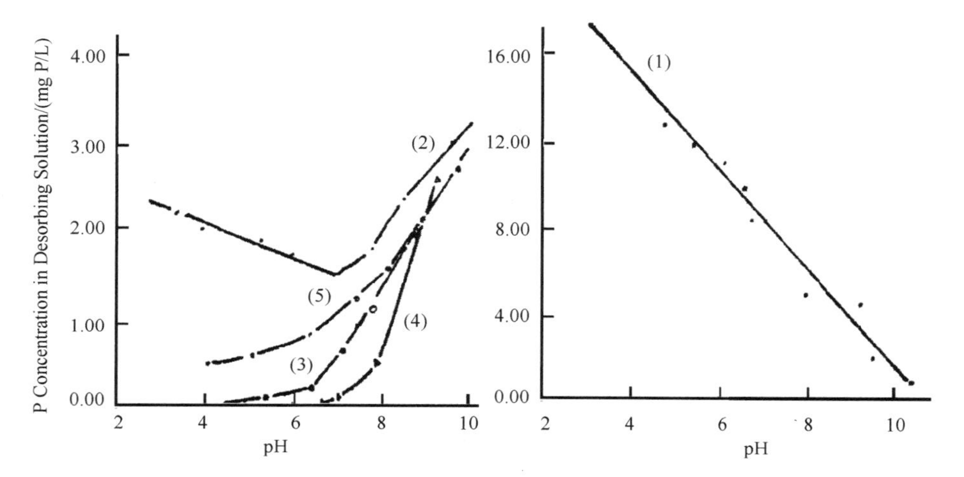

Fig. 1　Influence of pH on desorption of phosphate freshly adsorbed on (1) Calcite, (2) Kaolinite, (3) Getohite, (4) Amorphous A 1-oxide, (5) Montmerillonite

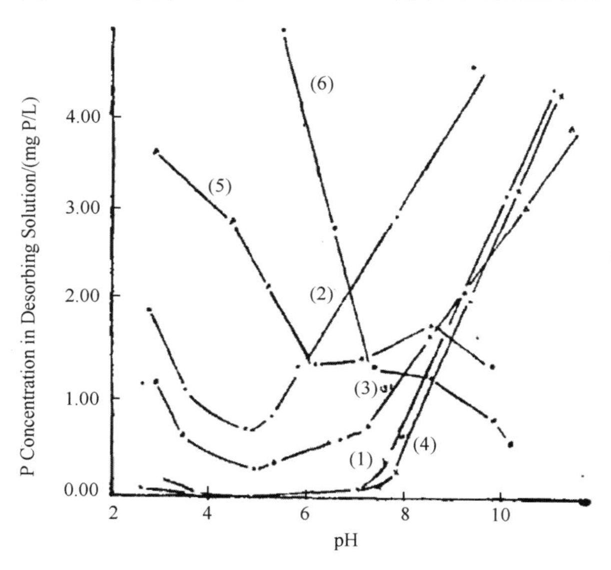

Fig. 2　Influence of pH on phosphate desorption from soils. (1) Yellow earth, (2) Lateritic soil, (3) Red earth, (4) Yellow brown earth, (5) Black earth and, (6) Calcareous soil

Effect of pH on phosphate desorption from soils varied with their clay mineral composition and other chemical properties. For most of the acid soils tested, which contained higher contents of Fe- and Al- oxide and kaolinite, the desorption-pH curve was characteristic of "U" type, with minimum desorption at pH about 4.8 (Fig. 2). In contrast with acid soils, phosphate desorption from both neutral and calcareous soils decreased rapidly with pH value rising to 6.0 or 7.5 and became stable or even reverse (black earth) at still higher pH. It seemed that for these soils dissolution of calcium phosphate prevailed at low pH but desorption of phosphate from clay minerals became dominant at higher pH.

2.2 Comparison of desorption-pH curve with adsorption-pH curve

Phosphate adsorption-pH curves of the tested clay minerals and soil were shown in Fig. 3. It was found that the effect of pH on both desorption and adsorption was essentially the same, though in reverse direction. For instance, the pH range for maximum adsorption of phosphate on amorphous Al oxide was 6.0 to 7.5 which agreed roughly with the pH range for minimum desorption on the desorption-pH curve. And phosphate adsorption on goethite decreased with increasing pH from 3.0~9.0, which was just the reverse way of desorption. With regard to kaolinite, there existed obvious maximum peak on adsorption-pH curve which was comparable with the minimum peak on desorption-pH curve, except for a little shift to acid side. This demonstrated reaction that the phosphate adsorption was reversible with respect to pH as suggested by Muljadi[8]. However, neither adsorption-pH curve nor desorption-pH curve of phosphate could be interpreted satisfactorily by the theory of "adsorption envelope" [3], for no apparent breaks or inflexions were observed on both adsorption-pH and desorption-pH curves at pH corresponding to the pK_1 and pK_2 of phosphoric acid.

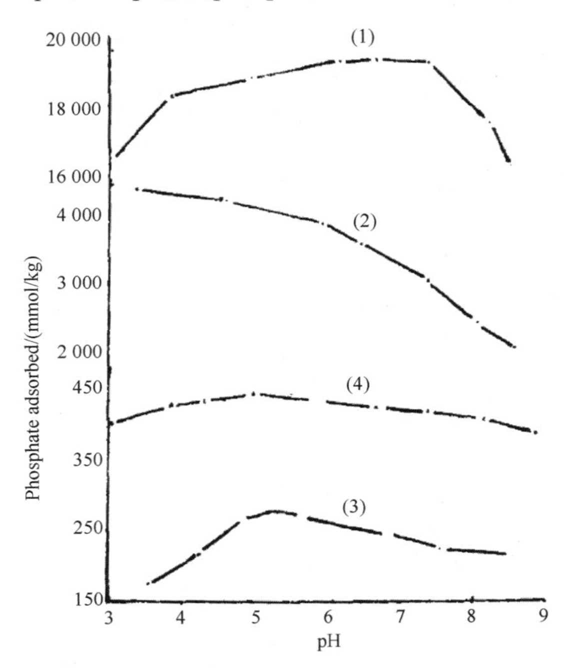

Fig. 3　Influence of pH on phosphate sorption on (1) Amorphous Al-oxide, (2) Goethite, (3) Kaolinite and (4) Red earth

2.3 Relationship between adsorption-desorption of phosphate and surface charge

It is generally accepted that phosphate adsorption is effected mainly through ligand exchange with —OH_2^+ and —OH_2^+ groups on the surface of variable-charge clay minerals. For a specified sample the ratio of OH_2/OH on its surface depends mainly upon the PZC value of the solid and the environmental pH. On the other hand, adsorption of phosphate will shift the PZC of the sorbent to acid side, which in turn affects desorption of the sorbed phosphate. For this reason, the two PZC values of the tested samples before and after phosphate adsorption were determined, respectively. The results were shown in Tab.l, the PZC_i and PZC_f representing the initial PZC value and the final PZC (PZC of the sample after adsorbing phosphate), respectively. As far as the four clay minerals (which are relatively simple in adsorption mechanisms in comparison with soils, and all the sites could be considered to be unoccupied) were concerned, phosphate adsorption was positively and desorption at given pH value related negatively with the PZC, values (Table 1) . Measurement of OH release and OH/P ratio also showed that although there existed good linear relationship between the OH- amount released and phosphate adsorbed (see Fig. 4) , the average ratio of OH/P varied greatly with PZC_i. for different clay minerals and soil (Table 2) . At fixed pH condition, clay mineral with higher PZC_i value adsorbed more phosphate and had lower OH/P ratio. For instance, the highest PZC_i value was found with amorphous A1 oxide with lowest OH/P ratio which adsorbed the largest amount of phosphate and desorbed the least amount of its sorbing P, On the other hand, phosphate adsorption decreased considerably the PZC value for all the clay minerals and soils, especially the clay minerals, and the reduction was related positively with the PZC values. As an example, the amorphous A1 oxide had the greatest difference between PZC_f and PZC_i (Table 1) .

Table 1　Relations P between PZC and phosphate adsorption

Samples	PZC_i	Phosphate sorbed/(mmol /kg)	PZC_f
Amorphous Al-oxide	9.90	600.00	5.70
Goethite	7.18	91.69	5.07
Kaolinite	6.47	7.05	3.80
Montmorillonite	2.10	3.10	1.50
Yellow earth	4.30	16.13	3.10
Lateritic soil	4.30	16.13	3.20
Yellow brown soil	2.50	16.13	2.00

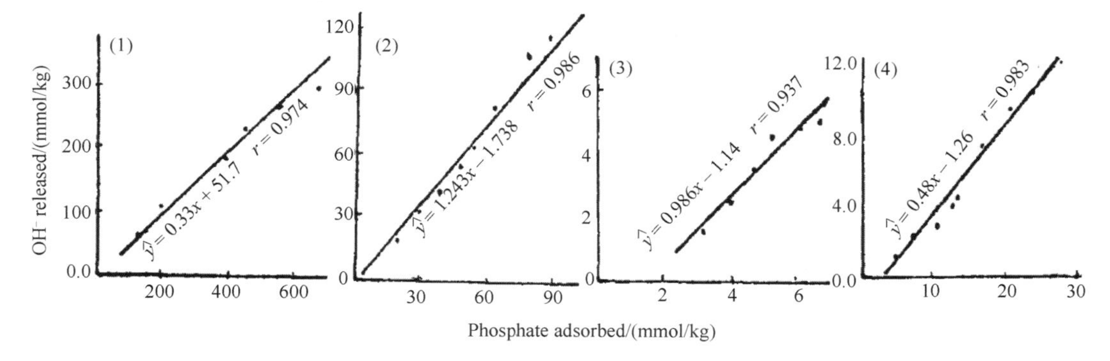

Fig. 4　Relationship between OH^- releaed and phosphate adsorbed, (1) Amorphous Al-oxide, (2) Goethite, (3) Kaolinile and (4) Red earth

Table 2　The OH/P ratio of some tested samples

Samples	Amorphous A1-oxide	Kaolinite	Goethite	Red earth
OH/P	0.33	0.99	1.24	0.48

Comparing Fig.1 and Fig.2 with Table 1, it was surprisingly, found that the pH range with minimum desorption lay just between the PZC_f and PZC_i value for most of the tested clay minerals. Obviously, phosphate desorption from variable-charge surface was to a great extent charge-dependent. Lowering of pH increased both OH_2/QH ratio and positive, charge on the solid surface, thus raising greatly the affinity of the surface to phosphate ions. However, as pH was down below PZC_f, combination of phosphate with H^+ ion became dominant in place of surface protonation. Consequently, phosphate release again increased because of the reduction of affinity between solid phase and protonated phosphate and of the increasing tendency of dissolution of the solid surface at extremely low pH. This may account for the "U" type of phosphate desorption-pH curve of variable-charge clay minerals and soils.

As far as the neutral and calcareous soils were concerned, the dissolution of calcium phosphate prevailed at acid side of pH, but desorption of the sorbed phosphate from clay minerals became dominant at pH above 6.0~7.5.

2.4　General discussion

pH has deep effect on phosphate reactions in soils[2,5]. The theory of "adsorption envelope" brought up by Hingston emphasized the dissociation of the conjugate acid of phosphate as a function of pH. This theory, though having accounted well for the adsorption of several anions on goethite, is experiencing more and more difficulties in explaining facts[2,4,5,9,10]. The total free energy of phosphate adsorption onto amphoteric surfaces could be roughly divided into the following two parts:

$$\Delta G_{\text{ads}} = \Delta G_{\text{int}} + \Delta G_{\text{cout}}$$

For a specified sordent, the ΔG_{int} (the energy of chemical interaction) is unchanged but the ΔG_{cout} i.e. the electrostatic energy of interaction, varies greatly with respect to environmental conditions. The $\Delta G_{\text{cou t}}$ i.e. was reported to increase rapidly with decreasing medium pH[1]. As has been discussed in the previous paper [8], phosphate desorption involves mainly the loosely-bonded part, Therefore, electrostatic interaction may be more important in desorption than in adsorption of phosphate. Based on the above results it seems reasonable to suggest that the effect of pH on phosphate desorption from variable-charge surface is chiefly through the change of surface charge rather than through protonation and deprotonation of phosphoric acid.

References

[1] Hansmann D G, Anderson M A. Using electrophoresis in modeling sulfate, selenite, and phosphate adsorption onto goethite. Environmental Science and Technology, 1985, 19: 544-551.

[2] Haynes R J. Lime and phosphate in the soil-plant system. Advances in Agronomy, 1984, 37: 249-315.

[3] Hingston F J, Atkinson R J, Posner A M. Anion adsorption by goethite and gibbsite. 1. The role of the proton in determining adsorption envelopes. Journal of Soil Science,1972, 23: 177-192.

[4] Holford I C R, Patrick Jr W H. Effects of reduction and pH changes on phosphate Sorption and mobility

in an acid soil. Soil Science Society of America Journal, 1979, 43(2): 292-297.
[5] Mott C J B. Anion and ligand exchange. In: The chemistry of soil processes, ed by Greenland D J, Hayes M H B. Wiley (John) & Sons, Ltd. 1981, 51-99.
[6] Muljadi D, Posner A M, Quirk J P. The mechanism of phosphat adsorption by Kaolinite, Gibbsite, and Pseudoboehmite. Part I. The isotherms and the effect of pH on adsorption. European Journal of Soil Science, 1966, 17: 212-229.
[7] Schofield R K. Effect of pH on electric charges carried by clay particles. European Journal of Soil Science, 1949, 1: 1-8.
[8] He Zhenli, Zhu Zuxiang, Yuan Keneng. Desorption of phosphate from some clay minerals and typical soil groups of China: I. Hysteresis of sorption and desorption. Journal of Zhejiang Agricultural University, 1988, 14(4): 456-469.
[9] Hingston F J. in: Adsorption of inorganics at solid-liquid interfaces, ed by Anderson M A, Rubin A J. Ann Arbor Science Publishers, Inc. 1981, 51-99.
[10] White R E, Taylor A W. Effect of pH on phosphate adsorption and isotopic exchange in acid soils at low and high additions of soluble phosphate. Journal of Soil Science, 1977, 28: 48-61.

浙江省丘陵旱地土壤供钾能力的研究①

黄昌勇 蒋秋怡 袁可能 朱祖祥

摘 要 浙江省主要丘陵旱地土壤的全钾量随母岩中长石的云母的含量增加而增加，幅度为0.57%~3.13%，速效钾和缓效钾的含量分别为33~216 ppm和80~638 ppm，与土壤中高岭石及伊利石的相对含量有关。以化学试剂连续提取、电超滤法（EUF）和强度/数量关系研究结果表明：高岭石为主的土壤，其缓冲含量（PBC^K）较低，有效钾数量较少，且缓效钾释放慢，在黑麦耗竭试验中，经1~2次收获后，产量和吸钾量明显下降。以伊利石为主的土壤，其缓冲容量（PBC^K）高，黑麦草试验可得到连续的高产和吸取较多的钾。黑麦草试验还表明土壤的供钾特性较之其有效钾储量更有实践意义。

浙江省丘陵旱地土壤以矿物的风化和蚀变程度不等的红黄壤为主。黏粒矿物主要是高岭石，作为钾素养分供给源的含钾矿物较少，土壤钾的供应水平普遍较低[1,2]。但对于不同土壤的缺钾程度和供钾特性则还缺少深入研究。一段时间以来，我国对土壤钾的供应能力着重于速效钾和缓效钾的研究。然而国外的许多研究认为，溶液中钾（即强度因素）对植物吸收可能更为重要[3]。此外缓效钾的释放也因黏粒矿物的种类、含量和其他土壤性质而变[2]。因此评价土壤的供钾能力是非常复杂的。本文拟通过1 N NH_4OA_C、1 N HNO_3和四苯硼酸钠等化学试剂的连续提取和缓冲容量（PBC^k）、电超滤法（EUF）等测定土壤钾的释放率和供钾特征，并用生物盆栽耗竭试验验证钾的有效性[4~6]。以系统研究浙江省主要丘陵旱地土壤的供钾状况。

一、材料和方法

（1）供试土壤：采自主要丘陵旱地土壤，其理化性质见表1。

（2）土壤钾的生物耗竭性试验：每盆装土1 kg，每个土样重复5次，其中一盆不栽黑麦草作对照。试验从1984年4月至1985年3月，共连续种植7次。每次种植前都施入适量的氮、磷和微量元素，以保证钾以外的其他养分的充分供应。收割时收集地上部分的全部茎叶，测定其干物重和植株全钾量，同时采集土样测定土壤速效钾和缓效钾的变化。

（3）电超滤（EUF）测钾：在电超滤仪上，以下列条件进行电析。0~5 min，50 V，20℃；5~30 min，200 V，20℃；30~35 min，400 V，80℃。每隔5 min从负极收集电析

① 原载于《土壤学报》，1989年，第26卷，第1期，57~63页。

表 1　土壤的主要强化性质

土样号	土壤类型*	成土母质	pH（H_2O）	有机质/%	阳离子交换量/（me./100 g Soil）	盐基饱和度/%	全钾	缓效钾/（mg K/kg soil）	速效钾/（mg K/kg soil）	粒级/%		<0.1 mm 颗粒/% % In fraction of <0.1mm		<0.001 mm 颗粒中的主要黏粒矿物
										<0.001/mm	<0.01/mm	长石	云母	
1	红筋土	第四纪红土	5.07	1.19	4.12	36.2	0.57	110.68	33.59	38.3	68.9	0.9	5.9	高岭石为主，伊利石、蛭石、蒙脱石
2	红黏土	玄武岩	4.66	1.97	9.62	12.4	0.58	180.02	57.95	59.0	88.5	1.0	4.7	高岭石为主，伊利石、蛭石、蒙脱石
3	黄泥土	凝灰岩	4.68	1.71	7.66	26.2	1.30	274.93	71.81	41.0	62.3	—	—	高岭石为主，伊利石、蛭石
4	黄泥沙土	熔质凝灰岩	5.37	4.48	7.24	57.1	2.05	160.80	39.81	22.6	54.0	—	—	高岭石、伊利石为主，蛭石、蒙脱石
5	砂黏质红土	花岗岩	5.54	1.10	7.47	72.3	3.13	179.89	103.11	14.0	19.5	11.0	5.14	高岭石为主，伊利石、蛭石、蒙脱石
6	油红泥	石灰岩	5.95	2.31	19.70	98.7	0.65	267.78	80.80	39.5	80.0	1.1	5.90	伊利石、高岭石为主，蛭石、蒙脱石
7	棕黏土	玄武岩	6.51	4.49	31.00	98.8	0.87	148.57	119.61	38.9	73.0	1.2	2.35	伊利石为主，高岭石、蛭石、蒙脱石
8	紫砂土	紫砂岩	7.68	1.27	16.76	100.0	2.11	562.69	216.05	18.5	31.5	5.2	5.30	伊利石为主，高岭石、蛭石、蒙脱石
9	红砂土	红砂岩	6.20	0.93	8.81	99.3	1.11	205.78	134.93	17.0	23.5	—	—	伊利石为主，高岭石、蛭石、蒙脱石
10	黄泥土	砂页岩	6.35	1.31	8.85	100.0	2.24	630.50	149.00	23.5	46.5	2.6	13.10	伊利石为主，高岭石、蛭石、蒙脱石

* 土属名根据浙江省第二次土壤分类，1983 年。

流出液，在火焰光度计上测钾。

（4）Q/I 关系曲线：在 100 ml 的塑料高心管中称入 5 g 风干土样（过 1 mm 筛），分别加入含 0~110 ppm 钾的 0.01 mol/L $CaCl_2$ 溶液 50 ml，在 25℃±0.2℃温度下振荡 1 h，然后离心 5 min，用火焰光度计测钾，用原子吸收光谱仪测钙和镁。根据提取液加入前钾浓度和平衡后溶液中钾浓度之差，水固相获得和失去的钾量ΔK（mg 当量/100 g 土），由平衡溶液中钾、钙和镁的浓度，计算钾的活度比 $AR = a_k/\sqrt{^{a}Ca + Mg}\left[(mol/L)^{1/2}\right]$，以ΔK 为纵坐标对 AR 横坐标作图得 *Q/I* 曲线。

（5）化学试剂连续提取：土样分别用 1N HNO_3（每次消煮 10 min）、1N NH_4OAc 和 0.3N $NaTPB_4$ 连续提取 6 次。

（6）土壤黏粒矿物组成测定：从小于 2 mm 的风干土中分离小于 0.001 mm 的黏粒，黏粒悬液经去离子后，风干和磨碎过 100 目筛，用 H_2O 除去有机质，再用连二亚硫酸钠-碳酸钠-柠檬酸钠除去其中的游离氧化物，并制成定向薄片①Mg-甘油饱和；②氯化钾饱和，在 X 衍射仪上，以 CuKα 为射线源进行扫描，以盖革计数器为探测器，线性电子管电位仪记录。采用半定量分析处理 X 衍射谱，求算土壤中高岭石、伊利石、蛭石和蒙脱石的相对含量。

（7）土壤中云母和长石的测定：采用焦硫酸钠熔融法[6]。

二、结果和讨论

（一）各种形态钾的含量

由表 1 可见，丘陵旱地土壤全钾含量（K）为 0.57%~3.13%，变幅很大，主要和母质类型有关。由第四纪红土、玄武岩和石灰岩风化而成的红黄壤，全钾量较低，一般在 1%以下：而由花岗岩母质风化形成的土壤全钾量高达 3%左右。凝灰岩和砂页岩等风化形成的土壤居于中间。全钾量和母质中的云母及长石的含量有显著的相关性。

以 1 N NH_4OAc 提取的速效钾大致可分为三个等级，含量低于 80 ppm 的有土-1、土-2、土-3 和土-4；含量中等，为 80~100 ppm 的有土-5、土-6 和土-7；少数达到 120 ppm 以上的为土-8、土-9 和土-10。

以 1 N HNO_3 消煮提取的缓效钾含量相差也很大，其中低的不足 100 ppm，如土-1、土-2；稍高的在 200 ppm 左右，如土-3、土-5、土-6、土-7 和土-9，也属于较低水平，少数含量高的如土-4、土-8 高达 500~600 ppm。

从化学分析结果可以看出（表 1），丘陵旱地土壤中，各种形态钾含量主要取决于母质的矿物组成，如全钾量主要和母质中长石含量有关。而缓效钾和速效钾的含量则和伊利石含量有关。

全钾、缓效钾和速效钾的含量说明丘陵旱地土壤中，这三者关系是错综复杂的。其中供钾能力差异较大的如土-1、土-5 和土-8，以 1 N HNO_3、1 N NH_4OAc 和 0.3 N $NaTPB_4$ 连续提取所得结果大致可反映丘陵旱地不同土壤钾的释放特点。从图 1 可见，以 NH_4OAc 连续提取代表速效钾的释放，则土-1 和土-5 经一次提取，释钾量分别达到总释钾量的

71%和 83%。而土-8 仅为 58%，但在以后几次的提取中，土-8 仍持续释放。以四苯硼酸钠连续提取的钾包括速效钾和部分缓效钾，三种土壤不仅在数量上不等，而且其释放速度也不同。土-1 释放率最慢，其次是土-5，而土-8 释放最快。第一次提取量分别占总释钾量的 35%、57%和 66%。1N HNO_3 连续提取的钾包括速效钾、缓效钾和少量易分解的矿物钾。其中第一次提取钾量占总释钾量的比例也是土-1 最少，土-5 其次，而土-8 最大。但 6 次提取的酸溶钾占全钾量的比例，则由花岗岩母质上发育的土-5 仅占 22.8%，而土-1 和土-8 分别占 74.8%和 76.0%。可见以化学试剂连续提取测得的土壤钾中，钾的释放速率和持续释放特点与土壤中高岭石和伊利石的相对含量密切相关。土-5 的酸溶钾占全钾量比例低可能和母质中长石含量较高有关。

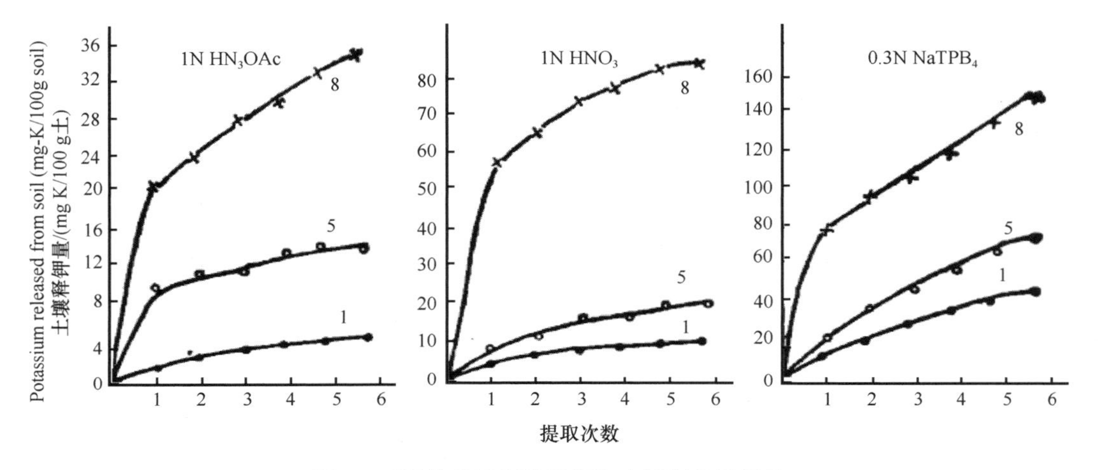

图 1　三种化学试剂连续提取土壤钾的累积量

（二）*Q*/*I* 关系曲线和 PBC^k

Becktt 提出的强度和数量关系曲线，即 *Q*/*I* 曲线，其斜率反映了土壤的钾位缓冲容量（PBC^k）。PBC^k 对每一种土壤是特征性的，几乎不受外界因素的影响。因此可以用来表征土壤钾的强度和数量关系，以及土壤吸持钾和释放钾的特性[4,7]。

从图 2 可见，丘陵旱地土壤的 PBC^k 都较低。最低的是土-1、土-2 和土-3，只有 20 左右，这些土壤的黏粒矿物以高岭石为主。其次是土-4、土-5 和土-6，PBC^k 为 30~50，这些土壤中，2∶1 型矿物占较高比例。少数以伊利石为主的土壤，如土-7 和土-8 的 PBC^k 值高达 60 以上。由此可见，土壤中高岭石和伊利石的相对含量对钾位缓冲容量（PBC^k）有很大的影响。当然黏粒的含量和比表面积也是影响 PBC^k 的重要因素。

（三）电超滤过程中土壤钾的解吸

许多研究指出，用电超滤（EUF）技术测定土壤钾可以同时提供土壤的供钾强度、数量和补给速率的信息[5,8,9]。其中 0~10 min 内解吸的 K（EUF-K_{10}），相当于溶液中钾的浓度，代表强度因素（*I*）的量度。0~35 min 内解吸的总钾量 K（EUF-K_{35}）可作为数量因素（1+*Q*）的量度。而在电压 400V，800℃下，30~35 min 内解吸的钾量（EUF-$K_{30\sim35}$）可反映钾的释放速率或补给数量。本试验的 EUF-K 解吸曲线见图 3。

从图 3 的 EUF-K 解吸曲线，大致可把浙江省丘陵旱地的供钾状况分为 4 种类型。第一类如土-1、土-2 和土-6，它们的供钾强度和数量都很低，究其原因可能和土壤黏粒中的高岭石含量较高有关。其中土-6 的解吸量低可能和石灰母质有关。第二类如土-3，有一定的供钾强度和数量，但钾的补给能力很低，其供钾能力有一定的限度。第三类如土-7，供钾的强度较小，但供钾数量和补给能力较大，表明这类土壤的储钾量大，而且能不断地释放，这一供钾特点可能和土壤黏粒中的伊利石含量较高有关。第四类如土-8，既有较高的供钾强度，又有较大的供钾数量和补给能力，属供钾能力较高的土壤。以电超滤法所得的结果基本上和化学提取剂及 PBC^k 值的结果趋势一致，但 EUF 法对各土壤的供钾特性的区分更为全面。

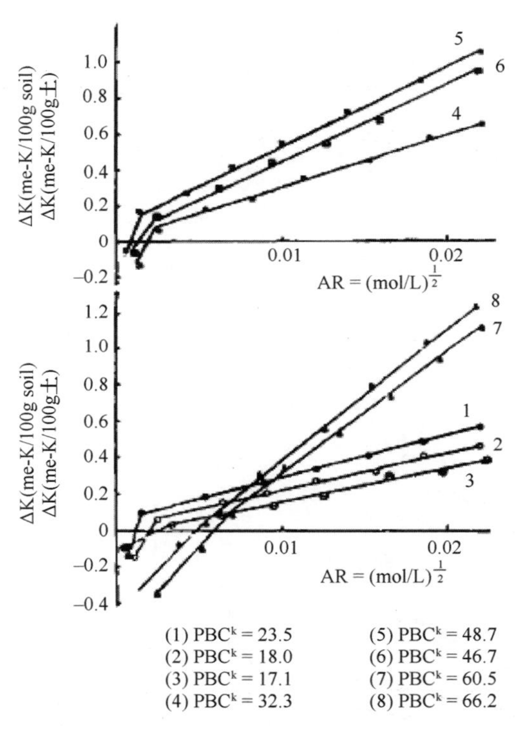

图 2　土壤的 *Q/I* 曲线

（四）黑麦草耗钾试验中土壤的供钾能力

黑麦草盆栽耗竭性试验结果表明（图 4），不同土壤经 7 次种植后，黑麦草的总生物量和总吸钾量相差悬殊。根据黑麦草耗钾试验，本省主要丘陵旱地土壤的供钾能力初步可分为三个等级：供钾能力高的如土-8 和土-10，黑麦草的产量达 20 g/盆，总吸钾量在 400 mg/kg 以上；供钾能力中等的如土-5 和土-6，产量和吸钾量分别为 10-20 g/盆和 100 mg/kg 土；供钾能力低的如土-1 和土-2，黑麦草产量和吸钾量分别为 10 g/盆和 80 mg/kg 土以下。黑麦草产量和吸钾量同土壤速效钾、$EuF\text{-}K_{35}$ 及 PBC^k 的大小次序基本一致。

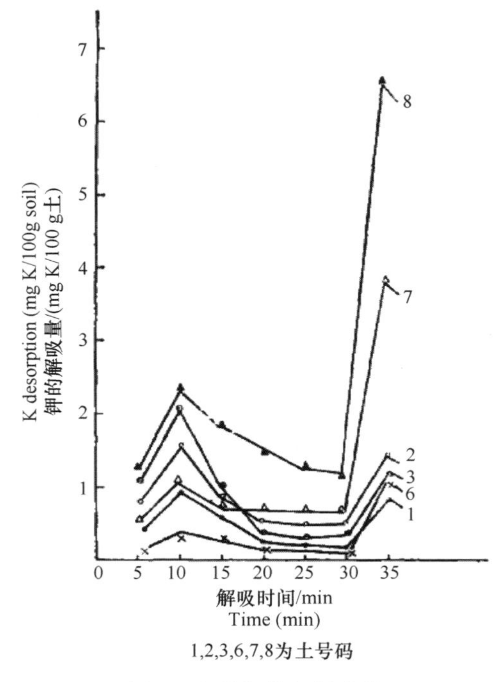

图 3　土壤钾的解析曲线

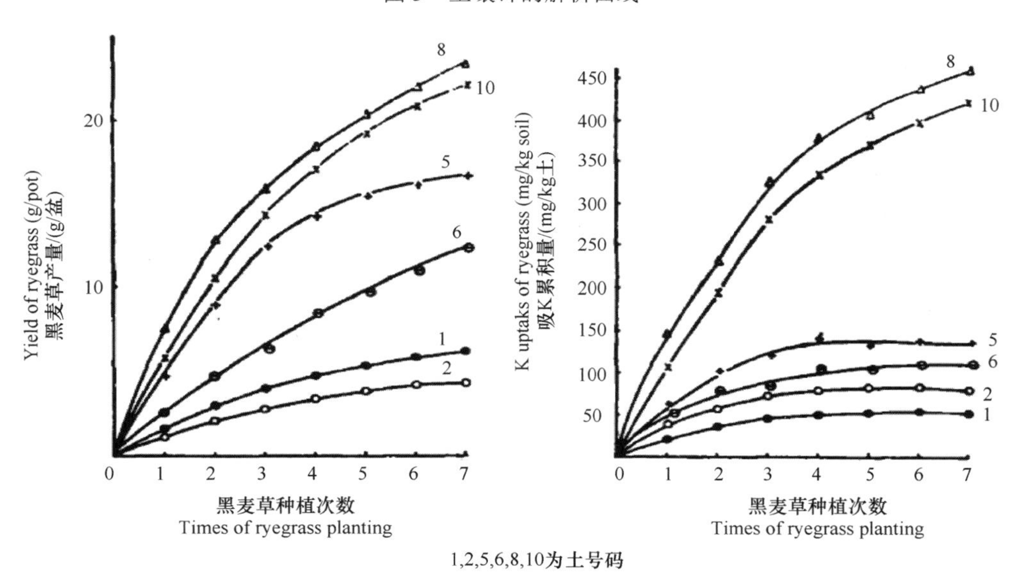

图 4　黑麦草产量和吸钾累积曲线

从图 5 的结果可见，黑麦草连续种植过程中，用 1 N HNO_3 和 1 N NH_4OAc 提取的土壤钾不断下降，但降低程度因不同土壤而有很大差异，供钾能力低的土-1 经一次种植后，NH_4OAc 提取的钾量接近最低平衡值；供钾能力中等的土-5 经两次种植后接近最低平衡值；而供钾能力高的土-8 经 4 次种植后才接近最低平衡值，其变化趋势和黑麦草多

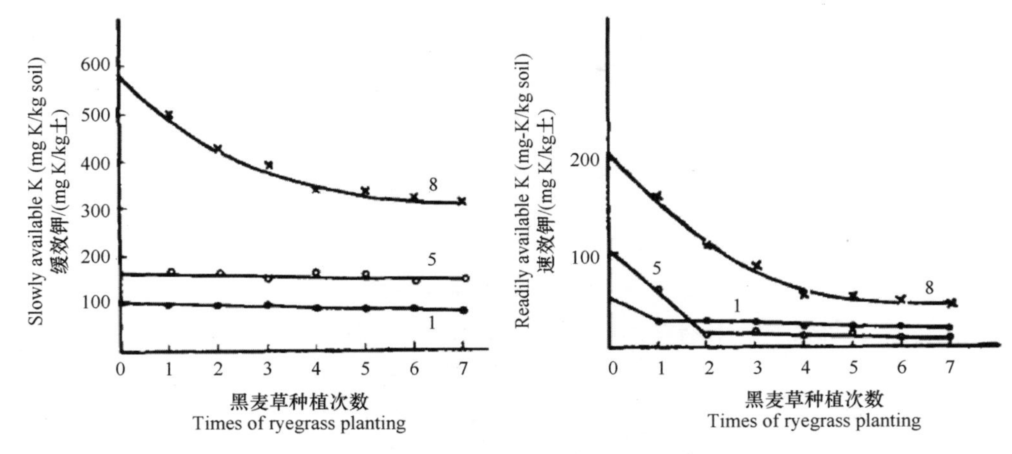

图 5　黑麦草耗钾试验中土壤速效钾和缓效钾变化

次收获物中吸取的钾（图 4）是一致的。但缓效钾的变化除土-8 随种植次数逐渐下降外，土-5 和土-1 则基本不变。可见，不同土壤的供钾特征是完全不同的。土-1 的速效钾和缓效钾都较低，缓冲能力很小，以供速效钾为主，所以黑麦草的收获量和吸钾量最低。土-5 的速效钾位中等水平，且有效性较高，但它的缓效钾的有效性较低，土壤钾缓冲能力小，因此，两次种植后，黑麦草吸钾量和收获量也很快达到最低水平。土-8 的速效钾和缓效钾都较高，并能持续保持较高的供钾能力，所以黑麦草连续种植中，其吸获量和吸钾量能一直保持较高的水平。值得注意的是土-2、土-6 和土-10 的缓效钾储量都分别高于土-1、土-5 和土-8，但黑麦草的吸钾量和生物量均低于后三种土壤，可见土壤钾的供应特性较之其储量更有实践意义。

参 考 文 献

[1] 中国科学院南京土壤所. 中国土壤. 南京: 科技出版社, 1978: 392-403.

[2] 谢建昌, 罗家贤, 马茂桐, 等. 我国主要土壤供钾潜力的初步研究. 土壤养分、植物营养与合肥施肥. 北京: 中国农业出版社, 1983: 66-77.

[3] 范钦桢, 等. 电超滤法在土壤钾素研究中的初步应用. 土壤, 1985, 17(2): 69-77.

[4] Bekett P H T. Studies on soil potassium. J Soil Sci, 1964, 15: 1-23.

[5] Nemeth K. The availability of nutrients in soil as determined by electro-ultrafiltration(EUF). Adv Agron, 1979, 31: 155-168.

[6] Scott A D, Welch L F. et al, Release of nonexchangeable soil potassium during short periods of cropping and sodium tetsapheylboron extraction. Soil Sci Sor Am Proc, 1961, 25: 128-132.

[7] 杨琢梧, 杨琢, 敖跃平, 等. 土壤供钾状况与土壤钾素缓冲能力(Q/I)的研究, 土壤通报, 1984, 15: 69-72.

[8] Kicly P V. Quartz feldspar and mica determination for soil by sodium pyrosulfate fusion. Soil Sci Soc Am Proc, 1965, 29: 159-163.

[9] Mengel K. The importance of potassium buffer power on the critical potassium level in soil. Soil Sci, 1982, 133: 27-32.

解吸态磷与土壤有效磷关系的初步研究①

何振立　袁可能　朱祖祥

土壤有效磷通常是指植物可吸收的土壤磷部分。它的来源和形态至今尚无定论。我们采用浙江省分布较广，具有代表性的 3 种土壤，即青紫泥、泥质田、黄筋泥田进行黑麦盆栽试验，结合室内分析，研究了一定供磷强度下植物吸收磷和解吸磷的关系，以期探讨土壤中植物的有效磷的来源及其形态。盆栽试验的磷肥用量根据 4 种土壤吸附等温线计算，分别相应于平衡溶液中磷浓度（供磷强度）为 0 ppm、0.1 ppm、0.2 ppm、0.3 ppm、0.4 ppm、0.5 ppm 时的吸附量，以便于把植物吸收磷与土壤供磷强度和供磷容量结合起来考察。土壤与磷肥混匀后保持一定湿度培养适当时间，使吸附反应趋于平衡。之后播下黑麦种子，同时采取土样测定土壤有效磷（Brayl 法和 Olsen 法），分析解吸态磷（分别用去离子水、0.02 M KCl 溶液及含 0.001 M 柠檬酸根的 0.02 M KCl 溶液进行解吸，土液比为 1∶20，恒温 25℃下间歇振荡，平衡 24 h）。黑麦每生长一个月后收割，烘干，称重，并测定其含磷量；共收割 3 次。

试验结果表明，解吸磷与黑麦吸收磷之间的相关性在 4 种土壤上都比两种化学方法浸提磷与黑麦吸收磷之间的相关性更为显著。特别重要的是 0.02 M KCl 溶液解吸的磷量与第一次收获黑麦吸收磷在数量上完全符合，并且在各供磷强度下以及 4 种供试土壤上都得到一致结果。3 次收获黑麦总吸磷量虽然高于 0.02 M KCl 解吸的磷，但在黄筋泥田和泥质田上与去离子水解吸磷接近；在黄筋泥和青紫泥山上介于 0.02 M KCl 解吸磷和含 0.001 M 柠檬酸根的同样溶液所释放的磷之间。研究还表明能够被 0.02 M KCl 溶液解吸的主要是物理吸附磷，去离子水解吸磷还包括部分松结态化学吸附磷；而柠檬酸根则能释放大部分具交换活性的化学吸附磷。可见，易解吸的物理吸附磷是植物速效磷，而能被柠檬酸根等阴离子所交换的化学吸附磷则为有效磷的储备。显然，这两种形态的吸附磷或称为解吸态磷是土壤中植物有效磷的主要来源。而两种化学试剂浸提的磷量则高出黑麦实际吸收磷的 5~10 倍，甚至更高。这说明化学浸提作用比植物吸收作用强烈得多，如 Olsen 法中较高浓度的羟基离子，Brayl 试剂的酸溶和络合作用。因此其所测定的土壤“有效磷”中有相当部分是植物难以利用的。同理，其所确定的有效磷指标就有较大局限性。

进一步研究解吸态磷和黑麦吸收磷的 *Q-I* 关系表明，黑麦吸收磷或解吸磷（*Q*）随土壤供磷强度（*I*）的变化能够很好地符合 Langmuir 方程；而 Brayl-P 和 Olsen-P 对供磷强度的关系与该方程的符合性在酸性土壤上要差得多。这说明植物吸收磷和土壤中磷的解吸在行为上较一致。

① 原载于《科技通报》，1989 年，第 5 卷，第 5 期，53~54 页。

试验结果表明，在相同供磷强度下，黑麦吸收磷和解吸的平衡缓冲容量（$\frac{dQ}{dI}$）在4种供试土壤间的变异较Olsen法或Brayl法提取磷的平衡缓冲容量的变异小得多。在各供磷强度下黑麦吸收磷和解吸磷的平衡缓冲容量在数值上也相差甚小，并且两者随土壤供磷强度的变化趋势十分相近。相比之下，Olsen法或Brayl法提取磷与黑麦吸收磷的dQ/dI值无论在数值上还是在变化规律上都相差较远。可见土壤中磷的植物有效性主要依赖土壤中磷酸根的解吸作用。

我国几种代表性土壤磷酸根释放动力学的初步研究[①]

何振立　袁可能　朱祖祥

摘　要　研究了我国集中代表性土壤（包括黄壤、红壤、砖红壤性土、黄棕壤、黑土和褐土）磷酸根释放的动力学特性。结果表明：无论在0.02M KCl溶液中还是在竞争性阴离子（0.001M 柠檬酸根）条件下，磷酸根的释放都明显存在快反应和慢反应两个阶段。快反应在1~4 h内基本完成，慢反应延续到20 h甚至更长时间。但除砖红壤性在慢反应过程中仍释放出一定数量的磷外，其余供试土壤慢反应释放的磷极少。供试土壤磷酸根释放量随时间变化与Langmuir动力学方程最为吻合，Elovich方程其次，一级动力学方程相对较差。在竞争性阴离子存在条件下，并且磷酸根释放随时间变化的趋势在两种溶液中十分一致，很快达成平衡，故可以认为土壤磷酸根释放到溶液中的机制主要是吸附态磷酸根的解吸和竞争性阴离子的配位交换作用，后者在根区可能是重要的。

土壤供磷能力除与有效磷的数量供应强度有关外，主要取决于土壤溶液中磷的更新速率。研究土壤中磷酸根释放的动力学特性，不仅可为评价土壤供磷状况提供理论依据，而且有助于揭示土壤磷素的释放机理。

近年来的研究结果表明磷酸根的吸附-解吸对磷在土壤固相、液相之间的分配起着主导作用。土壤吸附磷酸根的机制主要包括专性吸附和非专性吸附，前者比后者结合的强度要大得多。专性吸附常与铁、铝氧化物和高岭石等具可变电荷的黏粒矿物相联系。酸性红黄壤因其含较多铁铝氧化物及高岭石黏粒而以专性吸附为主。吸附态磷的有效性较低。由于专性吸附磷在恒定pH和离子强度下难以发生解吸，使得磷酸根的解吸和吸附在磷酸盐平衡溶液浓度相同的条件下，吸附态磷数量有较大的差异，这种差异一般作为滞后现象。显然，这种滞后现象的产生是由于吸附机制的多样性，并且这种多样性所表现出来的吸附强度不同，因此其吸附和解吸次序和影响因素亦有所不同。一般而言，交换性的静电离子吸附的可逆性较大。产生滞后现象的主要原因在于专性吸附及表面络合的复杂性（如结构因素、多核配位等）。然而，专性吸附态磷在一定条件下仍可以被释放出来。不少作者发现植物实际吸磷量常常高于在恒定pH和离子强度（模拟土壤溶液）下解吸的磷量。学者们认为这很可能是因为根际区有机酸含量及CO_2偏压较高，从而促进了磷酸根的释放。

① 原载于《土壤通报》，1989年，第6期，256~259页。

本实验拟研究我国几种土壤在 0.02MKCl 溶液以及在存在少量竞争性阴离子（0.001M 柠檬酸根）两种不同条件下磷酸根释放的动力学特性，借以阐明土壤中磷酸根释放的机制。

一、材料与方法

供试土壤为我国集中代表性大土类中比较典型的土种，发育自不同的母质。土壤反应从强酸性、微酸性至中性和碱性。同时选用苏州阳山之高岭石样品作为对照。供试土壤样品的采集地点和主要理化性质见表 1。pH 在康宁 120 酸度计上测定，速效磷用 Olsen 法浸提；有机质、土壤全磷以及交换性酸的测定参照《土壤农化分析》；黏粒、非晶和晶质铁、铝氧化物的测定参照《土壤胶体研究法》；土壤矿物鉴定采用定向样品 X 光衍射分析。

土壤释放磷酸根的动力学测定：称取预先经 1000 ppm 磷（以二水磷酸二氢钙的形式加入）培养 4 个月，然后称取风干的土壤样品 1.0000 g 若干份，置于 50 ml 塑料离心管中（高岭石样品采用吸附上磷后的固体残渣），加入 pH 7.0 的 0.02M KCl 溶液或含 0.001M 柠檬酸根的 0.02M KCl 溶液 25ml。加氯仿三滴以抑制微生物活动，上好盖后，在 25℃下振荡，每隔 15 min、30 min、45 min、60 min、120 min、240 min、480 min、960 min、1440 min 及 2880 min 分别取双份样品离心，倾出上清液于塑料瓶中，采用钼锑抗法测定溶液中磷；原子吸收法测定最后平衡溶液中铁和钙的浓度；平衡溶液经消化处理除去柠檬酸根，然后用铝试剂比色法测定铝的浓度。以时间为横轴，磷酸根释放量为纵轴作出磷酸根释放的动力学特征曲线。

表 1　供试土壤的主要理化性质

供试土壤		天目山黄壤	衢县红壤	海南砖红壤性土	南京黄棕壤	黑土	山西褐土
pH	H_2O	4.50	5.10	4.57	6.05	6.40	8.08
	KCl	3.68	3.90	3.88	4.90	5.30	7.64
有机质/%		2.17	1.25	1.83	2.87	3.02	0.88
全磷（P_2O_5%）		0.056	0.088	0.057	0.091	0.098	0.120
速效磷/ ppm		6.58	11.72	5.64	7.09	8.93	5.11
交换性酸/（me/100g 土）		5.30	4.7	4.94	0.46	0.12	0
黏粒/%		24	45	41	25	26	16
非晶 Fe_2O_3/%		0.446	0.181	0.122	0.207	0.198	0.043
氧化物 Al_2O_3/%		1.185	1.000	0.254	0.312	0.319	0.159
晶质 Fe_2O_3/%		0.930	3.190	2.390	0.640	0.510	0.320
氧化物 Al_2O_3/%		1.970	1.500	3.130	1.280	1.100	0.490
$CaCO_3$/%		—	—	—	—	—	12.3
主要矿物组成		高岭石、绿泥石、伊利石	高岭石、伊利石、绿泥石	高岭石、绿泥石（少量）	云母、高岭石、蒙脱石、伊利石	蒙脱石、伊利石、云母	蒙脱石、伊利石、云母

二、结果与讨论

（一）磷酸根释放的动力学曲线

恒定 pH 和离子强度（pH 7.0 的 0.02M KCl 溶液）条件下，供试土壤磷酸根释放的动力学曲线都由快反应和慢反应两部分组成（图 1）。在初始阶段，磷酸根的释放量随时间而迅速增加，这一快反应阶段在 2~4 h 内基本完成。紧接其后的是释放速率增加极为缓慢而稳定的阶段。这一慢反应可以延续到 20 h 甚至更长时间。但除砖红壤性土在慢反应过程中仍释出少量磷外，其余供试土壤在慢反应阶段已为重吸附所掩盖。这可能由于反应尚未达到平衡或因固相吸收作用所致。

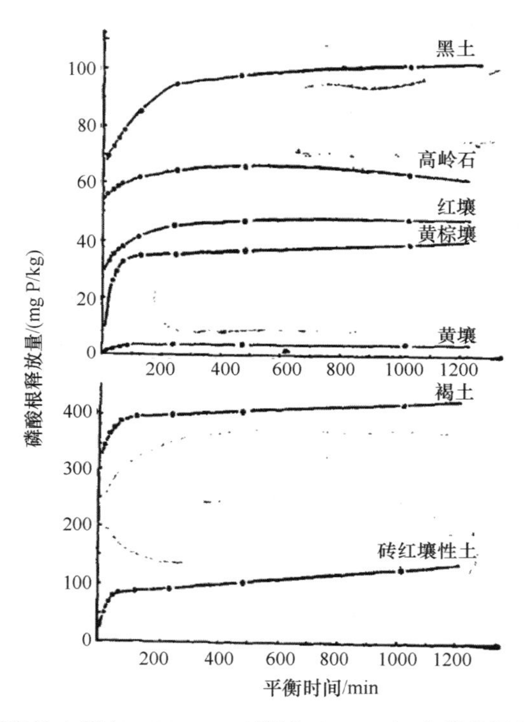

图 1　我国几种代表性土壤在 0.02 M KCl 溶液（pH 7.0）中磷酸根释放的动力学曲线

在含 0.001M 柠檬酸根的中性 0.02M KCl 溶液中，土壤磷释放的动力学曲线的形状与单纯 0.02M KCl 溶液中的释放曲线十分相似（图 2）。但存在竞争性阴离子时，土壤磷释放达到平衡所需的时间更短。快反应在 1~2 h 内即完成；并且慢反应曲线也更为平缓。

（二）土壤中磷酸根释放机制初探

从理论上说，解吸和离子交换反应达成平衡快，固相溶解平衡则是较为缓慢的过程。从动力学曲线分析可知，在上述两种介质中土壤释放磷的机制具有解吸和离子交换的特征。为了估计溶解反应的影响，我们分别测定了最后平衡溶液中铁、铝和钙浓度。表 2 结果表明以 0.02M KCl 为介质的平衡溶液中，铁和铝的浓度极低，不到 1 ppm，钙的浓

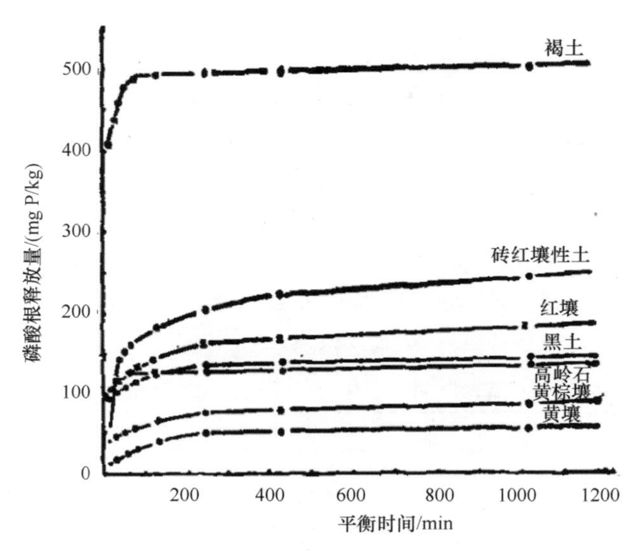

图 2　我国几种代表性土壤在 0.001M 柠檬根溶液（pH 7.0）中磷酸根释放的动力学曲线

表 2　磷酸根释放溶液中铁、铝和钙的浓度（ppm）

土壤类型	0.02M KCl			0.02M KCl + 0.001M Cit.*		
	Fe	Al	Ca	Fe	Al	Ca
黄壤	0.36	0.27	2.41	1.32	1.95	2.01
红壤	0.28	0.10	3.53	1.18	0.86	3.12
砖红壤性土	0.33	0.15	4.16	1.00	0.61	3.74
黄棕壤	0.31	0	5.28	1.12	1.42	4.18
黑土	0.28	0	7.07	0.84	0.65	5.63
褐土	0.21	0	12.54	0.72	0.52	7.16
高岭石	/	0	/	/	/	/

*Cit.——柠檬酸根，下同。

度则较高，达到数 ppm，这是由于施磷肥时带入一定数量钙。含 0.001M 柠檬酸根的溶液能够溶解少量铁和铝，但溶液中钙的浓度反而较 0.02M KCl 溶液中为低，这可能是由于柠檬酸根与钙发生了沉淀反应。溶度积计算表明，在实验条件下，上述两种平衡溶液中都不可能产生铁、铝、钙磷酸盐沉淀。此外，如此微量铁、铝和钙的溶出，也不会对土壤中磷的释放产生明显的影响。因此可以认为在 0.02M KCl 溶液中土壤磷的释放主要是吸附态磷的解吸；而在 0.001M 柠檬酸根溶液中，还包括柠檬酸根对专性吸附态磷的配位交换作用。

比较图 1 和图 2 可以看出，吸附态磷在交换反应中的释放速率和释放量都大大高于解吸过程。差异达几倍至几十倍，依试样性质而定；而且这种差异主要发生在快反应部分，不难理解，因为前者是专性相互作用，反应容易达成平衡；而后者可以看作是非专性交换过程（即看作是与 Cl^- 交换静电吸附的酸磷根），相互作用力较弱，达成平衡的时间相对较长。但是，这两种过程在本质上都是交换过程，因此就具有某些共同的动力学特征。

（三）土壤磷酸根释放的动力学分析

土壤胶体表面吸附态磷在上述两种溶液中释放的快反应和慢反应，虽分别都能在一定程度上符合一级反应动力学方程，但整个反应过程与该方程的拟合性较差（表3）；而与Elovich或Langmuir动力学方程能够很好吻合（表4），相关系数在0.9以上；其中Langmuir方程更优于Elovich方程，其相关系数都在0.99以上（表4）。Elovich和Langmuir动力学模型与一级反应动力学方程不同之处在于前者都把扩散过程考虑在内。由此看来，土壤固相磷释放不仅受表面反应支配，而且还可能受扩散过程的限制。从动力学曲线上快反应和慢反应之间存在一明显的过渡区也可以看出这一点。

表3　土壤磷酸根释放随时间变化与一级动力学方程拟合相关系数（r）

土壤类型	解吸溶液	快反应部分	慢反应部分	整个反应
黄壤	0.02M KCl	0.833	0.997	0.758
	0.001M Cit.	0.897	0.777	0.681
红壤	0.02M KCl	0.921	0.988	0.798
	0.001M Cit.	0.934	0.834	0.694
砖红壤性土	0.02M KCl	0.776	0.999	0.831
	0.001M Cit.	0.934	0.957	0.845
黄棕壤	0.02M KCl	0.893	0.785	0.707
	0.001M Cit.	0.921	0.911	0.725
黑土	0.02M KCl	0.853	0.985	0.831
	0.001M Cit.	0.936	0.953	0.762
褐土	0.02M KCl	0.873	0.932	0.841
	0.001M Cit.	0.784	0.938	0.725
高岭石	0.02M KCl	0.996	0.944	0.946
	0.001M Cit.			0.713

表4　土壤磷酸根释放随时间变化拟合的三种动力学方程拟合相关系数（r）

土壤类型	解吸溶液	一级动力学方程（$\ln q=AC+Kt$）	Elovich方程（$q=A+B\ln t$）	Langmuir方程（$t/q=A+Bt$）
黄壤	0.02M KCl	0.758	0.980	0.983
	0.001M Cit.	0.681	0.971	0.999
红壤	0.02M KCl	0.738	0.995	0.999
	0.001M Cit.	0.694	0.986	0.999
砖红壤性土	0.02M KCl	0.831	0.965	0.994
	0.001M Cit.	0.845	0.975	0.990
黄棕壤	0.02M KCl	0.707	0.969	0.999
	0.001M Cit.	0.725	0.989	0.999
黑土	0.02M KCl	0.831	0.994	0.999
	0.001M Cit.	0.762	0.990	0.999
褐土	0.02M KCl	0.841	0.974	0.999
	0.001M Cit.	0.725	0.990	0.997
高岭石	0.02M KCl	0.946	0.991	0.999
	0.001M Cit.	0.731	0.944	0.999

Elovich 方程（$q=A+B\ln t$）中的斜率 B 是一项与释放速率有关的常数。除褐土外，其余供试土壤固相表面吸附态磷被柠檬酸根配位交换的 B 值都明显高于其被解吸的 B 值（表 5）。差异达几倍至几十倍也说明竞争性阴离子交换磷的速度较解吸速度快得多。褐土在柠檬酸根存在的情况下释放磷的速率大小依次为：褐土>砖红壤性土>黑土>红壤>黄棕壤>黄壤；而柠檬酸根配位交换吸附态磷的速度顺序为：砖红壤性土>红壤>黑土>褐土>黄棕壤>黄壤。柠檬酸根存在的情况下磷的释放速率增加幅度最大的是含较多铁铝氧化物的酸性红黄壤，而中性和碱性土壤增加较少（表 5）。这也表明柠檬酸根能够配位交换可变电荷表面结合能较高的专性吸附磷。

表 5　Elovich 方程中与磷酸根释放速率有关的常数（*B*）

土壤类型	解吸溶液	
	0.02M KCl	0.001M Cit.
黄壤	0.62	9.07
红壤	3.48	20.43
砖红壤性土	14.63	41.88
黄棕壤	3.37	9.28
黑土	9.36	11.42
褐土	18.63	10.69
高岭石	3.17	6.34

从 Langmuir 动力学方程可求得磷酸根的平衡释放量，借以估价可释放磷的容量。从表 6 可得，供试土壤柠檬酸根交换达平衡时，磷酸根的释放量显著高于解吸平衡释放量；从两者的差异来看，酸性土壤又明显大于中性和石灰性土壤。这说明土壤胶体表面，尤其是以可变电荷为主的表面的吸附态磷中，可被 0.001M 柠檬酸根交换的部分大大超过 0.02M KCl 溶液可解吸的部分。解吸磷占交换磷的比例以黄壤最小，红壤和砖红壤性土其次，黑土和褐土最大（表 6）。

表 6　解吸达平衡时磷酸根释放的最大值　（单位：mg/kg）

土壤类型	解吸溶液	
	0.02M KCl	0.001M Cit.
黄壤	3.7	56.2
红壤	48.3	193.8
砖红壤性土	130.4	295.0
黄棕壤	41.3	90.1
黑土	117.1	155.2
褐土	452.8	514.4
高岭石	66.7	134.9

（四）讨论

土壤中磷酸根的吸附主要有以下三种机制：

（1）静电吸引，即磷酸根靠静电引力被束缚在土壤胶体表面的正电荷点上：

$$\left.\begin{array}{l} | \\ \mathrm{M-OH} \\ | \\ \mathrm{M-OH} \\ | \end{array}\right)^{0} \overset{H^+}{\rightleftharpoons} \left.\begin{array}{l} | \\ \mathrm{M-OH} \\ | \\ \mathrm{M-OH} \\ |\quad H^+ \end{array}\right)^{+1} \overset{H_2PO_4^-}{\rightleftharpoons} \left.\begin{array}{l} | \\ \mathrm{M-OH} \\ | \\ \mathrm{M-OH} \\ |\quad H^+ \end{array}\right) H_2PO_4^- \tag{1}$$

（2）阴离子桥接吸附：

$$\cdots M^{2+} + H_2PO_4^- \rightleftharpoons M^{2+}\cdots H_2PO_4^- \tag{2}$$

式中，M 为交换性阳离子，如 Ca^{2+}、Mg^{2+}等，这种吸附在永久负电荷表面上也会发生。

（3）专性吸附，也称为配位体交换反应，指磷酸根通过与可变电荷表面的羟基或水基进行配位交换而被吸附。

$$\left.\begin{array}{l} | \\ \mathrm{M-OH_2} \\ | \\ \mathrm{M-OH} \\ | \end{array}\right)^{+1} + H_2PO_4^- \rightleftharpoons \left.\begin{array}{l} | \\ \mathrm{M-H_2PO_4} \\ | \\ \mathrm{M-OH} \\ | \end{array}\right)^{0} + H_2O \tag{3}$$

$$\left.\begin{array}{l} | \\ \mathrm{M-H_2PO_4} \\ | \\ \mathrm{M-OH} \\ | \end{array}\right)^{0} + H_2PO_4^- \rightleftharpoons \left.\begin{array}{l} | \\ \mathrm{M-H_2PO_4} \\ | \\ \mathrm{M-H_2PO_4} \\ | \end{array}\right)^{0} + OH^- \tag{4}$$

静电吸引是土壤中普遍存在的吸附现象，它是专性吸附的初始阶段。阴离子桥接机制对某些富含 Ca^{2+}的中性和石灰性土壤中磷的吸附起着重要作用。由于静电吸附，其束缚的磷容易被解吸。可变电荷矿物，尤其是铁铝氧化物羟基化表面上，磷酸根以专性吸附为主。这部分吸附态磷结合牢固，在恒定 pH 和离子强度下很难被解吸。但若专性吸附态磷没有进一步形成双核配合物，则仍然具有交换活性，在一定条件下仍可释放出来。Bagshaw 等曾发现根表面处交换性磷减少近 50%，植物对交换性磷的吸收利用可能与其根系分泌的有机酸及 CO_2 有关，正如本实验中柠檬酸根能够交换出专性吸附态磷一样。在提出解吸机制的同时，强调配位交换的作用，对了解土壤中磷酸根的释放机制，以及评价根际磷素供应状况都具有实际意义。

参 考 文 献

[1] 熊毅，等. 土壤胶体研究法. 北京：科学出版社, 1986.

[2] 南京农业大学. 土壤化学分析. 北京：人民出版社, 1980.

[3] 何振立，朱祖祥，袁可能，等. 土壤对磷的吸持特性及其与土壤供磷指标之间的关系. 土壤学报, 1988, 25(4): 397-404.

[4] Zhenli He, Zuxiang Zhu, Keneng Yuan. Desorption of phosphate from some clay minerals and typical soil groups of China: I. Hysteresis of sorption and desorption. Journal of Zhejiang Agricultural University, 1988, 14(4): 456-469.

[5] 赵美芝. 几种土壤和粘土矿物上磷的解吸. 土壤学报, 1988, 25(2): 156-163.

[6] 张旭东. 不同肥力土壤对磷酸盐的吸附作用. 土壤通报, 1988, 19(3): 104-107.
[7] Bagshaw R, Vaidyanathan L V, Nye P H. The supply of nutrient ions by diffusion to plant roots in soil VI. Effects of onion plant roots on pH and phosphate desorption characteristics in a sandy soil. Plant and Soil, 1972, 37(3): 627-639.
[8] Chien S H, Clayton W R. Application of Elovich Equation to the Kinetics of Phosphate Release and Sorption in Soils. Soil Science Society of America Journal, 1980, 44(2): 265-268.
[9] Hingston F J, Atkinson R J, Posner A M, Quirk J P. Specific Adsorption of Anions. Nature,1967, 215: 1459-1461.
[10] Nye P H, Tinker P B. Solute movement in the soil-root system. in: Studies in Ecology, 1977, 4.
[11] Okajima H, Kubota H, Toshio S. Hysteresis in the phosphorus sorption and desorption processes of soils. Soil Science and Plant Nutrition, 1983, 29(3): 271-283.

第二章　土壤有机无机复合体

土壤有机矿质复合体研究　Ⅰ. 土壤有机矿质复合体中腐殖质氧化稳定性的初步研究①

袁可能

土壤中有机矿质复合体的种类很多，广义地说，应当包括腐殖酸和各种金属离子所构成的盐类、腐殖质与含水铁铝氧化物的复合凝胶、腐殖质与黏土矿物直接结合或通过其他媒介结合的各种复合体等。很多工作者研究了各种有机矿质复合体的组成和特性[1~4]。

我们认为从生产实践观点上来看，有机矿质复合体中腐殖质抵抗微生物分解的稳定性的研究，是具有现实意义的。各种有机矿质复合体中腐殖质的生物稳定性，不但和养料的供应密切相关，而且也可能影响结构性。一些研究者曾研究了蛋白质等有机化合物与黏土矿物形成复合体后生物稳定性的变化[5~7]。某些生物化学上的研究表明，物质的生物稳定性与氧化稳定性虽然不完全一致，但有一定联系。因此，我们设想有可能通过化学的方法，测定复合体中腐殖质的氧化稳定性，间接地探查有机矿质复合体的生物稳定性。

关于土壤中有机物质的氧化稳定性，前人有过不少研究[8~11]。这些工作表明，腐殖质的氧化稳定性随不同土类而异，同时它又和腐殖质的种类、化学组成等有关。但是这些工作很少直接涉及腐殖质的氧化稳定性与有机矿质复合体类型的关系。本文是用重铬酸钾为氧化剂，以研究各种有机矿质复合体中腐殖质氧化稳定性的一个初步尝试。

一、氧化稳定系数的测定

我们利用 $K_2Cr_2O_7$ 本身氧化性上的特点，通过调节它的浓度和反应时的温度，使它具有不同的氧化能力，以测定腐殖质的氧化稳定性。根据试验，下列两种反应条件能较好地反映土壤中腐殖质氧化稳定性的变化。

（1）按 И. В. Тю рин 法，用 0.4 N $K_2Cr_2O_7$-1∶1 H_2SO_4 混合液，在 170~180℃与样品共煮 5 min，这样所氧化的有机碳通常在 90%以上，一般即以此作为计算腐殖质总量

① 原载于《土壤学报》，1963 年，第 11 卷，第 3 期，286~293 页。

的基础①。

（2）0.2 N $K_2Cr_2O_7$-1∶3 H_2SO_4 混合液，在 130~140℃与样品共煮 5 min，其余手续同上法。这个溶液可以单独配制，也可以把上述第一种溶液用水稀释一倍而成。

第二种溶液由于 $K_2Cr_2O_7$ 和 H^+的浓度降低，作用时的温度也降低，因此其在氧化还原势和反应速率两个方面，都比第一种溶液低得多。我们把在此条件下所氧化的有机碳称易氧化的有机碳；第一种反应条件下所氧化的有机碳总量减去易氧化有机碳量称稳定性有机碳。两者的比值，称“氧化稳定系数”，以此作为氧化稳定性的指标，其计算式如下：

$$K_{os}=\frac{b-a}{a}$$

式中，K_{os} 为氧化稳定系数；a 为易氧化的有机碳（毫当量/克土）；b 为有机碳总量（毫当量/克土）。

根据初步测定结果来看，在大多数土壤中，腐殖质的氧化稳定系数为 0.5~1.0，个别土壤的范围可达 0.4~1.3（表 1）。该数值越大，则氧化稳定性越大；反之，则氧化稳定性越小。利用本方法测定腐殖质的氧化稳定性，和其他方法（H_2O_2、$KMnO_4$ 等氧化法）相比，有简捷、稳定的优点。

二、有机矿质复合体中腐殖质的氧化稳定性

我们分别按 A. Φ. Тюлин 的分组胶散法[12]及以 NaOH 和 $Na_4P_2O_7$ 为溶剂，分离了几种土壤中的有机矿质复合体，研究了它们的氧化稳定性。以 NaOH 和 $Na_4P_2O_7$ 分离复合体的方法如下：土样先用 0.1 N NaOH 浸提 24 h，过滤；残渣以 0.1 M $Na_4P_2O_7$ 浸提 24 h，过滤，将两次滤液及最后不溶解的残渣部分，分别在水浴上蒸干后测定其氧化稳定性。

各种有机矿质复合体的氧化稳定性测定结果列于表 1 和表 2。

表 1　有机矿质复合体的氧化稳定性

土壤及复合体类型		有机碳含量（毫当量 / 克土）			K_{os}
		总量	易氧化的	难氧化的	
菜园土（杭州冲积母质）	G_1	10.03	5.45	4.58	0.84
	G_2	17.88	9.37	8.50	0.91
水稻土（杭州冲积母质）	G_1	3.70	1.88	1.82	0.97
	G_2	4.36	2.17	2.19	1.01

从表 1 中看出，按 A. Φ. Тюлин 的分组胶散法所得的复合体，不论在旱地或水田土壤中，复合体第Ⅱ组（G_2）的氧化稳定性均有比第Ⅰ组（G_1）高的趋势。A. Φ. Тюлин 曾指出 G_1 中养料的有效性较 G_2 为高[13]；陈家坊等对水田土壤的研究也获得了类似的结果[1]。可见，氧化稳定性变化的趋势是和复合体释放养料的性能一致的，养料有效性较

① 这里所指的有机碳，主要是腐殖质碳，有机碳以消耗的 $K_2Cr_2O_7$ 当量数计算而得，由于碳在有机化合中的氧化程度不等，因此这个换算实际上是经验性的。

高的，其氧化稳定性略低，反之，其氧化稳定性略高。

从表 1 中还可以看到，不同土壤中同一类型有机矿质复合体的氧化稳定性是不相同的。在水田土壤中，不论 G_1 和 G_2，其氧化稳定性都高于旱地土壤。这可能表明，不同土壤的同一类型复合体，其性质并不完全相同，并暗示我们，当考虑有机矿质复合体在土壤肥力中的作用时，不但要注意它们的数量，而且还要考虑它们的质量。

表 2　有机矿质复合体的氧化稳定性*

土壤及复合体类型	有机碳含量（毫当量 / 克土）			K_{os}
	总量	易氧化的	难氧化的	
灰化土（东北）				
溶于 NaOH 部分	1.85	1.25	0.60	0.48
溶于 $Na_4P_2O_7$ 部分	1.71	1.11	0.59	0.53
不溶部分	6.92	4.31	2.61	0.61
黑土（东北）				
溶于 NaOH 部分	0.24	0.14	0.10	0.76
溶于 $NaOH+Na_4P_2O_7$ 部分	1.01	0.56	0.46	0.82
不溶部分	2.04	0.96	1.08	1.13
红壤（浙江）				
溶于 NaOH 部分	0.78	0.61	0.17	0.29
溶于 $NaOH+Na_4P_2O_7$ 部分	0.99	0.61	0.38	0.62
不溶部分	1.78	1.04	0.75	0.72
水稻土（青紫泥，浙江）				
溶于 NaOH 部分	1.53	0.96	0.56	0.58
溶于 $Na_4P_2O_7$ 部分	0.68	0.40	0.28	0.70
不溶部分	4.43	1.97	2.47	1.26

* 在黑土和红壤中，这一部分系用 0.1 M $Na_4P_2O_7$ 和 0.1 N NaOH 的混合液直接从未处理的土壤中提取的，因此其中包括活性的以及与钙结合的两部分腐殖质。

表 2 中所列的各种有机矿质复合体，其氧化稳定性有明显的差别。能够直接溶解在 0.1 N NaOH 中的腐殖质，据科诺诺娃的意见[14]是属于游离态的以及与活性 R_2O_3 结合的部分，它的氧化稳定性最低；能被 0.1 M $Na_4P_2O_7$ 提取的腐殖质，按 Alexandrova 的意见[15]主要是属于和钙结合的部分，它的氧化稳定性较高；其余不溶于上述溶剂的腐殖质，是和矿物质结合较紧密的部分或胡敏素部分，其氧化稳定性最高。由此可见，这三种有机矿质复合体中腐殖质的氧化稳定性和它们的“活性”程度有一定联系。

为了探查各组有机矿质复合体氧化稳定性不同的原因，我们把从各类有机矿质复合体中分离出来的腐殖质以酸沉淀，分出胡敏酸和富里酸两部分，得出复合体中腐殖质的组成列于表 3。

由表 3 可见，各种类型的有机矿质复合体中，腐殖质的组成是不同的，直接溶解于 0.1 N NaOH 的活性腐殖质中，其胡敏酸/富里酸比值较溶解于 $Na_4P_2O_7$ 的腐殖质者为小。同一土壤中，不同类型的有机矿质复合体中腐殖质的组成与其氧化稳定性存在着密切的关系；凡胡敏酸/富里酸值较小者，其氧化稳定性也较低，反之，则其氧化稳定性就较高。由此可见，各组复合体的氧化稳定性是和它的腐殖质组成有关的。已经知道，有机化合物的氧化稳定性与其分子结构有关，芳香族化合物的氧化稳定性常较脂肪族大。一般

表3 有机矿质复合体中腐殖质的组成和氧化稳定性的关系

土壤及复合体类型	腐殖质组成（C%）		胡敏酸/富里酸	K_{os}
	胡敏酸	富里酸		
灰化土（东北）				
溶于 NaOH 部分	31	69	0.45	0.48
溶于 $Na_4P_2O_7$ 部分	37	63	0.60	0.53
黑土（东北）				
溶于 NaOH 部分	9	91	0.09	0.76
溶于 NaOH+$Na_4P_2O_7$ 部分	61	39	1.55	0.82
红土（浙江）				
溶于 NaOH 部分	14.7	85.3	0.17	0.29
溶于 NaOH+$Na_4P_2O_7$ 部分	22	78	0.29	0.62
水稻土（青紫泥，浙江）				
溶于 NaOH 部分	38	62	0.62	0.58
溶于 $Na_4P_2O_7$ 部分	66	34	1.95	0.70

认为，腐殖质是多酚态的芳香族化合物与氨基酸态的含氮化合物的复杂多缩物的高聚物体系，各分子的分子量即不相同，且芳香性亦各异。其中富里酸组物质分子量较低，芳香性较弱；胡敏酸组物质则分子量较大，芳香性较强[14]。显然，物质的芳香性不同，其氧化稳定性也将是不同的。因此，含胡敏酸较多的复合体类型，其氧化稳定性就高于含富里酸较多的复合体。

除了胡敏酸/富里酸的值以外，各种类型的有机矿质复合体中，胡敏酸和富里酸本身的氧化稳定性，也是不同的（表4）。在同一土壤中，$Na_4P_2O_7$ 提取出来的胡敏酸和富里酸，其氧化稳定性分别大于活性胡敏酸和富里酸。由此可见，各种类型有机矿质复合体的氧化稳定性，不仅决定于胡敏酸/富里酸的值，而且也和胡敏酸及富里酸本身的性质有关。

表4 不同类型有机矿质复合体中腐殖质成分的氧化稳定性

土壤及复合体类型	胡敏酸			富里酸		
	有机碳含量（毫当量/克）		K_{os}	有机碳含量（毫当量/克）		K_{os}
	易氧化的	难氧化的		易氧化的	难氧化的	
灰化土						
溶于 NaOH 部分	0.41	0.21	0.51	0.94	0.47	0.50
溶于 $Na_4P_2O_7$ 部分	0.42	0.25	0.60	0.74	0.39	0.52
水稻土						
溶于 NaOH 部分	0.31	0.22	0.70	0.60	0.26	0.43
溶于 $Na_4P_2O_7$ 部分	0.25	0.20	0.80	0.16	0.08	0.50

当然，复合体中有机部分能与氧化剂直接接触的表面积及有机无机部分间的结合类型，必然会影响有机矿质复合体的氧化稳定性。但是当复合体为钠离子所分散，而逐个提取出来以后，它的氧化作用面必然有所改变，因此实际上已经不能完整地反映它在土壤中原来的氧化稳定性了。此外，当腐殖质被 NaOH 等碱性物质提取时，能够引起某些有机成分的自动氧化，也可能使复合体的氧化稳定性起一些变化，必须在工作中注意尽量避免。

综上所述，土壤中各种有机矿质复合体的腐殖质的氧化稳定性是有差别的，其原因一方面固然和复合体形成过程中，有机部分氧化作用面的改变有关，即氧化稳定性在一定程度上可反映有机矿质复合体的结合情况；另一方面则是与有机部分的组成和性质有关，即在同一土壤中，不同类型复合体氧化稳定性的不同，在某种程度上反映了其有机部分中胡敏酸/富里酸值的不同，以及胡敏酸、富里酸本身化学本性的某种差异。因此，我们似乎可以把有机矿质复合体的氧化稳定性与其有机部分的组成和结构联系起来，并可把它当作指示有机部分性质的一种辅助指标。

三、不同类型土壤的氧化稳定性

已有的工作指出，土壤的肥沃性和有机矿质复合体的组成有密切联系[1,13]。由于各种有机矿质复合体具有不同的氧化稳定性，因此我们用上述方法，直接测定全土的氧化稳定性，试图探索全土的氧化稳定性与其有机矿质复合体类型及土壤肥沃性之间是否存在某种相互关系。这样的测定结果是代表土壤中各种结合形态的腐殖质的总的氧化稳定性。由于有机矿质复合体没有遭到破坏，因此理应能更好地反映有机矿质复合体的氧化稳定性特点。我们用各种土壤样本进行氧化稳定性的测定，部分结果记于表5。

表5　不同类型土壤的氧化稳定性

土壤及复合体类型	有机碳含量（毫当量 / 克土）			K_{os}
	总量	易氧化的	难氧化的	
灰化土（东北）	11.27	7.35	3.92	0.53
黑土（东北）	2.67	1.47	1.17	0.80
浅色草甸土（浙江）				
肥沃	3.75	2.01	1.74	0.87
肥力一般	3.00	1.52	1.48	0.97
山地黄壤（浙江）	7.71	5.26	2.45	0.47
红壤（浙江）				
荒地	7.50	4.77	2.72	0.57
初垦地	2.77	1.77	1.00	0.56
熟地	3.11	2.04	1.06	0.52
红壤（浙江）				
0~5 cm	10.54	6.84	3.70	0.54
5~15 cm	3.39	2.09	1.30	0.62
15~25 cm	1.36	0.83	0.53	0.64
水稻土（浙江）				
潜育型（青紫泥）	7.13	3.13	4.00	1.28
潴育型（黄斑塥）	3.16	1.73	1.43	0.83
红壤型（黄大泥）	3.79	2.17	1.62	0.75
水稻土（浙江）				
0~10 cm	4.41	2.58	1.82	0.71
10~20 cm	3.98	2.30	1.68	0.73
20~40 cm	2.05	1.16	0.90	0.78

*未注明深度的皆采表土或耕层的分析结果。

表 5 表明，不同类型土壤的氧化稳定性和它的有机矿质复合体组成有密切联系。众所周知，红壤和灰化土中的腐殖质，以能直接溶解于碱液的活性腐殖质占较大比例，这一部分的氧化稳定性较小，因此这两种土壤的氧化稳定系数一般也较小，K_{os} 值为 0.5~0.6。黑土和浅色草甸土，这两种土壤都是中性-微碱性的，其腐殖质以与钙结合的复合体占优势，因此其氧化稳定性也较大，K_{os} 值为 0.8~1.0。在水稻土中，由于母质和潴积水分的条件不同，差异较大，但总的来说，其中不溶于酸碱处理的胡敏素含量较高，活性部分含量较少[16]，因此具有较高的氧化稳定性，K_{os} 值为 0.7~1.28。具体对比土壤氧化稳定性和腐殖质组成方面的资料更可以证实两者间的关系：旱地红壤的 K_{os} 值为 0.5 左右，而红壤母质的红壤性水稻土 K_{os} 值就增高至 0.75；在水稻土中，潴育型的黄斑塥土，K_{os} 值为 0.83，而潜育型的青紫泥，K_{os} 值高达 1.28。其他样品的测定结果也有同样趋势。根据分析资料，青紫泥水稻土中的胡敏素含量较高[17]；同时红壤型水稻土中活性腐殖质则比红壤中少。因此，不但不同土壤的氧化稳定系数有较大的差别，而且它似乎还能够反映出有机矿质复合体在不同水热条件下所引起的变化。

表 5 还显示，在同类土壤中，土壤的氧化稳定性可以反映土壤肥力的演变情况。例如，肥沃的土壤，其氧化稳定系数比一般的土壤小；熟化程度较高的红壤，其氧化稳定性比荒地小。这些变化是和腐殖质组成的分析相一致的，事实上，它正是熟化过程中土壤有机矿质复合体演变的一种反映。此外，在两个剖面分析中，全土氧化稳定性均有随剖面深度增加而逐渐增加的趋势。这和某些有机矿质复合体组成的研究结果不相符合[14,18,19]，造成这种现象的原因目前还不清楚，有待进一步研究。

根据上述资料，我们初步认为土壤中有机矿质复合体的组成，可以在一定程度上从它的氧化稳定性反映出来。因此，氧化稳定系数似乎可以作为土壤中有机矿质复合体动态趋势和土壤肥力演变的一项指标。初看起来，由于氧化稳定性和腐殖质的组成有关，因此该项指标和土壤学中一惯使用的胡敏酸/富里酸值很相近似。但我们觉得两者之间是有所区别的。而且前者较后者在某些方面还具有一些优点。首先，胡敏酸/富里酸值，只能代表提取液中的成分，不能反映土壤中所有腐殖质的结合形态，尤其是胡敏素部分无法反映。例如，水稻土（青紫泥）中胡敏素比例较高这样一个特点，就不可能在这个比值中反映出来。而氧化稳定系数既能在一定程度上反映腐殖质的组成，又可以综合地反映所有的有机矿质复合体类型。其次，在反映有机矿质复合体的生物稳定性上，氧化稳定系数可能比胡敏酸/富里酸值更为确切，因为胡敏酸和富里酸本身抵抗生物分解的能力在不同的土壤中也是有差别的，这就无法在这个比值中表现出来。最后，胡敏酸/富里酸值的测定需要较多的时间，手续较繁，而利用本文介绍的方法测定氧化稳定系数则非常简捷。有利于大量工作的开展。因此我们认为氧化稳定系数的测定可以作为研究土壤有机矿质复合体的一条途径。

四、小结

（1）建议用 0.4 N $K_2Cr_2O_7$—1∶1 H_2SO_4 液和 0.2 N $K_2Cr_2O_7$—1∶3 H_2SO_4 液，分别

茌 170~180℃和 130~140℃油浴中煮沸 5 min 的方法，来测定土壤腐殖质的总量（*b*）和易氧化腐殖质（*a*）。根据难氧化有机碳（*b–a*）和易氧化有机碳（*a*）的比值，计算氧化稳定系数（K_{os}），计算公式是：

$$K_{os}=\frac{(b-a)}{a}$$

（2）测定了各组有机矿质复合体中腐殖质的氧化稳定性，同一土壤中不同类型有机矿质复合体的氧化稳定性各不相同，就 K_{os} 值而言，其顺序为：直接溶于 NaOH 部分＜溶于 $Na_4P_2O_7$ 部分＜难溶部分。分析表明，各组有机矿质复合体氧化稳定性和它的胡敏酸/富里酸值及胡敏酸、富里酸本身性质的变异有关。按 A. Ф. Тюлин 的分组胶散法所得的复合体中，G_1 的 K_{os} 值也有略低于 G_2 K_{os} 值的趋势。

（3）测定了不同类型土壤的氧化稳定性，表明土壤的氧化稳定性和它的有机矿质复合体组成有关。以红壤和灰化土最低，K_{os} 值为 0.5~0.6；黑土和浅色草甸土的 K_{os} 值为 0.8~1.0；水稻土的 K_{os} 值为 0.7~1.3，视母质及渍水条件而异。在同一类型土壤中，氧化稳定性有随肥沃性及熟化程度的增高而降低的趋势。作者认为，氧化稳定系数可以作为探索有机矿质复合体变化的一项指标。

参 考 文 献

[1] 陈家坊, 杨国治. 江苏南部几种水稻土的有机矿质复合体性质的初步研究. 土壤学报, 1962, 10(2): 183-192.

[2] Myers H E. Physicochemical reactions between organic and inorganic soil colloids as related to aggregate formation. Soil Science, 1937, 44: 331.

[3] Ensminger L E, Gieseking J E. The absorption of proteins by Montmorillonitic clays and its effect on base-exchange capacity. Soil Science, 1941, 51: 125.

[4] 熊田恭一. 腐殖酸の形成に关すろ物理化学的研究(第 2 报). 日本土壤肥料学杂志, 1955, 25: 217.

[5] Ensminger L E, Gieseking J E. Resistance of clayadsorbed proteins to proteolytic hydrolysis. Soil Science, 1942, 53: 205.

[6] McLaren A D. The adsorption of reactions of enzyme and proteins on kaolinite. II. Soil Science Society of America Proceedings, 1954, 18: 170.

[7] Pink L A. Protein montmorillonite complexes, their preparation and the effect of Soil microorganism on their decomposition. Soil Science, 1954, 78: 109.

[8] McLean W. Effect of hydrogen peroxide on soil organic matter. Journal of Agricultural Science, 1931, 21: 251.

[9] Scheffer F, Welte E, Hempler G. Uber oxydimetrische eigenschaften von huminsauren 4 mit-teilung uber Huminsauren. Z. Pflernahr Dung, 1952, 58: 68.

[10] 熊田恭一. 腐殖酸の形成に关すろ物理化学的研究(第 2 报). 日本土壤肥料学杂志, 1955, 25: 5.

[11] Saeki H, Azuma J. The oxidation stability, light absorbing power and component of humic acids from different origins and their mutual relations. Soil and Plant Food, 1960, 6: 49.

[12] Тюрнн А Ф. Методике Пеотиэациого анализа в свяэи с водросом об общих эакономерностях в химическнх свонствах своитвах дочв. Почвоведение. 4-5, срр. 3-6, 1943.

[13] Тюрнн, А. Ф.; Органо-минеральные коллоиды в почве, их генезис н значение для корневого питания растений. Изд. АН СССР, 1958.

[14] 科诺诺娃 M M．土壤有机质. 陈恩缝等译. 北京: 科学出版社, 1959.

[15] Alexandrova L N. On the composition of humus substance and the nature of organo-mineral col-loids in soil. 7th International Congress of Soil Science, 1960, V. II: 80.

[16] 中国科学院土壤研究所土壤普查工作组. 南方水稻土发生分类问题. 土壤学报, 1957, 7: 28.

[17] 袁可能. 浙江省北部青紫泥的形成和肥力特征. 浙江农业科学, 1962, 1: 7-12.

[18] 何华. 苏南水稻土的水渍状况与土壤有机矿质复合体的关系. 土壤学报, 1962, 10(2): 193-200.

[19] Тюрнн А Ф, С. В. Кушниренко н К.Т. Щербина; Минеральное питание дуба и сопутствуюшей ему растительности на темиосерых лесных почвах. Почвоведение, 1953, No3, стр: 19-28.

土壤有机矿质复合体研究　II. 土壤各级团聚体中有机矿质[①]

袁可能　陈通权

一、引言

土壤团聚体的形成是一个复杂的过程，而大团聚体（直径大于 0.25 mm）形成过程则更为复杂。以往，许多研究者认为有机矿质复合体是大团聚体形成的基础[1~4]。但是在具体地探索那些和大团聚体形成有关的有机矿质复合体的实质，如有机质的数量、有机物质的种类、有机矿质复合体的类型等等问题时，现有的资料仍然是不充分的。不同研究者的结果并不很一致，有一些结论甚至是相互矛盾的，从而影响这一成果在生产上的广泛应用。

本文研究了不同肥力水平的红壤和浅色草甸土各级团聚体中复合体的组成，企望进一步明确有机矿质复合体的类型和团聚体大小的关系。同时应用测定腐殖质氧化稳定性的方法，以便了解各级团聚体中腐殖质性质的变异和大团聚体中腐殖质的类型。

二、供试样品和试验方法

（一）供试样品

本试验所用的土壤有两种：一种是发育在第四纪红土母质上的红壤，另一种是发育在冲积母质上的浅色草甸土，均采自浙江杭州，每一种土壤在同一地点采集较肥的和较瘦的土壤样品两个，均为耕层土壤（采样深度 1~15cm）。供试土壤的性质列于表 1 和表 2。

表 1　供试土样的理化性质

土壤种类 Soil		pH	腐殖质 C/（meq/g 土）Organic carbon	机械组成/% Mechanical composition					
名称 Soil type	肥沃度 Fertility			>0.25mm	0.25~0.05 mm	0.05~0.01 mm	0.01~0.005 mm	0.005~0.001 mm	<0.001mm
红壤（熟黄泥）Rcd earth	肥沃 Fertile	5.5	3.68	6.4	6.6	34.0	12.0	15.1	25.9
红壤（生黄泥）Rcd earth	一般 Infertile	5.0	3.29	6.0	8.2	60.7	9.8	16.1	29.2
浅色草甸土（乌沙土）Alluvial Soil	肥沃 Fertile	6.8	3.79	6.8	13.2	63.0	4.1	6.0	6.9
浅色草甸土（黄沙土）Alluvial Soil	一般 Infertile	7.0	3.19	7.1	12.7	64.0	2.9	6.1	7.2

① 原载于《土壤学报》，1981 年，第 18 卷，第 4 期，335~344 页。

表 2　供试土样的团聚体组成

土壤 Soil type	团聚体类别 Aggregate type	团聚体组成/% Aggregate composition								
		>5 mm	5~2 mm	2~1 mm	1~0.5 mm	0.5~2.5 mm	0.25~0.05 mm	0.05~0.01 mm	0.01~0.005 mm	<0.005 mm
红壤（熟黄泥）Red earth（fertile）	钠稳性* Sodium stable	9.8	19.0	1.0	2.2	3.6	2.8	8.8	30.8	22.0
	力稳性** Mechanical stable	1.1	1.1	1.1	21.4	3.9	6.3	30.1	10.5	24.5
	水稳性*** Water stable	12.8	8.6	7.7	19.2	26.7	17.7	6.5	0.8	—
红壤（生黄泥）Red earth（infertile）	钠稳性 Sodium stable	—	—	6.7	8.1	11.0	28.6	30.1	8.0	7.5
	力稳性 Mechanical stable	—	—	—	—	6.9	7.1	52.3	5.8	27.9
	水稳性 Water stable	8.7	7.8	8.7	13.0	21.2	34.8	5.0	0.8	—
浅色草甸土（乌沙土）Alluvial Soil（fertile）	钠稳性 Sodium stable	3.4	0.4	0.3	0.8	1.1	36.3	44.3	3.6	9.8
	力稳性 Mechanical stable	—	—	—	0.1	0.3	43.7	41.7	4.3	9.9
	水稳性 Water stable	2.6	3.6	2.8	7.1	13.5	45.5	23.2	0.5	1.2
浅色草甸土（黄沙土）Alluvial Soil（infertile）	钠稳性 Sodium stable	—	—	7.7	6.4	2.7	32.7	40.2	3.8	6.5
	力稳性 Mechanical stable	—	—	—	—	8.5	48.9	32.5	1.3	8.8
	水稳性 Water stable	6.1	3.6	1.9	3.6	9.0	51.9	22.6	1.3	—

*指以 NaCl 溶液脱钙处理后保存的团聚体；**指以高速电动搅拌器（每分钟 12 000 转）搅拌 30 min 后保存的团聚体；***指在水中浸泡 0.5 h 后保存的团聚体。

（二）试验方法

（1）各级水稳性团聚体组成。直径>0.25 mm 的各级团聚体按萨维诺夫方法分离而得；直径<0.25mm 的各级团聚体是按沉降速度以虹吸法提取而得。

（2）复合体第 I 组（G_1）和第 II 组（G_2）的分离和测定。按 A. Ф. Тюлин 的分组胶散法。

（3）腐殖质总量和腐殖质组成的测定。腐殖质总量按丘林法测定。腐殖质组成是以 0.1 N NaOH 和 0.1M $Na_4P_2O_7$ 液浸提土壤一昼夜，浸提所得的腐殖质主要为游离和松结合态腐殖质，残留在土壤中的腐殖质即为紧结合态腐殖质。在提取液中加入 1N H_2SO_4 以分离胡敏酸和富里酸。各部分均以丘林法测定其腐殖质含量，以每克土壤的有机碳毫当量表示。

（4）腐殖质氧化稳定性测定。取上述方法分离而得的各级水稳性团聚体和复合体按本文第 I 报[5]中的方法测定。

三、结果和讨论

（一）各级团聚体中腐殖质的含量和组成

在粒径大小不同的团聚体中，腐殖质的含量是有差别的。有关这方面的资料已散见于各研究报告[1,2,6,7,8]中，大多数资料都说明腐殖质的含量是随着团聚体直径的增大而增加的，但是也有少数资料却得到了相反的结论[8]，即团粒越大，则腐殖质含量反而有些降低。为了进一步明确它们之间的关系，我们对 4 个所研究的土样作了系统的分析。

从表 3 资料中可以看出，从小于 5 mm 或 2 mm 到大于 0.01 mm 之间的团聚体中，腐殖质的含量一般是随着团聚体直径的增大而增加的。但大于 5 mm（个别大于 2 mm）的团聚体则腐殖质的含量反而会有些降低，其原因很可能是在这些团聚体中，由于根系绊结掺杂了一些较小的团聚体或石子所致。另外，小于 0.01 mm 的团聚体，腐殖质的含量一般都有增多的现象，这可能和黏粒的强大表面吸附有关。

表 3　各级团聚体中的腐殖质组成

土壤 Soil type	团聚体直径/mm Size of aggregate	腐殖质总量 C/(meq/g 土) Total carbon	游离和松结合态腐殖质 C/（meq/g 土）Humus dissolved in 0.1N NaOH and 0.1M $Na_4P_2O_7$ solution					紧结合态腐殖质/% Insoluble Humin % of total C
			胡敏酸 Humic acid	富里酸 Fulvic acid	总数 Total	占总量百分数/% % of Total carbon	胡敏酸/富里酸 HA/FA	
红壤（熟黄泥）Red earth（fertile）	>5	4.21	0.33	0.99	1.32	31.4	0.33	68.6
	5~2	5.41	0.62	1.17	1.79	33.1	0.53	66.9
	2~1	5.07	0.56	1.02	1.58	31.2	0.55	68.8
	1~0.5	4.11	0.38	0.96	1.14	32.6	0.39	67.4
	0.5~0.25	3.07	0.26	0.78	1.04	33.9	0.33	66.1
	0.25~0.05	2.92	0.22	0.66	0.88	30.2	0.25	69.8
	0.05~0.01	1.70	0.15	0.44	0.59	34.7	0.34	65.3
	<0.01	2.31	—	—	—	—	—	—
红壤（生黄泥）Red earth（infertile）	>5	4.48	0.37	1.07	1.44	32.2	0.35	67.3
	5~2	4.78	0.29	1.10	1.39	28.9	0.26	71.1
	2~1	4.28	0.25	1.07	1.32	30.8	0.24	69.2
	1~0.5	3.51	0.28	1.12	1.40	40.0	0.25	60.0
	0.5~0.25	3.11	0.23	0.98	1.21	38.9	0.23	61.1
	0.25~0.05	2.95	0.23	0.94	1.17	39.7	0.24	60.3
	0.05~0.01	2.68	0.22	0.80	1.02	38.1	0.28	61.9
	<0.01	3.33	—	—	—	—	—	—
浅色草甸土（乌沙土）Alluvial Soil（fertile）	>5	5.33	0.65	0.46	1.11	20.8	1.41	79.2
	5~2	5.81	0.73	0.47	1.20	20.6	1.55	79.4
	2~1	5.64	0.71	0.49	1.20	21.3	1.45	78.7
	1~0.5	4.38	0.68	0.44	1.12	25.6	1.55	74.4
	0.5~0.25	4.38	0.60	0.47	1.07	24.4	1.27	75.6
	0.25~0.05	3.21	0.58	0.49	1.07	33.3	1.20	66.7
	0.05~0.01	3.47	0.57	0.44	1.01	29.1	1.30	70.9
	<0.01	7.28	—	—	—	—	—	—
浅色草甸土（黄沙土）Alluvial Soil（infertile）	>5	4.26	0.41	0.40	0.81	19.0	1.05.0.9	81.0
	5~2	4.32	0.40	0.42	0.82	19.0	5	81.0
	2~1	4.77	0.31	0.45	0.76	15.9	0.68	84.1
	1~0.5	4.73	0.35	0.49	0.84	17.8	0.70	82.2
	0.5~0.25	3.57	0.38	0.40	0.78	21.8	0.95	78.2
	0.25~0.05	2.16	0.22	0.28	0.50	23.2	0.77	76.8
	0.05~0.01	2.06	0.25	0.37	0.62	30.1	0.68	69.9
	<0.01	4.89	—	—	—	—	—	—

试验结果表明：在各级团聚体中，游离和松结合态的腐殖质占总量的百分数有随团聚体的直径增大而减少的趋势。与此相反，紧结合态腐殖质占总量的百分数则有随团聚体直径增大而增加的趋势。此外，胡敏酸/富里酸的值则有随团聚体直径增大而增加的趋势，但在肥力较低的土壤中，这一比值的变化趋势较不明显。上述各级团聚体中腐殖质组成的关系和某些文献上的结论基本上是一致的[1,9]。应当指出：从数据上来看，上述规律在各级团聚体中有个别反常现象，我们认为这可能是土壤不均一性的缘故。同时也说明在类似试验中系统地测定各级团聚体是十分必要的。

从表 3 的资料中还可以看出：在这几个土样的各级团聚体之间，胡敏酸的变化大于富里酸。紧结合态腐殖质和胡敏酸的含量均有随团聚体直径增大而增加的趋势。看来，紧结合态腐殖质以及腐殖质中的胡敏酸成分和大团聚体形成有较密切关系。

（二）各级团聚体中有机矿质复合体组成（按 A. Φ. 丘林分组法）

关于各级水稳性团聚体中复合体组成的资料还是不多的。$K_{OPOBKHHA}$ 等的资料认为复合体第Ⅱ组（G_2）较多的土壤中，水稳性团粒的总含量较高。从我们的试验结果来看，各级水稳性团聚体的复合体组成似有一比较明显的规律。一般是 G_1/G_2 值随着团聚体直径的增大而逐渐减小。团聚体越大，则 G_1/G_2 值就越小，有个别粒级例外，这可能是因为这些大团聚体中，由于根系密结，混杂了一些较小的团聚体所致。至于 G_1 和 G_2 的含量，在各级团聚体中的分布规律并不十分一致，这和团聚体中复合体总数（G_1+G_2）的变化有关。但是 G_1 和 G_2 在复合体总数中所占的比例[G_1/（G_1+ G_2），G_2/（G_1+G_2）]，就有较明显的规律性，即 G_1 的相对含量随着团聚体的增大而减少，而 G_2 的相对含量则随着团聚体的增大而增加。可见，复合体第Ⅱ组（G_2）和大团聚体的形成有较密切的关系。

从表 4 可以看出：在不同类型和不同肥力的土壤之间，复合体的组成有所区别。就红壤而言，在同一级团聚体中，不论复合体的总数或 G_1 和 G_2 的含量，肥土都比瘦土高。G_1/G_2 值，在肥土中也比瘦土高一些。这可能意味着红壤经过培肥以后，能被分离的复合体总数有了显著增加，而 G_1 增加得更多，这和某些资料[10]有类似之处。但在浅色草甸土中则有些不同。其中复合体第Ⅰ组（G_1）肥土显著比瘦土低，而复合体第Ⅱ组（G_2）则肥土显著高于瘦土，G_1/G_2 值，肥土也比瘦土低得多。在这种土壤中，似乎土壤培肥促使 G_2 有所增加。由此可见，对于不同土壤类型，肥沃度增加后，G_1 或 G_2 含量的变化并不完全相同。

（三）各级团聚体中腐殖质的氧化稳定性

一般认为：团聚体的大小和复合体的组成有关系，即在粒径较大的团聚体中，紧结合态腐殖质和复合体第Ⅱ组（G_2）往往占有较高的比例[1]。但另一些研究[2,6]则认为新鲜有机物质在团聚体形成过程中有一定作用。为了明确这两者之间的关系，有必要了解各级团聚体中腐殖质的缩合程度。因此我们测定了各级团聚体中腐殖质的氧化稳定性，结果见表 5。

表 4　各级团聚体中的复合体组成

土壤 Soil type	团聚体直径/mm Size of aggregate	有机矿质复合体组成/% Organo-mineral complex composition					
		G_1	G_2	G_1+G_2	G_1/G_2	$G_1/(G_1+G_2)$	$G_2/(G_1+G_2)$
红壤（熟黄泥）Red earth（fertile）	>5	24.10	19.08	43.18	1.26	0.56	0.44
	5~2	18.95	19.14	38.09	0.99	0.50	0.50
	2~1	21.84	17.02	38.86	1.28	0.56	0.44
	1~0.5	33.08	18.00	51.08	1.84	0.65	0.35
	0.5~0.25	31.15	16.00	47.15	1.94	0.66	0.34
	0.25~0.05	31.90	11.29	43.19	2.83	0.74	0.26
	0.05~0.01	27.07	6.56	33.63	4.13	0.80	0.20
红壤（生黄泥）Red earth（infertile）	>5	19.55	16.50	36.05	1.18	0.54	0.46
	5~2	6.55	18.20	24.75	0.36	0.26	0.74
	2~1	6.60	15.80	22.40	0.42	0.29	0.71
	1~0.5	8.00	16.10	24.10	0.50	0.33	0.67
	0.5~0.25	10.15	13.20	23.35	0.77	0.43	0.57
	0.25~0.05	23.90	11.10	35.00	2.15	0.68	0.32
	0.05~0.01	20.00	6.20	26.20	3.22	0.76	0.24
浅色草甸土（乌沙土）Alluvial Soil（fertile）	>5	—	—	—	—	—	—
	5~2	0.25	7.05	7.30	0.04	0.03	0.97
	2~1	1.20	9.80	11.00	0.12	0.11	0.89
	1~0.5	1.90	10.35	12.25	0.18	0.16	0.84
	0.5~0.25	2.40	12.80	15.20	0.19	0.16	0.84
	0.25~0.05	1.55	5.10	6.65	0.30	0.23	0.77
	0.05~0.01	7.05	7.10	14.15	0.99	0.50	0.50
浅色草甸土（黄沙土）Alluvial Soil（infertile）	>5	—	—	—	—	—	—
	5~2	4.00	4.30	8.30	0.94	0.48	0.52
	2~1	2.70	5.40	8.10	0.50	0.33	0.67
	1~0.5	4.30	5.30	9.60	0.81	0.45	0.55
	0.5~0.25	6.40	5.50	1.90	1.16	0.54	0.46
	0.25~0.05	6.20	3.20	9.40	1.94	0.66	0.34
	0.05~0.01	17.00	2.60	19.60	6.54	0.87	0.13

表 5　各级水稳性团聚体的氧化稳定性

土壤 Soil type	团聚体直径/mm Size of aggregate	有机碳含量/（meq/g 土）Organic carbon		K_{os}^{*}
		易氧化的 Readily oxidizable	难氧化的 Difficultly oxidizable	
红壤（熟黄泥）Red earth（fertile）	>5	2.53	1.68	0.66
	5~2	3.50	1.91	0.55
	2~1	3.08	1.98	0.64
	1~0.5	2.50	1.52	0.61
	0.5~0.25	1.79	1.28	0.72
	0.25~0.05	1.69	1.23	0.73
	0.05~0.01	0.95	0.75	0.79

续表

土壤 Soil type	团聚体直径/mm Size of aggregate	有机碳含量/（meq/g 土）Organic carbon		K_{os}*
		易氧化的 Readily oxidizable	难氧化的 Difficultly oxidizable	
红壤（生黄泥）Red earth（infertile）	>5	2.64	2.30	0.87
	5~2	2.55	2.15	0.84
	2~1	2.30	1.88	0.82
	1~0.5	2.04	1.47	0.72
	0.5~0.25	1.80	1.31	0.73
	0.25~0.05	1.81	1.14	0.63
	0.05~0.01	1.35	1.33	0.98
浅色草甸土（乌沙土）Alluvial Soil（fertile）	>5	2.83	2.56	0.90
	5~2	3.01	2.59	0.86
	2~1	3.56	3.38	0.95
	1~0.5	3.01	3.20	1.06
	0.5~0.25	2.94	3.19	1.09
	0.25~0.05	1.80	1.75	0.97
	0.05~0.01	1.83	1.41	0.77
浅色草甸土（黄沙土）Alluvial Soil（infertile）	>5	1.72	2.54	1.48
	5~2	1.69	2.63	1.56
	2~1	2.17	2.42	1.12
	1~0.5	1.41	1.74	1.23
	0.5~0.25	1.69	1.88	1.11
	0.25~0.05	1.06	1.19	1.12
	0.05~0.01	0.98	1.08	1.10

*K_{os}——氧化稳定系数，难氧化有机碳含量与易氧化有机碳含量的比值。

*K_{os}——Oxidation stability coefficient of humus，calculated by the formula：$K_{os}=\frac{b-a}{a}$，where b is the total organic carbon and a is the readily oxidizable organic carbon.

表 5 表明：在各级团聚体中，腐殖质的氧化稳定性是有变化的，其变化趋势，与复合体的组成并不完全相同。就氧化稳定系数（K_{os}值）而言，在肥沃的土样中，直径大于 0.5 mm 或大于 1 mm 的团聚体显著低于较小的团聚体。K_{os}值越小，则氧化稳定性越低。因此在这两个土样中，较大的团聚体中似乎缩合程度较小或比较新鲜的有机质所占的比例较大。但在肥力一般的两个土样中，直径大于 0.5 mm 或大于 1 mm 的团聚体的 K_{os} 值显著高于直径较小的团聚体。可见在这两个土样中，大团聚体中似乎是缩合程度较高的或比较陈老的腐殖质所占的比例较大。这个测定结果告诉我们，尽管从复合体的组成看来，各级团聚体的变化趋势是一致的，但是在不同土壤中形成团聚体的腐殖质类型可能并不相同。在肥沃度较高的土壤中，参与形成大团聚体的可能主要为新鲜的有机质；而在肥沃度较低的土壤中，参与形成大团聚体的可能主要为比较陈老的腐殖质。我们认为：这个结果可以较好地解释各个研究者的不同结论，即大团聚体既可以由新鲜的有机质形成，也可以由陈老的腐殖质形成，主要取决于土壤的培肥条件。

为了进一步明确各级团聚体中复合体的腐殖质类型，我们又测定了各级团聚体中复合体第Ⅱ组（G_2）的氧化稳定性，其结果见表6。测定结果表明：在肥沃的红壤或浅色草甸土中，各级团聚体中 G_2 的 K_{os} 值有随着团聚体的增大而减小的趋势；而在肥力一般的红壤或浅色草甸土中，G_2 的 K_{os} 值有随团聚体增大而增大的趋势。这一变化趋势和上述各级团聚体中总的氧化稳定性变化趋势仍然是一致的。由于复合体第Ⅱ组（G_2）只包含和矿物质紧密结合的腐殖质，因此可以进一步证明和大团聚体密切相关的复合体第Ⅱ组，实际上也是由不同类型的腐殖质组成的，这和以前的结果一致。

表6　各级水稳性团聚体中复合体第Ⅱ组（G_2）的氧化稳定性

土壤 Soil type	团聚体直径/mm Size of aggregate	有机碳含量/（meq/g 土）Organic carbon		K_{os}
		易氧化的 Readily oxidizable	难氧化的 Difficultly oxidizable	
红壤（熟黄泥）Red earth（fertile）	>5	4.34	2.83	0.65
	5~2	4.04	2.89	0.72
	2~1	3.89	2.86	0.74
	1~0.5	3.66	3.06	0.84
	0.5~0.25	3.35	2.70	0.81
	0.25~0.05	3.30	2.85	0.86
	0.05~0.01	3.20	2.15	0.67
红壤（生黄泥）Red earth（infertile）	>5	3.45	2.55	0.74
	5~2	3.06	2.27	0.74
	2~1	2.91	2.03	0.70
	1~0.5	2.89	1.84	0.64
	0.5~0.25	2.57	1.57	0.61
	0.25~0.05	2.90	1.57	0.54
	0.05~0.01	3.20	1.78	0.56
浅色草甸土（乌沙土）Alluvial Soil（fertile）	5~2	7.49	5.07	0.68
	2~1	8.89	6.41	0.72
	1~0.5	8.99	5.88	0.65
	0.5~0.25	8.20	6.04	0.74
	0.25~0.05	9.89	8.43	0.85
	0.05~0.01	8.83	7.71	0.87
浅色草甸土（黄沙土）Alluvial Soil（infertile）	5~2	—	—	—
	2~1	5.87	5.03	0.86
	1~0.5	5.98	4.83	0.81
	0.5~0.25	5.98	5.33	0.89
	0.25~0.05	6.18	4.51	0.73
	0.05~0.01	5.56	4.30	0.77

根据这一测定结果可以认为：在培肥条件不同的土壤中，形成大团聚体的复合体可以由不同的腐殖质组成。在施用大量新鲜有机肥的条件下，复合体可能由缩合程度较小的、比较新鲜的有机质组成；而在培肥条件较差的土壤中，主要由比较陈老的腐殖质组成。同时还可以进一步推论大团聚体的形成和腐殖质的转化可能有下面这样一个过程：首先，加入土壤中的新鲜有机胶体和矿物质紧密结合后，形成了大团聚体。其次，随着时间的进展，复合体中的腐殖质一部分分解，使大团聚体部分解体；而另一部分腐殖质则进一步老化，形成稳固的大团聚体。当然，由于样品数量的限制，我们的试验还是很

初步的，有待更多的研究证实。

四、小结

本文报道了土壤中各级团聚体和有机矿质复合体关系的研究结果。研究的土壤类型包括红壤和浅色草甸土，每一种土壤又包括肥沃度显著不等的两个样品，研究结果如下。

（1）在直径 2~5 mm 与 0.01 mm 之间的各级团聚体，其腐殖质总量随团聚体直径的增大而增加。其中松结合态腐殖质所占的比值有随团聚体增大而减小的趋势，而紧结合态腐殖质所占的比值则有随团聚体直径增大而增大的趋势。胡敏酸/富里酸值也随团聚体直径的增大而增大。

（2）在直径 2~5 mm 与 0.01 mm 之间的团聚体，按 A. φ.丘林法分离的复合体组成则有以下的变化趋势：复合体第 I 组（G_1）所占的比重有随团聚体直径的增大而减少的趋势，复合体第 II 组（G_1）所占的比重则有随团聚体直径的增大而增加的趋势。G_1/G_2 值则随团聚体直径的增大而逐渐减小。

（3）各级团聚体中腐殖质的氧化稳定性有一定的变化规律。就 K_{os} 值而言，在肥沃的土壤中，较大的团聚体比较小的团聚体低些；而在肥沃度较低的土壤中，则较大的团聚体比较小的团聚体高些。复合体第 II 组（G_2）的氧化稳定性也有同样的趋势。

（4）初步认为：大团聚体的形成和紧结合态腐殖质及复合体第 II 组（G_2）有关。在培肥条件不同的土壤中，复合体所包含的有机胶体可能有所不同。经常培肥的土壤，形成大团聚体的复合体可能由缩合程度较小的新鲜有机胶体组成；而培肥条件较差的土壤，则可能由缩合程度较高的、陈老的有机胶体组成。

参考文献

[1] 武玫玲，马教杰. 土壤中有机矿质胶体融和的研究 I . 土肥相融实质的探讨. 土壤学报，1961，9: 9-21.

[2] 姚贤良，于德芬. 赣中丘陵地区红壤及红壤性水稻土的胶结物质及其与土壤结构形成的关系. 土壤学报, 1964, 12: 43-53.

[3] Myers H E. Physicochemical reactions between organic and inorganic soil colloids as related to aggregate formation. Soil Science, 1937, 44: 331-357.

[4] Sideri D I. On the formation of structure. II .Synthesis of aggregates: On the bonds uniting clay with sand and clay with humus. Soil Science, 1936, 42: 461-481.

[5] 袁可能. 土壤有机矿质复合体研究 I. 土壤有. 机矿质复合体中腐殖质氧化稳定性的初步研究. 土壤学报, 1963, 11: 286-293.

[6] 朱祖祥，袁可能. 水稻与各种冬季作物轮作对土壤构造的影响. 浙江农学院学报，1957，2(1): 115-120.

[7] Egawa T, Sekiza K. Studies on active humus and aggregate formation. Soil and Plant Food, 1957, 2: 75.

[8] Колосква, А. В. и Акберодина, Р. Х. Качественныи состаб агрегатов некоторых почв волжскокамскон лесостепи. Почвоведение, 1959, No 10: 100-104.

[9] Dell agnole G, Ferrari G. Moleeular sizes and functional groups of humic substances extracted by 0.1*M* pyrophosphate from soil aggregates of different stability. Journal of Soil Science, 1971, 22: 342-349.

[10] 何群，陈家坊. 第四纪红土发育的水稻微团聚体特性的初步研究. 土壤学报, 1964, 12: 51-62.

土壤有机矿质复合体研究　Ⅲ. 有机矿质复合体中氨基酸组成和氮的分布①

侯惠珍　袁可能

摘　要　本文研究湖沼母质发育的青紫泥水稻土和第四纪红土母质上发育的黄筋泥水稻土的有机矿质复合体中氨基酸的组成和氮的分布。结果表明：各组复合体中氮的含量（%）是 $G_1>G_1>G_0$；C/N 值是 $G_1>G_0>G_1$；水解氮的比例青紫泥为 $G_0>G_2>G_1$；而黄筋泥则为 $G_2>G_0>G_1$。水解液中氨基酸的总含量（g/100 g 腐殖酸）是 $G_0>G_2>G_1$，各组复合体胡敏酸中氨基酸的总含量大于富里酸，但氨基酸的种类和组成基本相同。

青紫泥水稻土各组有机矿质复合体中含氮量高于黄筋泥水稻土，但水解氮的比例、活性腐殖质中氮的比例，以及以氨基酸形态存在的氮的比例均为黄筋泥高于青紫泥。淹水培养结果黄筋泥的氮矿化率高于青紫泥近三倍。

近年来在研究土壤氨基酸的组成方面有不少报道[1~6]，已被检出的氨基酸种类有 20 余种。对于不同气候条件下的氨基酸分布[6]、胡敏酸和富里酸中的氨基酸组成[7~9]都积累了一些资料，但是关于有机矿质复合体中氨基酸的组成则还不多见。

氨基酸是土壤中主要的含氮化合物，一般占土壤全氮的 20%~50%[10]，大部分存在于有机矿质复合体中，是有效氮供应的主要给源[11]。因此在各组复合体中氨基酸的组成和含量，对氮的有效性的影响是一个需要研究的问题。

本文着重研究和讨论两种不同类型水稻土（黄筋泥和青紫泥）有机矿质复合体中氨的分布及氨基酸的组成和含量。这两种水稻土分别发育于第四纪红土母质和湖沼母质上，其化学组成和性质差别很大，氮的有效性明显不同。通过本研究试图探索这两种类型水稻土氮素释放与有机矿质复合体中氨基酸组成和含量的关系。

一、供试土样和试验方法

（1）供试土。本试验所用土壤有两种类型：一种是黄筋泥水稻土（第四纪红土母质上的潴育型水稻土），黏粒矿物以高岭石和氧化铁铝为主；另一种是青紫泥水稻土（湖沼母质上的脱潜型水稻土），黏粒矿物以伊利石和蒙脱石为主。土样均来自 0~20 cm 的耕层，供试土样的基本性状见表 1。

① 原载于《土壤学报》，1986 年 8 月，第 23 卷，第 3 期，228~235 页。

表 1　供试土样的基本性状

土号 Samples no.	土壤类型 Soil type	采样地点 Locality	质地 Texture	pH	<0.001 mm 黏粒/% Clay	腐殖质/% Humus	全氮/% Total nitrogen	水解氮 Hydrolyzable nitrogen	
								mg/100g 土	占全氮/%
1	青紫泥	宁波丘隘	中黏土	6.20	33.0	5.70	0.40	30.36	7.59
2	青紫泥	杭州池塘庙	轻黏土	6.49	22.5	2.95	0.17	14.02	8.25
3	黄筋泥	杭州转塘	重壤土	6.17	18.0	3.28	0.18	17.05	9.47
4	黄筋泥	金华石门	轻黏土	6.54	29.0	2.73	0.13	15.37	11.82

（2）试验方法。①有机矿质复合体 G_0、G_1、G_2 的分离按 A. Ф. Тюлин 的分组胶散法。②腐殖质组成测定是用 0.1N NaOH 和 0.1M $Na_4P_2O_7$ 混合溶液萃取，各组分均按丘林法测定其含碳量。③全氮测定采用硒粉-硫酸铜-硫酸消化，半微量蒸馏定氮。④水解氮测定采用 1N NaOH 40℃ 24 h 康惠皿扩散法。⑤土壤矿化氮的测定是采用恒温 35℃，淹水密闭培养，每周淋洗一次，淋洗液用半微量蒸馏定氮。⑥氨基酸组成和含量的测定，用 6N HCl 封管水解 24 h，真空干燥，然后加 0.02N HC1 溶解，用日立 835-50 氨基酸分析仪测定。

二、试验结果和讨论

（一）氮在各组复合体中的分布

按 A. Ф. Тюлин 的分组胶散法，土壤有机矿质复合体分为水分散复合体（G_0）、钠分散复合体（G_1）、钠质研磨分散复合体（G_2）。从表 2 可以看出，土壤中各组复合体的含氮量，青紫泥水稻土明显高于黄筋泥水稻土。即使是全土含氮量相似的土样 2 和土样 3，各组复合体中的含氮量仍然是青紫泥偏高。表明复合体中的含氮量不仅随土壤的全氮量的增加而增加，而且还和土壤成分及性质有关。至于各组复合体中氮的含量，不论青紫泥还是黄筋泥都是 $G_2>G_1\geqslant G_0$，这与一些研究者的结果是一致的[12]。但从含氮总量来看，则以 G_1 组最大，占三组复合体含氮量的 60%左右，其次为 G_2，而以 G_0 为最小。

表 2　不同类型水稻土各组复合体的含量和碳、氮分布

土号 Samples no.	土壤类型 Soil type	有机矿质复合体 Organo-mincral complexes		全碳/% Total carbon	全氮/% Total nitrogen	C/N	水解氮 Hydrolyzable nitrogen	
		分组 Fractions	占全土/% %of soil				/（mg/100g 土）	占全氮/%
1	青紫泥（宁波丘隘）	G_0	13.92	2.27	0.216	10.50	28.92	13.39
		G_1	37.77	2.45	0.271	9.04	27.27	10.06
		G_2	9.60	6.24	0.528	11.82	58.38	11.06
2	青紫泥（杭州池塘庙）	G_0	8.11	1.91	0.183	10.44	24.66	13.47
		G_1	26.05	2.15	0.231	9.31	24.26	10.50
		G_2	5.94	6.33	0.497	12.74	50.39	10.14

续表

土号 Samples no.	土壤类型 Soil type	有机矿质复合体 Organo-mincral complexes 分组 Fractions	有机矿质复合体 Organo-mincral complexes 占全土/% %of soil	全碳/% Total carbon	全氮/% Total nitrogen	C/N	水解氮 Hydrolyzable nitrogen /（mg/100g 土）	水解氮 Hydrolyzable nitrogen 占全氮/%
3	黄筋泥（杭州转塘）	G_0	7.63	1.78	0.160	10.72	24.69	14.87
		G_1	28.56	1.79	0.196	9.13	24.50	12.50
		G_2	11.90	4.44	0.298	14.90	45.28	15.19
4	黄筋泥（金华石门）	G_0	8.19	1.42	0.141	10.07	18.95	13.44
		G_1	40.61	1.32	0.141	9.36	16.62	11.79
		G_2	8.90	4.21	0.263	16.01	42.47	16.15

各组复合体的 C/N 值，以 G_1 组为最小，其次序是 $G_2>G_0>G_1$。这表明三组复合体中有机物的结构是有差异的，这种差异显然影响土壤氮素释放。但以扩散碱解法测出的水解氮占全氮的百分率，青紫泥水稻土各组复合体中是 $G_0>G_2\geqslant G_1$，黄筋泥水稻土则是 $G_2>G_0>G_1$。这说明 G_1 中的氮以较稳定的形态存在。各组复合体含氮的差异还说明氮的释放不仅和有机物的分子结构有关，而且还和有机矿质复合体的状态相联系。黄筋泥水稻土 G_2 组的水解氮占全氮的比例大于 G_0 组和 G_1 组，这是一个值得注意的问题，反映了黄筋泥水稻土 G_2 组的结合特点以及供氮率较高的原因。

为了进一步了解各组有机矿质复合体中氮在胡敏酸和富里酸中的分布，测定了各组有机矿质复合体腐殖质的组成及其碳、氮含量（表 3）。

表 3　不同类型水稻土腐殖质的组成及其碳、氮分布

土号 Samplesno.	土壤类型 Soil type	复合体 Organo-mineral Complexs	碳 Carbon 胡敏酸/% Humi-cacid	碳 Carbon 富敏酸/% Fulvi-cacid	碳 Carbon 胡敏酸/富里酸 HA/FA	碳 Carbon (胡+富)/全碳 % (HA+FA)/Totai C %	氮 Nitrogen 胡敏酸/% Humi-cacid	氮 Nitrogen 富敏酸/% Fulvi-cacid	氮 Nitrogen 胡敏酸/富里酸 HA/FA	氮 Nitrogen (胡+富)/全碳 % (HA+FA)/Total C %
1	青紫泥（宁波丘隘）	G_0	0.26	0.53	0.49	34.80	0.033	0.073	0.45	49.07
		G_1	0.36	0.64	0.56	40.80	0.032	0.065	0.49	35.79
		G_2	0.66	1.28	0.52	31.09	0.091	0.080	1.14	32.39
2	青紫泥（杭州池塘庙）	G_0	0.25	0.37	0.68	32.46	0.023	—	—	—
		G_1	0.35	0.57	0.61	42.79	0.029	0.058	0.50	37.66
		G_2	0.79	1.06	0.75	29.22	0.080	0.070	1.14	30.18
3	黄筋泥（杭州转塘）	G_0	0.26	0.41	0.63	37.64	0.016	0.029	0.55	27.11
		G_1	0.21	0.67	0.31	49.16	0.031	0.060	0.52	46.43
		G_2	0.55	0.79	0.70	30.18	0.065	0.105	0.62	57.05
4	黄筋泥（金华石门）	G_0	0.15	0.43	0.35	40.84	0.020	0.045	0.44	46.10
		G_1	0.16	0.53	0.30	52.27	0.025	0.050	0.50	53.19
		G_2	0.38	0.99	0.38	32.54	0.041	0.079	0.52	45.63

从表 3 可见，能被提取的活性腐殖质中，胡敏酸和富里酸含碳量与全碳比值是黄筋泥水稻土大于青紫泥水稻土，尤其是 G_0 组、G_1 组更为明显。活性腐殖质中含氮量占全氮的比值，也是黄筋泥大于青紫泥，但以 G_1 和 G_2 更为明昱，这说明黄筋泥水稻土中的

复合体 G_1 和 G_2 的氮素具有更大的活性，这和上述水解氮分布的规律是一致的。

从以上结果可以看出，在两种不同类型的水稻土中，黄筋泥中含氮量较高的 G_1 和 G_2 易释放的氮增加，这对于土壤氮素的有效性是有影响的。

（二）土壤有机矿质复合体中氨基酸组成和含量

青紫泥水稻土和黄筋泥水稻土有机矿质复合体中氨基酸组成和含量的测定结果列于表 4。

表 4　不同类型水稻土中腐殖酸的氨基酸组成和含量

氨基酸种类 Amino acids	青紫泥（宁波丘隘） Soil sample no.1		青紫泥（杭州池塘庙） Soil sample no.2		黄筋泥（杭州转塘） Soil sample no.3		黄筋泥（金华石门） Soil sample no.4	
	/（g/100g）	/%*	/（g/100g）	/%*	/（g/100g）	/%*	/（g/100g）	/%*
天冬氨酸	2.36	14.49	2.09	14.084	2.40	14.85	1.96	14.50
谷氨酸	1.93	11.85	1.66	11.79	1.98	12.25	1.65	12.20
苏氨酸	1.10	6.75	0.92	6.53	1.03	6.37	0.91	6.73
丝氨酸	0.71	4.36	0.64	4.55	0.65	4.02	0.65	4.81
甘氨酸	1.25	7.67	1.08	7.67	1.26	7.8	1.07	7.91
丙氨酸	1.31	8.04	1.09	7.74	1.29	7.98	1.00	7.40
胱氨酸	0.24	1.47	0.20	1.42	0.22	1.36	0.21	1.55
缬氨酸	1.32	8.10	1.10	7.88	1.28	7.92	1.05	7.77
蛋氨酸	0	0	0	0	0	0	0	0
异亮氨酸	0.76	4.67	0.67	4.76	0.72	4.46	0.62	4.59
酪氨酸	0.46	2.82	0.51	3.62	0.55	3.40	0.42	3.11
苯丙氨酸	0.82	5.03	0.74	5.26	0.86	5.32	0.70	5.18
脯氨酸	0.91	5.59	0.73	5.18	0.95	5.88	0.77	5.7
亮氨酸	1.20	7.37	1.04	7.39	1.14	7.05	1.01	7.47
赖氨酸	0.83	5.1	0.66	4.69	0.77	4.76	0.61	4.51
组氨酸	0.30	1.84	0.23	1.63	0.26	1.61	0.22	1.63
精氨酸	0.79	4.85	0.71	5.04	0.80	4.95	0.67	4.96
合计	16.29		14.08		16.16		13.52	

*占氨基酸总量的百分数。

表 4 结果表明：两种类型水稻土浸出的腐殖酸中氨基酸的总含量虽有差异，但原因较复杂，其中含氮量是一个原因。例如，宁波丘隘青紫泥和金华石门黄筋泥两种水稻土的含氮量（表 1）前者比后者高得多，因此氨基酸的含量以前者较高；而杭州池塘庙青紫泥和转塘黄筋泥，其含氮量比较接近，但氨基酸的含量则以后者为高。表明如以含氮量为基础计算，则黄筋泥的氨基酸含量高于青紫泥，这和氮有效性的差别也是一致的。

从表 5 和表 6 可见，两种类型土壤各组复合体的胡敏酸中氮基酸的总含量均大于富里酸，尤以 G_1 和 G_2 更为明显，这和它们的含氮量及碳氮比值的差别（表 3）有关。同一土壤各组复合体中氨基酸的含量也是有差别的，大多数 G_0 的氨基酸含量都是比较高的，而 G_1 则低于 G_2。只有1号土样青紫泥胡敏酸是例外，以 G_2 的氨基酸含量最高，这可能和 G_2 胡敏酸中非常高的含氮量及碳氮比很低（表3）有关。

表5　不同类型水稻土各组复合体中胡敏酸的氨基酸组成和含量

氨基酸种类 Amino acids	青紫泥（宁波丘隘） Soil sample no.1						黄筋泥（金华石门） Soil sample no.4					
	G_0		G_1		G_2		G_0		G_1		G_2	
	/（g/100g）	/%*	/（g/100g）	/%*	/（g/100g）	/%*	/（g/100g）	/%*	/（g/100g）	/%*	/（g/100g）	/%*
天冬氨酸	1.99	13.89	2.13	13.97	2.21	13 .51	2.04	13.93	1.80	13.36	1.73	12.94
谷氨酸	1.71	11.93	1.83	12.00	2.04	12.47	1.95	13.32	1.66	12.32	1.65	12.34
苏氨酸	0.95	6.63	0.99	6.49	1.05	6.42	1.07	7.31	0.91	6.76	0.84	6.28
丝氨酸	0.73	5.09	0.69	4.52	0.78	4.77	0.85	5.81	0.64	4.75	0.70	5.24
甘氨酸	1.05	7.33	1.16	7.61	1.23	7.52	1.15	7.86	1.03	7.65	1.01	7.56
丙氨酸	1.06	7.4	1.16	7.61	1.22	7.46	1.18	8.06	1.06	7.87	0.97	7.26
胱氨酸	0.09	0.63	0.09	0.59	0.11	0.67	0.09	0.61	0.09	0.67	0.12	0.90
缬氨酸	1.03	7.19	1.18	7.74	1.21	7.40	0.08	0.55	1.07	7.94	0.91	6.81
蛋氨酸	0	0	0	0	0.02	0.12	0	0	0	0	0.09	0.67
异亮氨酸	0.80	5.58	0.80	5.25	0.91	5.56	0.95	6.49	0.72	5.35	0.93	6.96
酪氨酸	0.38	2.65	0.41	2.69	0.43	2.63	0.45	3.07	0.36	2.67	0.33	2.47
苯丙氨酸	0.78	5.44	0.82	5.38	0.90	5.50	0.9	6.15	0.76	5.64	0.72	5.39
脯氨酸	0.64	4.47	0.70	4.59	0.79	4.83	0.72	4.92	0.64	4.75	0.67	5.01
亮氨酸	1.21	8.44	1.24	8.13	1.39	8.50	1.40	9.56	1.10	8.17	1.25	9.35
赖氨酸	0.87	6.07	0.94	6.16	0.85	5.20	0.71	4.85	0.66	4.90	0.54	4.04
组氨酸	0.35	2.44	0.34	2.23	0.37	2.26	0.32	2.19	0.28	2.08	0.27	2.02
精氨酸	0.69	4.82	0.77	5.05	0.85	5.20	0.78	5.33	0.69	5.12	0.64	4.79
合计	14.33		15.25		16.36		14.64		13.47		13.37	

*占氨基酸总量的百分数。

表6　不同类型水稻土各组复合体中富敏酸的氨基酸组成和含量

氨基酸种类 Amino acids	青紫泥（宁波丘隘） Soil sample no.1						黄筋泥（金华石门） Soil sample no.4					
	G_0		G_1		G_2		G_0		G_1		G_2	
	/（g/100g）	/%*	/（g/100g）	/%*	/（g/100g）	/%*	/（g/100g）	/%*	/（g/100g）	/%*	/（g/100g）	/%*
天冬氨酸	2.66	18.58	2.09	18.02	1.97	16.24	2.28	17.43	1.80	20.59	1.74	18.03
谷氨酸	2.24	15.64	1.83	15.78	1.46	12.04	1.88	14.37	0.97	11.10	1.28	13.26
苏氨酸	0.76	5.31	0.65	5.60	0.75	6.18	0.47	3.59	0.32	3.66	0.50	5.18
丝氨酸	0.57	3.98	0.48	4.14	0.54	4.45	0.40	3.06	0.19	2.17	0.34	3.52
甘氨酸	1.78	12.43	1.57	13.53	1.36	11.21	1.45	11.09	1.28	14.65	1.25	12.95
丙氨酸	1.26	8.80	1.05	9.05	1.05	8.66	1.14	8.72	0.94	10.76	0.89	9.22
胱氨酸	0.24	1.68	0.24	2.07	0.20	1.65	0.21	1.61	0.17	1.95	0.19	1.97
缬氨酸	1.18	8.24	0.93	8.02	0.99	8.16	1.36	10.39	0.84	9.61	0.92	9.53
蛋氨酸	0	0	0.08	0.69	0.05	0.41	0.14	1.07	0.04	0.46	0.05	0.52

续表

氨基酸种类 Amino acids	青紫泥（宁波丘隘） Soil sample no.1						黄筋泥（金华石门） Soil sample no.4					
	G_0		G_1		G_2		G_0		G_1		G_2	
	/（g/100g）	/%*	/（g/100g）	/%*	/（g/100g）	/%*	/（g/100g）	/%*	/（g/100g）	/%*	/（g/100g）	/%*
异亮氨酸	0.47	3.28	0.40	3.45	0.52	4.29	0.50	3.82	0.29	3.32	0.32	3.32
酪氨酸	0.12	0.84	0.01	0.09	0.13	1.07	0.02	0.15	0.01	0.11	0.11	1.14
苯丙氨酸	0.43	3.00	0.20	2.16	0.44	3.63	0.34	2.60	0.25	2.86	0.31	3.21
脯氨酸	0.69	4.82	0.57	4.91	0.64	5.28	0.56	4.28	0.48	5.49	0.46	4.77
亮氨酸	0.79	5.52	0.55	4.74	0.81	6.68	0.67	5.12	0.45	5.15	0.50	5.18
赖氨酸	0.61	4.26	0.37	3.19	0.59	4.86	0.55	4.20	0.44	5.03	0.40	4.15
组氨酸	0.20	1.40	0.07	0.60	0.18	1.48	0.85	6.50	0.07	0.80	0.10	1.04
精氨酸	0.32	2.23	0.46	3.96	0.45	3.71	0.26	1.99	0.2	2.29	0.29	3.01
合计	14.32		11.60		12.13		13.08		8.74		9.65	

*占氨基酸总量的百分数。

比较表 2 和表 5、表 6 可以看出，尽管黄筋泥中氨基酸的含量较低，但如果以腐殖质中的含氮量为基础，则以可水解的氨基酸形态存在的氮，不论在哪一组复合体中均以黄筋泥所占的比例较高。

如表 4 所示，青紫泥水稻土和黄筋泥水稻土有机矿质复合体的胡敏酸中均以天冬氨酸、谷氨酸的含量最高，亮氨酸、甘氨酸、丙氨酸、结氨酸、苏氨酸次之；富里酸中则以天冬氨酸、谷氨酸的含量最高，甘氨酸、丙氨酸、缬氨酸次之；各组复合体中丝氨酸、异亮氨酸、苯丙氨酸、赖氨酸、精氨酸、脯氨酸占第三位，而胱氨酸、组氨酸、酪氨酸、蛋氨酸含量最低，两种土壤差别不大，各组复合体中也基本相同。这表明氨基酸的种类受土壤性质和含氮量的影响不大。

从表 4 还可看出，各类氨基酸与氨基酸总量的比例是不同的。总的来说，中性氨基酸占的比例最大，其次是酸性氨基酸，基性氨基酸占的比例最小。进一步研究还可以发现，各组复合体的胡敏酸和富里酸中，胡敏酸所含的基性氨基酸占的比例大于富里酸，而酸性氨基酸则是富里酸多于胡敏酸，以 G_0 组更为明显。这些分布规律在各组复合体中基本相同，两种土壤之间的差别也不明显。

（三）关于复合体中氮有效性的探讨

本文所研究的几种土壤样品，具有不同的性质，其含氮量虽然相差很大（0.4%~0.13%），但是从生产上反映出来的氮的一季有效量却是比较接近的，这就牵涉到有机氮的形态及其矿化率的问题。

为了弄清两种类型土壤中氮的矿化率．我们采用 Stanford 的矿化势测定法。结果在 8 周的培养中，黄筋泥水稻土氮的矿化率几乎是青紫泥的 3 倍（图 1）。虽然两种土壤含氮量相差很大，而矿化氮的累积量却很接近，如宁波青紫泥为 430.9 ppm，而金华石门黄筋泥为 384.0 ppm（图 2），这表明两种类型土壤中，虽然全氮量相差很多，但氮的矿化量却比较接近，矿化势测定法结果和实际有效量相似。

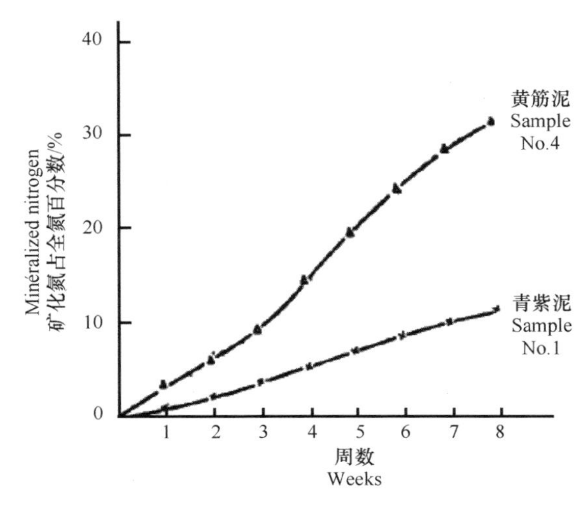

图 1　淹水培养期间氮的矿化率

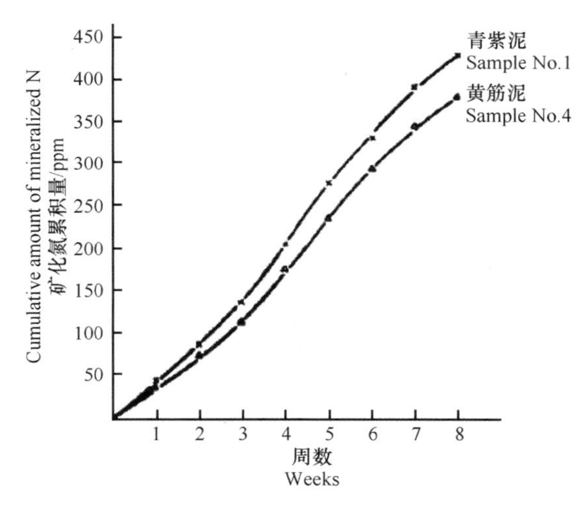

图 2　淹水培养期间矿化氮的积累

影响氮有效性的内在因素主要是含氮化合物的种类及其在固相中的性状。从表 2 和表 3 的资料计算，这两种土壤被提出的复合体中的氮分别为 45.0%和 69.2%，而复合体中活性腐殖质的氮则为 17.6%和 35.4%，这些应当是土壤中比较有效的部分。换言之，这两种土壤以复合体形态存在的氮的百分率，黄筋泥比青紫泥高得多。例如，黄筋泥的水解氮有 80%存在于复合体中，而青紫泥仅为 66.7%。

因此尽管这两种土壤的全氮量相差 3.1 倍，而在复合体中易释放出的氮的比例已缩小为近 1.5 倍，比较接近氮的实际有效量。这些表明复合体中的活性氮似乎更能反映土壤中氮的有效性。

从氨基酸的含量和组成分析，两种土壤氨基酸的组成差别不大，说明它们对于土壤氮有效性的影响不明显。但从两种含氮量有很大差别的土壤来看，尽管青紫泥腐殖质中含氮量比黄筋泥高得多（表 1），但氨基酸的含量则比较接近（表 4）。可见，以氨基酸形态存在的氮的比例，也是黄筋泥比青紫泥高得多。氨基酸是土壤中活性较高的含氮化合物，黄筋泥中氨基酸的比例较高与其氮的有效性较高是一致的。因此可以认为活性腐殖质中氨基酸的总含量较之其组成对氮的有效性有更直接的影响。

参 考 文 献

[1] Dalal R C. The nature and distribution of soil nitrogen in tropical soils. Tropical Agriculture, 1978, 55: 369-376.

[2] Goh K M, Edmeades D C. Distribution and partial characterization of acid hydrolysable organic nitrogen in six New Zealand soils. Soil Biology and Biochemistry, 1979, 11: 127-132.

[3] Guidi G G P, Sequi P. Characterization of amino acid and carbohydrate components in fulvic acid. Canadian Journal of Soil Science, 1976, 56: 159-166.

[4] Sinha M K. Organic matter transformations in soils III. Nature of amino acid in soils incubated with ^{14}C-tagged oat roots under aerobic and anaeobic conditions. Plant and Soil, 1972, 37: 265-271.

[5] Sowden F J. Distribution of nitrogen in representative Canadian soils. Canadian Journal of Soil Science, 1977, 57: 445-456.

[6] Wang T S C, Yang T K, Cheng S Y. Amino acids in subtropical soil hydrolysates, Soil Science, 1967, 103: 67-74.

[7] Carter P W, Mitterer R M. Amino acid composition of organic matter associated with carbonate and non-carbonate sediments. Geochimica et Cosmochimica Acta, 1978, 42(8): 1231-1238.

[8] Khan S U, Sowden F J. Distribution of nitrogen in fulvic acid fraction extracted from the black Solonetzic and black chernozemic soils of Alberta. Canadian Journal of Soil Science, 1972, 52: 116-118.

[9] Sowden F J, Griffith S M, Schnitzer M. The distribution of nitrogen in some highly organic tropical volcanic soils. Soil Biology and Biochemistry, 1976, 8: 55-60.

[10] 袁可能. 植物营养元素的土壤化学. 北京: 科学出版社, 1983: 46-65.

[11] 郑洪元, 张德生. 土壤动态生物化学研究法. 北京: 科学出版社, 1982: 101-105.

[12] 陈家坊, 杨国治. 江苏南部几种水稻土的有机矿质复合体性质的初步研究. 土壤学报, 1962, 10(2): 183-192.

土壤有机矿质复合体研究　Ⅳ. 有机矿质复合体中有机磷的分布①

侯惠珍　袁可能

摘　要　本文研究湖沼母质发育的青紫泥水稻土和第四纪红土母质上发育的黄筋泥水稻土的有机矿质复合体中有机磷的分布。结果表明：各组复合体中有机磷的含量（μg/g）是 $G_2>G_1>G_0$。C/P_0 和 N/P_0 比例是 G_2 高于 G_0 和 G_1，说明有机磷在复合体 G_2 中的富集低于有机碳和氮。复合体中可溶性有机磷化合物总量较全土高。可溶性有机磷化合物中，肌醇磷占有机磷 12.1%~32.3%，核酸磷占 1.9%~5.8%，磷酸磷占 0.7%~3.1%。复合体中肌醇磷、核酸磷和磷脂磷的含量（μg/g）G_2 明显高于 G_0 和 G_1。

复合体中有机磷的活性分级为：活性磷占 10%左右，中等活性磷占 50%左右，中等稳定性磷和高度稳定性磷各占 20%左右。G_0 组的活性磷比例较全土高，但 G_1 组和 G_2 组中则明显降低。不同土壤有机矿质复合体中活性磷和中等活性磷的分布，与有机磷化合物中的核酸磷和肌醇磷的含量有关。

有机磷在土壤全磷量中占有一定的比例。一般认为，土壤中有机磷化合物主要是肌醇、核酸和磷脂三类，尤以肌醇类磷为主，占有机磷一半以上[1~3]。土壤有机质大多存在于复合体中[4]，因此复合体中的有机态磷也必然是有机磷的重要部分。但是对土壤有机矿质复合体中有机磷化合物的分布特点还很少研究，这显然是由于对有机磷在土壤中分布的意义及其与有效性的关系认识不足有关。因此研究复合体中有机磷化合物的种类、分布和性质，将在一定程度上有助于对土壤有机磷转化机制的进一步认识。

本文较系统地研究了浙江省主要水稻土有机矿质复合体中有机磷的分布和有机磷化合物的组成，并按化学方法研究其活性分级，以进一步探索有机矿质复合体中有机磷的分布特点及其与有效磷的关系。

一、供试土样和试验方法

（1）供试土样。本试验所用土样除个别采样地点有变动外，均同之前研究[4]，土样的基本性状见表 1。

① 原载于《土壤学报》，1990 年，第 27 卷，第 3 期，286~292 页。

表1　供试土样的基本性状

土号 Soil No.	土壤类型 Soil type	采样地点 Locality	质地 Texture	pH	有机质/% Org.M.	全氮/% Total N	全磷/% Total P	有机磷 Org.P. /（μg/g）	有机磷 Org.P. 占全P百分数% of T_P	有效磷 Available P /（μg/g）	有效磷 Available P 占全P百分数% of T_P
1	青紫泥	宁波丘隘	中黏土	6.20	5.70	0.40	945	235.5	24.9	41.9	4.4
2	青紫泥	杭州池塘庙	轻黏土	6.49	2.95	0.17	731	246.7	33.7	21.6	3.0
3	黄筋泥	巨州十里半	轻黏土	5.32	2.55	0.12	507	272.7	53.8	17.5	3.5
4	黄筋泥	金华石门	轻黏土	6.54	2.73	0.13	609	291.0	47.8	16.9	2.9

（2）试验方法。①有机矿质复合体 G_0、G_1 和 G_2 的分离按 A. Ф. Тюлин 的分组胶散法。②全磷测定采用 H_2SO_4-$HClO_4$ 消化，钼锑抗比色法。有效磷测定采用 0.5 mol/L $NaHCO_3$ 浸提，铝锑抗比色法。有机磷测定采用灼烧–0.2N H_2SO_4 浸提，钼锑抗比色法。③肌醇磷测定采用 Cosgrove 方法[5]。磷脂磷的测定用 Hance 和 Anderson 的方法[5]。核酸磷的测定是用 Anderson[6]和 Adams 等[7]的方法浸提，紫外吸收法测定。④有机磷活性分级是按 Bowman 和 Cole 的方法[6]，图示如下（图1）。

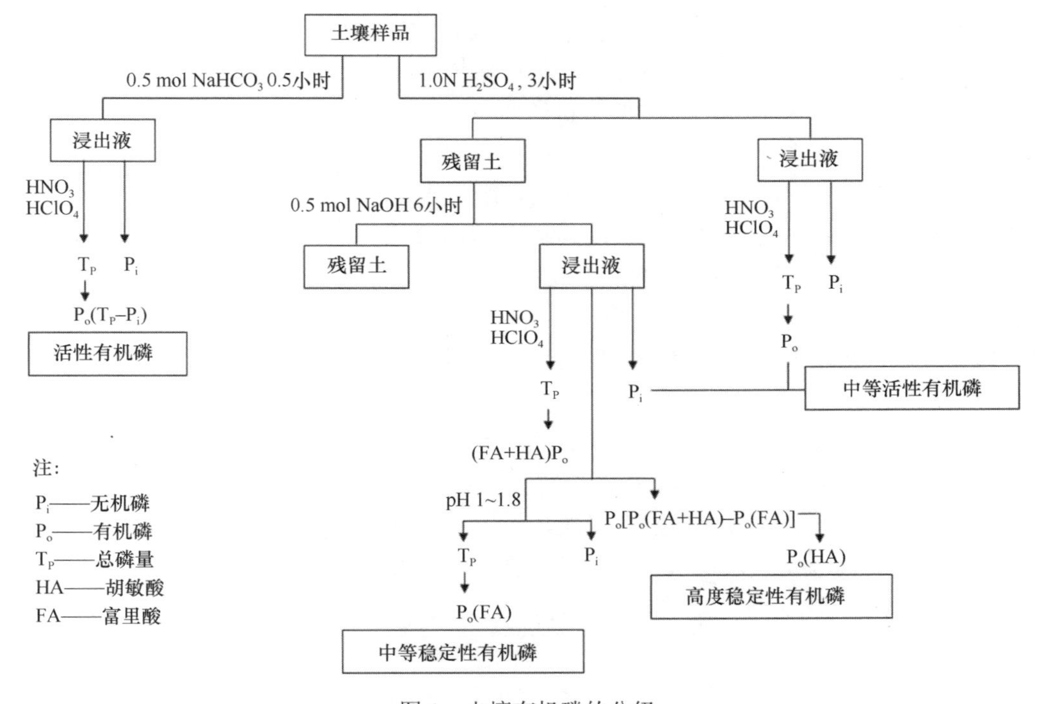

图1　土壤有机磷的分级

二、结果和讨论

（一）磷在各组复合体中的分布

按 A. Ф. Тюлин 法，把土壤有机矿质复合体分为水分散复合体（G_0）、钠分散复合体（G_1）和钠质研磨分散复合体（G_2）。然后分别测定其全磷和有机磷，所得结果见表 2。

表 2　不同类型水稻土各组复合体中碳、氮、磷的分布

土号 Soil No.	土壤类型 Soil type	有机矿质复合体组别 Fraction of organo-mineral complex	全碳 /% Total C	全氮 /% Total N	全磷 /（μg/g） Total P	有机磷 Org.P /（μg/g）	有机磷 Org.P 占全 P/% of T_P	C/P_0	N/P_0
1	青紫泥（宁波丘隘）	G_0	2.27	0.216	1106	227.5	20.6	100.0	9.5
		G_1	2.45	0.271	974	263.0	27.0	93.2	10.3
		G_2	6.24	0.528	1889	395.0	20.9	158.0	13.4
2	青紫泥（杭州池塘庙）	G_0	1.91	0.183	978	264.0	27.0	72.3	6.9
		G_1	2.15	0.231	964	340.0	25.3	63.2	6.8
		G_2	6.33	0.497	1604	450.0	28.0	140.7	11.0
3	黄筋泥（巨州十里半）	G_0	1.42	0.160	667	271.0	40.6	57.4	5.9
		G_1	1.41	0.158	637	336.7	52.8	41.9	4.7
		G_2	3.46	0.252	925	387.0	41.8	89.4	6.5
4	黄筋泥（金华石门）	G_0	1.60	0.163	701	282.5	40.3	56.6	5.8
		G_1	1.44	0.147	760	334.2	44.0	43.1	4.4
		G_2	4.80	0.332	1179	522.7	44.3	91.8	6.3

从表 1 和表 2 中可以看出，各组有机矿质复合体中的有机磷含量以 G_2 最高，G_1 次之，G_0 则接近或略低于全土，这显然和有机质富集于复合体中的程度有关。在两种不同类型土壤中，都以黄筋泥复合体中的有机磷所占的比重较大，占全磷的 40%~52%，而在青紫泥复合体中仅为 20%~35%。

C/P_0（P_0 为有机磷，下同）和 N/P_0 比值，既是影响有机磷有效性的重要因素，又是反映有机磷存在形态和分子结构的重要指标[2]。从表 2 可以看出，有机矿质复合体中 C/P_0 和 N/P_0 比例均为 $G_2>G_0$ 和 G_1，可见各组复合体有机磷化合物的组成不同。其中 G_0 和 G_1 的 C/P_0 比例较接近，而 G_2 几乎高出一倍，比 C/N 值的变化大得多[4]，这表明在 G_2 中有机磷虽然有所富集，但是富集程度远低于有机磷；G_2 中 N/P_0 值的增加也说明同一问题。

值得注意的是 1 号土的有机质含量虽然很高，几乎为其他土样的一倍，但是有机磷含量却接近或低于其他土样，其 C/P_0 值则高于 100，这说明一号土样有机质中所含磷的比例较低。而 3 号土和 4 号土虽然有机质含量不高，但其有机磷的比例较高，C/P_0 值和 N/P_0 值均较低，这表明黄筋泥水稻土中有机磷的稳定性较高，有机质中含磷较多。

（二）土壤有机矿质复合体中有机磷化合物的组成和含量

目前已被检出的土壤中的含磷有机化合物主要为肌醇、核酸和磷脂三类，其他有机磷化合物的含量甚微[1,3]，在这三类含磷有机化合物中，尤以肌醇含量最高。土壤中各组有机矿质复合体中肌醇磷、核酸磷和磷脂磷的含量见表 3。

从表 3 中可以看出，各组复合体中提取出的有机磷化合物中磷的总量一般都超过全土，并且大多随着 G_0、G_1、G_2 逐渐增加，基本上和有机磷含量的增加趋势一致。但是占有机磷总量的比例却与土壤肥沃度有关，以 1 号土和 4 号土较高，而 2 号土和 3 号土较低，这表明复合体中所富集的有机磷，其溶解度是有差别的。1 号土和 4 号土为较肥沃的土壤，其中被提出的有机磷化合物百分数显著高于相应的肥力较低的 2 号土和 3 号土。可见，复合体中所积聚的有机磷的活性也随着肥沃度而异。

表 3　不同类型水稻土各组复合体中有机磷化合物的组成和含量

土号 Soil No.	供试土样 Samples	肌醇-磷 Inositol-P		核酸-磷 Nucleic acid-P		磷脂-磷 Phospholipid-P		总数 Total	
		/(μg/g)	占有机磷 /% of P_o	/(μg/g)	占有机磷 /% of P_o	/(μg/g)	占有机磷 /% of P_o	/(μg/g)	占有机磷 /% of P_o
1	全土	51.1	21.7	10.5	4.5	7.4	3.1	69.0	29.3
	G_0	63.0	27.7	10.8	4.7	4.8	2.1	78.6	34.5
	G_1	72.4	27.7	14.2	5.4	3.9	1.5	90.5	34.6
	G_2	127.7	32.3	22.8	5.8	7.1	1.8	157.6	39.9
2	全土	43.0	17.4	7.5	3.0	4.4	1.8	54.9	22.2
	G_0	52.0	19.7	6.6	2.5	4.0	1.5	62.6	23.7
	G_1	83.3	24.4	8.3	2.4	3.7	1.1	95.3	28.0
	G_2	106.0	23.6	18.3	4.2	5.5	1.2	129.8	28.8
3	全土	42.7	15.6	7.0	2.6	3.4	1.2	53.1	19.4
	G_0	49.2	18.1	12.6	4.6	4.7	1.7	66.5	24.5
	G_1	40.6	12.1	IO.2	3.0	2.4	0.7	53.2	15.8
	G_2	64.3	16.6	18.2	4.7	5.1	1.3	88.0	22.6
4	全土	55.7	19.1	6.9	2.4	3.1	1.1	65.7	22.6
	G_0	78.7	27.9	8.7	3.1	3.2	1.1	90.6	32.1
	G_1	65.3	19.5	6.4	1.9	2.6	0.8	74.3	22.2
	G_2	135.7	26.0	18.5	3.5	4.5	0.9	158.7	30.4

不同有机磷化合物在复合体中的分布则有明显的区别。总的看来，以肌醇态磷在复合体中增加最多，核酸态磷次之，而以磷脂态磷增加最少，甚至略有减少。分析结果表明，在复合体 G_0 组中肌醇态磷含量高于全土，而核酸态磷和磷脂态磷含量在青紫泥水稻土中接近或略低于全土，但黄筋泥水稻土中则高于全土。在复合体 G_1 组中，肌醇态磷和核酸态磷在青紫泥水稻土中高于 G_0，而在黄筋泥水稻土中则低于 G_0。磷脂态磷在 G_1 中普遍较 G_0 低，也低于全土。在复合体 G_2 组中，肌醇态磷、核酸态磷或磷脂态磷的含量均明显高于 G_0 和 G_1，也高于全土。这表明在 G_2 中各类有机磷化合物均有明显的富集，但是就复合体中可溶性有机磷化合物中的磷占有机磷总量的百分比而言，则除磷脂态磷外，大多高于全土，这表明复合体中有机磷化合物的可溶部分都有不同程度的增加。

上述结果表明，不同的有机磷化合物在各组复合体中富集程度是不等的，而且随土壤性质、肥沃度等而变化。已知肌醇态磷是较稳定的成分，且多和矿物质结合[1,2]，因此在复合体中有较多的积聚。核酸态磷是较易分解的，因此在 G_0 和 G_1 组中增加不多。值得注意的是磷脂态磷，在大多数复合体中的含量和百分比均低于全土，这说明磷脂类化合物相当多的部分为非复合状态有机质，在复合体中并无明显的富集。

（三）各组复合体中有机磷的活性

按 Bowman 和 Cole 的方法把有机磷的活性分为活性、中等活性、中等稳定性和高度稳定性四级，这样有助于了解各组复合体中有机态磷在植物有效磷循环中所起的作用，分析结果列于表 4。

表 4　各组复合体中有机磷的活性分级

土号 Soil No.	供试土样 Sample	有效磷/（μg/g） Available P	有机磷 Organic Phosphorus								
			活性 Labile		中等活性 Moderately labile		中等稳定性 Moderately resistant		高度稳定性 Highly resistant		总量/（μg/g） Total
			/(μg/g)	/%	/(μg/g)	/%	/(μg/g)	/%	/(μg/g)	/%	
1	全土	41.9	25.9	9.1	153.3	54.3	64.4	22.8	39.1	13.8	282.9
	G_0	80.7	33.5	15.9	77.7	37.0	54.6	26.0	44.0	21.7	209.8
	G_1	50.4	40.7	15.9	105.3	41.0	66.6	26.0	44.0	17.1	256.6
	G_2	68.9	49.2	13.1	137.2	36.6	78.7	21.0	110.3	29.3	375.4
2	全土	21.6	23.5	9.6	135.0	55.1	46.7	19.1	39.6	16.2	244.8
	G_0	55.0	29.5	10.9	134.9	49.7	58.3	21.5	48.5	17.9	271.2
	G_1	44.6	31.1	8.7	215.4	60.3	62.2	17.4	48.8	13.6	357.5
	G_2	47.7	40.7	10.0	192.5	47.3	73.8	18.1	100.0	24.6	407.0
3	全土	17.5	23.4	9.0	159.4	61.0	44.2	16.9	34.2	13.1	261.2
	G_0	38.0	29.9	10.9	129.8	47.1	67.6	24.5	48.0	17.4	275.3
	G_1	30.0	26.2	8.0	203.2	61.7	52.7	16.0	47.8	14.4	329.9
	G_2	32.0	29.2	7.0	256.1	61.6	68.5	16.4	62.2	15.0	416.0
4	全土	16.9	20.0	6.7	198.7	66.2	49.0	16.3	32.5	10.8	300.2
	G_0	23.6	29.5	10.0	182.0	61.7	54.1	18.3	29.5	10.0	295.1
	G_1	21.6	23.5	7.0	233.9	68.6	44.4	13.0	38.9	11.4	341.1
	G_2	23.2	31.9	5.5	395.4	68.0	106.9	18.3	47.3	8.2	581.5

从表 4 的数据表明：各组复合体中有机磷的活性分级大致和全土相似[2]，活性有机磷占 10%左右（5.5%~15.9%），中等活性有机磷占 50%左右（36.6%~68.6%），中等稳定性有机磷占 20%左右（13.0%~26.0%），高度稳定性有机磷占 20%左右（8.2%~29.3%）。但在不同的复合体中，有机磷的活性程度又不相同，如 G_0 的活性有机磷所占的比例均高于全土，一般在 10%以上，而 G_1 和 G_2 则明显降低，除肥沃的 1 号土外，均低于 10%，尤以黄筋泥水稻土中的 G_1 和 G_2 的活性有机磷较低。与此相反，复合体 G_0 的中等活性有机磷均低于全土，而 G_1 和 G_2 则明显增高，尤以黄筋泥水稻土所占的比例较高。中等稳定性有机磷，在 G_0 中一般高于全土，而 G_1 和 G_2 中则略有降低，而接近全土。高度稳定性有机磷，各组复合体中的含量一般高于全土，尤以 G_2 最为明显。可见复合体中的有机磷活性分级有了重新分配，G_1 中的活性有机磷增加，中等活性有机磷降低，中等稳定性和高度稳定性的有机磷均有不同程度的增加。G_1 中各级有机磷的分配比例大多和全土或 G_0 接近，变化不大。G_2 中的活性有机磷和中等活性有机磷一般较低，中等稳定性有机磷接近全土，高度稳定性有机磷一般明显高于全土。值得注意的是高度肥沃的青紫泥（1 号土）复合体中的活性部分所占的比例明显增高，而中等活性有机磷所占的比例则大幅度降低，不足有机磷的 40%。

与此相反，黄筋泥水稻土中 G_1 和 G_2 的活性有机磷所占的比例明显较低，而中等活性有机磷所占的比例却很高，大多占有机磷的 60%以上，且高于全土，这说明青紫泥和黄筋泥水稻土各组复合体中有机磷化合物的活性有明显区别。

联系有机磷化合物的组成（表 3）可以看出，1 号土各组复合体中肌醇磷和核酸磷含量较高，其活性有机磷含量也较高，但中等活性有机磷的含量则较低。2 号土和 3 号土的肌醇磷及核酸磷的含量低于 1 号土，活性有机磷含量也较低，但中等活性有机磷含量则增高。4 号土肌醇磷的含量与 1 号土相似，而核酸磷含量较低，其活性有机磷很低，中等活性有机磷却很高。可见核酸磷和肌醇磷与有机磷的活性有很大关系，核酸磷与活性磷的关系最密切，相关系数达到 0.01 显著水平。但肌醇磷则须视其成分而不同。已知肌醇磷有不同的盐类（植酸钙镁或植酸铁铝），其活性程度也不同，一般认为植酸钙镁盐的活性大于植酸铁铝盐[1]。看来，1 号土（青紫泥水稻土）和 4 号土（黄筋泥水稻土）的肌醇磷的成分和活性是有明显差别的。1 号土和 2 号土中肌醇磷的活性较高，而 3 号土和 4 号土中的肌醇磷大多为中等活性。另外，所有土样都表明活性磷与肌醇磷的比例，以 G_0 为最高，G_1 次之，而 G_2 为最低，这也表明即使在同一土壤中，不同复合体组别的肌醇磷，其活性也是不相同的。

活性有机磷可以看作是较速效的有机磷，因此它和有效磷之间保持着一定的平衡关系。从统计分析结果看，各土样中的有效磷与活性磷的含量有明显的相关性，相关系数达到 0.01 的显著水平。可见复合体中有机磷的活性对有效磷有很大的影响。

参 考 文 献

[1] 袁可能. 植物营养元素的土壤化学. 北京: 科学出版社, 1983: 110-156.

[2] Anderson G. Assessing organic phosphorus in soil. In The Role Of Phosphorus in Agriculture. Madison: Soil Science Society of America, 1980: 411-428.

[3] Stevenson F J. Humus Chemistry. Willey Insterscience Publications, NewYork: John Willey and Sons, 1982, 125-134.

[4] 侯惠珍, 袁可能. 土壤有机矿质复合体研究 III. 有机矿质复合体中氨基酸组成和氨的分布. 土壤学报, 1986, 23(3): 228-235.

[5] Hasse P R. A Textbook of Soil Chemical Analysis. London: John Murray, 1971: 287-289.

[6] Anderson G. Estimation of purines and pyrimidines in sail humic acid. Soil Science, 1961, 91: 156-161.

[7] Adams A P, Bartholomew W V, Clack F E. Measurement of nucleic acid components in soil. Soil Science Society of America Proceedings, 1954, 18: 40-46.

Composition and Characteristics of Organo-Mineral Complexes of Red Soils in South China①

Xu Jianming Hou Huizhen Yuan Keneng

Abstract The objective of the present study is to reveal the composition and characteristics of organo-mineral complexes in red soils (red soil, lateritic red soil and latosol) of south China in terms of chemical dissolution and fractional peptization methods. In the combined humus, most of the extractable humus could dissolve in 0.1 M NaOH extractant and belonged to active humus (H_1), and there was only a small amount of humus which could be further dissolved in 0.1 M $Na_4P_2O_7$ extractant at pH 13 and was stably combined humus (H_2). The H_1/H_2 ratio ranged from 3.3 to 33.8 in red soils, and the proportions of both H_1 and total extractable organic carbon (H_1+H_2) in total soil organic carbon and the ratios of H_1 to H_2 and H_1 to (H_1+H_2) were all higher in lateritic red soil and latosol than in red soil. The differences of combined humus composition in various red soils were directly related to the content of Fe and Al oxides. In organo-mineral complexes, the ratio of Na-dispersed fraction (G_1) to Na-ground-dispersed fraction (G_2) was generally smaller than 1 for red soils, but there was a higher G_1 / G_2 ratio in red soil than in lateritic red soil and latosol. G_1 fraction had a higher content of fulvic acid (FA), but G_2 fraction had a higher content of humic acid (HA). The ratios of H_1 to H_2 and HA to FA were higher in G_2 than in G_1. The differences in the composition and activity of humus between G_1 and G_2 fractions were related to the content of free Fe and Al oxides. The quantities of complex Fe and A1, the Fe/C and Al/C atomic ratios were higher in G_2 than in G_1, and the ratio of Al/C was much higher than that of Fe/C. It may be deduced that aluminum plays a more important role than iron in the formation process of organo-mineral complexes in red soils.
Keywords combined humus, oigano-mineral complexes, oxides, red soils

1. Introduction

Red soils are extensively distributed over south China. The main minerals in red soils are dominated by kaolinite and iron and aluminum oxides that possess variable charges. The humic composition of red soils reflects the general characteristics of acid soils. Therefore, there are special types of organo-mineral complexes in red soils, which obviously differ from those in the other soils. Thus, red soils have some unique characters of fertility. Yao et al.[1]

① 原载于 *Pedosphere*，1992 年，第 2 卷，第 1 期，23~30 页。

and Lu et al.[2] reported that the structural formation and stability of red soils were directly related to iron and aluminum organo-mineral complexes. Of course, there have been also some studies on the distribution[3, 4, 5] and properties[6, 7] of the natural organo-mineral complexes in red soils, but only a few have been dealt with their nature. The purpose of the present study is to reveal the composition and combined characteristics of organo-mineral complexes in the three kinds of red soils (red soil, lateritic red soil and latosol) collected from the tropical and subtropical regions in south China by using the chemical dissolution and fractional peptization methods.

2. Materials and Methods

2.1 Soil samples

Six red soil samples (0~20 cm) were collected from Zhejiang, Jiangxi, Guangdong and Hainan Provinces in south China. Table 1 presents some selected properties of soil samples used. Soil acidity ranged from pH 4.01 to pH 5.68. The degree of weathering of red soils varied distinctly because of different climatic factors and parent materials. The clay contents ranged from 310 to 483 g/kg. Clay particles were predominated by kaolinite and iron and aluminum oxides (goethite or hematite and gibbsite), with small amounts of vermiculite and mica.

Table 1　Basic properties of soil samples studied

Sample No.	Soil type	Locality	Parent material	pH	O.M. /(g/kg)	CEC /(cmol (+)/kg)	Total content /(g/kg)			Free oxides /(g/kg)		<0.001μm clay content /(g/kg)
							Fe_2O_3	Al_2O_3	CaO	Fe_2O_3	Al_2O_3	
1	Red soil	Hangzhou, Zhejiang,	Quaternary red clay	5.10	8.5	12.42	52.1	142.4	1.0	42.8	8.9	330
2	Red soil	Yingtai, Jiangai	Quaternary red clay	5.16	27.2	9.80	41.5	122.2	0.9	25.4	11.3	318
3	Red soil	Yingtai, Jiangxi	Quaternary red clay	4.63	9.3	10.76	56.8	150.2	1.1	44.6	6.7	419
4	Lateritic red soil	Guangzhou, Guangdong	Granite	4.01	37.6	13.21	164.1	291.8	0.1	55.6	23.2	311
5	Latosol	Xuwen, Guangdong	Basalt	5.68	28.7	14.75	174.2	312.7	1.5	116.3	21.3	483
6	Latosol	Qiongshan, Hainan	Marine sediment	4.82	36.9	8.48	96.2	218.3	0.2	70.8	16.1	310

2.2 Methods

The G_1 and G_2 fraction organo-mineral complexes were separated from air-dried samples according to Tyulin's method given by Fu[8]. The combined humus was sequentially extracted with 0.1 M NaOH and 0.1 M $Na_4P_2O_7$ (pH 13) mixed extractant by the modified Hseung's method[8]. The two extracting solutions were analyzed for total organic carbon (OC), humic acid (HA) and fulvic acid (FA). The OC in the residual (H_3) was calculated according to 0.1 M NaOH extractable OC (H_1) and pH 13 0.1 M $Na_4P_2O_7$ extractable OC (H_2) substracted from total soil OC.

The oxidation stability (K_{os}) for soil humus was determined according to the method of Yuan[4]. The degree of organo-mineral complexation (DOC) was measured[9] and calculated[10] by the density fractionation method, but the ethanol bromoform mixture used was 1.8 g/cm in density.

The selective dissolution analyses of iron and aluminum were carried out by the method as outlined by Parfitt and Saigusa[11], including dithionite-citrate-bicarbonate (DCB)-extractable, pH 3.0 oxalate (OX)-extractable and pH 9.8 pyrophosphate (PYR)-extractable. Fe and A1. X-ray diffraction examination of oriented samples was performed on a D/max-III cx Diffractometer, using Cuka radiation at a scanning rate of 2°(2θ) / min.

Soil pH, organic matter, total mineral elements (TME), and clay content were determined using the conventional methods.

3. Results and Discussion

3.1 Composition and characteristics of combined humus in red soils

The degree of organo-mineral complexation of red soils (Table 2) varied between 75.3% and 91.5%, with an average of 84.3%, in which organic carbon was intimately combined with clay minerals and iron and aluminum oxides, indicating that there was less free organic matter in red soils and a smaller difference of DOC among the soils. In combined humus, 47.4%~67.5% residual OC, with an average of 59.3% (H_3), was named humin, which could not be extracted by 0.1 M NaOH and 0.1 M $Na_4P_2O_7$ extractants. The proportion of humin in total OC was higher in red soil than in lateritic red soil and latosol. In total extractable humus (H_1+H_2), 76.6%~97.1% (average of 87.1%) could dissolve in 0.1 M NaOH extractant. The percentage of 0.1 M NaOH extracted-humus was higher in lateritic red soil and latosol than in red soil, but the humus extracted sequentially by 0.1 M $Na_4P_2O_7$ was very less and a little lower in lateritic red soil and latosol than in red soil. The ratio of H_1 to H_2 ranged widely from 3.3 to 33.8, and it was much higher in lateritic red soil and latosol than in red soil. The order of three groups of combined humus in red soils followed $H_3 > H_1 > H_2$. It is evident that the composition of humus in red soils was much different from that of other soils reported[12]. In addition, the ratio of humic acid to fulvic acid in extractable humus varied from 0.22 to 0.59, which was in agreement with the result that fulvic acid was the major constituent in the composition of humus of red soils[13, 14]. Meanwhile, it could be considered that HA/FA ratio was higher in lateritic red soil and latosol than in red soil.

Table 2 Degree of organo-mineral complexation (DOC) and composition of combined humus in red soils

sample No.	DOC/%	H_1/%	H_2/%	H_3/%	H_1+H_2/%	HA/FA/%	H_1/H_2/%	H_1/(H_1+H_2) /%
1	83.9	27.35	8.33	64.32	35.28	0.23	3.28	76.6
2	75.3	26.85	5.69	67.46	32.54	0.41	4.71	82.5
3	84.1	29.07	7.41	63.52	36.48	0.22	3.92	79.7
4	89.0	51.05	1.51	47.44	52.56	0.59	33.81	97.1
5	91.5	38.67	4.22	57.11	42.89	0.52	9.16	90.2
6	82.2	42.47	1.64	55.89	44.11	0.53	25.90	96.3

It is clear that the combined humus in red soils was characterized by the following two aspects. First, most of humus was combined with free or active iron and aluminum oxides, and only a small amount of stably combined humus existed in red soils. Second, percentage of extractable humus was related to the content of iron and aluminum oxides in red soils (Table 1 and Table 2). Because the content of Fe and Al oxides was significantly higher in lateritic red soil and latosol than in red soil, the former two contained more extractable humus (H_1+H_2) and less residual humus (H_3).

3.2 Composition and characteristics of organo-mineral complexes in red soils

3.2.1 Composition of organo-mineral complexes

Table 3 shows the composition of organo-mineral complexes in red soils obtained by the fractional peptization method. The contents of water-dispersed G_0, sodium-dispersed G_1 and sodium-ground-dispersed G_2 fractions ranged from 1.2% to 6.2%, 7.7% to 37.3% and 12.2% to 42.5% in red soils, and from 2.9% to 15.7%, 19.0% to 53.1% and 31.2% to 74.3% in total organo-mineral complexes, respectively. The order of G_2> G_1> G_0 was observed, and the ratio of G_1/G_2 varied between 0.25 and 0.88 in red soils except a cultivated red soil (Sample No. 2), indicating that G_2 fraction organo-mineral complexes were dominant in red soils, which was consistent with other reports[15, 16]. The total content of organo-mineral complexes depended on the parent material of soils and the degree of soil development and reached 34.3%~83.0% in red soils. The G_1/G_2 ratio of lateritic red soil or latosol was lower than that of red soil, which was also related to the content of Fe and A1 oxides in these soils, but the exceptions in case of Samples No. 2 and No. 5 probably resulted from soil cultivation and higher CaO content. The higher pH and CaO content lead to the higher ratio of G1 to G_2 in Sample No. 5 originated from basalt rock.

Table 3　The composition of organo-mineral complexes in red soils

Sample No.	% in soil				% in total complex			G_1/G_2
	G_0	G_1	G_2	G_{0+1+2}	G_0	G_1	G_2	
1	6.10	19.01	29.71	54.82	11.13	34.68	54.19	0.64
2	6.17	20.85	12.27	39.39	15.70	53.07	31.23	1.70
3	1.24	17.00	25.04	43.28	2.87	39.28	57.85	0.68
4	2.75	7.78	30.52	41.05	6.70	18.95	74.35	0.25
5	3.08	37.34	42.56	82.98	3.71	45.00	51.29	0.88
6	1.63	7.72	24.93	34.28	4.74	22.52	72.73	0.31

3.2.2 Humus composition in organo-mineral complexes

Table 4 shows the composition of combined humus of G_1 and G_2 organo-mineral complexes in four soil samples. It can be found that the composition of combined humus in both G_1 and G_2 fractions differed from that in the corresponding soil samples. More H_1 and H_2 and less H_3 in both G_1 and G_2 fractions than in the soil sample revealed the more extractable and active humus in the organo-mineral complexes.

Table 4　Humus composition of organo-mineral complexes in red soils

Sample No.	Fraction	OC/ (g/kg)	H_1				H_2/%	H_3/%	H_1/H_2 /%	$H_1/(H_1+H_2)$ /%	K_{os}
			HA/%	FA/%	HA+FA/%	HA/FA/%					
2	G_1	18.1	14.48	28.95	43.43	0.50	9.67	46.90	4.48	0.82	0.80
	G_2	34.7	14.12	25.30	39.42	0.56	6.69	53.89	5.89	0.84	0.84
3	G_1	6.8	10.09	48.68	58.77	0.21	5.70	35.53	10.31	0.91	0.74
	G_2	7.2	11.58	39.47	50.97	0.29	5.01	44.02	10.20	0.91	0.75
4	G_1	20.2	12.97	34.60	47.57	0.37	6.49	45.94	7.32	1.08	0.64
	G_2	24.8	18.63	31.90	50.52	0.58	6.29	43.19	8.03	0.89	0.53
6	G_1	26.2	13.82	30.57	44.39	0.45	12.06	43.55	3.68	0.79	0.57
	G_2	31.2	16.54	27.85	44.39	0.59	9.74	45.87	4.55	0.82	0.52

The results on fractionation of the humus extracted with 0.1M NaOH indicate that HA content and HA/FA ratio were higher in G_2 than in G_1, but the opposite case was found for FA in red soils, which was different from that in calcareous soil[16]. This means that the increase of humus in G_2 fraction was actually the increase of less active humic acid (HA) in red soils. Nevertheless, H_1/H_2 ratio of G_2 was higher than or almost close to that of G_1. Since H_1 is active humus combined with free Fe and Al oxides, and H_2 is stably combined humus complexed with clay minerals by Fe and A1 ions as "bonding bridges", it can be considered that the proportion of active humus is higher than that of stably combined humus in G_2 fraction in red soils despite more striking increase of total humus in G_2 than in G_1 (Tab. 4), which is greatly different from the general concept of more stable humus in G_2 than in G_1 fraction. This is also supported by the difference of humus oxidation stability (*K*os) between G_1 and G_2 fractions in lateritic red soil and latosol. Therefore, the active humus in G_2 fraction is not necessarily lower in red soils. It is very clear that G_2 fraction may play a more significant role than G_1 fraction in the fertility of red soils.

3.2.3　Combined characteristics of humus in organo-mineral complexes

The differences between G_1 and G_2 organo-mineral complexes in the humus composition and activity shown above are considered to be probably related to the mineral composition of red soils and the combined characteristics of humus.

Fig. 1 shows the XRD patterns of G_1 and G_2 fractions in two red soil samples. Apparently, the quantity of minerals such as quartz and kaolinite was almost identical in G_1 and G_2 fractions. Dissolution analytical data (Table 5), however, show that G_2 fraction contained more free Fe and Al oxides than G_1 fraction, especially in red soil in spite of no distinct difference and tendency in the quantity of total Si, Al and Fe oxides between G_1 and G_2 fractions in most soil samples examined. Owing to the larger specific surface area and more strong adsorption ability of free oxides for organic matter, more lower active humus accumulated in G_2 than in G_1. The small differences of humus composition and activity between G_1 and G_2 fractions in lateritic red soil and latosol were entirely consistent with their smaller variance in the amounts of Fe and Al oxides. It is worthy of note that aluminum oxide is more active than iron oxide since amorphous Fe and Al oxides account for about 1% and 10% in the corresponding free oxides, respectively, in both G_1 and G_2 fractions. Therefore, it may be deduced that aluminum plays a prominent role in the formation of organo-mineral complexes in red soils.

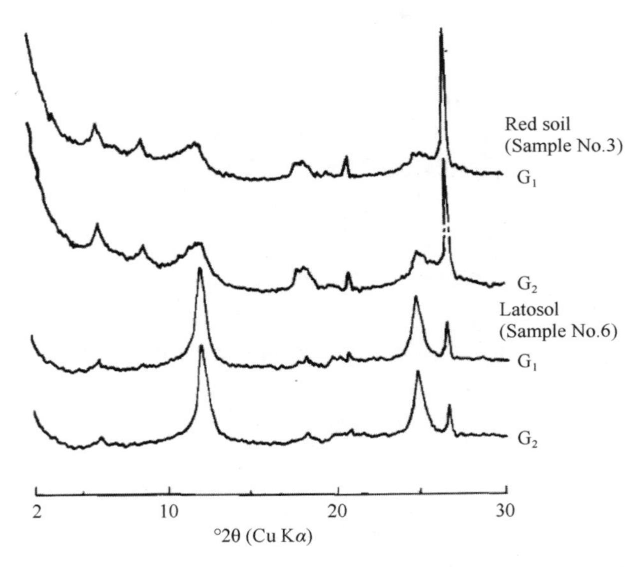

Fig. 1　X-ray patterns of G_1 and G_2 fraction organo-mineral complexes in red soils

Table 5　Dissolution analysis of the G_1 and G_2 organo-mineral complexes (g/kg)

Sample No.	Fraction	Total			DCB		OX		CRY[a)]		OX/DCB(%)	
		SiO_2	Fe_2O_3	Al_2O_3	Fe_2O_3	Al_2O_3	Fe_2O_3	Al_2O_3	Fe_2O_3	Al_2O_3	Fe_2O_3	Al_2O_3
2	G_1	548.1	79.3	217.2	62.8	29.9	—	3.5	—	26.4	—	11.71
	G_2	453.1	100.9	243.2	86.5	35.6	—	4.9	—	30.7	—	13.76
3	G_1	499.2	98.7	247.6	81.0	25.4	1.4	3.7	79.6	21.7	1.73	14.57
	G_2	480.5	113.9	249.7	90.8	30.0	1.3	3.2	89.5	26.8	1.43	10.67
4	G_1	379.3	73.5	317.1	66.8	21.6	3.4	3.3	63.4	18.3	5.09	15.28
	G_2	376.3	77.6	342.5	68.6	24.8	4.4	3.9	64.2	20.9	6.41	15.73
6	G_1	339.6	154.5	286.5	143.3	24.6	1.1	2.1	142.2	22.5	0.77	8.54
	G_2	332.0	149.9	273.9	144.5	27.8	1.7	2.9	142.8	24.9	1.18	10.43

a) Crystalline oxides (CRY) = free oxides (DCB) = amorphorus oxides (OX).

Table 6　The amounts of A1, Fe and C extracted by 0.1 M $Na_4P_2O_7$ (pH 9.8) and the atomic ratios of Fe/ C, Al/ C and (Fe+Al)/C

Sample No.	G_1						G_2					
	Fe	Al/(g/kg)	C	Fe/C	Al/C	(Fe+Al)/C	Fe	Al/(g/kg)	C	Fe/C	Al/C	(Fe+Al)/C
1	0.063	0.804	1.22	0.011	0.293	0.304	0.063	1.069	1.10	0.012	0.432	0.444
2	0.811	0.968	3.23	0.054	0.133	0.187	1.470	1.625	4.58	0.069	0.158	0.227
3	0.035	0.778	1.16	0.006	0.298	0.304	0.049	0.990	1.02	0.010	0.431	0.441
4	1.428	1.390	5.54	0.055	0.112	0.167	2.200	1.774	6.51	0.072	0.121	0.193
5	0.143	0.508	2.91	0.011	0.078	0.089	0.126	0.512	2.74	0.010	0.083	0.093
6	0.210	0.780	4.77	0.009	0.073	0.082	0.232	1.036	4.98	0.010	0.092	0.102

The pyrophosphate reagent (0.1 M, pH 9.8) is a special and highly efficient extractant for Fe-and Al-humus complexes in soils. The data in Table 6 show that the amounts of complex Fe and A1 were higher in G_1 than in G_2, but the difference in extracted organic carbon did not follow a certain order. The atomic ratios of Al/C and (Fe+A1)/C were higher in G_2 than in G_1, especially in red soil, while only a small difference of Fe/C atomic ratio was observed between G_1 and G_2. Carballas et al. [17] and Boudot et al. [18,19] found that the intensity of protective effect against biodegradation of metal-organic complexes depended mainly on the molar ratio of metal to organic molecules. Thus, in red soils there was less active humus in G_2 fraction than in G_1 fraction. In addition, the Al/C atomic ratio was higher than Fe/C ratio in both G_1 and G_2 fractions (Table 6). The results shown in Table 5 also indicate that most of free iron oxides existed in the form of crystalline iron oxide in red soils, but it was not true in case of aluminum. So, we suggest that aluminum could play a more important role than iron in the formation of organo-mineral complexes and the accumulation of humus in red soils.

References

[1] Yao X L, Xu X Y, Yu D F. Formation of structure in red soils under different forms of utilization. Acta Pedoiogica Sinica (in Chinese), 1990, 27: 25-33.

[2] Lu J G, Lou G J, He Z L, et al. Stability of the structure of red earths and its significance in soil classification. Acta Pedologica Sinica (in Chinese), 1986, 21: 144-152.

[3] He Q, Chen C F. On the properties of the microaggregates of paddy soils derived from Quarternary red clay. Acta Pedologica Sinica (in Chinese), 1964, 12: 55-62.

[4] Yuan K N. Studies on the organo-mineral complex in soil: I. The oxidation stability of humus from different organo-mineral complexes in soil. Acta Pedologica Sinica (in Chinese), 1963, 11: 286-293.

[5] Yuan K N, Chen T Q. Studies on the organo-mineral complex in soil: II. The composition and oxidation stability of organo-mineral complex in aggregates of various sizes in soil. Acta Pedoiogica Sinica (in Chinese), 1981, 18: 335-344.

[6] Hou H Z, Yuan K N. Studies on organo-mineral complex in soil: III. Distribution of amino acids and nitrogen in organo-mineral complex. Acta Pedologica Sinica (in Chinese). 1986, 23: 228-235.

[7] Hou H Z, Yuan K N. Studies on organo-mineral complex in soil: IV. Distribution of organic phosphorus compounds in organo-mineral complex. Acta Pedologica Sinica (in Chinese), 1990, 27: 286-292.

[8] Fu J P. Fractionation of soil organo-mineral complexes. *In*: Hseung Y, et al. Soil Colloid. Part II: Methods for Soil Colloid Research (in Chinese). Beijing: Science Press, 1985: 40-73.

[9] Satoh T. Isolation and characterization of naturally occurring organo-mineral complexes in some volcanic ash soils. Soil Science and Plant Nutrition, 1976, 22: 125-136.

[10] Fu J P, Zhang C D, Chu J H. Method for determining degree of organo-mineral complexation. Soil Fert (in Chinese), 1978, (4): 40-42.

[11] Parfitt R L, Saigusa M. Allophane and humus-aluminum in spodosols and andepts formed from the same volcanic ash beds in New Zealand. Soil Science, 1985, 139: 149-155.

[12] Institute of Soil Science, Academia Sinica (ISSAS). Soils of China (in Chinese). Second edition. Beijing: Science Press, 1987: 407.

[13] Zhou L K, Yan C S, Wu G Y, et al. Study on the essence of soil fertility: III. Red earth. Acta Pedologica Srnica (in Chinese), 1986, 23: 193-203.

[14] Wen Q X, Lin X X. On the content and characteristics of soil organic matter in south China. *In*: Institute of Soil Science, Academia Sinica (ed.) Proceedings of the International Symposium on Red Soil. Beijing: Science Press, 1986: 309-329.

[15] Jiang J M, Hseung Y. Organo-mineral complexes in soil. *In*: Hseung Y, et al. Soil Colloid. Part I: Material Basis of Soil Colloid (in Chinese). Beijing: Science Press, 1983: 326-440.
[16] Yang P N. Studies on properties of organo-mineral complex and aggregate in calcareous soils. Acta PedoioRica Sirrica (in Chinese), 1984, 21: 144-152.
[17] Carballas M, Carballas T, Jacquin F. Biodegradation and humification of organic matter in humiferous atlantic soils. Anales de Edafologia y Agrobiologia, 1979, 38: 1699-1717.
[18] Boudot J P, Bel Hadj B A, Chone T. Carbon mineralization in andosols and aluminum-rich highland soils. Soil Biology and Biochemistry, 1986, 18: 457-461.
[19] Boudot J P, Bel Hadj B A, Steiman R, et al. Biodegradation of synthetic organo- metallic complexes of iron and aluminum with selected metal to carbon ratios. Soil Biology and Biochemistry, 1989, 21: 961-966.

我国土壤中有机矿质复合体地带性分布的研究①

徐建明 袁可能

摘 要 我国土壤中的有机矿质复合体，在水热条件控制的地带性土壤中，呈现有规律的渐变趋势。从北往南，随着年均温度和年降雨量的增加，钠分散组复合体 G_1 渐减，钠质研磨分散组复合体 G_2 渐增；松结态腐殖质 H_1 渐增，稳结态腐殖质 H_2 渐减。G_1/G_2 及 H_1/H_2 的值也分别呈渐减和渐增趋势。地带性土壤中复合体的表面性质、腐殖质组成及养分在各组复合体中的分布也呈现有规律的变化。各组复合体含量与土壤中存在的无机胶结物质有关。G_1 和 H_2 随着钙饱和度的增加而增加；G_2 和 H_1 则随着游离态铁、铝氧化物的增加而增加。笔者认为，有机矿质复合体组成及其性质可以作为土壤发生分类的一项依据。

关键词 有机矿质复合体；结合态腐殖质；生成因素；地带性土壤

有机矿质复合体是普遍存在的土壤胶体，这已被广泛接受。不同土壤，构成复合体的矿物质、腐殖质及无机胶结物质等组成部分的类型、含量及其性质都有差异，因而形成了类型和习性不同的有机矿质复合体。一些研究表明，复合胶体是土壤的核心，它密切控制着土壤的水分特征、通气性能及供肥保肥能力[1,2]，但也有人认为，有机矿质复合体的形成受多种因素制约，它是土壤发生的最重要过程之一[3~5]。不同土类中有机矿质复合体的习性，可为土壤发生分类的研究提供有益的资料[6]，但由于研究条件的差异，迄今为止还不能系统地总结出复合胶体在地带性土壤中的分布和性质演变规律。鉴于此，笔者尝试以地带性典型土壤为基础，在同样实验条件下比较其变化趋势，以求对我国主要受水热气候因素控制的土壤带中的有机矿质复合体的组成和特点得出系统的概念，并就其分布与成土条件之间的关系进行探讨。

一、材料和方法

（一）供试土壤

按我国东部沿海的土壤地带性分布划分为黑土、褐土、棕壤、红壤和砖红壤 5 个土壤带，在不同土壤带采集典型的地带性土壤，同时在每一带中还采集 2~3 个地带性土壤作为辅助，以求验证其典型性。各土壤带典型土壤的基本性状列于表 1。

① 原载于《中国农业科学》，1993 年，第 26 卷，第 4 期，65~70 页。

表 1　供试典型土壤的基本性状

土壤类型(带) Soil type (zone)	分布地点 Locality	pH	OM/ (g/kg)	CEC/ (cmol(+)/kg)	$CaCO_3$/ (g/kg)	纬度/(°) Latitude	年均温度/℃ Annual average temperature	年均降雨量 /mm Annual average rainfall
黑土 Black soil	东北(黑龙江) Northeastern (Heilongjiang)	6.62	48.0	35.35	—	47.9	2	500
褐土 Cinnamon soil	华北(河北、陕西) North (Hebei，shangxi)	8.30	11.3	13.64	144	34.2~39.9	11.8~12.9	667~683
棕壤 Brown soil	华东(山东、江苏) East (shangdong，jiangsu)	6.55	16.7	20.05	—	32.0~36.2	12~15	700~1026
红壤 Red soil	东南(浙江、江西) Southeastem (Zhe jiang，jiangxi)	5.07	8.9	11.59	—	28.2~30.2	16~18	1400~1800
砖红壤 Lillosol	华南(广东、海南) South (Guangdong，hainan)	4.41	37.2	10.84	—	19.9~23.1	21.6~23.8	1700~2165

（二）测定方法

土壤胶散复合体的 G_0（水分散组）按陈家坊等法[7]提取，G_1（钠分散组）及 G_2（研磨分散组）复合体按 A.Ф .丘林法提取。石灰性土壤在分离 G_1 前先用盐酸处理，直到无碳酸钙。

土壤结合态腐殖质采用熊毅改进法[8]提取：用 0.1 mol/L NaOH 提取松结态腐殖质（H_1），继而用 0.1 mol/L NaOH+0.1 mol/L $Na_4P_2O_7$ 混合液提取稳结态腐殖质（H_2），残留态腐殖质为紧结态腐殖质或胡敏素（H_3）。

复合体表面积用乙二醇乙醚吸附法侧定，阳离子交换量用 Dudas 和 Pawluk 法[9]测定，电动电位（ξ电位）在美国产激光电泳仪 Lasser Zee^{tm} Model 500 上测定。

复合体的腐殖质及其组成按科诺诺娃法[10]进行，碳、氮、磷用常规法测定；土壤游离态铁、铝氧化物用 DCB 法测定，交换性钙用 NH_4OAc 法测定。

二、结果和讨论

（一）土壤复合体组成的变化

胶散分组法是联用物理、化学原理，通过破坏团聚土粒的胶结物质后而区分出 G_0 组、G_1 组和 G_2 组有机矿质复合体，其中 G_0 是能分散在水中的<10 μm 的复合体；G_1 是经 1 mol/L NaCl 处理后分散的复合体，一般认为与钙团聚作用有关；G_2 是经研磨后分散的复合体，与铁、铝胶结剂有关。

在同样的实验室条件下得到的结果（图 1）表明，G_0 除在砖红壤中略低外，在其他土壤中均占 10%左右，无明显的地带性变化；G_1 则有明显的地带性变化，以北方的黑土带最高，达 70%~80%，其次是褐土带，在 70%左右，棕壤带降至 50%左右，红壤带为 40%左右，砖红壤带只有 30%左右；G_2 则有相反的变化趋势，砖红壤带在 70%左右，红壤带在 50%左右，棕壤带在 30%左右，褐土带和黑土带在 20%以下。同样 G_1/G_2 值在黑土带和褐土带为 5 以上，棕壤带降至 2 左右，红壤带为 1 左右，砖红壤带只有 0.5 左右，总的看来，黑土带和褐土带比较接近，其他各土壤带自北而南变化比较明显。当然，在每一土壤带中，随着母质变化、耕作程度差异、石灰性反应不同等对复合体的组成都会产生影响，但总的趋势仍然存在。

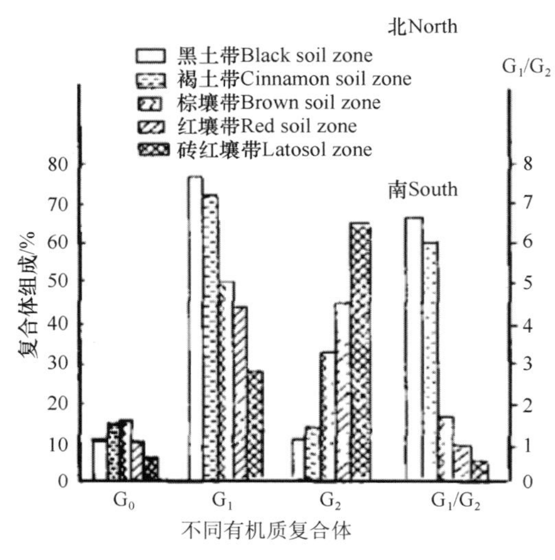

图 1　不同土壤带有机矿质复合体的组成和分布

G_0：<10 mm 水溶性复合体；G_1：钙复合体；G_2：铁铝复合体；G_1/G_2：钙复合体/铁铝复合体

同样，形成有机矿质复合体的腐殖质结合形态也随土壤带而有明显变化。图 2 是 5 个土壤带结合态腐殖质的组成状况，可以清楚地看出，除了紧结态腐殖质 H_3（即胡敏素）无明显地带性变化规律外，松结态腐殖质 H_1 和稳结态腐殖质 H_2 所占比例在不同土壤带有较大差异，且土壤带从北往南，H_1 和 H_2 都呈现有规律变化趋势。其中 H_1 在黑土带和褐土带一般在 10%左右，石灰性的褐土带略低一些，棕壤带则在 20%左右，红壤带在 30%左右，砖红壤带则在 40%以上，从北往南呈渐增趋势；H_2 则与 H_1 相反，从北往南呈渐减趋势，黑土带为 30%左右，褐土带和棕壤带为 20%左右，红壤带为 10%左右，砖红壤带为 5%左右。H_1/H_2 值从北往南呈增加趋势，黑土带和褐土带在 0.5 左右，棕壤带为 1 左右，红壤带为 4 左右，砖红壤带高达 10 以上，其变化幅度甚大，尤其在南方酸性土壤带与北方中性和石灰性土壤带之间的变化非常明显。其中黑土带、褐土带及棕壤带 $H_1<H_2$，而红壤带和砖红壤带为 $H_1 > H_2$。这些说明以气候为主导成土因素的地带性土壤中 H_1 和 H_2 的组成也呈地带性分布规律，结合态腐殖质组成状况能反映土壤形成条件及成土过程的差异，这在土壤分类研究上是很有意义的。

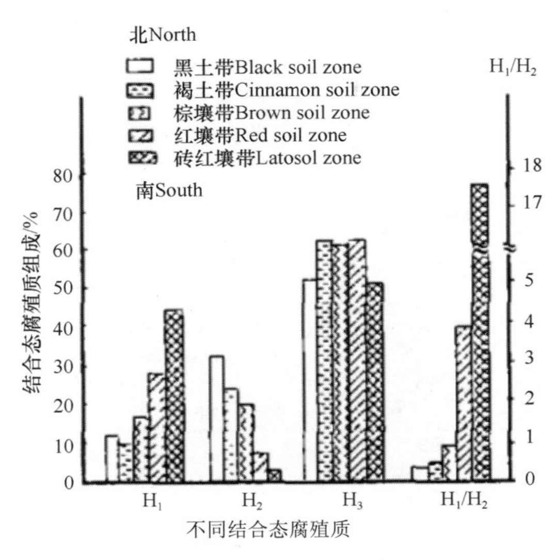

图 2 不同土壤带结合态腐殖质的组成和分布

H_1：松结态；H_2：稳结态；H_3：紧结态；H_1/H_2：松结态/稳结态

（二）土壤复合体性质的变化

在不同地带性土壤中，不仅复合胶体的组成有明显变化，而且由于有机的和矿质的胶体类型及其结合机制的演变，复合胶体的性质也随之而有逐渐变化的趋势（表 2，图 3、图 4）。

表 2 说明在各个土壤带中典型土壤的复合胶体表面性质的差异，其中比表面自北而南逐渐减小，阳离子交换量及表面电动电位（ξ电位）也随之逐渐降低，其变化趋势是很明显的。虽然各土壤 G_1 组复合体的比表面、阳离子交换量及电动电位均略大于或接近于 G_2 组复合体，但地带性的变化趋势仍是明显的。

复合胶体中腐殖质的组成及其比例也随地带性的不同而有规律的变化（图 3）。土壤带自北而南，胡敏酸（HA）和富里酸（FA）分别有渐降和渐增趋势，HA/FA 值也很明显呈逐渐降低趋势。尽管大多数土壤中，G_2 组中的 HA 略高于 G_1，FA 则略低于 G_1，HA/FA 值为 G_2 高于或接近 G_1、但它们的地带性变化规律没有改变。值得注意的是，砖红壤带复合体的 HA 均高于红壤带复合体，而 FA 则均低于红壤带复合体，从而导致 HA/FA 值出现反常现象，这可能与砖红壤中存在丰富的铁铝氧化物有关。

同样，有机碳及养分在 G_1 和 G_2 复合体中的含量也呈地带性分布规律，尤其是有机碳、氮、磷、钾在 G_1 和 G_2 中的含量有明显差别、各种养分在 G_1 和 G_2 中含量的比值随地带性而呈明显变化趋势的结果（图 4）显示，土壤带自北而南，碳、氮、磷、钾等含量在 G_1 和 G_2 中的比值呈逐渐降低趋势，褐土带土壤因石灰性反应而有更多的氮、磷集中于 G_1 组。一般认为 G_1 组和 G_2 组复合体的养分特点是有差异的[1,10,11]，不同土壤由于各组复合体的组成不同而表现出不同的肥力特征。从图 4 可知，黑土带和褐土带土壤的养分主要来自 G_1 组复合体；红壤带和砖红壤带土壤的养分则主要来自 G_2 组复合体；过渡类型的棕壤带则 G_1、G_2 两组复合体的贡献接近各半。

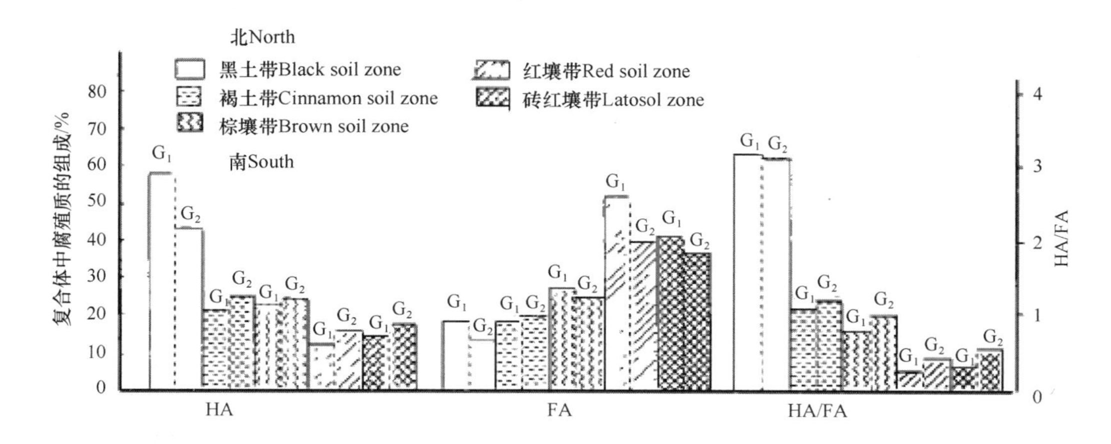

图 3　不同土壤带有机矿质复合体中腐殖质的组成及其比例

HA. 胡敏酸；FA. 富里酸；HA/FA 胡敏酸/富里酸

表 2　土壤有机矿质复合体的部分表面性质

土壤 Soil zone	比表面积/（m^2/g）Specific surface area		CEC/（cmol（+）/kg）		电动电位ξ/mV	
	G_1	G_2	G_1	G_2	G_1	G_2
黑土 Black	458.88	432.95	48.75	41.35	–54.8	–42.9
褐土 Cinnamon soil	359.69	344.72	33.62	37.75	—	—
棕壤 Brown soil	356.41	344.28	34.75	30.94	–44.2	–41
红壤 Red soil	287.98	284.73	13.06	13.56	–374	–39
砖红壤 Latosol	286.51	287.99	11.52	13.24	–31.4	–26.1

注：“—”表示无比值。

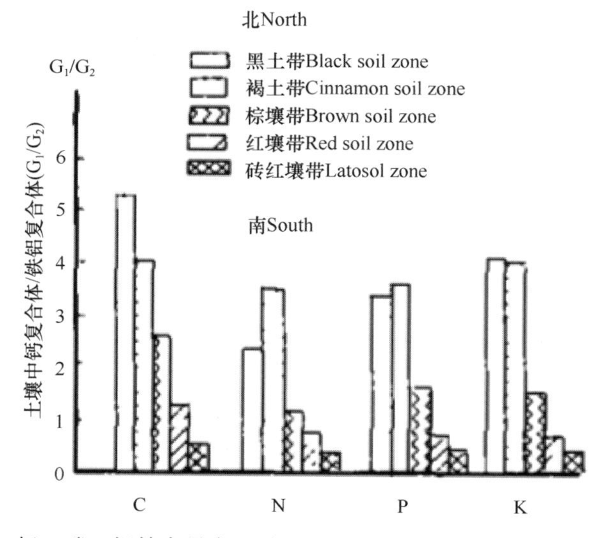

图 4　有机碳、氮、磷、钾等全量在 G_1 组和 G_2 组复合体中的含量（占全土%）之比值

（三）土壤复合体的生成因素分析

上述两种方法区分不同类型有机矿质复合体类型的研究结果一致表明，水热条件不同的地带性土壤中存在着不同类型和比例的有机矿质复合体，且重要类型的复合体 G_1 和 G_2 以及 H_1 和 H_2 都呈现地带性变化规律。从北往南，随着年均温和年降雨量的增加，G_1 和 H_2 逐渐降低，而 G_2 和 H_1 则逐渐增加。这种变化也和土壤的内在因素有关，如土壤无机组成，尤其是作为联结黏土矿物和腐殖质“键桥”的铁铝氧化物、交换性盐基离子、$CaCO_3$ 等胶结物质直接影响有机矿质复合体的类型及其结合特点。

图 5 显示了不同地带性土壤中的游离态铁铝氧化物含量和钙饱和度的变化，同时反映了 G_1、G_2 胶散复合体与胶结物质之间的密切关系。从南往北，随着钙饱和度的增加，G_1 组渐增，G_2 组渐减，而从北往南，随着游离态铁铝氧化物的增加，G_2 组渐增，G_1 组则渐减。这说明盐基饱和度较高的中性、石灰性土壤主要形成钙联结的 G_1 组复合体，其水稳性和钠稳性相对较低，而南方酸性红壤中存在丰富的铁铝氧化物，主要形成铁铝氧化物联结的稳定性较高的复合体，只有用更大的作用力钠质研磨才能将其破坏，这从量的关系上说明 G_1、G_2 胶散复合体与胶结物质类型之间的直接联系，同时也进一步验证了胶散复合体的地带性变异规律。同样，复合体中结合态腐殖质的组成以及复合体的性质也和在地带性土壤中表征土壤有机矿质复合体胶结物质化学指标之间有直接联系。

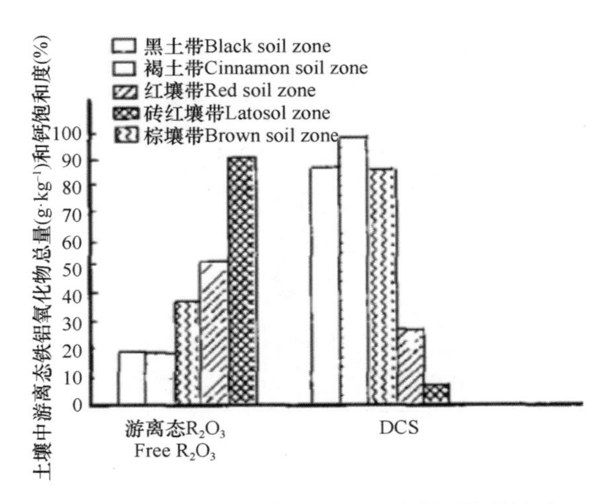

图 5　不同土壤带游离态铁铝氧化物（R_2O_3）含量及钙饱和度（DCS）

一些土壤性质，如黏土矿物类型、有机质类型、矿质含量、pH、CEC 等当然也是引起有机矿质复合体组成发生变化的因素，但地带性土壤中这些性质之间是相互联系的，其变化也与水热条件有关，因此它们的作用是直接或间接地和地带性有关，说明各个土壤带都有特定范围的各种类型复合体的组合，反映了成土条件和成土过程的差异。除土壤的地带性外，还有其他重要因素，如土壤母质、地形条件等都可能会影响有机矿质复合体的形成和转化，必须作具体分析。

参 考 文 献

[1] 陈恩凤, 周礼恺, 邱凤琼, 等. 土壤肥力实质的研究 1. 黑土. 土壤学报, 1984, 21: 229-237.
[2] 蒋剑敏, 熊毅. 土壤有机无机复合体. 土壤胶体. 北京: 科学出版社, 1983: 326-440.
[3] Boudot J P, Brahim A B H, Steiman R, Seigle-Murandi F. Biodegradation of synthetic organo-metallic complexes of iron and aluminium with selected metal to carbon ratios. Sod Biology Biochemistry, 1989, 21: 961-966.
[4] Duchaufour P. Geoderma. 1976, 15: 31-40.
[5] Mckeague J A, Sheldrick B H. Geoderma. 1977, 19: 97-104.
[6] 傅积平. 土壤结合态腐殖质分组测定. 土壤通报, 1983, (2): 36-37.
[7] 陈家坊, 杨国治. 江苏南部几种水稻土的有机矿质复合体性质的初步研究. 土壤学报, 1962, 10: 183-192.
[8] 熊毅. 土壤胶体性质与土壤发生分类. 土壤胶体. 北京: 科学出版社, 1990: 514-575.
[9] Dudas M J, Pawluk S. Geoderma. 1969, 3: 5-17.
[10] 科诺诺娃 M M. 土壤有机质. 周礼恺译. 北京: 科学出版社, 1966.
[11] 侯惠珍, 袁可能. 土壤有机矿质复合体的研究III. 有机矿质复合体中氨基酸组成和氮的分布. 土壤学报, 1986, 23: 228-235.
[12] 侯惠珍, 袁可能. 土壤有机矿质复合体的研究Ⅳ. 有机矿质复合体中有机磷的分布. 土壤学报, 1990, 27: 286-292.

Dissolution and Fractionation of Calcium-Bound and Iron- and Aluminum- Bound Humus in Soils①

Xu Jianming　Yuan Keneng

Abstract This paper deals with the development of a sequential extraction method to separate the Ca-bound and Fe-and Al-bound humus from soils. First, comparative analyses were carried out on dissolution of synthetic organo-mineral complexes by different extractants, i.e. 0.1M $Na_4P_2O_7$, 0.1M NaOH +0.1M $Na_4P_2O_7$ mixture, 0.1M NaOH, 0.5M $(NaPO_3)_6$ and 0.5M neutral Na_2SO_4. Among the five extractants, 0.1M NaOH +0.1M $Na_4P_2O_7$ mixture was the most efficient in extracting humus from various complexes. 0.5M Na_2SO_4 had a better specificity to Ca than 0.5M $(NaPO_3)_6$, by only extracting Ca-bound humus without destroying Fe- and Al-bound organo-mineral complexes. Then sequential extractions first with 0.5M Na_2SO_4 and then with 0.1M NaOH +0.1M $Na_4P_2O_7$ mixture were applied to a series of soil samples with different degrees of base saturation. The cations were dominated by Ca in the 0.5M Na_2SO_4 extract and by Al in the 0.1M NaOH +0.1M $Na_4P_2O_7$ mixture. The sequential extraction method can efficiently separate or isolate Ca-bound and Fe- and Al- bound humus from each other.

Keywords Ca-bound humus, Fe- and Al- bound humus, sequential extraction

1. Introduction

It is well known that metallic ions play an important role in the formation and stabilization of soil organo-mineral complexes, mainly as bonding bridges between the humic substances and the clay minerals. Ca-bound and Fe- and Al-bound humus have been considered the most basic types of soil bound humus all along. Tyulin[1] developed a fractional extraction method for separating the two kinds of humus, which involved extractions of Ca-bound humus with 0.004M NaOH after a preliminary decalcification with 0.05M HCl, and then extractions of sesquioxide-bound humus with 0.01M NaOH following a treatment of the residue with 0.025M H_2SO_4. Kellerman[2] recommended the use of Tamm's reagent to remove active sesquioxdes, and then extraction of the sesquioxide-bound humus with dilute NaOH. Kononova and Bel'chikova[3] estimated the content of Ca-bound humus according to the difference between the humus extracted with 0.1M NaOH and that with 0.1M NaOH+0.1M $Na_4P_2O_7$ mixture from two portions of soil sample, respectively. Fu[4] suggested that soil bound humus might be divided into three fractions, namely, the loosely combined

① 原载于 *Pedosphere*，1993 年，第 3 卷，第 1 期，75~80 页。

humus (H_1) first extracted with 0.1M NaOH, the stably combined humus (H_2) sequentially extracted with 0.1M NaOH +0.1M $Na_4P_2O_7$ mixture from soil, and the tightly combined humus (H_3) remaining in soil residue. Recently, Xu[5] reported that the loosely combined humus was mainly associated with Fe and Al, and the stably combined humus mainly with Ca. Although the methods are really helpful in determining the stability of combination between the soil humus and mineral constituents, they are almost incapable of separating Ca-bound or Fe- and Al-bound humus from soils due to the complexity of soil composition and associated humus forms. On the basis of the dissolution of humus and metallic ions by various extractants from synthetic organo-mineral complexes and soils, we developed a method for separating Ca-bound and Fe-and Al-bound humus from soils.

2. Materials and Methods

Nine soil samples used in this experiment were collected from surface horizons (0~20cm) of the typical zonal soils in East China. Table 1 presents some basic characteristics of these soil samples.

Table 1　Some basic characteristics of the soils used

Sample No.	Soil name	Locality	pH	O.M. /(g/kg)	CEC /(cmol (+)/kg)	Exch. Ca /(cmol (+)/kg)	Free Fe /(g/kg)	Free Al /(g/kg)
1	Chernozem	Heilongjiang	6.98	34.3	37.15	31.24	9.27	1.95
2	Black soil	Heilongjiang	6.62	48.0	35.35	28.88	10.92	2.40
3	Brown soil	Shandong	7.70	30.4	10.83	11.87	6.43	1.32
4	Yellow-brown soil	Jiangsu	6.55	16.7	20.05	16.79	21.29	4.00
5	Red soil	Zhejiang	5.51	8.5	12.42	6.06	29.92	4.73
6	Red soil	Jiangxi	5.16	27.2	9.80	3.52	17.79	6.00
7	Red soil	Jiangxi	4.63	9.3	10.76	0.13	31.19	3.57
8	Lateritic red soil	Guangdong	4.01	37.6	13.21	0.08	38.89	12.25
9	Latosol	Hainan	4.82	36.9	8.48	0.67	49.52	8.53

The clay minerals used were montmorillonite (Mont) from Zhejiang, China, and kaolinite (Kaol) from Jiangsu, China. Samples were ground to pass a 200-mesh sieve. The organic material used was fresh milk vetch. It was washed with distilled water, oven-dried at 105℃, and then passed a 18-mesh sieve. In order to imitate the actual composition of soils used, Ca-saturated Mont and Fe-saturated (mostly in the form of iron oxides) and Al-saturated Kaol were prepared. Then the wet Ca-Mont, Fe-Kaol and Al-Kaol were mixed with organic material, separately, at the ratio of 2∶1, added with distilled water to get a paste, and incubated at a constant temperature of 25℃ for about half a year. All the samples were dried at room temperature and powdered to pass a 60-mesh sieve. The light fraction of organic matter was removed by the ethanol-bromoform mixture having a density of 1.8 g/cm^3 according to the procedure described by Fu[4] to get synthetic organo-mineral complex samples. The organo-mineral complexes originated from Ca-Mont, Fe-Kaol and Al-Kaol were referred to as Ca-complex, Fe-complex and Al-complex, respectively, in the present paper.

The synthetic organo-mineral complexes were used as the test materials for extraction of Ca, Fe, Al and organic C by different reagents. The extractants employed were 0.1 M $Na_4P_2O_7$, 0.1 M NaOH +0.1 M $Na_4P_2O_7$ mixture, 0.1 M NaOH, 0.5 M $(NaPO_3)_6$ and 0.5 M neutral Na_2 SO_4. Two-gram portions of the prepared synthetic samples were added into the same number of 100 ml centrifuge tubes, each containing 20 ml of different extracting solution. The tubes were shaken for one hour, allowed to stand overnight and then centrifuged. The residues were again shaken with another 20 ml of the corresponding extracting solution. The procedure went over and over for several times until the extracts were almost free of Ca and organic C. All extracts were collected separately in volumetric flasks. Then the samples were washed with distilled water until almost no colour of organic C could be observed in the washings. All the washings and the extracts were put in the same flasks ready for use. The content of organic C in the extracts was analysed by dichromate oxidation with external heating, and the contents of Fe, Al and Ca were measured on DCP.

The soil samples were sequentially extracted first by 0.5 M Na_2SO_4 and then by 0.1 M NaOH +0.1 M $Na_4P_2O_7$ mixture. The extraction with each reagent followed the same procedure described above.

3. Results and Discussion

3.1 Dissolution of synthetic organo-mineral complexes with different extractants

Table 2 shows that all the extractants employed were, more or less, able to dissolve humus from different organo-mineral complexes, indicating that these extractants could destroy the metallic bridges between the humus and the clay minerals to varying degrees.

Table 2 Dissolution of synthetic organo-mineral complexes with various extractants (g/kg soil)

Extractant	Ca-complex				Fe-complex				Al-complex			
	Ca	Fe	Al	C	Ca	Fe	Al	C	Ca	Fe	Al	C
0.1M NaOH +0.1M $Na_4P_2O_7$	0.35	0.02	0.46	3.14	0.17	0.02	0.35	2.65	0.13	0.01	1.86	2.31
0.1M $Na_4P_2O_7$	1.29	0.33	1.10	3.06	0.40	3.20	0.24	1.65	0.65	0.07	1.37	2.27
0.1M NaOH	0.05	0.00	0.21	1.42	0.00	0.01	0.33	2.42	0.00	0.01	1.81	2.30
0.5M $(NaPO_3)_6$	8.57	0.43	1.02	1.80	0.36	1.71	0.15	1.91	0.37	0.02	0, 78	1.50
0.5M Na_2SO_4	8.66	0.01	0.00	1.86	tr.	tr.	tr.	tr.	tr.	tr.	tr.	tr.

Among the five extractants, 0.1 M NaOH+0.1 M $Na_4P_2O_7$ mixture was the most efficient due to the strong complexation of $P_2O_7^{4-}$ with multivalent metallic ions such as Ca, Mg, Fe and Al and the great dissolubility of humus in the mixed solution. It can be found that the content of Al was much higher than that of Fe and Ca in the mixed solution and was the highest as compared with that in other extractants(Table 2). The high pH of the mixture was the direct cause of low Fe and Ca content in the mixture, while the formation of soluble aluminate resulted in high Al content in alkaline solution[6]. The 0.1 M $Na_4P_2O_7$ extractant was quite efficient in extracting humus from Ca-and Al-complex and so was 0.1 M NaOH from Fe-and

Al-complex. Both were close to 0.1 M NaOH+0.1M $Na_4P_2O_7$ mixture in efficiency, but the humus extracted by 0.1 M NaOH from Ca complex was much lower than that by the mixture, which was in agreement with the conclusion that 0.1 M NaOH mainly extracted humus combined with Fe and Al without dissolving humus combined with Ca[5]. The extractant of 0.5 $M(NaPO_3)_6$ was found to be in the middle in efficiency. PO_3^- could strongly complex with Ca so that the content of Ca was very high in this extracting solution. However, the results listed in Table II indicate that PO_3^- also dissolved a certain amount of Fe and Al. In the 0.5 M Na_2SO_4 extracting solution, the contents of both humus and Ca were a close approximation to that in 0.5 $M(NaPO_3)_6$, but no Fe and Al could be detected, which was different from the case in 0.5 $M(NaPO_3)_6$. This might indicate that 0.5 M neutral Na_2SO_4 solution was specific to extraction of humus combined with Ca.

In brief, the efficiency of extractants in extracting both humus and metallic ions varied with types of organo-mineral complexes. In extracting humus from Ca-complex it followed the order of 0.1 M NaOH + 0.1 M $Na_4P_2O_7$, 0.1 M $Na_4P_2O_7$> 0.5 M Na_2SO_4, 0.5 M $(NaPO_3)_6$>0.1 M NaOH; from Fe-complex, 0.1 M NaOH +0.1 M $Na_4P_2O_7$, 0.1 M NaOH > 0.5 M $(NaPO_3)_6$>0.1 M $Na_4P_2O_7$>0.5 M Na_2SO_4; and from Al-complex, 0.1 M NaOH+0.1 M $Na_4P_2O_7$, 0.1 M NaOH, 0.1 M $Na_4P_2O_7$> 0.5 M $(NaPO_3)_6$> 0.5 M Na_2SO_4. The efficiency order in extracting Ca was 0.5 M Na_2SO_4> 0.5 M $(NaPO_3)_6$> 0.1 M $Na_4P_2O_7$, that in extracting Fe 0.1M $Na_4P_2O_7$> 0.5 M $(NaPO_3)_6$> 0.1 M NaOH, and that in extracting Al 0.1 M NaOH> 0.1 M $Na_4P_2O_7$> 0.1 M $(NaPO_3)_6$.

3.2 Sequential dissolution of soil humus with selected extractants

The above results indicate that among all the extractants used in this study 0.5 M neutral Na_2SO_4 solution was the most effective in extracting Ca-bound humus without destroying Fe- and Al-bound organo-mineral complexes. Therefore, 0.5 M Na_2SO_4 was selected as an extractant for extracting the humus bound with Ca from soils with different base ssaturation percentages. The results obtained are listed in Table 3. It can be observed that Ca dominated the 0.5 M Na_2SO_4 extracts of all the soils, with little Fe and Al, which was consistent with the data of the synthetic organo-mineral complexes in Table 2. Of acid soils, the much lower content of Ca in the extractant was directly related to their low content of exchangeable and total Ca, especially in the soil samples No. 7 and No. 8. Statistical analyses showed that the content of organic carbon was significantly correlated with that of Ca in the extracting solution, with correlation coefficient r being 0.889 (n=7). In spite of some Al in the extracting solution of samples No. 7 and No. 8, the percentage of extracted humus was below 4%, which also indicated that 0.5 M Na_2SO_4 solution did not dissolve Fe- and Al-bound humus.

Following the first extraction with 0.5 M Na_2SO_4, the mixed solution of 0.1 M NaOH +0.1 M $Na_4P_2O_7$ was used to dissolve sequentially the residual soils, because of its higher efficiency in extracting both Ca- and Fe-and Al-bound humus. The results are also presented in Table 3 It is found that little or none Ca existed in the mixed extracting solution, demonstrating that 0.5 M Na_2SO_4 solution extracted Ca-bound humus to a maximum level, but did not dissolve the Fe-and Al-bound humus. On the other hand, it is clear that the mixed extracting solution only extracted the Fe- and Al-bound humus. The percentage of organic C in the extract to total organic C of soil was significantly related to the content of extractable

Al content (r=0.781, n=7).

Table 3　Successive dissolution of soils with selected extractants (g/kg)*

Sample No.	0.5 M Na_2SO_4 (pH 7.0)					0.1 M NaOH +0.1 M $Na_4P_2O_7$ (pH 13.0)				
	Al	Fe	Ca	C_1	C_1/C_1/%	Al	Fe	Ca	C_2	C_2/C_1/%
1	0.00	0.00	4.81	5.79	29.10	0.85	0.02	0.06	4.13	20.76
2	0.00	0.00	4.61	8.56	30.78	0.80	0.01	0.05	6.69	24.03
3	0.00	0.01	1.80	3.82	21.69	1.11	0.03	0.01	2.98	16.96
4	0.00	0.01	2.73	1.28	13.20	0.78	0.02	0.00	2.37	24.42
5	0.00	0.01	1.02	0.41	8.28	3.18	0.01	0.00	1.89	38.61
6	0.00	0.00	0.60	0.76	4.81	2.80	0.02	0.00	5.29	33.48
7	0: 18	0.01	0.04	0.22	4.07	2.78	0.02	0.00	1.48	27.41
8	0.25	0.03	0.03	0.51	2.36	5.48	0.21	0.00	8.10	37.17
9	0.01	0.01	0.12	0.52	2.43	2.46	0.18	0.00	8.00	37.38

*C_1 was the organic C in 0.5M Na_2SO_4 extracting solution, C_2 that in 0.lM NaOH +0.lM $Na_4P_2O_7$ mixture after the treatment with 0.5M Na_2SO_4, and C_1 the total organic C in soil.

It is evident that sequential extraction with 0.5 M Na_2SO_4 and then with 0.1 M NaOH + 0.1 M $Na_4P_2O_7$ mixture can efficiently separate or isolate the two different binding forms of humus, Ca-bound humus and Fe-and Al-bound humus. The metallic ions mainly acting as a coordination center can bind the functional groups of humus with the surface groups of clay minerals. In fact, the organo-mineral complexes of soil are composed of organic matter, minerals and metallic ions. The stability of the complexes depends on the type of metallic ions and the type and composition of clay mineral and organic matter. It is generally accepted that Ca-bound humus belongs to the outer complex, and Fe-and Al-bound humus the inner complex. In spite of a weak ligand, SO_4^{2-} can destroy Ca-bound organo-mineral complexes and extract Ca-bound humus. However, SO_4^{2-} is too weak to destroy the Fe- and Al-bound inner complex. Only strong ligands such as OH^- and $P_2O_7^{4-}$ can complex with Fe and Al, and release the combined humus.

3.3　A proposed method for separating Ca-bound and Fe- and Al-bound humus from soils

On the basis of the above described dissolution tests on synthetic organo-mineral complexes and soils, a method was suggested to separate Ca-bound and Fe- and Al-bound humus by 0.5M neutral Na_2SO_4 and 0.1M NaOH + 0.1M $Na_4P_2O_7$ mixture from various soils. The procedure is given as follows:

(1) 5.00g of soil sample was made suspended in 25 ml of ethanol-bromoform mixture having a density of 1.80g/cm^3 in a 100 ml polyethylene centrifuge tube and then underwent ultrasonic vibration for 5 mins on an Ultrasonic Generator-CSF-3A (made in China). Then the suspension was centrifuged for 5 mins at 4000 r/min. After this supernatant was decanted, the sample was redispersed by stirring in another 25 ml of the heavy liquid. The suspension was immediately centrifuged again. The residue was subjected to the same treatment for several times until no light fraction was in the supernatant. The residue (heavy fraction) in the

centrifuge tube was washed three times with acetone. After air drying, the heavy fraction was gently crushed and stored in a bottle.

(2) 2.00g of the heavy fraction was put into a 100 ml centrifuge tube containing 20 ml of 0.5M neutral Na_2SO_4 solution, shaken for one hour, allowed to stand overnight and centrifuged. Then the residue was shaken in another 20 ml of the solution and centrifuged again. This procedure repeated several times until no calcium could be detected in the Na_2SO_4 extracting solution. All the extracts were collected in a 100 or 250 ml volumetric flask. Then the residue was washed with dilute Na_2SO_4 solution and distilled water until no colour of organic C could be observed in the washings. All the washings merged with the extracts. The extracted portion was Ca-bound humus.

(3) Following the removal of Ca-bound humus, the residue was dispersed in 20 ml of 0.1M NaOH 0.1M $Na_4P_2O_7$ mixture, shaken for one hour, allowed to stand overnight, and centrifuged. Then the residue was shaken with another 20 ml of the mixture and centrifuged again. This procedure was repeated several times until the extracting solution became almost colorless. All the extracts were collected in the same flask and the organic matter in these extracts was Fe- and Al-bound humus.

4. Acknowledgement

The financial assistance for this work from Laboratory of Material Cycling in Pedosphere, Academia Sinica, and the Foundation of Chinese Natural Science is greatly appreciated.

References

[1] Tyulin A F. Peptizing methods of determining soil physico-chemical properties. Soviet Soil Science (in Russian), 1943, (4-5): 3-15.

[2] Kellerman V V. Physico-chemical characteristics of water stable aggregates of various soils in Russian. *In*. Antipov-Karataev I N. Soil Physico-Chemical Problems and Research Methods (in Russian). AH Press, CCCP, 1959: 3-105.

[3] Kononova M M, Bel'Chikova N P. Rapid methods for determining the composition of humus in mineral soils. Soviet Soil Science, (in Russian), 1961, (10): 75-87.

[4] Fu J P. Fractionation of soil organo-mineral complexes. *In*: Hseung Y. Soil Colloid. Part II: Methods for Soil Colloid Research (in Chinese). Beijing: Science Press, 1985: 40-73.

[5] Xu J M. Studies on the calcium-bound and iron-and aluminum-bound organo-mineral complexes in soils (in Chinese). Ph. D. Dissertation, Zhejiang Agricultural University, 1990: 220.

[6] Carballas M, Cabaneiro A, Guitian-Ribera F, et al. Organo-metallic complexes in Atlantic humiferous soils. Anales de Edafologia y Agrobiologia, 1979, 38: 1033-1042.

土壤有机矿质复合体研究　V. 胶散复合体组成和生成条件的剖析①

徐建明　袁可能

摘　要　本文采用胶体分散法研究我国自北而南的 13 个地带性土壤中有机矿质复合体的组成、形成因素及其结合特点等。结果表明：复合体总量($G_0+G_1+G_2$)与土壤中黏粒含量呈显著正相关。复合体类型中，G_0 组的变化没有明显规律，G_1 组在石灰性土壤和中性土壤中含量较高，自北而南有逐渐减少的趋势，G_2 组则在酸性土壤中含量较高，自北而南呈逐渐增加的趋势，G_1/G_2 值范围为 0.25~12.35，自北而南呈渐减趋势。各组复合体含量与成土因素、矿质全量、腐殖质组成及土壤基本性质的相关分析结果一致表明，地带性土壤中 G_1 组、G_2 组复合体含量也呈现有规律的地带性分布。G_1/G_2 值与纬度呈极显著正相关，而与年均温和年降雨量呈极显著负相关，G_1 含量与钙镁全量、钙饱和度、pH、CEC 呈显著正相关，而 G_2 含量则与铁铝全量、游离态及铬合态铁铝呈显著正相关，与钙饱和度、pH 等呈显著负相关。G_1/G_2 值还与 HA/FA 值呈极显著正相关。可见，胶散复合体的组成和成土条件与土壤性质有关。各组复合体组成及 G_1/G_2 值可以作为土壤分类的参考。

关键词　胶散复合体，G_1/G_2，形成因素，胶结物质，地带性土壤

土壤有机矿质复合体的生成是土壤发生与肥力形成的重要过程之一。尽管在土壤科学中对有机矿质复合胶体的研究一直给予很大的重视[1~6]，但由于土壤中有机、无机组成的多样性以及转化途径的复杂性，迄今还无法直接揭示其形成与土壤发生过程的关系。我们将连续报道各种复合体类型的生成条件及其与土壤发生和肥力有关的系列研究结果。

以 A. Φ. 丘林的胶散法为基础所得的土壤有机矿质复合体分组，长期以来被认为是复合体的基本类型[7~12]，并被用作区分土壤发生类型和肥力特征的依据之一[7~10, 12~14]。据据 A. Φ. 丘林早期的研究认为，以钠中性盐分散的 G_1 组胶体是由钙键结合的复合体，而经过研磨分散的 G_2 组胶体则是由铁、铝键结合的复合体，此外，还有可直接分散于水中的 G_0 组复合体[7]，并认为在不同土壤中的各组复合体的分布是有差异的，且有随成土条件变化的趋势[7,12~14]。各组复合体的组成、性质及其对肥力的贡献也是不同的[7~10]。但是有些研究者对此持有异议，认为 G_1 和 G_2 并非单纯是胡敏酸钙和胡敏酸铁铝的复合

① 原载于《土壤学报》，1993 年，第 30 卷，第 1 期，43~51 页。

体[1,11]，因此有必要对分组胶散法所取得的复合体类型的形成条件及其结合状态进行系统的剖析研究，以进一步了解其实质，为进一步发展复合体的应用提供依据。

本研究采用我国自北而南分布的地带性土壤，系统地研究在连续变化的水热条件下，复合体类型演变，以探索胶散复合体的形成过程。

一、材料与方法

（一）供试土壤

采用我国东部水热成土因子为主的地带性土壤，包括 9 大土类的 13 个土样，其基本性状分列于表 1 和表 2。

表 1　供试土壤基本状况

土样号 Sample No.	土壤类型 Soil type	采样地点 Locality	采样深度/cm Depth	母质 Parent material	植被及利用状况 Vegetation and utilization	纬度/N Latitude	年平均温/℃ Annual temperature	年降雨量/mm Annual rainfall
1	石灰性黑钙土	黑龙江依安	0~20	黄土	草地	47.9	~2	500
2	黑钙土	黑龙江依安	0~20	黄土	耕地	47.9	~2	500
3	黑土	黑龙江依安	0~15	黄土	荒地	47.9	~2	500
4	褐土	北京马莲洼	0~30	冲积物	菜地	39.9	11.8	683
5	蝼土	陕西武功	0~20	黄土	荒地	34.2	12.9	667
6	棕壤	山东泰安	0~20	变质岩	山地	36.2	~11.7	700
7	黄棕壤	江苏南京	0~15	下蜀黄土	果园地	32.0	~15	1026.1
8	红壤	浙江杭州	0~15	第四纪红土	山地	30.2	16.3	~1400
9	红壤	江西鹰潭	0~20	第四纪红土	耕地	28.2	18	1800
10	红壤	江西鹰潭	0~25	第四纪红土	荒地	28.2	18	1800
11	赤纪壤	广东广州	0~30	花岗岩	山地	23.1	21.6	2165.8
12	砖红壤	广东徐闻	0~25	玄武岩	荒地	20.3	23.3	1389
13	砖红壤	海南琼山	0~20	海积物	荒地	19.9	23.8	1724.5

表 2　供试土壤的基本性质

土样号 Sample No.	pH	有机质 O. M./(g/kg)	$CaCO_3$/(g/kg)	交换性钙 Exch-Ca /(coml(+)/kg)	CEC /(cmol(+)/kg)	钙饱和度/% Degree of Ca saturation	全量 Total/(g/kg)			腐殖质组成(占总碳的百分比) Humus composition (% in total C)				黏粒(<0.001mm)含量/% Clay content
							CaO	Fe_2O_3	Al_2O_3	HA	FA	HA+FA	HA/FA	
1	8.14	43.3	25.4	(107.52)*	33.73	100	25.2	51	150.3	18.75	23.27	42.02	0.81	25.04
2	6.98	34.3	5.8	31.24	37.15	84.09	10.1	56.7	154.2	20.9	22.51	43.41	0.93	39.76
3	6.62	48	5.2	28.88	35.35	81.7	8.9	53.3	158.7	23.88	23.81	47.69	1	36.24
4	8.24	30	14.4	–54.66	14.04	100	18.6	41.3	133.1	13.22	12.58	25.8	1.05	12.4
5	8.3	11.3	27.3	–101.48	13.64	100	35.5	50.3	146.2	28.18	13.79	41.97	2.04	18.8
6	7.2	30.4	1.9	11.87	10.83	100	17.2	47	167.2	11.38	24.39	35.77	0.47	7.76
7	6.55	16.7	1.1	16.79	20.05	83.74	5.8	55.5	157.1	10.51	24.54	35.05	0.43	31.12
8	5.51	8.5	—	6.06	12.42	48.79	1	52.1	142.4	6.74	24.98	31.75	0.27	33.04

续表

土样号 Sample No.	pH	有机质 O. M./(g/kg)	$CaCO_3$ /(g/kg)	交换性钙 Exch-Ca /(coml(+)/kg)	CEC /(cmol (+)/kg)	钙饱和度/% Degree of Ca saturation	全量 Total/(g/kg)			腐殖质组成(占总碳的百分比) Humus composition (% in total C)				黏粒(<0.001mm)含量/% Clay content
							CaO	Fe_2O_3	Al_2O_3	HA	FA	HA+FA	HA/FA	
9	5.16	27.2	—	3.52	9.8	35.92	0.9	41.5	122.2	9.43	23.11	32.54	0.41	31.76
10	4.63	9.3	—	0.13	10.76	1.21	1.1	56.8	150.2	6.48	30	36.48	0.22	41.92
11	4.01	37.6	—	0.08	13.21	0.06	0.1	164.1	291.8	19.45	33.11	52.56	0.59	31.12
12	5.68	28.7	—	7.48	14.75	50.71	1.5	174.2	312.7	14.58	28.31	42.89	0.52	48.32
13	4.82	36.9	—	0.67	8.48	7.9	0.2	96.2	218.3	15.18	28.83	44.01	0.53	30.96

* 石灰性土壤没有去钙时直接用 1 mol/L 中性乙酸铵提取的钙。

（二）测试方法

（1）复合体分组。水分散组（G_0组）按陈家坊和杨国治[7]方法分离；酸性、中性土壤的 G_1 和 G_2 组按丘林原法；石灰性土壤 G_1 组（包括 $G_{0\text{-}a}$ 组）按傅积平和张敬森[11]方法分离，再用研磨法分离 G_2 组。经分离所得的各组悬浊液，直接用巴氏滤管抽干，不加任何聚沉剂，湿样经 40℃干燥后称重，并计算各组复合体的含量。

（2）腐殖质组成。用 0.1 mol/L NaOH 和 0.1 mol/L $Na_4P_2O_7$ 混合液提取，按丘林法测定其胡敏酸（HA）和富里酸（FA）组成。

（3）铁铝钙形态分析。铁铝钙全量用碳酸钠熔融；游离态铁铝氧化物采用 DCB 法；无定形铁铝氧化物用 Tamm 试剂法；络合态铁铝钙用 pH 9.8 0.1 mol/L $Na_4P_2O_7$ 法。各种提取液中铁铝钙含量均系直流等离子光谱仪测定。交换性钙用 1 mol/L 中性乙酸铵法，碳酸钙用扩散吸收法。

（4）土壤 pH、有机质、CEC、黏粒含量等基本性质均按常规分析方法测定。

二、结果与讨论

（一）各组复合体的分布

根据胶散法分组，可将土壤有机矿质复合体依次分为水分散组（G_0）、钠分散组（G_1）及钠质研磨分散组（G_2），它们在土壤和总复合体中的含量如表 3 所示。从表 3 中可知，有机矿质复合体含量在不同土壤有很大差异，6 号棕壤最低，仅为 17.0%，12 号砖红壤最高，可达 83.0%。将复合体含量与黏粒含量作相关分析，两者呈极显著正相关（r=0.803**，n=11），这说明土壤复合体含量与土壤发育程度密切相关。

水分散 G_0 组复合体，是游离的矿质颗粒和小于 10 μm 的微团聚体的混合物，除 7 号黄棕壤以外，G_0 组都不是复合体的主要组成，其含量只占 2.9%~21.7%。一般认为，G_0 组的消长受水旱条件和氧化还原状况影响极大[7,13,14]，从我们的分析数据来看，10~13 号土样的 G_0 组含量（占总复合体%）最低，这可能与其 pH 较低及铁铝氧化物含量较高有关（表 2、表 3）。

表 3　土壤中有机矿质复合体的组成

样品号 Sample No.	各组含量/% Content of each group in soil				各组含量占复合体的百分比 % of content of each group in total complex			G_1/G_2
	G_0	G_1	G_2	$G_0+G_1+G_2$	G_0	G_1	G_2	
1	5.32	43.89	5.45	54.66	9.73	80.30	9.97	8.05
2	7.92	51.86	4.20	63.89	12.38	81.06	6.56	12.35
3	8.38	43.60	11.05	63.03	13.30	69.17	17.63	3.95
4	2.16	17.00	4.17	23.33	9.26	72.87	17.87	4.08
5	9.73	31.89	3.26	44.88	21.68	71.06	7.26	9.78
6	2.70	8.48	5.84	16.97	15.91	49.68	34.41	1.44
7	19.86	22.09	7.96	49.91	39.79	44.26	15.95	2.77
8	6.10	19.01	29.71	54.82	11.13	34.68	54.19	0.64
9	6.17	20.85	12.27	39.39	15.70	53.07	31.23	1.70
10	1.24	17.00	25.04	43.28	2.87	39.28	57.85	0.68
11	2.75	7.78	30.52	41.05	6.70	18.96	74.35	0.25
12	3.08	37.34	42.56	32.98	3.71	45.00	51.29	0.88
13	1.63	7.72	24.93	34.28	4.74	22.52	72.73	0.31

从表 3 还可知道，1~7 号中性和石灰性土壤都是 G_1 组含量高于 G_2 组，而除 9 号以外的酸性红壤都是 G_2 组高于 G_1 组，一些散见的报道[13,15,16]也与该结论相符，但从另一些资料[8,17]来看，人为耕作过的土壤或同一土壤不同层次的复合体组成会发生变化，9 号红壤可能属于这种情况。

纵观表 3 结果，一般 G_1 组复合体是石灰性土壤>中性土壤>酸性土壤，G_2 组复合体则相反。G_1/G_2 值也有明显的差异，其平均值依次为 7.3、5.1 和 0.7，这反映了 pH 对复合胶体组成有较大的影响。

（二）各组复合体形成因素分析

从表 3 结果总体上来看，各组复合体的分布有一定的趋势，G_1 组复合体含量自北而南有渐减趋势，G_2 组含量自北而南则有渐增趋势，G_1/G_2 值变化范围为 0.25~12.35，自北而南有渐减趋势。根据各组复合体含量与主要成土因素的相关分析结果（表 4）可知，G_1 组含量与年均温和年降雨量呈显著或极显著负相关，与纬度呈正相关，而 G_2 组相反，与年均温和年降雨量都呈极显著正相关，与纬度呈极显著负相关，G_0 组含量与成土因素都没有显著的关系。这说明这些土壤中 G_1 和 G_2 组复合体数量也随水热条件变化而呈有规律的分布。温度较高、降雨量较大有利于 G_2 组的形成，而低温干旱则有利于 G_1 组的形成。

表 4　有机矿质复合体（占全土%）与纬度和气候因素之间的相关系数

复合体 Complex	纬度 Latitude	年平均温 Annual temperature	年降雨量 Annual rainfall
G_0	0.258	−0.280	0.336
G_1	0.652^{*}	-0.700^{**}	-0.630^{*}
G_2	-0.760^{**}	0.728^{**}	0.732^{**}
G_1/G_2	0.726^{**}	-0.742^{**}	−0.728
$G_0+G_1+G_2$	0.067	− 0.137	−0.090

注：n=11，r（0.05）= 0.553^{*}，r（0.01）= 0.684^{**}。

然而，水热条件变化主要影响土壤物质的淋溶与淀积，对土壤腐殖质性状也有重大影响[18]，从而表现出不同的土壤属性。将各组复合体含量与矿质全量、腐殖质组成及土壤一些基本性质作相关分析，所得结果分别列于表5、表6和表7。

表5　有机矿质复合体与矿质全量之间的相关系数

矿质元素 Mineral element	G_0	G_1	G_2	G_1/G_2
Si	0.333	0.222	−0.320	0.109
Al	−0.386	−0.539	0.610*	−0.384
Fe	−0.406	−0.546	0.624*	−0.380
Ca	0.266	0.714**	−0.711**	0.695**
Mg	0.466	0.753**	−0.824**	0.645*

注：$n=11$，r（0.05）＝0.553*，r（0.01）＝0.684**。

表6　有机矿质复合体与腐殖质组成之间的相关系数

复合体 Complex	腐殖质 Humus	胡敏酸 HA	富里酸 FA	HA/FA
G_0	−0.224	−0.305	−0.305	0.175
G_1	−0.159	−0.827**	−0.827**	0.648*
G_2	0.223	0.823**	0.823**	−0.619*
G_1/G_2	0.132	−0.669*	−0.669*	0.744**

注：$n=11$，r（0.05）＝0.553*，r（0.01）＝0.684**。

表7　有机矿质复合体与土壤基本性质之间的相关系数

基本性质 Basic property	G_0	G_1	G_2	G_1/G_2
pH	0.360	0.849**	−0.863**	0.708**
CEC	0.127	0.683*	−0.630*	0.684**
交换性钙	0.179	0.749**	−0.707**	0.744**
钙饱和度	0.492	0.810**	−0.882**	0.640**
碳酸钙	0.127	0.707**	−0.651*	0.714**
黏粒	−0.269	−0.236	0.307	−0.125

注：$n=11$，r（0.05）＝0.553*，r（0.01）＝0.684**。

从表5可知，G_1组与钙镁全量呈极显著正相关，与铁铝全量则没有显著关系，G_2组与铁铝全量都呈显著正相关，与钙镁全量都呈极显著负相关。因此石灰性土壤、黑钙土等钙含量较高的土壤中G_1组是主要的复合体组成，而铁铝含量高的土壤则以G_2组复合体为主，处于它们之间的土壤都含有相当数量的G_1组和G_2组复合体。

从表6可知，G_2组与富里酸（FA）之间存在极显著正相关，这也符合土壤实际情况，通常南方红壤腐殖质活性较大，FA占的比例较高，G_2组也较多，而北方土壤活性较小的胡敏酸（HA）所占的比例较高，G_1组为主要的复合体组成，尽管G_1与HA之间没有直接显著的关系，但G_1与HA/FA值以及G_1/G_2值与HA都呈显著正相关，这也表明，随着腐殖质中 HA 比例增加，G_1 组复合体有增加的趋势，反之，随着 FA 比例的增加，G_2 组则呈增加趋势。

表 7 结果表明，G_1 组与 pH、CEC、交换性钙、钙饱和度、碳酸钙等都有显著和极显著正相关，G_2 组则与它们都呈显著和极显著负相关，G_1/G_2 值与这些性质也都呈显著和极显著正相关，这与上述结果是完全一致的。

（三）各组复合体与胶结物质的关系

Ca^{2+}、碳酸钙、铁铝氧化物等胶结物质在有机矿质复合体形成过程中起重要作用[3,5,19~21]。从复合体分组过程可知，G_1 组是继 G_0 组提取后，用 1 mol/L 中性氯化钠淋洗土壤至无钙离子后提取的小于 10 μm 的微团聚体，即 G_1 组与以 Ca^{2+} 为主的盐基离子有关，分析淋洗液中 Ca^{2+} 的含量发现，随着淋洗液中 Ca^{2+} 浓度的增加，G_1 组含量也有增加趋势（图 1），由此可见，交换性钙含量高低在一定程度上决定了 G_1 组复合体的形成和数量，在石灰性土壤中则还包括活性碳酸钙的作用。

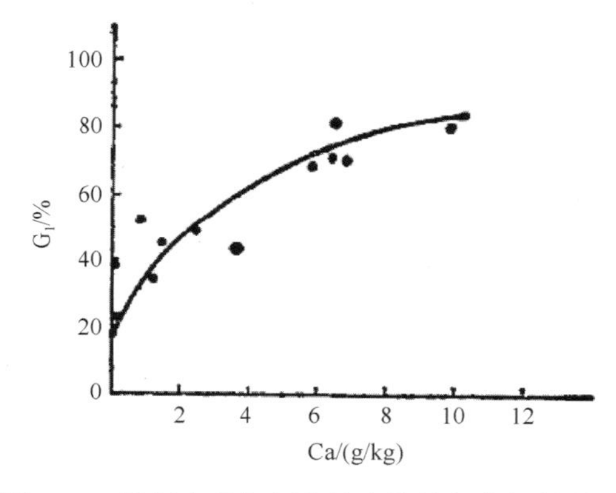

图 1　G_1 组复合体与氯化钠交换性钙之间的关系

G_2 组是继 G_1 组提取后经钠质研磨分散的小于 10 μm 的复合体，通过钠质研磨能分散由铁铝氧化物胶结起来的复合体。表 8 统计结果表明，G_2 组与游离态铁铝氧化物、络合态铁铝都呈极显著正相关，而 G_1 组则与它们都呈极显著负相关，但 G_1 和 G_2 与无定形铁铝氧化物都没有显著关系。图 2 的结果进一步说明，随着土壤游离态铁铝总量的增加，G_2 组也呈直线增加，而 G_1 组则呈直线降低，只有 12 号砖红壤属例外。从而可知，游离态铁铝氧化物在 G_2 组复合体的形成过程中起重要作用，这与各组复合体形成因素分析的结果是一致的。

再从表 3 的结果来看，12 号砖红壤较特殊，有过高的 G_1 组复合体，这主要是由于玄武岩发育的土壤中交换性钙和全钙含量较高（表 2）。9 号、10 号土壤是从同一地点、同一母质上采集的熟化程度不同的两种红壤，相比较，9 号土比 10 号土有更多的 G_1 组复合体和更少的 G_2 组复合体，这与 9 号土壤在耕作熟化过程中因施肥等措施带入的盐基离子有关。兰士珍等[17]研究结果表明，淋溶黑土和棕色森林土的下层都是 G_1 组的含量大于 G_2 组，其上层则是 G_2 组较 G_1 组多。根据我们的结果，这与剖面发育

表 8 有机矿质复合体与各种铁铝氧化物之间的相关系数

铁或铝氧化物 Fe or Al oxide	G_0	G_1	G_2	G_1/G_2
游离态 Fe	–0.411	–0.689**	0.717**	–0.625*
游离态 Al	–0.352	–0.800**	0.789**	–0.674*
无定形态 Fe	0.059	–0.275	0.201	–0.270
无定形态 Al	–0.397	–0.481	0.545	–0.360
络合态 Fe	–0.328	–0.734**	0.723**	–0.525
络合态 Al	–0.339	–0.692**	0.695**	–0.476

注：n= 11，r（0.05）= 0.553*，r（0.01）= 0.684**。

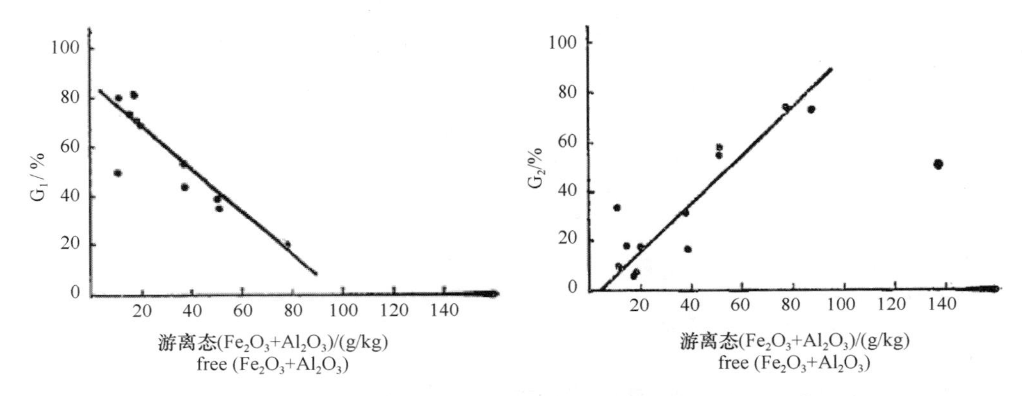

图 2 G_1 和 G_2 组复合体与游离态铁铝氧化物总量的关系

过程中盐基离子的淋溶及铁铝氧化物的相对积累有直接关系。红壤中施石灰，G_1 组复合体有增加的趋势[17]，这与钙的积累有关。

（四）讨论

根据上面的分析可以知道，在以气候成土因素为主的地带性土壤中，G_1 组、G_2 组复合体的含量也呈现有规律的地带性分布，G_1 组、G_2 组含量分别与土壤交换性钙及游离态铁铝氧化物含量直接有关。由于发生物质的淋溶和淀积，也直接影响同一土壤不同层次复合体的类型和组成。根据这些相互间的关系可以认为，土壤中有机矿质复合体的形成和转化过程是和土壤的发生过程密切联系的。在地带性土壤中，以气候为主导的成土因素对土壤中物质的转化和移动，对复合体的组成都有重大影响。在土壤发生过程中，所产生的腐殖质与矿物质相互以各种方式密切结合形成复合体，游离态腐殖质很少单独存在，而不同土壤由于构成复合体的物质（包括黏土矿物，无机胶结物质，腐殖质等）组成和含量不同，因而形成了不同类型和组成的有机矿质复合体。因此，复合体的组成可以直接为土壤发生分类提供理论依据，但是影响复合体含量及其比值的因素还很多，如土壤母质、生物因素等，因此要作为土壤发生分类的指标，则尚需作进一步的探讨。

参考文献

[1] 袁可能. 土壤中粘土有机复合体的研究现状与展望. 土壤圈物质循环研究导向会论文集, 1989, 56-63.

[2] 蒋剑敏, 熊毅. 土壤有机无机复合体. 土壤胶体(第一册)土壤胶体的物质基础(熊毅等主编). 北京: 科学出版社, 1983: 326-440.

[3] Greenland D J. Interaction between clays and organic compounds in soils. Part I. Mechanisms of interaction between clays and defined organic compounds. Soil＆Ferts, 1965, 28: 415-425.

[4] Greenland D J. Interaction between clays and organic compounds in soils. Part II. Adsorption of soil organic compounds and its effect on soil properties. Soil＆Ferts, 1965, 28: 521-532.

[5] Huang P M, Schnitzer M. Interactions of soil minerals with natural organics and microbes. Madison, Wisconsin, 1986. USA: Soil Science Society of America Inc.

[6] Mortland M M. Clay-organic complexes and interactions. Adv Agron, 1970, 22: 75-117.

[7] 陈家坊, 杨国治. 江苏南部几种水稻土的有机矿质复合体性质的初步研究. 土壤学报, 1962, 10(2): 183-192.

[8] 陈恩凤, 周礼恺, 邱凤琼, 等. 土壤肥力实质的研究 I. 黑土. 土壤学报, 1984, 21(3): 229-237.

[9] 侯惠珍, 袁可能. 土壤有机矿质复合体的研究 III. 有机矿质复合体中氨基酸组成和氮的分布. 土壤学报, 1986, 23(3): 228-235.

[10] 侯惠珍, 袁可能. 土壤有机矿质复合体的研究 IV. 有机矿质复合体中有机磷的分布. 土壤学报, 1990, 27(3): 286-292.

[11] 傅积平, 张敬森. 石灰性土壤微团聚体的分组分离及其特性的初步研究. 土壤学报, 1963, 11(4): 382-394.

[12] Hashimoto H, Harada T, Hara M, et al. Studies on the organa-mineral colloidal complexes of paddy soil III. G1 colloidal complexes of the paddy soil as affected by drainage. Soil and Plant Food, 1959, 5(1): 28-35.

[13] 杨彭年. 石灰性土壤有机矿质复合体及其团聚性研究. 土壤学报, 1984, 21(2): 144-152.

[14] 何群, 陈家坊. 第四纪红土发育的水稻土微团聚体特征的初步研究. 土壤学报, 1964, 12(1): 55-62.

[15] 丁端兴. 黑土和黑钙土的有机-无机复合体与结构性的关系. 土壤通报, 1980, (6): 11-16.

[16] 胡荣梅, 刘世金. 黄棕壤各组微团聚体的腐殖质组成及其特征. 土壤学报, 1964, 12(3): 358-362.

[17] 兰士珍, 刘文通, 程晋福. 黑龙江省北安赵光地区的土壤. 土壤通报, 1962,(3): 6-14.

[18] 彭福泉, 高坤林, 车玉萍. 我国几种土壤中腐殖质性质的研究. 土壤学报, 1985, 22(1): 64-73.

[19] Boudot J P, Bel Hadj Brahim A, Steiman R, et al. Biodegradation of synthetic organo-metalic complexes of iron and aluminum with selected metal to carbon ratios. Soil Biology and Biochemistry, 1989, 21(7): 961-966.

[20] Duchaufour P. Dynamics of organic matter in soils of temperate regions: its action on pedogenesis. Geoderma, 1976, 15: 31-40.

[21] Hayes M H B. Soil organic matter extraction, fractionation, structure and effects and soil structure. *In*: Chen Y, Avnimelech Y. The role of organic matter in modern agriculture. Dordrecht: Martinns Nijhoff Publishers, 1986: 183-208.

Surface Charge Characteristics and Zinc Adsorption of Organo-mineral Complexes in Soils①

Ansari M T Xu Jianming Yuan Keneng

Abstract Three soils from China i.e. fragiaqualf (brown soil), udult (red soil) and oxisol (lateritic red earth) and two from Pakistan i.e. hoplustalf (gujranwala series) and chromustert (kotli series) were studied. Net negative charges of H-clay complexes were found more and positive charges less than those of H-clays. H-clay complexes of udul and oxisol had larger surface area than H-clay, while reverse was true in fragiaqualf, hoplustalf and chromustert. The percentage of increase in negative charge due to organic matter near pH 7.0 followed the order of oxisol>udult>hoplustalf>chromustert>fragiaqualf. Organic matter increased the adsorption of zinc by oxisol, udult and chromustert at pH<7.0, and by fragiaqualf and hoplustalf at all Zn concentrations. Freundlich equation was found to be best fit in H-clays and H-clay complexes as compared to Langmuir and Temkin equations. Langmuir equation was found to be the best fit in natural clay complexes.

Keywords soil, surface charge, zinc adsorption, H-clay complexes

The study of electric charges on organo-mineral complexes in soil is of importance in environmental quality. Nearly all the negative charges(>80%)of a soil are found on the colloid particles less than 2 μm[1]. It has been demonstrated that the contribution of the organic matter to the total CEC of a soil is usually substantial and is often considerably greater than that of the clay minerals[2~4]. In terms of negative charges it has been calculated that the contribution of organic matter to the negative charges of the whole soil ranges from 5% to 42% on an average of 21%[5], but the positive charges may be reduced by the presence of organic matter[6]. Clay-size particles and particularly some layer silicate minerals make a great contribution to the surface area of soil inorganic components. However, the type of minerals present and organic matter determines the soil specific surface and related properties[7]. Zinc is accumulated in soils due to increased application of sewage sludge and industrial wastes. Zinc adsorption by soils can be influenced by soil pH, clay minerals, organic matter, iron and aluminum oxides. There have been different reports on effect of organic matter on adsorption of zinc[8~11]. It has been revealed that the effect of clay-organic matter complexation on zinc adsorption and environmental quality might be different from pure clays.

The objective of this study was to investigate the effect of organic matter on electric charge, surface area, and zinc adsorption in different soils.

---

① 原载于《浙江农业大学学报》，1994 年，第 20 卷，第 3 期，228~234 页。

1. Materials and Methods

Three soil samples were collected from China i.e. fragiaaualf (brown soil), udult (red soil) and oxisol (lateritic red earth), and two from Pakistan i.e. hoplustalf (gujranwala series) and chromustert (kotli series). Description and some basic properties of these soils are given in Table 1.

Table 1　Some physical and chemical properties of soils

Soil sample	Depth /cm	Organic matter /(g/kg)	pH		Clay /(g/kg)	Free iron oxide /(g/kg)	Available Zn /(mg/kg)	Mineralogical composition*
			H_2O	KCl				
Fragiaqualf	0~20	11.3	8.30	7.19	188	15.7	0.25	III ChI>Smec, Verm>>Plag, Qz, Kaol
Hoplustalf	0~15	10.4	8.08	6.96	182	5.7	0.63	III > Chi, Mont > Kaol >> Qz
Chromustert	0~15	16.9	7.15	5.81	493	38.9	0.34	III, Smec > kaol > Chi > Goe, Hem>>Qz
Udult	0~20	27.2	5.16	3.91	318	25.4	0.50	Kaol > Al-Verm > III > Int.Verm-111 > Gibb, Goe Hem >> Ana.Qz
Oxisol	0~20	36.9	4.82	3.74	310	70.8	0.77	Kaol> AL-Verm> Int Verm- 111>> Gibb, Goe, Hem

*III. Illite; ChI, Chlorite; Semc, Smectite; Plag, Plagioclase; Qz, Quartz; Kaol, Kaolinite; Goe, Goethite; Hem, Hematite; AI-verm, Alumiinous Vermiculite; Int. Verm-Ill. Interlayers of vermiculite and illite.Ana Anatase.

1.1　Preparation of soil complexes

Soil samples were dispersed by ultrasonic vibration and clay fraction was isolated according to sedimentation method, and then was concentrated by vacuum suction, dried at < 40℃, ground and passed through 60 mesh sieve to get natural clay complexes. H-clay complexes were prepared by washing natural clay complexes with 0. 2 mol/L HCl until free of calcium ions and then washed with deionized water until free of chloride ions, and then washed with deionized water until free of chloride ions. Removal of organic matter from H-clay complexes was done by adding hydrogen peroxide to preparde H-clays.

1.2　Total electric charges

Positive and negative charges of H-clays and H-complexes were determined by Schofield method[1].

1.3　Surface area

Ethylene glycol monoethyl ether (EGMB) was used to determine specific surface area according to Heilman et al[12].

1.4　Adsorption of zinc

Zinc adsorption was determined by mixing 20 mL of zinc solution ($ZnCl_2$) of pH 3, 4, 5, 6, 7 and 8 containing 10 mg/L of zinc with 0.2 g of sample in 50 ml of centrifuge tubes. Two drops of chloroform were added to avoid microbial contamination. Then the centrifuge tubes were shaken at room temperature (24±1)℃ for 24 hours and then centrifuged. Zinc concentration in supernatant solutions was determined on HITACHI 180-80 atomic absorption spectrophotometer.

1.5 Zinc adsorption isotherm

To study the effect of concentration on adsorption of zinc by soil colloids, fragiaqualf and hoplustalf samples were used. All samples were studied at their natural pH. For H-clay complexes as well as H-clay, the zinc concentrations used were 0, 2.5, 5.0, 7.5, 10.0, 15.0, 20.0, and 30.0 mg/L, and for natural clay complexes higher concentrations were employed because all zinc disappeared at low concentrations. 0.2 portions of sample were mixed with 20 ml of each zinc solution in a centrifuge tube at room temperature (24±1)℃ and was shaken at intervals for 24 hours. Zinc in supernatant solution was measured.

2. Results and Discussion

2.1 Surface charge characteristics

The results in Table 2 indicated that the surface area of H-clays of hoplustalf, chromustert and fragiaqualf was higher than that of H-clay complexes, while that of H-clay complexes of udult and oxisol higher than that of H-clays. The organic matter acts as a bridge between charged colloids resulted in a decrease in surface area. In addition, some organic matter entered interlamellar spaces as well as ditrigonal cavities. Positive charges on broken edges of clay minerals were bound with the functional groups of organic matter. The surface area of soils predominated by kaolinite, goethite and gibbsite which have only external surface area was much less than that of organic matter ranging from 800 to 900 m^2/g.

The electric charges of both H-clays and H-clay complexes are also presented in Table1. The results showed that negative charges of H-clays complexes were higher than those of respective H-clays at almost all pH's, while positive charges of H-clay complexes were lower than those of H-clays. Positive charges decreased and negative charges increased with rise in pH. The difference of charge characteristics between different soils was mostly due to the composition of clay minerals and organic compounds. The negative charges of H-clays of hoplustalf from pH 3 to 6 almost kept constant, so did the negative charges and net charges of H-clays complexes as well as H-clays of chromustert fragiaqualf from pH 3 to 5 (Table 2). All these phenomena indicated the presence of permanent charges and confirmed the view that isomorphous substitution occurred[13]. In H-clays of hoplustalf, chromustert and fragiaqualf from pH 6 to 8 the increase in net charge was considerable due to loss of a proton to a water at higher pH values[1], while in H-clays complexes this increase was more considerable than in H-clays . It signifies the dissociation of functional groups of organic matter as well as clay minerals.

The negative charges and net charges of udult and oxisol at pH 4 were by no means regarded as permanent. The increase in charge with pH in H-clays as well as H-clays complexes was smooth (Table 2). In H-clays of oxisol several of charge from positive to negative occurred at pH 5, while in H-clay complex it took place at pH 4. 0 which means organic matter had not only masked positive charges but also added negative charges onto clay minerals (Table 2). The positive charges in H-clay complexes were less than those in

Table 2 Total electric charges, surface area and surface charge density

Soil type	pH of NH_4Cl solution	H-clay				H-clay complex				Percent of increase in negative charge by OM (B-A)/A
		Negative /[cmol(+)/kg]	Positive charge (A)	Net charge	Surface area /(m^2/g)	Negative charge /[cmol(+)/kg]	Positive charge (B)	Net charge	Surface area /(m^2/g)	
Hoplustalf (Gujranwala series)	3.15	30.94	3.60	–27.34	244	32.13	2.80	–29.33	234	7.28
	4.27	31.08	2.36	–29.72		33.19	1.97	–31.22		8.70
	5.36	31.58	0.16	–31.42		35.01	0.25	–34.76		10.63
	6. 09	31.75	0.00	–31.75		35.53	0.00	–35.33		11.28
	7. 04	32.90	0.00	–32.90		38.00	0.00	–38.00		15.50
	8.07	35.12	0.00	–35.12		42.50	0.00	–42.50		21.01
Chromustert (Kotli series)	2.98	35.61	3.13	–32.48	354	36.32	2.50	–33.82	314	4.13
	3. 98	36.14	2.22	–33.92		36.84	2.03	–34.81		2.62
	4.72	36.85	0.57	–36.28		36.82	0.79	–36.03		0.00
	5. 94	38.04	0.00	–38.04		41.44	0.00	–41.44		8.94
	6. 80	39.82	0.00	–39.82		44.35	0.00	–44.35		11.38
	7.80	42.42	0.00	–42.42		47.05	0.00	–47.05		10.91
Fragiaqualf (Brown soil)	3. 20	33.10	2.10	–31.00	268	33.69	1.80	–31.89	232	2.87
	3.87	34.16	0.70	–33.46		34.21	0.50	–33.71		0.75
	4.98	34.27	0.10	–34.17		35.25	0.10	–35.15		2.87
	5.86	36.52	0.00	–36.52		37.54	0.00	–37.54		2.79
	6.86	37.48	0.00	–37.48		40.42	0.00	–40.20		7.26
	7.88	38.47	0.00	–38.47		41.39	0.00	–41.39		7.59
Udult (Red soil)	3.15	11.58	5.00	–6.58	152	11.42	3.80	–7.62	195	15.81
	4.27	12.75	3.00	–9.75		13.27	2.24	–11.03		13.13
	5.36	13.25	2.00	–11.25		14.58	1.22	–13.36		18.76
	6. 09	14.10	0.85	–13.25		17.06	0.54	–16.52		24.68
	7.04	15.70	0.00	–15.70		19.52	0.00	–19.52		24.33
	8.07	19.01.	0.00	–19.01		25.13	0.00	–25.13		32.19
Oxisol (Lateritic red earth)	3. 20	3.67	7.30	+3.63	137	4.04	6.17	+2.13	196	41.32
	3. 87	4.82	5.53	+0.71		5.58	4.70	–0.88		223.90
	4. 98	6.25	3.16	–3.09		7.32	1.60	–5.72		85.11
	5.86	7.01	2.50	–4.51		8.34	1.00	–7.34		62.75
	6. 86	8.08	0.34	–8.08		12.28	0.20	–12.08		49.50
	7.88	10.88	0.00	–10.88		15.20	0.00	–15.20		39.71

respective H-clays. Positive charges became vanish at pH 6.0 in H-clay complexes of hoplustalf, chromustert and fragiagualf, at pH 7.0 in those of udult, and at pH 8.0 in those of oxisol. In former three soils, illite, chlorite and smectite are major clay minerals while in latter two soils kaolinite and Fe and A1 oxides dominated.

If we compared the increase in percentage of negative charges due to organic matter, each soil behaved differently. In hoplustalf and udult, the negative charges of organic matter increased with pH, in chromustert this percentage decreased from pH 3 to 5 and then increased steadily. In fragiaqualf it remained constant from pH 3 to 6 and then increased, while in oxisol it increased first and then decreased. When compared the increase percentage in negative charges due to organic matter at pH 7, the following order was obtained: oxisol > udult > hoplustalf > chromustert > fragiaqualf. This showed that in soils containing kaolinite and Fe and A1 oxides in major amounts organic matter developed more negative charges in percentage as compared to soils containing illite and smectite as predominant clay minerals.

2.2 Adsorption isotherm of zinc

Adsorption of zinc by clays and clay-organic complexes was studied in different soils. The results of zinc adsorption related to pH value showed that adsorption of Zn by H-clay complexes was higher than that by H-clays at pH<7.0 in chromustert, udult and oxisol (Fig. 1). This was due to that the adsorption of organic anions could increase the negative charges on the surfaces of the soil colloids. Shapes of curves of H-clays and H-clay complexes were almost similar which signified that the nature of clay minerals might determine the behaviour of zinc adsorption.

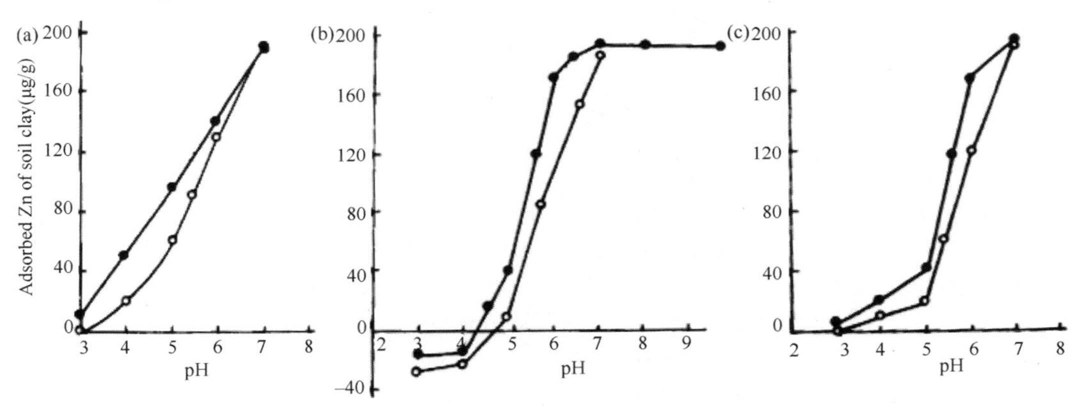

Fig.1 Effects of pH on adsorption of zinc in clays of chromustert(a) udult(b) and oxisol(c)
H-clay (○); H-clay complex (●)

Zinc adsorption increased from pH 3 to 7 with different slopes as shown in Fig. 1 and above pH 5.4 was more pH dependent with almost same level at pH 7.0. The difference of Zn adsorption from pH 4 to 5.4 depended upon exchange sites or exchange capacity of soil[14] and from pH 5.4 to 7.2 it was due to chemisorption of hydrated forms of Zn and this sorption was strongly pH-dependent. The characteristics of adsorption isotherm mainly depended on the pH regardless of the type of soils[15]. It was observed that all the zinc added disappeared at pH 8.0 in all samples due to chemical precipitation except H-clay complex of oxisol in which the adsorption decreased at pH>7.0 due to the formation of soluble zinc-humic acid complexes[8]. The H-clay and H-clay complex of oxisol released zinc at pH<4.7 and <4.3 respectively. This probably resulted from the gradual destruction of sorption surface as pH decreased, and became severe at pH<4.0.

Plots of Zn concentration in equilibrium solution versus amount of Zn adsorption by two soils are given in Fig 2. The amount of Zn adsorption by H-clay complexes was higher than that by H-clays in fragiaqualf and hopustalf. It revealed that clay-organic complexation

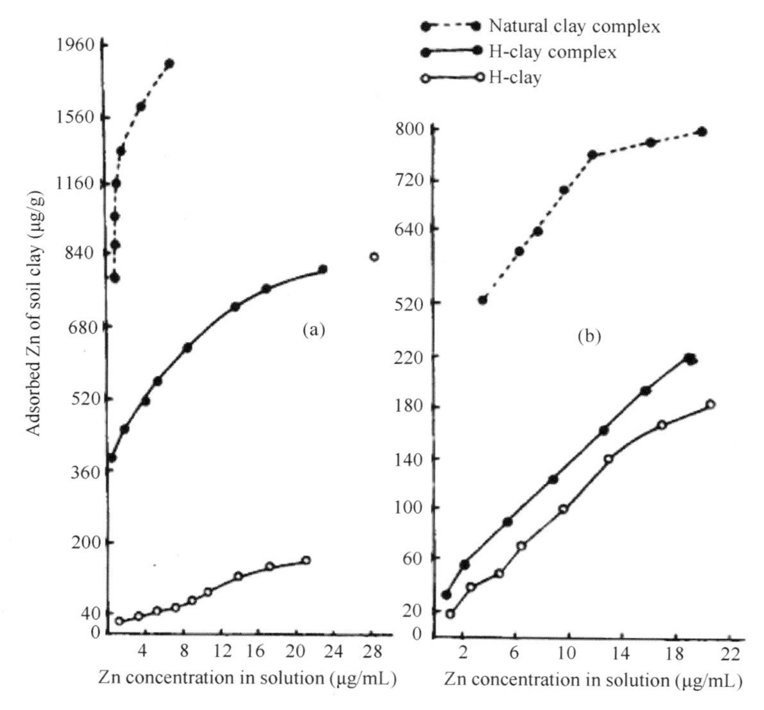

Fig. 2　Adsorption isotherms of zinc in clays of fragiaqualf soil (a) and hoplustalf soil (b)

increased zinc adsorption. When Langmuir, Freundlich and Temkin equations were applied to Zn adsorption of different soils, Langmuir equation was found unfit to H-clays of fragiaqualf (correlation coefficient r=0.7140) and hoplustalf (r=0.4033) and H-clay complex of hoplustalf (r=0.866l); Temkin equation was fit in all samples (r=0.9090~0.9734), but Freundlich equation was found to be best fit (r=0.9344~0.9920). As compared to Freundlich (r=0.9344~0.984l) and Temkin (r=0.9734~0.9810) equations, Langmuir equation was found best fit in natural clay complexes (r=0.9956~0.9986) than their respective H-clay complexes and H-clays. Fig. 2 showed that natural clay complexes of fragiaqualf and hoplustalf adsorb more Zn than respective H-clay complexes and H-clays due to their higher pH.

References

[1] Schofield R K. Effect of pH on electric charges carried by clay particles. Journal of Soil Science, 1949, 1: 1-8.

[2] Kamprath E J, Velch C D. Retention and cation exchange properties of organic matter in coastal plain soils. Soil Science Society of America Proceedings, 1962, 26: 263-265.

[3] Martel Y A, Kimpe D C R, Laverediere M R. Cation-exchange capacity of clay-rich soils in relation to organic matter, mineral composition and surface area. Soil Science Society of America Journal, 1978, 42: 764-767.

[4] Yuan T, Gammon N, Leighty R G. Relative contribution of organic and clay fraction to cation exchange capacity of sandy soils from several soil groups. Soil Science, 1967, 104: 123-128.

[5] Zhang X N. Ion adsorption. *In*: Yu T R. Physical chemistry of paddy soils. Beijing: Science Press, Springer-verlag, 1985: 111-129.

[6] Moshi A O, Wild A F, Greenland D J. Effect of organic matter on the charge and phosphate adsorption

characteristics of kikuyu red clay from Kenya. Geoderma, 1974, 11: 275-285.
[7] Ma Y J, Yuan C L. Surface chemistry of colloids in the main soils of China. Proceedings of 15th International Congress of Soil Science Japan, 1990, 7: 297-280.
[8] Chalrichai P, Ritchie G S P. Zinc adsorption by a lateritic soil in the presence of organic ligands. Soil Science Society of America Journal, 1990, 54: 1242-1248.
[9] Kinniburgh D G, Jackson M L. Zinc and calcium absorption by iron hydrous oxide. *In*: Kinnibugh D G. Cation adsorption by hydrous metal oxides. University of Wisconsin Press Madison, 1974.
[10] Mangaroo A S, Hines F L, Mclean E O. The adsorption of zinc by some soils after pre-extraction treatments. Soil Science Society of America Proceedings, 1965, 29: 242-245.
[11] Pickering W F. Zinc interaction with soil and sediment components. *In*: Nriuzn J O. Zinc in Environment. Part I. Biological Cycling. New York: John Wiley and Sons, 1980.
[12] Keilman M D, Carter M D, Gonzalez C L. The ethylene glycol, monoethyl ether (EGME) technique for determining soil surface area. Soil Science, 1965, 100: 409-413.
[13] Hussain A, Kyuma K. Charge characteristics of soil organo-mineral complexes and their effect of phosphate fixation. Soil Science and Plant Nutrition, 1970, 16: 154-162.
[14] Mcbride M B, Blasiak J J. Zinc and copper solubility as a function of pH in an acid soil. Soil Science Society of America Journal, 1979, 43: 866-870.
[15] Msaky J J, Calvet R. Adsorption behaviour of copper and zinc in soils: Influence of pH on adsorption characteristics. Soil Science, 1990, 150: 513-522.

土壤有机矿质复合体研究　Ⅵ. 胶散复合体的化学组成及其结合特征①

徐建明　袁可能

摘　要　本文研究水热条件渐变的地带性土壤中 G_1 组、G_2 组胶散复合体有机物、无机物的化学组成及其结合特点。结果表明：G_2 组中铁有积累现象，游离态铁、铝氧化物含量为 $G_2>G_1$，但均随土壤类型变化。松结态腐殖质（H_1）为 $G_1>G_2$，紧结态腐殖质（H_2）则为 $G_1<G_2$。可提取腐殖质中，松、稳结态腐殖质之比值 H_1/H_2 和胡敏酸、富里酸之比值 HA/FA，除个别土壤之外，都相差不大。G_1、G_2 两组复合体中都含有一定数量的络合态铁、铝和钙。初步认为 G_2 中腐殖质总量及胡敏素量均高于 G_1，但不能区分为钙键复合体和铁铝键复合体。

关键词　G_1，G_2，矿物质，腐殖质

在第 V 报[1]中，作者曾较系统地研究了我国自北而南分布的地带性土壤中，胶散复合体类型的演变及其形成特点。结果表明，地带性土壤中 G_1 组、G_2 组复合体含量也呈现有规律的地带性分布，G_1 组含量与钙镁全量、钙饱和度、pH、CEC 等呈正相关、而 G_2 组含量与铁铝全量、游离态铁铝氧化物、络合态铁铝呈正相关，与钙饱和度、pH 等呈负相关[1]，这表明胶散复合体 G_1 和 G_2 的生成与土壤形成条件和性质有关。但是有关 G_1 组、G_2 组复合体中腐殖质组成和矿物质组成的研究报道甚少。以往有关的研究工作主要是方法上的进一步完善[2,3]，肥土、瘦土复合体的组成及养分特点[4,5]，水田、旱地复合体的动态变化及肥力特征等[2,6]，因此对分组胶散法所取得的复合体类型进行充分的鉴定和验证是很有必要的。本文在第 V 报的基础上，再就从这些土壤分离得到的 G_1 组、G_2 组复合体进行有机、无机组成的剖析研究，并对它们相互间的作用及形成机制加以探讨。

一、材料与方法

供试材料为本研究第 V 报[1]中提取的 5 个土壤样品（3 号黑土、6 号棕壤、7 号黄棕壤、10 号红壤及 13 号砖红壤）的 G_1 组、G_2 组复合体。结合态腐殖质分组采用熊毅-傅积平的改进法[7]，其余分析方法均同第 V 报[1]。

① 原载于《土壤学报》，1994 年，第 31 卷，第 1 期，26~33 页。

二、结果

（一）复合体中矿物质的化学组成

土壤及其 G_1 组、G_2 组复合体全量分析的结果列于表 1。从表 1 可知，主要矿质元素铁、铝、镁在两组复合体中都有不同程度的富集，而全钙则除黑土外，复合体中的含量均低于或接近于全土，这可能与复合体分离前中性氯化钠的脱钙处理有直接关系，硅在土壤中的含量都高于复合体，显然是土壤中除各组复合体外还存在大于 10 μm 的石英砂粒有关。

表 1　土壤及复合体矿质元素的化学组成

土样号 Sample No.	土壤名称 Soil name	组别 Fraction	SiO_2/	（Al_2O_3	Fe_2O_3 /（g/kg）	CaO	MgO）	SiO_2/ Al_2O_3	SiO_2/ Fe_2O_3
3	黑土	原土	588.6	158.7	53.3	8.9	9.9	6.3	29.4
		G_1	509.8	186.2	90.9	15.2	26.0	4.6	15.0
		G_2	463.2	170 .5	94.9	14.4	22.1	4.6	13.0
6	棕壤	原土	629.6	167.2	47.0	17.2	13.8	6.4	35.7
		G_1	180.2	206.9	77.5	8.0	31.2	3.9	16.5
		G_2	429.8	196.5	80.5	9.5	30.8	3.7	14.2
7	黄棕壤	原土	655.8	157.1	55.5	5.8	9.8	7.1	31.5
		G_1	525.7	213.3	93.5	1.9	20.6	4.2	15.0
		G_2	466.7	183.3	95.6	4.9	21.5	4.3	13.0
10	红壤	原土	690.4	150.2	56.8	1.1	6.1	7.8	32.4
		G_1	499.2	247.6	98.7	0.3	15.7	3.4	13.5
		G_2	480 .5	249.7	113.7	0.9	16.4	3.3	11.3
13	砖红壤	原土	609.5	218.3	96.2	0.2	1.6	4.7	16.9
		G_1	339.6	286.3	154.5	1.2	2.4	2.0	5.9
		G_2	332.0	273.9	149.9	0.9	2.1	2.1	5.9

在复合体中，硅、铝全量都是 $G_1>G_2$，而硅铝率则非常接近，这表明 G_1 和 G_2 之间铝硅酸盐矿物主要是数量上有所差别，而其组成差异不明显。铁含量则除砖红壤外，大多是 $G_2>G_1$，硅铁率则 $G_2<G_1$，这表明铁的氧化物在 G_2 中有所富集。钙、镁全量在两组复合体中差异不大，而且也没有一定的趋势（表 1），这表明 G_1 和 G_2 中钙镁全量没有明显区别，即使在钙富集的黑土复合体中也是如此。由此可见，G_1 组和 G_2 组的矿物成分除 Fe_2O_3 在 G_2 中略有增加外，其余基本上是相同。以往认为，红壤性水稻土铁铝都向 G_2 组富集[2]，在本研究的几个地带性土壤中没有同样规律。

（二）复合体中游离态铁铝氧化物形态及组成

铁铝氧化物对土壤各方面性质都有深刻的影响，对复合体中氧化物矿物的区分可以增进了解 G_1 组、G_2 组的性质及其结合特征的差别。从表 2 的分析结果可知。复合体中各形态铁铝氧化物均高于相应的土壤，这与复合体中铁铝全量的富集是一致的。复合体中游离态、结晶态铁氧化物随土壤中铁全量的增加而增加，但铝氧化物则不存在这样的趋势。

表 2　土壤和复合体游离态铁、铝氧化物形态和组成

土壤名称 Soil name	组别 Fraction	游离态铁氧化物 Fe_2O_3/（g/kg）				游离态铝氧化物 Al_2O_3/（g/kg）			
		游离态 Fe_d	无定形态 Fe_o	结晶态 Fe_{d-o}	Fe_o/ Fe_d /%	游离态 Al_d	无定形态 Al_o	结晶态 Al_{d-o}	Al_d/Al_o /%
黑土	原土	15.6	1.0	14.6	6.41	4.5	1.4	3.1	31.11
	G_1	27.7	4.4	23.3	15.88	15.1	6.5	8.6	43.05
	G_2	42.9	8.2	34.7	19.11	15.4	5.9	9.5	38.31
	G_2-G_1	15.2	3.8	11.4	3.23	0.3	–0.6	0.9	–4.74
棕壤	原土	9.2	1.2	8.0	13.04	2.5	0.8	1.7	32.00
	G_1	26.1	3.8	22.3	14.56	7.6	3.0	4.6	39.47
	G_2	30.9	5.4	25.5	17.48	8.0	3.7	4.3	46.25
	G_2-G_1	4.8	1.6	3.2	2.92	0.4	0.7	–0.3	6.78
黄棕壤	原土	30.4	0.4	30.0	1.31	7.5	1.0	6.5	13.33
	G_1	39.5	0.2	39.3	0.51	8.6	2.8	5.8	32.56
	G_2	43.8	0.3	43.5	0.68	8.7	2.1	6.6	24.14
	G_2-G_1	4.3	0.1	4.2	0.17	0.1	–0.7	0.8	–8.42
红壤	原土	44.6	0.4	44.2	0.90	6.7	1.9	4.9	28.35
	G_1	81.0	1.4	79.6	1.73	25.4	3.7	21.7	14.57
	G_2	90.8	1.3	89.5	1.43	30.0	3.2	26.8	10.67
	G_2-G_1	9.8	–0.1	9.9	–0.30	4.6	–0.5	5.1	–3.89
砖红壤	原土	70.8	0.6	70.2	0.05	16.1	1.5	14.6	6.21
	G_1	143.3	1.1	142.2	0.77	24.6	2.1	22.5	8.54
	G_2	144.5	1.6	142.9	1.11	27.8	2.9	24.9	10.43
	G_2-G_1	1.2	0.5	0.7	0.34	3.2	0.8	2.4	1.89

在 G_1、G_2 两组复合体中比较，铁氧化物含量大多是 $G_2>G_1$，其差异（G_2-G_1）有从北往南逐渐减小的趋势。但两组复合体中铝氧化物的含量则相差很少，而且 G_2-G_1 的差异有南方土壤略高于北方土壤的趋势。这表明复合体 G_1 和 G_2 中游离氧化物含量的差异，随地带性土壤的成土条件和性质的不同而有所变化，在北方钙饱和度较高的土壤中，G_1 和 G_2 中的游离态铁氧化物的含量差异比较明显，而游离态铝氧化物的含量则几乎没有差异，但南方酸性土壤，尤其是砖红壤，游离态铝氧化物在两组复合体中的差异比较明显，而游离态铁的差别则很小。

从表 2 还可以看出，复合体中游离氧化物的晶化程度大多低于原土，而铁的晶化程度又远高于铝氧化物，这表明无定形氧化物在复合体形成中有一定作用，通常认为是由于它有较大的比表面，故对腐殖质的亲和力大于结晶态氧化物[8]。同时也说明无定形铝氧化物的作用又较铁氧化物更重要。但在复合体分组中，无定形铁所占比例在 G_2 中略高于 G_1，而无定形铝的比例似无明显规律，这表明在 G_1 组和 G_2 组形成过程中无定形氧化物的作用差别不大。

（三）复合体中结合态腐殖质组成

土壤中的腐殖质以多种方式和不同程度与矿质部分相结合形成有机矿质复合体而存在，因而具有不同的结合形态。表 3 的结果表明，有机质总量是 G_2 组高于 G_1 组，这与前人报道的结果一致[2,9,10]。0.1 mol/L NaOH 提取的松结态腐殖质（H_1）均

为 $G_1>G_2$，接着能溶于 0.1mol/L NaOH + 0.1mol/L $Na_4P_2O_7$ 混合液的稳结态腐殖质（H_2）在 G_1、G_2 中没有一致的趋势，而不溶于浸提液的紧结态腐殖质（H_3）则 $G_2>G_1$，这表明 G_2 中腐殖质的可溶性大大低于 G_1，也和前人结果一致[4,6]。但松结态腐殖质是可提取腐殖质（H_1+H_2）中主要的组成部分，在 G_1、G_2 中分别占 76.8%~91.5%和 61.4%~91.3%。值得注意的是 G_1 和 G_2 的 H_1/H_2 值，除个别外相当接近，H_1/H_3 值也自北而南逐渐地接近，这表明 G_1 和 G_2 中可溶部分的松结态和稳结态的比值没有明显变化。

表 3 复合体中结合态腐殖质组成

土壤 Soil name	复合体 Complex	总碳/（g/kg soil） Total C	H_1/%	H_2/%	H_3/%	H_1/H_2	H_1/（H_1+H_2）	H_1/H_3	（H_1+H_2）/H_3
黑土	G_1	24.6	70.80	6.60	22.59	10.73	91.5	3.13	3.43
	G_2	57.3	51.73	4.95	43.31	10.45	91.3	1.19	1.30
棕壤	G_1	31.6	47.56	14.40	38.04	3.30	76.8	1.25	1.62
	G_2	59.1	34.50	15.68	49.82	2.20	68.8	0.69	1.01
黄棕壤	G_1	10.7	43.27	7.10	49.63	6.09	85.9	0.87	1.01
	G_2	53.8	29.24	18.35	52.40	1.59	61.4	0.56	0.90
红壤	G_1	6.8	58.77	5.70	35.53	10.31	91.2	1.65	1.81
	G_2	7.2	51.05	5.01	44.01	10.17	91.1	1.16	1.27
砖红壤	G_1	26.2	44.39	12.06	43.55	3.68	78.6	1.02	1.29
	G_2	31.2	44.39	9.74	45.87	4.56	82.0	0.97	1.18

表 4 说明松结态腐殖质组成中，3 号、6 号、7 号土壤的胡敏酸（HA）和富里酸（FA）都是 $G_1>G_2$，HA/FA 值也是 $G_1>G_2$，10 号、13 号土壤有所不同，HA 为 $G_1<G_2$，而 FA 则为 $G_1>G_2$，致使 HA/FA 值为 $G_1<G_2$。

表 4 复合体松结态腐殖质中胡敏酸和富里酸的组成

土样号 Sample No.	复合体 Complex type	HA/%	FA/%	HA+FA（H_1）/%	HA/FA
3	G_1	53.66	17.44	70.80	3.08
	G_2	59.09	12.74	51.73	3.07
	G_1-G_2	14.57	4.7	19.07	0.01
6	G_1	26.08	21.49	47.56	1.21
	G_2	18.14	16.36	34.50	1.11
	G_1-G_2	7.94	5.13	13.06	0.10
7	G_1	18.41	24.86	43.27	0.74
	G_2	10.86	18.38	29.24	0.59
	G_1-G_2	7.55	6.48	14.03	0.15
10	G_1	10.09	48.68	58.77	0.21
	G_2	11.58	39.47	51.05	0.29
	G_1-G_2	–1.49	9.21	7.72	–0.08
13	G_1	13.82	30.57	44.39	0.45
	G_2	16.54	27.85	44.39	0.59
	G_1-G_2	–2.72	2.72	0.00	–0.14

从表 4 还可看出，从北往南，G_1、G_2 中 HA 似有减小的趋势，FA 则都有增加的趋势，HA/FA 值也从黑土的 3 左右降到砖红壤的 0.5 左右，这与土壤中的变化趋势是一致的[8]。两组复合体腐殖质组成的差异（G_1—G_2）是：从北往南，HA 的差异逐渐减小，而 FA 的差异则呈现增加趋势，（HA+FA）的差异（指 H_1）则从黑土的 19%降低到砖红壤的无差异。值得注意的是在同一土样 G_1、G_2 之间 HA/FA 值的差异比土类之间的差异要小，这表明 G_1 和 G_2 中松结态腐殖质的组成可能是相似的。

以 pH 9.8 的 0.1 mol/L $Na_4P_2O_7$ 提取的络合态铁、铝、钙的结果（表 5）表明，G_1 和 G_2 中都含有一定数量的络合态铁、铝、钙，G_2 中络合态铁含量有大于 G_1 的趋势，络合态铝则没有类似的趋势，且随着土壤种类变化，在 3 号、6 号土壤中 $G_1>G_2$，而 7 号、10 号、13 号土壤中则 $G_1<G_2$，其变化趋势和 HA/FA 的变化趋势相当一致。但总的来说，络合态铁、铝在 G_1、G_2 中都相差不大。值得注意的是 G_1、G_2 中还都含有一定数量的络合态钙，而且 G_2 中的含量并不低于 G_1，氯化钠处理并不能把复合体中的钙全部代出。可见，不论 G_1 还是 G_2 都含有以钙、铁、铝为键桥形成的复合体。

表 5　复合体中络合态铁、铝和钙的含量　　（单位：g/kg）

土样号 Sample No.	复合体 Complex type	Fe	Al	Ca
3	G_1	0.266	0.857	0.750
	G_2	0.322	0.810	0.622
6	G_1	1.060	0.688	0.210
	G_2	1.234	0.664	0.278
7	G_1	0.123	0.498	0.330
	G_2	0.220	0.594	0.483
10	G_1	0.035	0.778	0.025
	G_2	0.049	0.990	0.022
13	G_1	0.210	0.780	0.004
	G_2	0.232	1.036	0.003

三、讨论

本研究第 V 报的结果表明，在以气候成土因素为主的地带性土壤中，G_1 组、G_2 组复合体的含量与成土条件、土壤组成和土壤性质有关，尤其是 G_1 组、G_2 组含量分别与土壤交换性钙和游离态铁铝氧化物含量呈极显著正相关[1]。但是显然，G_1 组、G_2 组的变化幅度与金属离子的变化是不相称的，在几乎不含钙的南方土壤仍然含有相当的 G_1 组复合体，这说明 G_1 的含量并不是完全取决于钙的数量，在缺乏钙的条件下，仍然可以形成一定数量的 G_1 复合体，同样 G_2 的含量在各种土壤类型中的变化，也和铁铝氧化物的变化不相称。这些问题说明，G_1 和 G_2 的形成机制是比较复杂的，不能简单地以钙和铁铝氧化物的不同键态机制说明，为此必须从 G_1 和 G_2 本身的组成进行剖析研究。有关研究指出，G_2 中无机胶体（包括黏粒和氧化物）的含量高于 G_1，腐殖质总量和胡敏素部分所占的比例，G_2 显著高于 G_1，从而在一些性质中，如吸收量、养料有效性等都表现了明显的区别[2,3,11]。

在我们的研究中也得到了同样的结果[9,10]，但是当我们采用地带性系列样品进行研究时，发现在 G_1 和 G_2 之间的某些组成差异，随着土壤类型而变化，没有固定的关系。例如，游离氧化铁和无定形氧化铁含量在北方钙饱和土壤中相差很大，而在南方酸性土壤几乎没有差别，而氧化铝的含量相差更小（表 2），所以不能认为氧化铁铝对 G_2 的生成起了特殊的作用，更不能否定氧化物在 G_1 的生成机制中也起重要的作用。

在复合体的矿物组成中，G_1 组、G_2 组的 SiO_2/Al_2O_3 率和游离态氧化铝含量都无明显变化（表 1、表 2），这说明 G_1 组和 G_2 组的铝硅酸盐矿物成分基本上是类似的，因此 G_2 组相对所富集的铁主要是游离态铁氧化物。然而 G_1 中也含有相当量的游离态铁氧化物，这说明由 Ca^{2+} 或活性氧化物胶结的团聚体内部，相当一部分仍由铁铝氧化物胶结而成，即 G_1 组仍含有一定量的铁铝键结的复合体。

根据复合体结合态腐殖质组成结果（表 3）可知，腐殖质总量和胡敏素（H_3）都是 $G_2>G_1$，而松结态腐殖质（H_1）及可提取性腐殖质（H_1+H_2）均为 $G_1>G_2$，所有这些差别是由 G_1 组、G_2 组复合体本身的形成特点和特性所决定的。有人研究表明，游离态铁氧化物与胡敏素之间存在显著的正相关[12]，因此 G_2 中有较高比例的胡敏素。然而，在腐殖质的组成中，值得注意的是 G_1 组、G_2 组 H_1/H_2 值除个别土壤外都相差不大，这说明两组复合体中腐殖质的联结状态是相似的，差热分析也显示 G_1 和 G_2 中腐殖质的结合方式也是相似的[13]。同样两组复合体腐殖质的 HA/FA 值也比较接近，这表示 G_1 组、G_2 组腐殖质的组成和结构可能也是类似的。结果还表明，G_1 组、G_2 组复合体都含有一定数量的络合态铁、铝和钙，除 G_2 中络合态铁略高于 G_1 之外，没有其他差异（表 5）。

上述组成分析表明，在 G_1 组和 G_2 组中有机胶体的组成和结构相似，游离态铁铝氧化物的差异也没有固定规律，G_1、G_2 也都含有一定数量的络合态铁、铝和钙，两组复合体中可提取腐殖质的结合态也是相似的，因此不能得出 G_1、G_2 是两种不同类型（如钙结合的和铁铝结合的）复合体的结论。

但是 G_2 组中含有较高量无机和有机胶体，有机胶体的活性也明显降低，这些差别也不是单纯地由于团聚状态不同所致。根据生成条件分析[8]，G_1 主要是在较干燥的和盐基饱和度较高的条件下生成的，复合胶体通过盐基离子的凝聚，由多价离子的胡敏酸盐和脱水程度较低的游离态氧化物的胶结作用聚结成较大的团聚体，这些团聚体可以在钠离子和中性条件下分散。而 G_2 则主要是在气温较高和酸性条件下生成的，复合胶体中包含脱水程度较高的铁铝氧化物联结的团聚体，这些团聚体必须通过更大的分散力——机械研磨才能使之分散。G_2 中含有较高量的黏粒和无机胶结物对结合态腐殖质的积累和缩合老化产生一定影响，从而使 G_2 组含有较高量的活性较低的腐殖质。这是我们对胶散分组复合体 G_1 和 G_2 的初步认识。当然，G_1 和 G_2 的生成机制是很复杂的。例如，G_1 和 G_2 是否可能在一定条件下相互演变等，还值得进一步研究。

参 考 文 献

[1] 徐建明，袁可能. 土壤有机矿质复合体的研究 V. 胶散复合体组成和生成条件的剖析. 土壤学报，1993, 30(1): 43-51.

[2] 陈家坊，杨国治. 江苏南部几种水稻土的有机矿质复合体性质的初步研究. 土壤学报，1962, 10(2):

183-192.
[3] 傅积平, 张敬森. 石灰性土壤微团聚体的分组分离及其特性的初步研究. 土壤学报, 1963, 11(4): 382-394.
[4] 陈恩凤, 周礼恺, 邱凤琼, 等. 土壤肥力实质的研究, I. 黑土. 土壤学报, 1984, 21(3): 229-237.
[5] 袁可能, 陈通权. 土壤有机矿质复合体的研究 II. 土壤各级团聚体中有机矿质复合体的组成及其氧化稳定性. 土壤学报, 1981, 18(4): 335-344.
[6] 杨彭年. 石灰性土壤有机矿质复合体及其团聚性研究. 土壤学报, 1984, 21(2): 144-152.
[7] 傅积平. 土壤结合态腐殖质分组测定. 土壤通报, 1983, (2): 36-37.
[8] Turchenek L W, Oades J M. Organo-mineral particles in soils. *In*: Emerson W W, Bond R D, Dexcer A R. Modification Soil Structure. John Wiley and Sons Ltd, 1978: 137-144.
[9] 侯惠珍, 袁可能. 土壤有机矿质复合体的研究 III. 有机矿质复合体中氨基酸组成和氮的分布. 土壤学报, 1986, 23(3): 228-235.
[10] 侯惠珍, 袁可能. 土壤有机矿质复合体的研究 IV. 有机矿质复合体中有机磷的分布. 土壤学报, 1990, 27(3): 286-292.
[11] 何群, 陈家坊. 第四纪红土发育的水稻土微团聚体特性的初步研究. 土壤学报, 1964, 12(1): 55-62.
[12] Higashi T, Deconinck F, Gelaude F. Characterization of some spodic horizons of the campine (Belgium) with dithionite-citrate, pyrophosphare and sodium hydroxide-tetraborate. Geoderma, 1981, 25: 131-142.
[13] 徐建明. 土壤中钙键和铁铝键有机矿质复合体的研究. 杭州: 浙江农业大学, 1990.

土壤有机矿质复合体研究　Ⅶ. 土壤结合态腐殖质的形成特点及其结合特征①

徐建明　袁可能

摘　要　本文系统剖析了熊毅-傅积平改进法区分的土壤结合态腐殖质的形成特点，胡、富组成及其结合特征。结果表明：①用 0.1 mol/L NaOH 及 0.1 mol/L NaOH + 0.1 mol/L $Na_4P_2O_7$ 混合液连续浸提的松结态（H_1）和稳结态（H_2）腐殖质所占的比例随土壤 pH 升高分别呈减少和增加趋势。统计分析显示 H_1 与游离态铁、铝呈极显著的正相关，与交换性钙呈极显著负相关，H_2 则与交换性钙呈极显著正相关，而与游离态铁、铝呈极显著负相关，不能被浸提的紧结态腐殖质（H_3）与 pH 及各种胶结物质均无显著关系。②松结态腐殖质（H_1）的胡富比低于稳结态腐殖质（H_2）的胡富比。前者与游离态铝呈显著正相关，后者则与土壤 pH 和交换性钙呈显著正相关。③根据溶出物的元素组成，明确松结态主要是铝、铁键结合的腐殖质，但也包含少部分钙键结合的腐殖质，稳结态则主要是钙键结合的腐殖质。

关键词　结合态腐殖质，胶结物质，胡富比，金属键

近年来，我国研究工作中通行以溶剂萃取法区分松结合态、稳结合态和紧结合态腐殖质作为土壤复合体类型和组成的依据[1]，但是这些形态的科学含义和结合机制则有待进一步的探讨。早在 20 世纪 40 年代，丘林 1943 年提出以 0.05 mol/L HCl 脱钙，然后以 0.004 mol/L NaOH 提取钙联结腐殖质，继用 0.025 mol/L H_2SO_4 处理，再以 0.01 mol/L NaOH 反复提取通过二氧化物、三氧化物联结的腐殖质[2]。康诺诺娃和别利奇科娃 1961 年采用 0.1 mol/L NaOH 及 0.1 mol/L NaOH+0.1 mol/L $Na_4P_2O_7$ 混合液分别对两份土样进行直接浸提，根据测定结果的差，算出与钙结合的腐殖质[3]，Arshad 等[4]、Mckeague 等[5]报道 0.1 mol/L 焦磷酸盐对有机络合态铁有较高的专性。Bruckert 首先采用 0.1 mol/L $Na_2B_4O_7$（pH 9.7）从暗色土中浸提“活性”（mobile）复合体，然后用 0.1 mol/L $Na_4P_2O_7$ 浸提“非活性”（immobile）复合体，最后用 0.1 mol/L NaOH（pH 12）浸提水铝英石-腐殖质很牢固结合的复合体[6]。Schnitzer 和 Schuppli 提出用正己烷和氯仿浸提非腐殖物质，继用 0.1 mol/L $Na_4P_2O_7$ 提取与金属和黏粒“复合”的有机质，再用 0.5 mol/L NaOH 移去“游离”有机质[7]。在我国，熊毅将结合态腐殖质分成四组：①0.1 mol/L NaOH 提取游离松结态腐殖质；②0.1 mol/L NaOH+0.1 mol/L $Na_4P_2O_7$ 混合液提取联结态腐殖质；③加上述混合液并附加超声波处理提取稳结态腐殖质；④残留的为紧结态腐殖质[2]。傅

① 原载于《土壤学报》，1995 年，第 32 卷，第 2 期，151~158 页。

积平对该法进行了改进，提出用 0.1 mol/L NaOH 及 0.1 mol/L NaOH+0.1 mol/L $Na_4P_2O_7$ 混合液分别连续提取松结态和稳结态腐殖质，残留态腐殖质为紧结态腐殖质[1]，这已被许多研究者所采用，并根据其组成及性质阐明土壤肥力特征及土壤培肥机制[8,9]，可见，虽然有些学者已经明确了结合态腐殖质主要是通过不同金属离子键桥与矿物质结合的，但是由于缺乏严格的区分方法，因此宁可采用“活性”“非活性”“松结合”“稳结合”等等作为区分结合形态的等级。然而，关于各部分腐殖质的结合本性及形成机制尚不清楚，从而在一定程度上限制了研究成果的具体应用。为此本文对熊毅-傅积平改进法区分的三组腐殖质在各类土壤中的组成特点及松结态和稳结态的特征作了系统的剖析研究。

一、材料与方法

供试土壤样品同本研究第 V 报[10]。结合态腐殖质分级采用熊毅-傅积平改进法，首先用 0.1 mol/L NaOH（pH 12.4）反复处理土样，直至提取液无色或接近无色，提取部分即松结态腐殖质（H_1），接着按同样方法 0.1 mol/L NaOH+0.1 mol/L $Na_4P_2O_7$，混合液（pH 近 13，简称混合液）重复处理，直至提取液接近无色，提取部分即稳结态腐殖质（H_2），残留部分即紧结态腐殖质（H_3）。详细过程见傅积平介绍的方法（1983）[1]。同时在直流等离子光谱仪上测定上述两种提取液中钙、铁和铝的含量。其他分析方法同第 V 报[10]。土壤中铁、铝形态分析结果见表 1。

表 1　土壤中游离态无定形态和络合态铁、铝、钙的含量　（单位：g/kg）

样品号 Sample No.	Fe_d*	Fe_o	Fe_p	Al_d	Al_o	Al_p	Ca_p
1	5.37	0.55	0.21	1.92	1.01	0.48	0.87
2	9.27	0.76	0.45	1.95	0.89	0.81	1.16
3	10.92	0.72	0.38	2.40	0.76	2.60	1.11
4	8.48	0.53	0.10	1.47	0.61	0.20	1.07
5	10.95	0.39	0.13	1.39	0.48	0.31	1.05
6	6.43	0.85	0.48	1.32	1.40	0.59	0.95
7	21.29	0.99	0.31	4.00	0.53	0.42	1.10
8	29.92	0.43	0.44	4.73	0.66	0.49	0.97
9	17.79	3.13	2.41	6.00	0.98	1.38	0.51
10	31.19	0.30	1.02	3.57	0.98	1.35	0.05
11	38.89	2.64	7.54	12.25	2.25	4.04	0.01
12	81.34	0.97	1.09	11.28	0.92	0.70	1.08
13	49.52	0.41	4.02	8.53	0.79	1.65	0.12

*下标 d、o、p 分别表示游离态、无定形态和络合态。

二、结果与分析

（一）结合态腐殖质的形成特点

供试土壤包括我国各地带的典型土壤，土壤性状差异很大，包括酸性、中性和石灰性的各类土壤，pH 从 4.01 变化到 8.30[10]。从表 2 可知，各土壤腐殖质的结合形态也有较大的差异，尤其是 0.1 mol/L NaOH 提取的松结态腐殖质（H_1）及接着混合液提取的稳结态腐殖质（H_2）占全碳量的百分数其变化范围分别为 7.69%~51.05%和 1.51%~34.18%，其中酸性土壤的 H_1 组远大于 H_2 组，H_1/H_2 值为 3.28~33.81，而中性、石灰性土壤的 H_1 组则低于或接近 H_2 组，H_1/H_2 值为 0.22~0.96。不能被提取的残留态腐殖质（H_3）则不同于 H_1 组和 H_2 组，除 11 号赤红壤外，各土壤结合态腐殖质中残留态腐殖质所占的比例均高于 50%。

表 2 土壤结合态腐殖质的组成（占土壤总有机碳的%）

样品号 Sample No.	全碳量/（g/kg） Total C	H_1	H_2	H_3	H_1+H_2	H_1/H_2	H_1/（H_1+H_2） /%
		/%					
1	25.1	7.69	34.18	58.13	41.87	0.22	18.37
2	19.9	12.66	30.75	56.59	43.41	0.41	29.16
3	27.8	17.80	29.89	52.31	47.69	0.59	37.32
4	17.4	9.94	15.86	74.20	25.80	0.63	38.53
5	6.6	10.45	31.52	58.03	41.97	0.33	24.90
6	17.6	17.65	18.30	64.05	35.95	0.96	49.10
7	9.7	15.98	19.07	64.95	35.05	0.83	45.58
8	4.9	27.35	8.33	64.32	35.68	3.28	76.57
9	15.8	26.85	5.69	67.46	32.54	4.71	82.51
10	5.4	29.07	7.41	63.52	36.48	3.92	79.69
11	21.8	51.05	1.51	47.44	52.56	33.81	97.31
12	16.6	38.67	4.22	57.11	42.89	9.16	90.16
13	21.4	42.47	1.64	55.89	44.11	25.90	96.28

表 3 统计结果表明，腐殖质的结合形态与土壤酸碱性有关，H_1 组和 H_2 组腐殖质分别与土壤 pH 呈极显著的直线负相关和正相关，这种关系反映了不同土壤的可提取性腐殖质与无机部分的结合方式和程度存在着明显的差异。具体表现在，H_1 和 H_2 与土壤胶结物质类型之间存在着一定的关系（表 3），其中 H_1 与游离态铁和游离态铝都呈极显著的正相关，与交换性钙呈极显著负相关，H_2 则相反，与交换性钙呈极显著正相关，而与游离态铁、铝都呈极显著负相关，这与 H_1 和 H_2 随 pH 变化的趋势相一致，pH 较高，胶结物质中铁、铝氧化物所占的比例相对较低，这种情况有利于形成 H_2 组腐殖质-矿质复合体；相反，酸性土壤中，盐基饱和度很低，铁、铝氧化物是主要的胶结物质，这有利于 H_1 腐殖质-矿质复合体的形成，这些说明胶结物质类型直接影响到土壤腐殖质的结合形态。尽管黏粒也是土壤中主要的胶结物质，但表 3 结果显示 H_1 和 H_2 与黏粒含量都没有显著的相关性。残留态腐殖质 H_3 与游离态铁、铝，交换性钙及黏粒含量等均无显著的相关性。

表 3　腐殖质结合形态与土壤胶结物质的回归关系

腐殖质结合形态 Combined humus	胶结物质 Binding material	回归方程 Regression equation	r 值 r value
H_1	PH①	y=77.4401–8.5422x	–0.9024**
	游离态铁（Fe_d）①	y=11.4482+0.4942x	0.7883**
	游离态铝（Al_d）①	y=7.938+3.3618x	0.9288**
	交换性钙②	y=36.9431–0.8422x	–0.7664**
	黏粒（<1μm）①	y=7.5254+0.0540x	0.4530
H_2	PH①	y= –27.9405+6.9843x	0.8272**
	游离态铁（Fe_d）①	y=25.8782–0.3985x	–0.7135**
	游离态铝（Al_d）①	y=27.6557–2.4432x	–0.7716**
	交换性钙②	y=2.7850+0.9273x	0.9643**
	黏粒（<1μm）①	y=24.8686–0.0296x	–0.1782
H_3	PH①	y=50.5003+1.5579x	O.3216
	游离态铁（Fe_d）①	y=62.6854–0.0961x	–0.2995
	游离态铝（Al_d）①	y=64.3339–0.8607x	–0.4648
	交换性钙②	y=60.2719–0.0851x	–0.1516
	黏粒（<1μm）①	y=67.6060–0.0244x	–0.4004

①自由度 n–2=13–2=11，$r_{0.001}$=0.684，$r_{0.005}$=0.553，本文其他地方相关分析的自由度除指明外，都为 11。
②自由度 n–2=10–2=8，$r_{0.001}$=0.765，$r_{0.005}$=0.632，10 个样品不包括 3 个石灰性土壤。
**代表极显著，P<0.01。

（二）结合态腐殖质的胡富组成

表 4 列出了松结态和稳结态腐殖质中胡敏酸（HA）和富里酸（FA）的组成及其比值（即胡富比 HA/FA），我们可以发现，各种土壤的松结态腐殖质中，富里酸的比例均高于胡敏酸，HA/FA 值较低，为 0.13~0.59，如除了 11~13 号三种土壤外，其余土壤的

表 4　土壤结合态腐殖质的胡富组成（占土壤总有机碳的%）

样品号 Sample No.	H_1			H_2			H_1+H_2		
	HA	FA	HA/FA	HA	FA	HA/FA	HA	FA	HA/FA
1	2.11	5.58	0.38	16.64	17.69	0.93	18.75	23.27	0.81
2	2.06	10.60	0.19	18.84	11.91	1.58	20.90	22.51	0.93
3	5.21	12.59	0.41	18.67	11.22	1.66	23.88	23.81	1.00
4	2.76	7.18	0.38	10.46	5.40	1.94	13.22	12.58	1.05
5	1.21	9.24	0.13	26.97	4.55	5.93	28.18	13.79	2.04
6	3.28	14.37	0.23	8.10	10.20	0.79	11.38	24.39	0.47
7	2.78	13.20	0.21	7.73	11.34	0.68	10.51	24.54	0.43
8	3.27	24.08	0.14	3.47	4.90	0.71	6.74	24.98	0.27
9	6.65	20.20	0.33	2.78	2.91	0.69	9.43	23.11	0.41
10	4.63	24.44	0.19	1.85	5.56	0.77	6.48	30.00	0.22
11	18.95	32.11	0.59	0.50	1.01	0.50	19.45	33.11	0.59
12	12.83	25.84	0.50	1.75	2.47	0.70	14.58	28.31	0.52
13	14.39	28.08	0.51	0.89	0.75	1.19	15.18	28.83	0.53

HA/FA 值差别不大，也无一定的规律。11~13 号土壤的 HA/FA 值相对较高可能与土壤中铁铝氧化物含量较高有关。稳结态腐殖质中，胡富组成因土而异，但 HA/FA 值均高于 0.5，而且北方干旱区的石灰性土壤明显高于中部和南部湿润地区的中性和酸性土壤，值得注意的是除个别土壤外，各种土壤稳结态腐殖质的 HA/FA 值均高于松结态腐殖质的 HA/FA 值，这表明松结态和稳结态腐殖质的特性是不相同的，松结态腐殖质的活性较高，而稳结态腐殖质的芳化度和分子量较大，活性较低。

表 5　土壤结合态腐殖质的胡富比（HA/FA）与土壤 pH 和胶结物质的回归关系①

HA/FA	pH 或胶结物质 pH or binding material	回归方程 Regression equation	r 值 r value
H_1	pH	$y = 0.5690–0.0392x$	–0.3716
	游离态铁（Fe_d）	$y = 0.2355+0.0035x$	0.5033
	游离态铝（Al_d）	$y = 0.1887+0.0286x$	0.7082*
	交换性钙（Ca）	$y = 0.3747–0.0042x$	–0.2991
	黏粒（<1μm）	$y = 0.2533–0.0002x$	0.1738
H_2	pH	$y = –2.1016+0.5546x$	0.5588*
	游离态铁（Fe_d）	$y = 1.8857–0.020lx$	–0.3054
	游离态铝（Al_d）	$y = 2.1087–0.1536x$	–0.4048
	交换性钙（Ca）	$y = 0.6417+0.0267x$	0.7626*
	黏粒（<1μm）	$y = 2.6488–0.0042x$	–0.3370
（H_1+H_2）	pH	$y = –0.697.3+0.2240x$	0.6746*
	游离态铁（Fe_d）	$y = 0.9203–0.0084x$	–0.3816
	游离态铝（Al_d）	$y = 0.9510–0.0509x$	–0.4005
	交换性钙（Ca）	$y = 0.3517+0.0174x$	0.7923**
	黏粒（<1μm）	$y = 1.1640–0.0015x$	–0.3608

① 相关分析的自由度同表 3。

同样，结合态腐殖质的胡富组成与土壤酸碱性及胶结物质类型也有一定的关系（表 5），从表 5 可知，松结态腐殖质的 HA/FA 值与游离态铝呈显著正相关，与土壤 pH、游离态铁、交换性钙都无显著相关性，稳结态腐殖质的 HA/FA 值则与土壤 pH 和交换性钙呈显著正相关，而与游离态铁、铝都不显著相关。这表明土壤胶结物质类型不仅直接影响腐殖质的结合形态，而且也改变结合态腐殖质的结构组成，其中松结态腐殖质随游离态铝的增加而有复杂化的趋势，稳结态腐殖质则随交换性钙含量的增加而变得更加复杂。H_1+H_2 的 HA/FA 值也与土壤 pH 和交换性钙含量呈显著和极显著的正相关，而与游离态铁、铝均无显著的相关性（表 5），这可能说明土壤 pH 和交换性钙含量是导致土壤腐殖质胡富组成变化的主要因素。表 5 结果还表明土壤及各组结合态腐殖质的 HA/FA 值与黏粒含量都不呈显著的相关性。

（三）结合态腐殖质的结合特征

1. 松结态腐殖质

一般氢氧化钠能释放较多腐殖质，其原因是碱容易从腐殖质中置换铁、铝[2]，从而使腐殖质胶溶。根据表 6 结果，铝是 0.1 mol/L NaOH 浸提液中主要的金属元素，铁的含量除少数外都很低。Carballas 等（1979）也报道氢氧化钠提取液中铁的含量较少[11]，其原因是浸提液的碱性较大（pH 12.4）及 $Fe(OH)_3$ 的溶度积很小（$K\text{sp}=3\times10^{-39}$），因此在这样的介质中，络合态铁都转化为次生的氢氧化铁沉淀。但表 6 中，一些土壤尤其是 11 号、12 号、13 号土壤的 NaOH 提取液中还有一定量的铁，我们通过增加提取液的离心速度或加入一定量的电解质，铁的含量显著降低，甚至没有。这说明碱液中存在的铁主要是一些细小的氢氧化铁胶体颗粒。铝的特性则与铁不同，土壤中的一些含铝物质可通过形成可溶性铝酸盐而存在于碱性介质中，与可溶铝结合的腐殖质也同时被释放[11]，统计分析结果表明，浸提液中有机碳的含量占总碳量的百分比与可提取铝呈极显著正相关（r=0.9673**），这说明铝对 0.1 mol/L NaOH 可提取部分腐殖质与土壤无机部分的结合有直接重要的作用，可能主要以 Al^{3+}或其水化物的形式充当联结腐殖质和黏土矿物的“桥梁”作用。通过对一些资料[11~13]的分析，铁也同样有类似的作用。此外，通过比较表 1 和表 6 的结果可以明确，0.1 mol/L NaOH 可提性铝在大多数土壤中均高于或接近于无定形铝和络合态铝，而均低于游离态铝，这说明在常温条件下，0.1 mol/L NaOH 不能全部提取结晶态铝，但有人报道 0.1 mol/L NaOH 溶液甚至能够破坏暗色土中最牢固结合的水铝英石-腐殖质复合体[6]。

表 6　浸提液中铝、铁、钙及有机碳的含量　　（单位：g/kg 土）

样品号 Sample No.	0.1 mol/L NaOH				0.1 mol/L NaOH+0.1 mol/L $Na_4P_2O_7$			
	Al	Fe	Ca	C	Al	Fe	Ca	C
1	0.29	0	0.19	1.93	0.29	0.07	0.85	8.58
2	0.51	0.01	0.19	2.52	0.13	0	0.89	6.12
3	0.81	0.06	0.11	4.59	0.25	0.06	0.53	8.31
4	0.27	0	0.08	1.73	0.2	0.08	0.88	2.76
5	0.26	0	0.11	0.69	0.16	0.01	0.8	2.08
6	0.34	0.04	0.19	3.11	0.48	0.1	0.38	3.22
7	0.47	0	0.04	1.55	0.14	0.06	0.53	1.85
8	2.12	0	0	1.34	0.23	0.01	0.18	0.41
9	2.4	0.09	0.02	4.24	0.39	0.02	0.05	0.9
10	3.05	0.01	0	1.57	0.32	0.01	0.03	0.23
11	4.92	0.68	0	11.13	0.23	0.01	0	0.33
12	2.91	0.11	0.01	6.42	0.25	0.01	0.46	0.7
13	3.26	0.63	0	9.9	0.3	0	0.01	0.35

值得注意的是 0.1 mol/L NaOH 浸提液中还含有一定量钙（表 6），从表 6 数据看，浸提液中钙的浓度都没有达到饱和，但仍然有一定的代表性，即浸提液中的钙随土壤钙饱和度的增加而有增加的趋势，两者呈极显著正相关（r=0.8819**），这说明土壤中部分钙结合的腐殖质也能溶解于 0.1 mol/L NaOH 溶液，但是大部分钙结合的腐殖质，只有在去钙后才能溶于碱液[14]。

2. 稳结态腐殖质

土壤经 0.1 mol/L NaOH 浸提后，在接着的 0.1 mol/L NaOH+0.1mol/L $Na_4P_2O_7$ 混合浸提液中铁、铝、钙和有机碳的含量也列于表 6，结果表明，由于提取液 pH 较高的原因，铁的含量也非常低，还有一些铝继续溶于 pH 近 13 的混合液中，但混合液中，各土壤铝的含量差异不大，也看不出有任何的规律性，与提取液中碳及占总碳量百分数之间也都没有显著的相关性，这部分铝是前一步 0.1 mol/L NaOH 浸提液中残留的铝，也可能是混合液能溶解的游离态铝氧化物，但在胶结物质以铁铝氧化物为主，而交换性钙含量很低的南方酸性土壤中能进一步溶于混合液的有机碳含量及其占总碳量的比例都很小，这说明继 0.1 mol/L NaOH 浸提后，0.1 mol/L NaOH+0.1 mol/L $Na_4P_2O_7$ 混合液不能或很少能进一步提取与铁、铝键结合的腐殖质。

混合液能提取钙，表 6 结果清楚表明了这一点，且其提取量有随土壤交换性钙含量的增加而有增加的趋势；两者呈极显著正相关（r=0.9172**，n=8）。浸提液中的钙与有机碳及有机碳占总碳量的比例也分别呈显著和极显著正相关，相关系数 r 分别为 0.6457* 和 0.8349*，即随着混合液对钙提取量的增加，同时提取的有机碳也随着增加。南部酸性土壤，交换性钙含量本身就很低，因而这部分腐殖质在土壤中所占的比例也很低，但北部和中部的中性和石灰性土壤钙是混合浸提液中主要的金属离子，浸提的腐殖质也相对较高，这些结果表明钙对土壤稳结态腐殖质与无机矿物的复合有重要作用，同时也说明继 0.1 mol/L NaOH 提取后 0.1 mol/L NaOH+0.1 mol/L $Na_4P_2O_7$ 混合液浸提主要通过钙键结合的腐殖质。

三、结论

通过上述研究可以明确，用 0.1 mol/L NaOH 和 0.1 mol/L NaOH+0.1 mol/L $Na_4P_2O_7$ 混合液连续浸提的松结态和稳结态腐殖质实际上是不同金属离子联结的有机矿质复合体，其中松结态主要是由铁、铝或其水化氧化物联结的有机矿质复合体，而稳结态主要是由钙离子联结的有机矿质复合体。因此认为分别赋予 0.1 mol/L NaOH 和混合液提取的腐殖质为松结态和稳结态也是不确切的，当然，混合液中胡、富比远大于 NaOH 浸提液中的胡富比，这意味着混合液浸提的腐殖质芳化度和分子量均较大，而 0.1 mol/L NaOH 浸提的腐殖质活性较大，这些腐殖质性质上的差异也与胶结物质类型有关，但这与结合态的松、稳概念似不能等同。

由此我们认为，土壤有机矿质复合体中的腐殖质，不只限于结合形态的“松”或“稳”，更主要的是金属离子的种类及其联结的腐殖质的特征，这从内涵上增添了新意，从而将使我们对土壤中存在的天然有机矿质复合体类型及其与土壤肥力的关系有较好的认识。

参 考 文 献

[1] 傅积平. 土壤结合态腐殖质分组的测定. 土壤通报, 1983, (3): 36-37.
[2] 熊毅. 土壤有机无机复合 VI. 有机无机复合体的剖析研究. 土壤农化参考资料, 1975, (6): 1-12.

[3] 波诺马廖娃 B B, 帕洛特尼柯娃 T A. 腐殖质和土壤形成. 魏开湄译. 农业出版社, 1980.
[4] Arshad M A, Amaud R J, Huang P M. Dissolution of trioctahedral layer silicates by ammonium oxalate, sodium-dithionite-citrate-bicarbonate and potassium pyrophosphate. Canadian Journal of Soil Science, 1972, 52: 19-26.
[5] Mckeague J A, Brydon J E, Miles M M. Differentiatiort of fornts of extractable iron and aluminum in soils. Soil Science Society of America Proceedings, 1971, 35: 33-38.
[6] Bruckert S. Analysis of the organo-mineral complexes of soils. *In*: Bonneau M, Souchier B.Constituents and properties of soils. London Academic Press Inc, 1979: 214-237.
[7] Schnitzer M, Schuppli P. Method for the sequential extraction of organic matter from soils and soil fractions. Soil Science Society of America Journal, 1989, 53: 1418-1424.
[8] 杨东方, 李学垣. 水旱轮作条件下土壤有机无机复合状况的研究. 土壤学报, 1989, 26(1): 1-8.
[9] 傅积平, 张敬森. 绿肥对粘质淤土及其复合胶体性质的影响. 土壤学报, 1978, 15(1): 83-91.
[10] 徐建明, 袁可能. 土壤有机矿质复合体研究 V. 胶散复合体组成和生成条件的剖析. 土壤学报, 1993, 30(1): 43-51.
[11] Carballas M, Cabaneiro A, Guitian-Ribera F, et al. Organo-metallic complexes in Atlantic humiferous soils. Anales de Edafologia y Agrobiologia, 1979, 38: 1033-1042.
[12] Higashi T, De Coniack F, Gelaude F. Characterization of some spodic horizons of the Campine (Belgium) with dithionite-citrate, pyrophosphate and sodium hydroxde-tetraborate. Geoderma, 1981, 25: 131-142.
[13] Wada K, Kakuto Y, Muchena F N. Clay minerals and humus complexes in five kenyan soils derived from volcanic ash. Geoderma, 1987, 39: 307-321.
[14] Choudhri M B, Stervenson F J. Chemical and physicochemical properties of soil humic colloids: III. Extraction of organic matter from soils. Soil Science Society of America Proceedings, 1957, 21: 508-513.

土壤有机矿质复合体研究　Ⅷ. 分离钙键有机矿质复合体的浸提剂——硫酸钠①

徐建明　侯惠珍　袁可能

摘　要　土壤中通过钙键结合的有机矿质复合体是一种外圈配合物。硫酸钠中的 SO_4^{2-} 作为金属离子的配位体可以与复合体中的 Ca^{2+} 形成配合物，破坏钙键复合体，并使腐殖质转变为腐殖酸钠盐，从而与铁铝键复合体分离。本文论证了硫酸钠破坏钙键复合体和浸提腐殖质的能力，证明硫酸钠是区分钙键复合体和铁铝键复合体的优良试剂；研究了用硫酸钠液分离钙键复合体的方法，并提出连续浸提铁铝键复合体的后续浸提剂种类。

关键词　硫酸钠，腐殖质，钙键有机矿质复合体

土壤钙键复合体是和铁铝键复合体不同的一类有机矿质复合体，它的存在与土壤的地带性及盐基饱和度等性质有关[1,2]，直接影响着土壤的肥力特征，历来被视为研究的重要对象。然而，迄今尚无法将它与铁铝键复合体分开，所以对它的认识还一直很模糊，与铁铝键复合体在性质上的差异也不清楚。早年，丘林等建议用分组胶散法分离出 G_1 组和 G_2 组复合体，并认为分别可以代表钙键复合体和铁铝键复合体，但是进一步的研究证明，分组胶散法并不能完全区分这两类复合体[3~5]。傅积平等改进的结合态腐殖质分组浸提法，即松结态、稳结态和紧结态腐殖质，也不能把钙键复合体和铁铝键复合体区分开[2,3]。因此找出单独浸提钙键复合体，并把它与铁铝键复合体分开的方法，具有特殊意义。

以金属离子键桥构成的有机矿质复合体是通过配位化学机制形成的，以 Fe^{3+}、Al^{3+} 等金属离子为键桥的复合体是内圈配合物，而以碱土金属离子 Ca^{2+}、Mg^{2+} 为键桥的复合体则为外圈配合物[6,7]。土壤中的有机矿质复合体可以为配位剂解离，常用的无机配位剂中所含的配位体包括 Cl^-、SO_4^{2-}、OH^-、$P_2O_7^{4-}$ 等，其中 OH^- 主要用于解离铁铝键复合体，$P_2O_7^{4-}$ 在碱性条件下对 Fe^{3+}、Al^{3+} 的配合能力很强，但对 Ca^{2+}、Mg^{2+} 也有较强的浸提能力，都形成不溶性的配合物[8]，因此它不能区分钙键复合体和铁铝键复合体。Cl^- 和 SO_4^{2-} 都是较弱的配位剂，但 SO_4^{2-} 对钙键复合体的破坏能力相当强，这是因为 SO_4^{2-} 可以与 Ca^{2+} 产生难溶性的 $CaSO_4$ 沉淀，使配合反应能连续进行。另外，由于钙键复合体是外圈配合物，稳定性较低，易于为 SO_4^{2-} 破坏，而铁铝键复合体则不能。因此 Na_2SO_4 是能单独破坏钙键复合体，并把它和铁铝键复合体分开的较理想的浸提剂。

① 原载于《土壤学报》，1998 年，第 35 卷，第 4 期，468~474 页。

本文通过一系列试验，研究了 Na_2SO_4 浸提腐殖质的效果、分离复合体的类型以及浸提方法。

一、材料和方法

（一）样品

本研究所用的 11 个自然土壤样品，其中 9 个用于腐殖质和金属离子的浸提研究，它们是第 V 报[4]中的 2 号黑钙土、3 号黑土、6 号棕壤、7 号黄棕壤、8~10 号红壤、11 号赤红壤和 13 号砖红壤，它们的基本性状见第 V 报[4]和第 VII 报[2]。另外 1 个红壤和 1 个黑钙土用于复合体浸提条件的研究，它们分别采自浙江兰溪和黑龙江依安，其 pH 分别为 5.15 和 7.82，有机质分别为 14.7 g/kg 和 37.1 g/kg。

人工合成的有机矿质复合体系以采自江苏苏州的高岭石和浙江桐庐的蒙脱石（均过 200 目筛），用 Ca^{2+}、Fe^{3+}、Al^{3+}饱和后，与有机物（过 18 目筛的紫云英）混合培养半年后制成的，其基本性状见表 1。

表 1　人工合成有机矿质复合体的基本性状

复合体类型 Complex type	有机碳* Organic C /（g/kg）	有机碳** Organic C /（g/kg）	复合度 Degree of complexing /%	pH
高岭-Ca-复合体	16.6	24.3	68.2	6.06
高岭-Fe-复合体	17.7	24.3	72.9	6.13
高岭-Al-复合体	18.0	24.8	72.6	7.36
蒙脱-Ca-复合体	21.3	29.3	72.7	5.73
蒙脱-Fe-复合体	27.4	39.1	70.1	3.01
蒙脱-Al-复合体	25.9	38.5	67.4	4.60

*去轻组；**未去轻组。

（二）试剂

溴仿——乙醇混合液（重液）：取比重为 2.89 的溴仿 48.09 ml 加入比重为 0.79 的乙醇 51.91 ml，得比重为 1.80 的溴仿——乙醇混合液。

0.5 mol/L Na_2SO_4 液：溶 71 g Na_2SO_4 于 1000 ml 水中，调节 pH 为 7.0。

0.1 mol/L NaOH 液：溶 4 g NaOH 于 1000 ml 水中。

0.1 mol/L $Na_4P_2O_7$ 液：溶 44.6 g $Na_4P_2O_7 \cdot 10H_2O$ 于 1000 ml 水中，以 1 mol/L NaOH 或 1∶4 H_3PO_4 调节 pH 至 7.0 和 9.8，分别储存；溶 44.6 g $Na_4P_2O_7 \cdot 10H_2O$ 和 4 g NaOH 于 1000 ml 水中，此溶液的 pH 为 13 左右。

（三）测定方法

有机碳——重铬酸钾氧化法；Ca^{2+}、Fe^{3+}、Al^{3+}——原子吸收分光光度法或 ICP 测定；超声分散——采用 CSF-3A 超声波发生器，于 21.5 kHz、300 mA 下进行不同时间的超声处理，超声后用离心法[3]分离<2 μm 颗粒，并以<2 μm 颗粒的百分含量作为衡量复合体的

分散程度。

二、结果和讨论

（一）浸提腐殖质的能力

在 9 个不同的地带性土壤中，0.5 mol/L Na_2SO_4浸出的腐殖质为土壤总腐殖质的 2.36%~30.78%，与 0.1 mol/L NaOH 浸提量值（13.47%~54.17%）显然较少。但是就不同土壤类型而言，在黑钙土、黑土、棕壤等盐基饱和度较高的土壤中，Na_2SO_4的浸提量高于 NaOH 的浸提量，这说明 Na_2SO_4浸提腐殖质的能力视土壤类型和性质不同而定（图 1）。

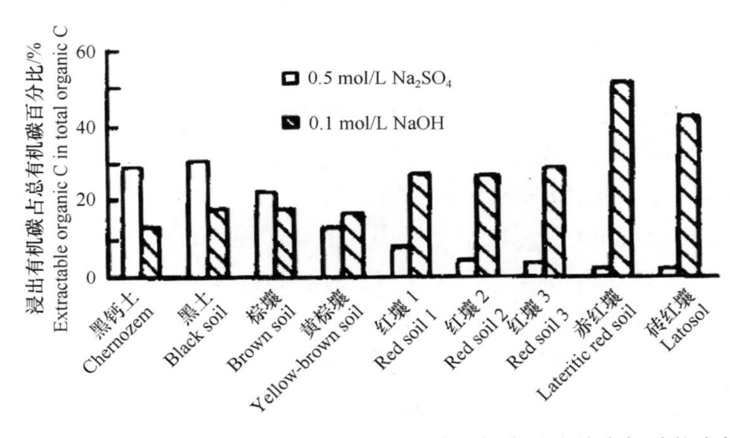

图 1 0.5 mol/L Na_2SO_4液与 0.1 mol/L NaOH 液浸提自然土壤有机碳能力的比较

以去轻组的人工合成的钙键、铁键和铝键复合体进行的浸提试验表明，0.5 mol/L Na_2SO_4 液对钙键复合体中腐殖质的提取量明显高于铁键和铝键复合体，0.1 mol/L NaOH 所提取的腐殖质则以铁键和铝键复合体为高（表 2），由此可见，0.5 mol/L Na_2SO_4 和 0.1mol/L NaOH 所提取的腐殖质有着不同的来源，前者以钙键复合体为主，后者以铁或铝键复合体为主，这与上述土壤样品的结果是完全一致的。然而 0.5 mol/L Na_2SO_4 也能从铁键和铝键复合体中提取 20%左右的腐殖质，可能原因是矿物本身带有钙质或

表 2 几种浸提剂从人工合成复合体中浸提有机碳的能力比较

复合体类型 Complex type	Na_2SO_4		NaOH		$Na_4P_2O_7$（pH 7）		$Na_4P_2O_7$（pH 9.8）		$Na_4P_2O_7$（pH 13）	
	/（g/kg）	/%	/（g/kg）	/%	/（g/kg）	/%	/（g/kg）	/%	/（g/kg）	/%
高岭-Ca-复合体	7.18	43.25	6.83	41.13	3.38	20.41	4.62	27.86	8.75	52.71
高岭-Fe-复合体	3.73	21.07	7.64	43.16	3.74	21.12	4.94	27.94	7.47	42.25
高岭-Al-复合体	3.85	21.39	7.25	40.27	3.61	0.05	4.91	26.75	7.72	42.88
蒙脱-Ca-复合体	9.73	45.68	4.08	19.15	3.83	18.00	4.00	18.81	8.75	41.08
蒙脱-Fe-复合体	5.39	19.67	10.32	37.65	5.79	21.14	6.15	22.44	11.86	43.35
蒙脱-Al-复合体	4.89	18.88	11.71	45.22	7.54	29.11	7.28	28.11	11.26	43.48

者因加有机物质而带入了钙质，从而使得铁铝键复合体中还含有钙，pH 9.8 的 0.1 mol/L $Na_4P_2O_7$ 能分别从高岭-Fe-复合体和高岭-Al-复合体中提取 0.40 g/kg 和 0.65 g/kg 的钙说明了这一点①。

$Na_4P_2O_7$ 不仅是有机质结合态铁和铝的专性配位剂[9,10]，而且与钙的配合物也有较高的稳定常数（lg β=5.0）[11]，因此 $Na_4P_2O_7$ 既可提取钙键复合体中的腐殖质，也可提取铁键和铝键复合体中的腐殖质，但 $Na_4P_2O_7$ 液浸提腐殖质的能力与其 pH 有关，表 2 中的数据说明，pH 7 和 pH 9.8 的 $Na_4P_2O_7$ 液提取有机碳的能力明显低于 NaOH，而 pH 13 的 $Na_4P_2O_7$ 液提取腐殖质的能力最大，其对钙键复合体和铁、铝键复合体中腐殖质的提取能力都是最高的，其中对钙复合体中腐殖质的提取能力与 0.5 mol/L Na_2SO_4 相当。

（二）分离复合体的种类

为了进一步说明 Na_2SO_4 液对钙键复合体的专性分离特性，可从浸提液中铁、铝、钙的含量说明，表 3 显示 0.5 mol/L Na_2SO_4 浸出液中含有大量的 Ca^{2+}，尤其是在盐基饱和度较高的土壤和蒙脱-Ca-复合体中，而在酸性的铁铝质土壤的提取液中则很少，这进一步说明了 Na_2SO_4 所提取腐殖质与钙基本上是同步的，两者的相关系数为 0.8893** （n=7），且浸提 Ca^{2+} 的数量和 H_2SO_4 浸出液相当，说明 Na_2SO_4 对 Ca^{2+} 的浸提相当完全。与此相对照的是，0.1 mol/L NaOH 提取液中钙的含量很少，而铁、铝的含量大大增加，0.1 mol/L $Na_4P_2O_7$（pH 9.8）提取液中，钙的含量比 Na_2SO_4 浸出量也少得多，而铁的含量大大增加，铝的含量则明显低于 NaOH 浸出液，还需指出的是，在 NaOH 浸出液中，可提取的有机质结合态铁都转化为次生的氢氧化铁沉淀，尚存的少量铁是一些细小的氢氧化铁胶体颗粒[2]。由此可明显看出，NaOH 和 $Na_4P_2O_7$，虽然对铁键复合体或铝键复

表 3　三种浸提液中铁、铝、钙的含量　　（单位：g/kg）

样品 Sample	0.5 mol/L Na_2SO_4			0.1 mol/L NaOH			0.1 mol/L $Na_4P_2O_7$（pH 9.8）		
	Fe	Al	Ca	Fe	Al	Ca	Fe	Al	Ca
黑钙土	0	0	4.81	0.01	0.51	0.09	0.42	0.79	1.16
黑土	0.01	0	4.61	0.06	0.81	0.11	2.38	2.59	1.11
棕壤	0.01	0	1.80*	0.04	0.34	0.20	0.49	0.58	0.95
黄棕壤	0.01	0	2.73*	0	0.47	0.04	0.28	0.42	1.10
红壤 1	0.01	0	1.02	0	2.12	0	0.42	0.48	0.97
红壤 2	0	0	0.60	0.09	2.40	0.02	2.45	1.38	0.51
红壤 3	0.01	0.18	0.04*	0.01	3.05	0	1.05	1.38	0.05
赤红壤	0.03	0.25	0.03	0.68	4.92	0	7.55	4.02	0.01
砖红壤	0.01	0.01	0.12*	0.63	3.26	0	4.06	1.64	0.12
蒙脱-Ca-复合体	0.01	0	8.66	0	0.21	0.05	0.33	1.10	1.29
高岭-Fe-复合体	0	0	0	0.01	0.33	0	3.20	0.24	0.40
高岭-Al-复合体	0	0	0	0.01	1.81	0	0.07	1.37	0.65

*0.025 mol/L H_2SO_4 浸出液中的 Ca^{2+} 含量分别为棕壤 2.12 mg/g，黄棕壤 2.62 mg/g，红壤 0.03 mg/g，砖红壤 0.13 mg/g。

① 徐建明，土壤中有机矿质复合体类型区分方法的探讨，1990 年。

合体有强大的分离能力，但对钙键复合体的分离能力则远不如 Na_2SO_4。可见，Na_2SO_4 溶液能有效地分离钙键复合体，而对于铁键复合体和铝键复合体则几乎没有破坏，这些数据有力地支持了 0.5 mol/L Na_2SO_4 可作为有效的分离土壤中钙键有机矿质复合体的浸提剂，也能清楚地区分钙键和铁、铝键复合体中的腐殖质。

（三）浸提方法

1. 样品处理

用 0.5mol/L Na_2SO_4 浸提土壤中钙键复合体中的腐殖质。样品处理同一般土壤有机矿质复合体中结合态腐殖质的浸提方法，即样品过 60 目筛，检去植物碎屑及其他未充分腐解的有机物后供试。值得注意的是在浸提钙键复合体的过程中必然同时浸出其他非复合状态腐殖质，现在还没有办法在不影响复合态腐殖质的情况下除去它们。当然，如用比重为 1.80 的溴仿——乙醇混合液除去轻组有机物，则可减少杂质，如黑土经除去轻组有机物后，Na_2SO_4 液浸出的有机碳从 8.56 mg/g 降至 5.17 mg/g，砖红壤从 0.52 mg/g 降至 0.46 mg/g，说明部分游离有机质已被除去。

在 0.5 mol/L Na_2SO_4 液浸提以前，采用超声波分散土粒有利于复合体中腐殖质的浸出，超声时间对复合体分散度的效果与土壤的质地和化学性质有关，也和黏粒矿物的类型有关，表 4 说明蒙脱类复合体较之高岭类复合体需要更长的超声时间才能分散。当然，土壤中复合体情况不完全相同，但超声时间越长，则浸出的腐殖质有增加的趋势（表 5），因此，适当增加超声时间，可使浸提更完全。

表 4　超声时间对复合体分散程度的影响（<2 μm%）

复合体类型 Complex type	超声时间/min Ultrasonic time			
	0	10	20	30
高岭-Ca-复合体	3.17	57.36	57.58	58.73
高岭-Fe-复合体	3.06	56.93	58.45	59.08
高岭-Al-复合体	3.82	56.26	58.13	61.84
蒙脱-Ca-复合体	1.36	30.93	38.37	50.61
蒙脱-Fe-复合体	1.76	28.95	29.06	40.66
蒙脱-Al-复合体	1.62	26.29	27.36	36.91

表 5　不同条件对 0.5 mol/L Na_2SO_4 浸提有机碳的影响

土样 Soil sample	超声时间* Ultrasonic time		土液比** Soil/solution ratio		振荡时间*** Shaking time	
	/min	C/（g/kg）	土/液 Soil/solution	C/（g/kg）	/h	C/（g/kg）
红壤（浙江兰溪）	5	0.49	1∶5	0.48	1	0.39
	10	0.50	1∶10	0.50	2	0.43
	15	0.51	1∶20	0.49	6	0.45
	20	0.51	1∶40	0.60	24	0.50
黑钙土（黑龙江依安）	5	1.82	1∶5	1.82	1	1.79
	10	1.82	1∶10	2.03	2	1.80
	15	1.90	1∶20	2.12	6	1.82
	20	1.89	1∶40	2.12	24	2.03

*土液比为 1∶10，振荡 24 h；**超声 5 min，振荡 24 h；***超声 5 min，土液比为 1∶10。

2. 浸提方法

以 0.5 mol/L Na_2SO_4 液浸提，操作方法和其他浸提液基本相同，但是 0.5 mol/L Na_2SO_4 有较强的凝聚作用，因此，第一次浸出液中腐殖质的含量很低，浸出液呈浅色。为此，重复数次至浸出液中无钙反应为止，这时所有能被浸提的腐殖质均呈钠盐以凝聚状态存在，以 1% Na_2SO_4 液淋洗后，可使腐殖质分散并进入溶液，淋洗多次，直至溶液基本无色为止。需要注意的是蒸馏水淋洗可能导致矿物胶体也随之分散淋出，影响腐殖质的纯净，且难于过滤或离心，因此必须用稀 Na_2SO_4 液淋洗，使腐殖质适当分散，但也便于操作。

土液比是保证浸提剂 Na_2SO_4 分离和置换钙键复合体的重要因素，表 5 数据说明随着土液比从 1∶5 增到 1∶40，浸出的腐殖质也随之增加，因此认为土液比以高为好，但是浸出液体积过大，也增加以后的操作难度，因此，在多次浸提的条件下，可采用 1∶10 的土液与多次浸提相比，也能达到同样的效果。

浸提振荡时间同样影响腐殖质浸出的完全程度，表 5 显示浸提振荡时间越长，则浸出的腐殖质越多，在一般实验条件下，间歇振荡 24 h 是必要的。

具体浸提方法总结如下：5.00 g 风干土样置于 100 ml 离心管中，加入比重 1.80 的乙醇-溴仿重液 25 ml，在超声波仪中超声分散 20 min，离心后移去上部液体（轻组），以重液洗涤数次至无轻组出现，再以乙醇洗涤重组，风干后即为重组土样。称取重组土样 2.00 g 置于 100 ml 离心管中，加入 0.5 mol/L Na_2SO_4 液（pH 7.0）20 ml，振荡 2 h，放置 24 h（间歇振荡），离心后，将上部液体移入 250 ml 容量瓶中，残渣中再加入 0.5 mol/L Na_2SO_4 液 20 ml，洗涤数次，至浸出液中无 Ca^{2+} 反应，然后以 1% Na_2SO_4 液反复洗涤至洗涤液无色为止，所有洗涤液均集中置于容量瓶中，定容后供测定腐殖质及阳离子之用。测定腐殖质时，可根据有机碳含量取出一部分液体置于三角瓶中，在水浴上蒸干（注意防止溅出），然后以重铬酸钾法定有机碳，也可以直接应用可溶性碳测定仪测定提取液中有机碳的含量。

3. 后续浸提

提取钙键复合体后的残渣还可用以浸提铁、铝键复合体。根据大量研究，$P_2O_7^{4-}$ 和 OH^- 对有机结合态铁和有机结合态铝的浸提能力较强[3]，因此，对浸提铁铝键结合的腐殖质以 pH 13 的 0.1 mol/L NaOH-0.1 mol/L $Na_4P_2O_7$ 液较好，从表 2 中也可以看出 pH 13 的 NaOH-$Na_4P_2O_7$ 液的浸提效果较 pH 9.8 的 $Na_4P_2O_7$ 或 pH 7.0 的 $Na_4P_2O_7$ 液好得多。我们的结果表明，继钙键复合体分离后 0.1 mol/L NaOH-0.1 mol/L $Na_4P_2O_7$ 浸出液中含 Ca^{2+} 极少，在由北而南的 9 个土样中，大多数浸出液中未检出 Ca^{2+}，黑土中也仅为 0.06 g/kg，仅为 Na_2SO_4 浸出液中的 1%，可见，钙键复合体已为 Na_2SO_4 全部解离，提取相当完全。因此，经过 Na_2SO_4 液提取后，连续用 0.1 mol/L NaOH-0.1 mol/L $Na_4P_2O_7$（pH 13）浸提可得铁、铝键复合体中的腐殖质。

参 考 文 献

[1] 徐建明，袁可能．我国土壤中有机矿质复合体地带性分布的研究．中国农业科学，1993，26 (4):

65-70.
[2] 徐建明, 袁可能. 土壤有机矿质复合体研究Ⅶ.土壤结合态腐殖质的形成特点及其结合特征. 土壤学报, 1995, 32 (2): 151-158.
[3] 熊毅. 土壤胶体: 土壤胶体研究法. 北京: 科学出版社, 1985: 15-18, 40-67, 262-268.
[4] 徐建明, 袁可能. 土壤有机矿质复合体研究 V. 胶散复合体组成和生成条件的剖析. 土壤学报, 1993, 30 (1): 43-51.
[5] 徐建明, 袁可能. 土壤有机矿质复合体研究 VI. 胶散复合体的化学组成及其组合特征.土壤学报, 1994, 31 (1): 29-33.
[6] Sposito G. The Surface Chemistry of Soils. Oxford University Press, 1984.
[7] Bloom P R. Metal-organic matter interaction in soil. *In*: Chemistry in the Soil Environment. Madison, Wisconsin, USA: American Society of Agronomy and Soil Science Society of America, 1981: 129-150.
[8] Schnitzer M, Khan S U. Humic Substances in the Environment. New York: Marcel Dekker Inc, 1972.
[9] Farmer V C, Russell J D, Smith B F L. Extraction of inorganic forms of translocated Al, Fe and Si from a podzol Bs horizon. Journal of Soil Science, 1983, 34: 571-576.
[10] Mckeague J A. Humic-fulvic acid ratio, Al, Fe and C in pyrophosphate extracts as citeria of A and B horizons. Canadian Journal of Soil Science, 1968, 48: 27-35.
[11] 中国矿冶学院分析化学教研室, 等. 化学分析手册. 北京: 科学出版社, 1991.

土壤有机矿质复合体研究　Ⅸ. 钙键复合体和铁铝键复合体中腐殖质的性状特征①

徐建明　赛　夫　袁可能

摘　要　本文通过化学分析和仪器分析，研究了土壤中钙键复合体和铁铝键复合体中腐殖质的化学组成、分子结构和理化性状。结果表明，铁铝键复合体中腐殖质（包括胡敏酸和富啡酸）的 C、H、N 含量高于钙键复合体中腐殖质，C/H 值、C/N 值则低于后者，铁铝键复合体腐殖质的分子结构中胡敏酸的芳化度高于后者，而富啡酸的芳化度则低于钙键复合体。并且，铁铝键复合体中腐殖质的热稳定性和对金属离子的螯合亲和力皆高于钙键复合体。

关键词　钙键复合体，铁铝键复合体，腐殖质

钙键复合体和铁铝键复合体虽然同属以金属离子为键桥的有机矿质复合体，但是前者属于外圈配合物，后者则为内圈配合物，它们的稳定性明显不同，而且两者的形成环境也有所不同。因此钙键复合体和铁铝键复合体在土壤肥力上的作用和意义也不相同。但是以往由于无法确切地区分这两类复合体，因此不可能进行有关它们组成和性质的研究。20 世纪 60 年代前后，国内外的许多学者曾就 G_1 组和 G_2 组（G_1 被认为主要是钙键复合体，G_2 被认为主要是铁铝键复合体）的组成和性质进行过一系列研究，但是 G_1 和 G_2 并不是单一的有机矿质复合体类型[1,2]。同样，常用的结合态腐殖质的分组也不是这两类复合体的严格区分，松结态腐殖质以铁铝键复合体为主，但也包括部分钙键复合体，稳结态腐殖质则以钙键复合体为主，但也有一部分铁铝键复合体[3]，因此 G_1 和 G_2 以及松结态和稳结态腐殖质的性质都不能真正代表钙键复合体和铁铝键复合体的性状特征。近来我们在以络合化学为基础的研究中，明确了以 Na_2SO_4 液浸提钙键复合体，以碱性 $Na_4P_2O_7$ 液提取铁铝键复合体中的腐殖质[4]，可以较确切地区分这两类复合体，从而为研究这两类复合体的化学特性创造了条件。在此基础上，本文系统地研究了这两类复合体中腐殖质的化学组成、结构特征和理化性质。

一、材料和方法

（一）样品

本研究所用的土壤样品采自我国从南到北各地带性土壤，包括黑土、棕壤、黄棕壤、

① 原载于《土壤学报》，1999 年，第 36 卷，第 2 期，168~178 页。

红壤等，具体性状见文献[5]。所用人工合成复合体的制备见文献[4]，复合体中的碳氮组成见表1。

（二）浸提和纯化方法

钙键复合体中腐殖质以 0.5 mol/L Na_2SO_4 液（pH 7）提取，铁铝键复合体中的腐殖质以 0.1 mol/L $Na_4P_2O_7$ 液（pH 13）提取，具体方法参阅文献[4]。浸提液中胡敏酸和富啡酸的分组及其纯化方法按文献[6]操作。

表1　人工合成复合体的化学组成

复合体类型 Complex type	有机碳 Organic C/（g/kg）	全氮 Total N/（g/kg）	C/N
高岭-Ca-复合体	16.6	2.6	6.4
高岭-Fe-复合体	17.7	2.7	6.5
高岭-Al-复合体	18.0	2.8	6.4
蒙脱-Ca-复合体	21.3	3.7	5.8
蒙脱-Fe-复合体	27.4	7.6	3.6
蒙脱-Al-复合体	25.9	6.1	4.2

（三）测定方法

腐殖质的元素组成在 Perkin Elmer Model 240-C 碳氢氮自动分析仪上测定，氧和硫的含量采用差减法计算，均以无灰为基础。

总酸度、羧基、酚羟基、羰基等含氧功能基的含量均按文献[6]描述的方法测定。

紫外和可见光谱的测定：称取一定量的固体腐殖质样品，用 0.1 mol/L NaOH 溶解，然后用 0.1 mol/L H_2SO_4 小心调节 pH 至 7，使得胡敏酸和富啡酸溶液最后的浓度分别为 17.3 mg/L 和 76.0 mg/L，按 10 nm 间隔在波长为 200~700 nm 范围内进行光密度的测定，光密度用 Shimadzu UV-1201 分光光度计和光程 1 cm 的石英比色杯测定，绘制光密度-波长曲线。腐殖酸溶液在波长 465 nm 和 665 nm 时的光密度之比为 E_4/E_6 值。

红外光谱的测定：按1∶100的样品∶KBr比，采用压片法制样，在Nicolet 5 DX FT-IR分光光度计上测定，波数范围为 4000~400cm^{-1}。

^{13}C NMR 光谱的测定：称取 100 mg 胡敏酸或富啡酸固样溶于 2 ml 0.5 mol/L NaOD（50% H_2O 和 50% D_2O）中，采用 5 mm 样品管在 Bruker AM500 核磁共振仪上测定，^{13}C 的共振频率为 125.03 MHz，脉冲角为 45°，使用反门控制去偶技术，总的脉冲延迟为 1.2 s，化学位移是将四甲基硅烷作参照而测定的。

差热分析：采用 Schimadzu DT-30B 差热分析仪测定。称取胡敏酸或富啡酸样品 10 mg，氮气气氛，升温速率 20℃/min，纸速为 2.5 mm/min，差热量程为±100 μV。

氧化性的测定：采用重铬酸钾-硫酸溶液（0.2 mol/L $K_2Cr_2O_7$-1∶1 H_2SO_4）在不同温度（60℃、80℃、100℃、120℃、140℃、160℃和 180℃）下加热 6 min，测定不同浓度和不同温度下腐殖质的氧化性，绘制腐殖质氧化曲线。

电位滴定：按 Khanna 和 Stevenson 的方法测定[7]。

络合稳定常数的测定：采用离子交换平衡法测定[8]。

二、结果和讨论

（一）化学组成

从表 2 中可以看出，钙键复合体中的腐殖质和铁铝键复合体中的腐殖质在元素组成上有明显的差别，其中钙键复合体中胡敏酸（HA_1）和富啡酸（FA_1）的 C、H、N 含量均低于相应铁铝键复合体中胡敏酸（HA_2）和富啡酸（FA_2），而两者的 O 含量则相反。各元素含量之间的比值是反映其化学结构的一项参数，从图 1 中看到，两种腐殖质的平均 C/H 值虽略有差别，但差别不大。而 C/N 值和 O/C 原子比则有明显差异，其中钙键复合体中腐殖质的 C/N 值高于铁铝键复合体尤为明显。这说明两种复合体中的腐殖质，虽然缩合程度差别不大，但是化学成分是有差别的。

表 2　复合体中腐殖质的元素组成　　（单位：g/kg）

元素组成 Elemental composition	钙键复合体 Ca-bound complex		铁铝键复合体 Fe/Al-bound complex	
	胡敏酸（HA_1）	富啡酸（FA_1）	胡敏酸（HA_2）	富啡酸（FA_2）
C	466.6~501.9	269.4~421.8	508.4~562.1	368.9~423.5
H	31.6~47.3	34.3~48.4	39.9~51.4	41.0~55.3
N	24.7~37.4	10.9~16.5	38.9~49.3	19.2~25.7
O+S	425.1~472.8	523.4~671.3	347.2~410.7	495.5~565.4

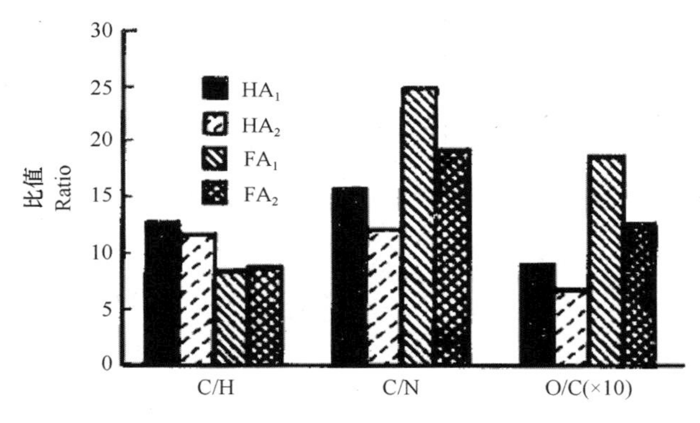

图 1　钙键和铁铝键复合体中腐殖质的 C/H 值，C/N 值和 O/C 值（平均值）

O/C 原子比可反映腐殖物质分子中含氧官能团的差异，但是从表 3 的资料中看出这两组复合体中含氧官能团的变化稍有不同，胡敏酸中的羧基和总酸度以铁铝键复合体（HA_2）略高于钙键复合体（HA_1），酚羧基和羰基则相反，而富啡酸的羧基、酚羧基、羰基和总酸度均以钙键复合体（FA_1）明显高于铁铝键复合体（FA_2）。

表 3 腐殖质的含氧官能团 （单位：mmol/g）

含氧功能基 Oxygen-containing functional groups	钙键复合体 Ca-bound complex		铁铝键复合体 Fe/Al-bound complex	
	胡敏酸（HA_1）	富啡酸（FA_1）	胡敏酸（HA_2）	富啡酸（FA_2）
总酸度	5.2~7.2（6.4）*	6.4~12.4（10.3）	5.8~9.0（7.1）	7.8~11.0（9.1）
羧基	2.3~3.6（3.1）	8.4~10.4（7.7）	2.5~5.5（3.8）	5.8~8.2（6.7）
酚羧基	2.3~3.8（3.3）	2.0~3.8（2.7）	2.4~3.3（3.0）	1.7~2.8（2.4）
羰基	2.0~5.2（3.6）	2.2~3.8（3.3）	1.8~3.4（2.5）	1.4~2.6（2.1）

*括号中的数据为平均值。

胡敏酸/富啡酸（HA/FA）值是一项反映腐殖质成分的参数，也可衡量腐殖化程度。以往的研究中，虽然没有能确切地区分钙键复合体和铁铝键复合体，但从过去通行的复合体分组中，腐殖质的 HA/FA 值大多是稳结态>松结态或 $G_1>G_2$，但也随着土壤类型而有所变化[2,3]，说明 HA/FA 值与复合体类型的关系比较复杂。在钙键复合体和铁铝键复合体大量样品分析中也有这样的情况，即大多数钙键复合体中腐殖质的 HA/FA 值高于铁铝键复合体，但也有少数的样品得到了相反的结果。为了进一步研究不同金属键复合体腐殖质中的 HA/FA 值，我们采用了人工合成复合体，便于更进一步区分为钙键、铁键和铝键三种复合体，所得的结果见表 4。

表 4 人工合成复合体中腐殖质的 HA/FA 值 （单位：%）

复合体类型 Complex type	HA（C%）	FA（C%）	HA+FA（C%）	HA/FA
高岭-Ca-复合体	8.79	43.92	52.71	0.20
高岭-Fe-复合体	13.24	29.01	42.25	0.46
高岭-Al-复合体	9.12	33.76	42.88	0.27
蒙脱-Ca-复合体	12.35	28.73	41.08	0.43
蒙脱-Fe-复合体	14.05	29.26	43.31	0.48
蒙脱-Al-复合体	11.27	32.21	43.48	0.35

从表 4 的结果可以看出，不论是高岭石或蒙脱石，均以铁键复合体中腐殖质的 HA/FA 值为最高，而铝键复合体的 HA/FA 值较低，这说明铁键和铝键复合体不能作为一个整体来看，两者的组成不同，就会影响其 HA/FA 值，并因而影响它与钙键复合体之间的相对关系，这是一些土壤中出现的不同复合体之间 HA/FA 值关系变化的原因所在。

（二）光学性质

1. 紫外和可见光谱

腐殖物质溶液在紫外（200~400 nm）和可见（400~800 nm）光谱段的吸收强度是由其发色基团（通常为醌基、酮基等）产生的，在同一土壤中，胡敏酸的色泽较富啡酸暗。同样，不同复合体中腐殖质，其吸收强度或光密度（I_0/I）不等也显示了腐殖物质分子结构状况的差别。图 2 说明虽然钙键复合体中的胡敏酸与铁铝键复合体中的胡敏酸有相似的紫外和可见光谱，但前者的光密度显然大于后者，而钙键复合体的富啡酸的光密度则低于铁铝键复合体中的富啡酸，这充分说明了这两种复合体中的腐殖质的分子结构和复杂程度是有区别的，而且在胡敏酸和富啡酸两种腐殖酸中有着不同的变化特征。

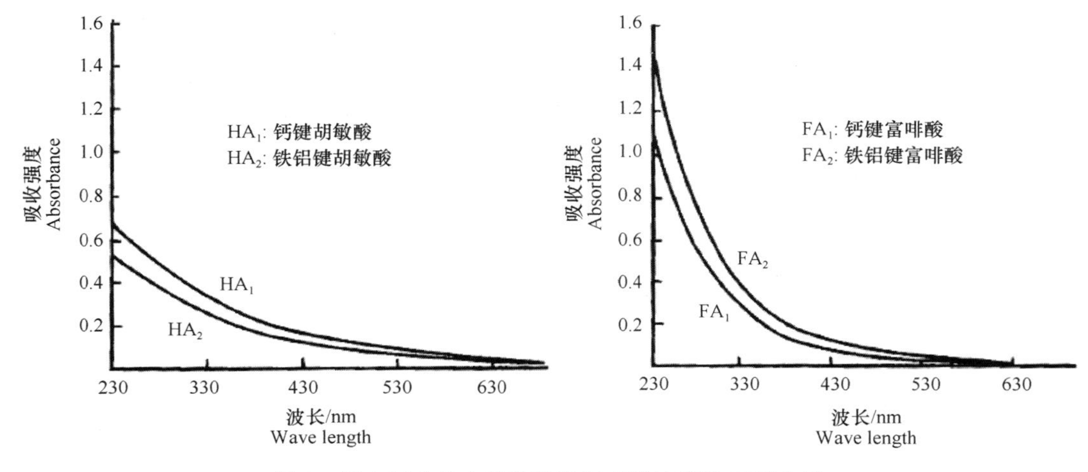

图 2 黑土复合体中胡敏酸和富啡酸的紫外-可见光谱

可见光谱中的 E_4/E_6 值是作为腐殖化程度的另一项指标。研究结果表明：钙键复合体和铁铝键复合体中胡敏酸和富啡酸的 E_4/E_6 值也是有差别的，且 E_4/E_6 值的变化与光密度的变化基本上是一致的，如黑土中，HA_1 的 E_4/E_6 值为 3.72，高于 HA_2 的 3.63，而 FA_1 的 E_4/E_6 值为 7.43，低于 FA_2 的 7.70；棕壤中也有类似的结果，其 HA_1、HA_2、FA_1 和 FA_2 的 E_4/E_6 值分别为 4.89、4.28、11.75 和 13.00。E_4/E_6 值通常反映腐殖化程度和芳香物的缩合程度，因此铁铝键复合体中的胡敏酸有较高的缩合度和腐殖化程度，但富啡酸则以钙键复合体的缩合程度较高。

2. 红外光谱

红外光谱也显示这两类复合体中腐殖质的组成和结构有一定差别。在胡敏酸图谱中，1610~1650 cm^{-1} 波段（芳香族 C=C）相对较强，而 1700~1730 cm^{-1} 波段（羧基 C=O 伸展）则相对弱些，富啡酸图谱为 1700~1730 cm^{-1} 波段峰强于 1610~1650 cm^{-1} 波段峰（图 3），这与羧基的化学分析结果完全一致；在 1400~1430 cm^{-1} 波段（脂族 CH_2 变形），富啡酸比胡敏酸强些。在 1610~1650 cm^{-1} 波段（芳香族 C=C），HA_2 强于 HA_1，表明铁铝键胡敏酸有更多的芳香族化合物，而同一波段的富啡酸则 FA_2 略弱于 FA_1，表明芳香族化合物在钙键富啡酸略多。

3. 核磁共振图谱

核磁共振图谱提供了更为详实的资料[9,10]。通常可以将腐殖质 ^{13}C-NMR 图谱分为 4 个区域，其中 0~50 ppm 段为烷基碳区域，50~105 ppm 段是各种烷氧碳的信号，一般为碳水化合物，105~170 ppm 段一般为芳香族碳区域，170~200 ppm 段通常为羧酸、酰胺及脂类等的羰基碳区域。表 5 是黑土腐殖酸 ^{13}C-NMR 图谱的计算结果，由表 5 可知，

HA_1的烷基碳明显高于HA_2，而FA_2的烷氧碳显著高于FA_1，芳香碳和羰基碳均为HA_2高于HA_1和FA_1高于FA_2，因此铁铝键胡敏酸（HA_2）的芳化度高于钙键胡敏酸（HA_1），而钙键富啡酸（FA_1）的芳化度则高于铁铝键富啡酸（FA_2）。

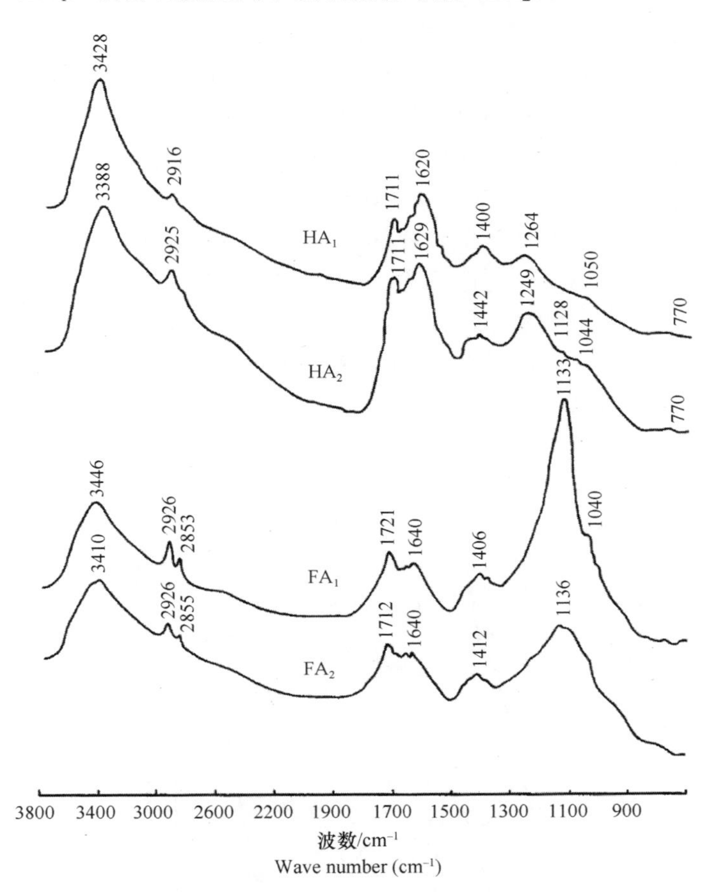

图3 黑土钙键和铁铝键复合体中腐殖质的红外光谱

表5 腐殖质^{13}C-NMR图谱中碳的类型和分布

腐殖质 Humus	烷基C Alkyl C（0~50 ppm）	烷氧C O-alkyl C（50~105 ppm）	芳香C Aromatic C（105~170 ppm）	羰基C Carboxyl C（170~200 ppm）	脂族C Aliphatic C（0~105 ppm）	芳化度* Aromaticity /%
HA_1	16.22	14.38	53.81	15.58	30.60	63.75
HA_2	5.50	11.98	65.18	17.35	17.48	78.85
FA_1	14.76	15.67	51.33	18.25	30.43	62.78
FA_2	13.95	41.22	27.67	17.17	55.17	33.40

*芳化度=芳香C/（芳香C+脂族C）。

上述光学研究表明，钙键复合体中的腐殖质和铁铝键复合体中的腐殖质在有机成分和结构上是不同的，尤其在脂族和芳香族碳之间的相对比值有显著差异。尽管腐殖质样品有所不同，但三种方法的测定结果是相当一致的。

（三）理化性质

1. 热分解特性

不同复合体中腐殖质的热分解特性也有所不同[11~13]。在这一研究中，大多数胡敏酸 DTA 曲线除了在 100℃左右（95~120℃）有一脱水吸热峰外，一般在 360℃左右（340~380℃）有一肩状放热峰，通常都是 HA_2 较 HA_1 明显，主要放热峰在 445~560℃，其中 HA_2 这一放热峰的温度明显高于 HA_1，且放热峰的强度也是 HA_2 大于 HA_1。此外，HA_2 在 730℃左右有一肩状放热峰，而 HA_1 则不明显。

富啡酸的 DTA 曲线也显示了同样的差异。一般吸湿水的吸热峰多在 80℃左右（60~90℃），其后在 165~215℃又有一吸热峰，主要的放热峰在 520~605℃，大多数 FA_2 的主要放热峰温度和强度也高于 FA_1，如黄棕壤的 FA_1 主要放热峰为 530℃，而 FA_2 则为 585℃；此外部分 FA_1 在 640℃左右，FA_2 在 740℃左右又各有一放热峰。图 4 是其中黄棕壤腐殖酸的 DTA 曲线。

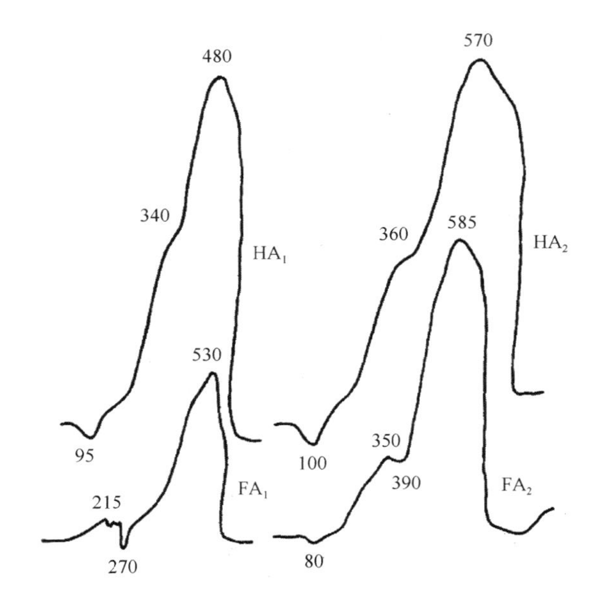

图 4　黄棕壤钙键和铁铝键复合体中腐殖质的 DTA 曲线

由此可见，钙键复合体与铁铝键复合体中腐殖质的热分解特性也是有差异的。在不同土壤中的趋势相当一致，一般都是铁铝键腐殖质的主要放热峰温度高于钙键腐殖质，这表明前者具有较高的热稳定性，热稳定性的差异极可能与腐殖酸和不同金属离子的键合机制有关[12,13]。此外部分铁铝键腐殖质（包括胡敏酸和富啡酸）在 730℃左右有一肩状放热峰，部分钙键富啡酸在 640℃左右有一肩状放热峰，这些均随土壤类型而有所变化。

2. 抗氧化特性

利用氧化能力不等的氧化剂，检验腐殖质的抗氧化特性，是检验腐殖质化学稳定性的一种方法，但是在复合体组成不同的情况下，尤其是铁和铝复合体相对组成变化较大的土壤中所得到的 K_{os} 值，与钙键复合体的 K_{os} 值很难比较。因此我们采用人工合成的钙键复合体、铁键复合体和铝键复合体，分别测定复合体中腐殖质的抗氧化特性。

以 0.2 mol/L $K_2Cr_2O_7$-1∶1 H_2SO_4 液在不同温度条件下，所测得的高岭石和蒙脱石的钙键、铁键和铝键复合体中腐殖质的氧化率曲线见于图 5。从图 5 中可以看出，不论是高岭石还是蒙脱石，它们的铁键复合体中腐殖质都是最稳定、最不易氧化的，而铝键复合体中腐殖质在同样温度下，氧化率最高，钙键复合体中腐殖质的氧化率则居于两者之间，直至 160℃以上才趋于相同，由此可见，钙键、铁键和铝键三种复合体中腐殖质的抗氧化特性是不等的，对于铁铝键复合体腐殖质，其抗氧化能力取决于铁键和铝键复合体的相对组成。

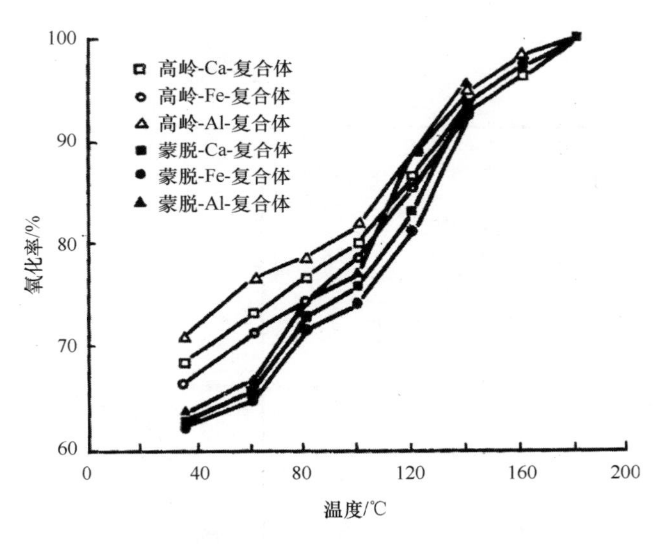

图 5　有机矿质复合体中腐殖质的氧化曲线

3. 络合特性

腐殖物质具有络合性能，腐殖质与金属离子作用可形成络合物或螯合物，同时 pH 下降，因此，通常把反应过程中 pH 的下降作为络合物形成的标志。而金属离子的种类和有机物的特性则影响 pH 变化的程度。所以，可把腐殖质和金属离子同时存在的条件下，测定电位滴定曲线和络合物的稳定常数，作为鉴定腐殖质络合特性的方法。

从图 6 中可以看到，胡敏酸和富啡酸的滴定曲线相似，其中富啡酸更类似多元弱酸，而胡敏酸则属单元弱酸。两者以加入三价金属离子的 pH 下降较多。不论是胡敏酸或富啡酸，分别从钙键复合体和铁铝键复合体中分离出来的，其滴定曲线表现出明显不同，其中铁铝键复合体中胡敏酸（HA_2）较钙键复合体中胡敏酸（HA_1）有较强的缓冲性，铁铝键复合体中的富啡酸（FA_2）较钙键复合体中的富啡酸（FA_1）有较强的缓冲性。加入金属离子后也有同样的表现，各种金属离子和腐殖酸的亲和力次序也基本相似，但是比较 HA_1 和 HA_2、FA_1 和 FA_2，似乎 HA_2 和 FA_2 对 Cu^{2+}有更强的亲和力。

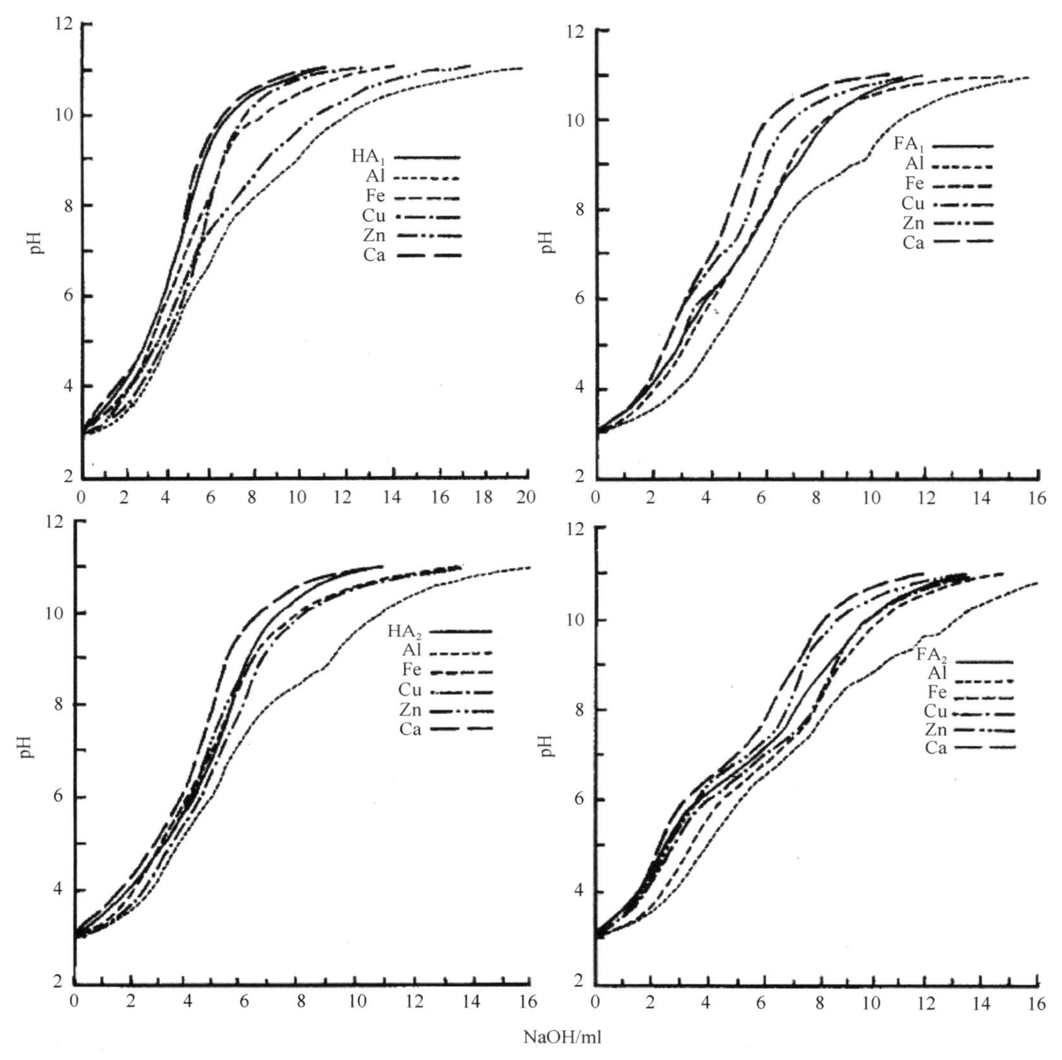

图 6 黑土钙键和铁铝键复合体中腐殖质的滴定曲线

HA_1：钙键胡敏酸；FA_1：钙键富啡酸；HA_2：铁铝键胡敏酸；FA_2：铁铝键富啡酸

络合物稳定（形成）常数可以定量地鉴定有机物与金属离子的络合亲和力。稳定常数的大小和金属离子的种类及有机物的特性有关（表 6）。以离子交换平衡法测定的两种复合体中胡敏酸和富啡酸与 Zn^{2+}的络合常数显示，铁铝键复合体中胡敏酸-Zn 络合物的稳定常数明显高于钙键复合体中胡敏酸-Zn 络合物，同样，铁铝键复合体中富啡酸-Zn 络合物的稳定常数也高于钙键复合体中富啡酸-Zn 络合物。这个结果与上述滴定曲线显示的规律是一致的。

表 6　不同复合体中 HA-Zn 和 FA-Zn 络合物的稳定常数

土壤类型 Soil type	复合体类型 Complex type	HA-Zn	FA-Zn
黑土	钙键复合体	3.18	3.17
	铁铝键复合体	3.34	3.85
棕壤	钙键复合体	3.24	3.14
	铁铝键复合体	3.65	3.42

三、结论

土壤中的钙键和铁铝键有机矿质复合体是两类主要的有机矿质复合体，其含量占复合体总量的50%左右，而且其活性程度较高，是有效养分的主要库存，也是结构的主要形成因素。但是这两类复合体除了其键合条件有区别外，在组成和性质方面，尤其是其中有机物是否相同，还没有具体资料。我们通过中性 Na_2SO_4 液和 $NaOH+Na_4P_2O_7$ 液分别提取了这两类复合体中的腐殖物质，经过一系列的分析测定，明确了它们在成分、结构及相关的性质方面，都有明显的差别。例如，钙键复合体中腐殖物质（HA_1、FA_1）的 C、H、N 含量高于铁铝键复合体中的腐殖物质（HA_2、FA_2），而 O 的含量则相反，因而 C/N 值和 O/C 值前者明显高于后者。在分子结构方面，铁铝键复合体中胡敏酸的芳化度高于钙键复合体中的胡敏酸，而铁铝键复合体中的富啡酸的芳化度则低于钙键复合体中的富啡酸。在腐殖质的性质方面也有差别，铁铝键复合体中腐殖质的热稳定性高于钙键复合体中腐殖物质，同样，铁铝键复合体中腐殖物质较钙键复合体中腐殖物质有更强的络合亲和力。

化学组成、分子结构和理化性质等方面的研究结果足以说明两类复合体中的腐殖物质由于其键合条件、反应和成分的差别，因而具有不同的特征。但是根据部分人工合成复合体的研究资料来看，铁键复合体和铝键复合体中腐殖物质仍有较大区别，如 HA/FA 值、腐殖物质的氧化稳定性等方面，铁键腐殖质明显高于铝键腐殖质，因此铁键复合体和铝键复合体的区分及其特性还有待于进一步的研究。

参 考 文 献

[1] 徐建明, 袁可能. 土壤有机矿质复合体研究 V. 胶散复合体组成和生成条件的剖析. 土壤学报, 1993, 30(1): 43-51.

[2] 徐建明, 袁可能. 土壤有机矿质复合体研究 VI. 胶散复合体的化学组成及其结合特征. 土壤学报, 1994, 31(1): 29-33.

[3] 徐建明, 袁可能. 土壤有机矿质复合体研究 VII. 土壤结合态腐殖质的形成特点及其结合特征. 土壤学报, 1995, 32(2): 151-158.

[4] Xu Jianming, Yuan Keneng. Dissolution and fractionation of calcium-bound and iron- and aluminum-bound humus in soils. Pedosphere, 1993, 3: 75-80.

[5] Cheema S U, Xu Jianming, Yuan Keneng. Composition and structural feature of calcium bound and iron and aluminum-bound humus in soils. Pedosphere, 1994, 4: 277-284.

[6] 熊毅. 土壤胶体-土壤胶体研究法. 北京: 科学出版社, 1985: 304-361.

[7] Khanna S U, Stevenson F J. Metallo-organic complexes in soil I. Potentiometric titration of some soil organic matter isolates in the presence of transition metals. Soil Science, 1962, 93: 298-305.
[8] Randhawa N S, Broadbent F E. Soil organic matter-metal complexes 6. Stability constants of zinc humic acid complexes at different pH values. Soil Science, 1965, 99: 362-366.
[9] Gerasimowicz W V, Byler D M. Carbon-13 CPMAS NMR and FTIR spectroscopic studies of humic acids. Soil Science, 1985, 139: 270-278.
[10] Schnitzer M, Preston C M. Analysis of humic acids by solution and solid-state carbon-13 nuclear magnetic resonance. Soil Science Society of America Journal, 1986, 50: 326-331.
[11] 白锦麟. 陕西省几种主要土壤胡敏酸能态及热分解特性的研究. 土壤学报, 1990, 27(2): 151-158.
[12] Satoh T. Organo-mineral complexes status in soils. I. Thermal analytical characteristics of humus in the soils. Soil Science and Plant Nutrition, 1984, 30: 1-12.
[13] Tan K H. Formation of metal-humic acid complexes by titration and their characterization by differential thermal analysis and infrared spectroscopy. Soil Biology and Biochemistry, 1977, 10: 123-129.

土壤有机矿质复合体研究　X. 有机矿质复合体转化的初步研究①

侯惠珍　徐建明　袁可能

摘　要　本文研究铁键、铝键、钙键复合体与溶液中 Ca^{2+}、Fe^{3+}、Al^{3+}金属离子的相互作用。结果显示，复合体上键合的 Fe^{3+}，不能被溶液中的 Ca^{2+}、Al^{3+}置换，复合体上键合的 Al^{3+}仅少量被 Fe^{3+}、Ca^{2+}置换进入溶液，复合体上键合的 Ca^{2+}则可较多地被 Al^{3+}、Fe^{3+}置换进入溶液，置换的量与 pH 及黏土矿物类型有一定关系，尽管复合体上键合的 Fe^{3+}、Al^{3+}、Ca^{2+}等难以被置换，但溶液中的 Ca^{2+}、Fe^{3+}、Al^{3+}等金属离子仍可与胶体络合。

关键词　钙键复合体，铁、铝键复合体，腐殖质，复合体转化

土壤中有机矿质复合体主要是钙键复合体、铁键复合体和铝键复合体[1]，也还有少量微量金属元素所构成的复合体，如铜、锌、锰等。各种有机矿质复合体之间都有一定的性质差异和不同的肥力意义[2,3]，因此，复合体类型对成土过程和土壤肥力都有一定影响。复合体类型的转变则是一个重要过程，遗憾的是，这方面的研究迄今为止还不多见[4]。本系列论文将继续探讨这方面的问题。首先是土壤中的无机胶体和有机胶体与金属离子形成的配合物及其转化的络合化学。通常认为，通过配位键形成的络合物，中心离子或配位体一般很少置换，但是可以通过其他方式，如离解平衡改变络合物中金属离子的种类。Fe^{3+}、Al^{3+}、Ca^{2+}三种金属离子的化学特性不同，形成复合体的稳定性及其转化条件也必然有差异。本文将提供这三种金属离子键合的复合体与溶液中金属离子置换及其影响因素的实验资料。

一、材料与方法

（一）材料

试验以从山地黄壤（浙江天目山顶部）中提取的腐殖物质作为研究的基本材料，在 0.1 mol/L NaOH 提取物中加入 1∶1 HCl，使 pH 为 1.0~1.5，分离胡敏酸和富啡酸，经净化后，在低温下干燥保存，取胡敏酸作为试验材料。

黏土矿物包括高岭石（江苏苏州阳山）和蒙脱石（浙江临安），磨碎通过 100 目筛，用 1 mol/L NaCl 浸泡成钠饱和样品，pH 接近中性。

① 原载于《土壤学报》，1999 年，第 36 卷，第 4 期，470~476 页。

（二）方法

将胡敏酸溶于 pH 8 的 NaOH 溶液中，制成 500 mg/L 的悬液。各取胡敏酸液 25 ml（含胡敏酸 12.5 mg），分别加入 $CaCl_2$、$FeCl_3$、$AlCl_3$ 溶液，至胡敏酸完全沉淀，离心分离并移去上部清液，洗净，制成胡敏酸钙、胡敏酸铁和胡敏酸铝沉淀。然后分别加入 25 ml 水，加入 Ca^{2+}、Fe^{3+}或 Al^{3+}溶液 0 ml、0.1 ml、0.2 ml、0.3 ml、0.4 ml，调节 pH 为 4、5、6、7，经搅拌振荡 24 h 后离心，取上部清液测定 Ca^{2+}、Fe^{3+}、Al^{3+}的含量。另取胡敏酸液 25 ml，加入高岭石或蒙脱石 0.5 g，再按上述步骤测试。

二、结果

（一）以 Fe^{3+}、Al^{3+}置换钙键复合体

在 25 ml Ca^{2+}饱和沉淀的胡敏酸钙悬液中，加 $FeCl_3$ 或 $AlCl_3$ 溶液 50~200 μg（相当于 2~8 μg/ml），在 pH 5 的条件下，Fe^{3+}、Al^{3+}被吸收 90%以上，与此同时，从复合体上置换到溶液中的 Ca^{2+}则分别为 0.3~0.69 μg/ml 和 0.49~1.30 μg/ml，由此可见，确有相当部分胡敏酸钙上的 Ca^{2+}通过离解平衡为 Fe^{3+}、Al^{3+}所置换，其中 Al^{3+}的置换能力大于 Fe^{3+}，同时也可以看出，从溶液中减少的 Fe^{3+}、Al^{3+}量远高于被置换下来的 Ca^{2+}，这表明另有一部分 Fe^{3+}或 Al^{3+}是通过其他络合途径损失的（图 1）。

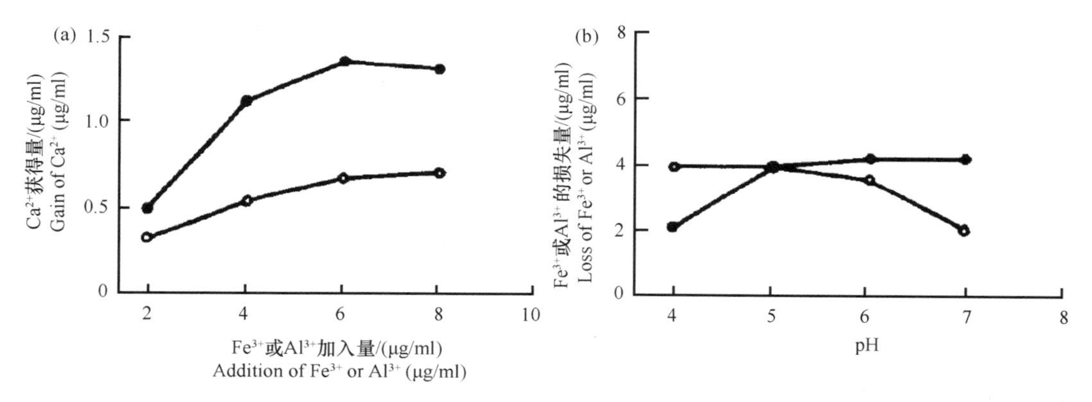

图 1　胡敏酸钙与 Fe^{3+}、Al^{3+}作用后，溶液中离子的得失

（a）溶液中 Ca^{2+}获得量（pH 5）与浓度的关系；（b）Fe^{3+}、Al^{3+}的损失量与 pH 的关系（Fe^{3+}、Al^{3+}加入量均为 4 μg/ml）；●加入 $AlCl_3$ 溶液；○ 加 $FeCl_3$ 溶液

以 Fe^{3+}、Al^{3+}置换胡敏酸钙上的 Ca^{2+}量不仅和加入的 Fe^{3+}、Al^{3+}的浓度有关，而且还随 pH 而变化（图 1）。Fe^{3+}从溶液中的损失量在 pH 4~7 范围内随 pH 上升而降低，而 Al^{3+}则随 pH 上升而略有增加，这显然和 Fe^{3+}、Al^{3+}的络合物的稳定性不同有关[5]。

在胡敏酸溶液中加入等量的 Ca 饱和的高岭石使其成为 Ca 键有机矿质复合体，然后再加入 $FeCl_3$ 或 $AlCl_3$ 溶液，则溶液中 Fe^{3+}、Al^{3+}的损失量增加，几乎都达到了 100%，置换到溶液中的 Ca^{2+}也有增加，但增加的幅度与 Fe^{3+}和 Al^{3+}的差别较大。从图 2 可以看

出，在 pH 5 的条件下，$FeCl_3$ 溶液中 Ca^{2+} 获得量增加很少，为 0.08~0.69 μg/ml，与单独胡敏酸相似，而 $AlCl_3$ 溶液中 Ca^{2+} 获得量为 2.82~4.78 μg/ml，比单独胡敏酸时增加了 4 倍以上，可见有相当多的部分从溶液中损失的 Al^{3+} 置换了复合体上的 Ca^{2+}，而在同样条件下，溶液中损失的 Fe^{3+} 则和 Ca^{2+} 的置换很少。

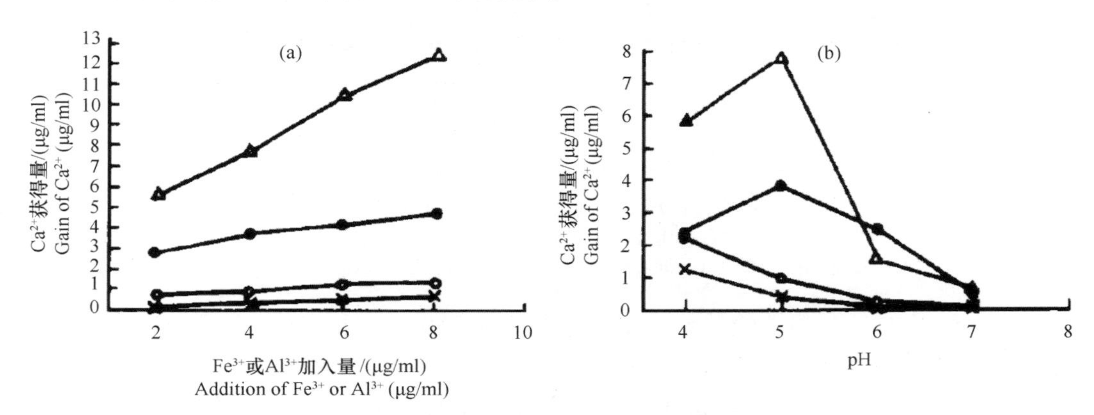

图 2　黏土-Ca-胡敏酸复合体与 Fe^{3+}、Al^{3+} 作用后，溶液中离子的得失

（a）溶液中 Ca^{2+} 获得量（pH 5）；（b）溶液中 Ca^{2+} 获得量与 pH 关系（Fe^{3+}、Al^{3+} 加入量分别为 4μg/ml）；
△ 蒙脱复合体加 $AlCl_3$，溶液中 Ca^{2+} 获得量；● 高岭复合体加 $AlCl_3$，溶液中 Ca^{2+} 获得量；○ 蒙脱复合体加 $FeCl_3$，溶液中 Ca^{2+} 获得量；× 高岭复合体加 $FeCl_3$，溶液中 Ca^{2+} 获得量

对于胡敏酸-Ca-蒙脱石复合体，溶液中 Ca^{2+} 的增加情况也相似，但增加量较多，在 $FeCl_3$ 溶液中，Ca^{2+} 获得量为 0.61~1.41 μg/ml，而在 $AlCl_3$ 溶液中，Ca^{2+} 获得量为 5.63~12.48 μg/ml，比高岭石复合体高 1 倍以上。

在黏土矿物存在的条件下，Fe^{3+}、Al^{3+} 和 Ca^{2+} 的置换同样和 pH 有关，由于 Fe^{3+}、Al^{3+} 在溶液中几乎全部损失，pH 的影响难以区分，但是 Ca^{2+} 在溶液中增加仍然和 pH 明显有关。从图 2 可以看出，不论在高岭石或蒙脱石复合体条件下，$FeCl_3$ 溶液中 Ca^{2+} 获得量均随 pH 上升而降低，如在加入 4 μg Fe^{3+}/ml 的情况下，Ca^{2+} 获得量从 pH 4 的 1.23 μg/ml 降至几乎是 0。但在 $AlCl_3$ 溶液中，Ca^{2+} 获得量则以 pH 5 最高，pH 5 以上又逐渐降低，而 Al^{3+} 和 Ca^{2+} 的置换则以 pH 5 最高，pH 升高或降低均不利于置换。

（二）以 Ca^{3+}、Al^{3+} 置换 Fe 键复合体

与胡敏酸钙不同，因为 Fe 饱和沉淀的胡敏酸铁，在含 Ca^{2+} 和 Al^{3+} 的溶液中，表现相当稳定。尽管有相当多数量的 Ca^{2+} 和 Al^{3+} 从溶液中损失，但是溶液中 Fe^{3+} 的含量几乎没有增加，可见，胡敏酸铁的转化有着不同的机制。在试验中发现，在 pH 5 条件下，溶液中的 Al^{3+}（2~8 μg/ml）几乎全部损失，Ca^{2+}（20~80 μg/ml）损失了 30%~40%。同时，从图 3 中可以看出，Ca^{2+} 的损失量和 pH 的关系很小，而 Al^{3+} 的损失量随 pH 的上升而增加，在加入 4 μg/ml 的情况下，pH 4 只损失 1.46 μg/ml，pH 5 时损失 3.98 μg/ml，到 pH 6 以上，基本上是全部损失了，pH 的影响十分明显。而与此同时，Fe^{3+} 在溶液中获得很少，如在同样条件下，pH 4 时仅增加 0.1 μg/ml，pH 6 时也仅增加 0.21 μg/ml，可见基本上没有离解。

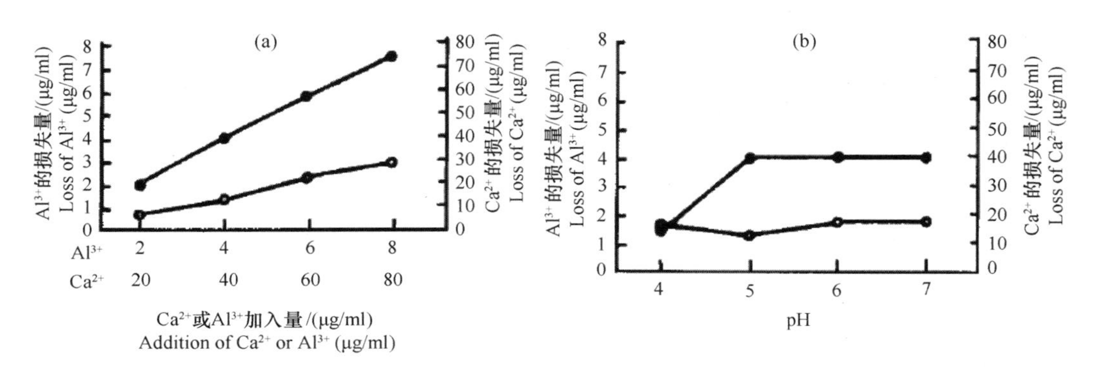

图 3　胡敏酸铁与 Ca^{2+}、Al^{3+}作用后，溶液中离子的得失

（a）Ca^{2+}、Al^{3+}损失量与浓度的关系（pH 5）；（b）Ca^{2+}、Al^{3+}损失量与 pH 的关系（Ca^{2+}加入量为 40μg/ml，Al^{3+}加入量为 4 μg/ml）；● 加入 $AlCl_3$ 溶液中 Al^{3+}的损失量；○ 加入 $CaCl_2$ 溶液中 Ca^{2+}的损失量

值得注意的是在胡敏酸铁悬液中加入黏土矿物后，再和 Ca^{2+}、Al^{3+}作用，溶液中的 Ca^{2+}和 Al^{3+}的损失量并没有明显的变化（图 4），溶液中的 Fe^{3+}增加量，除高岭石在 pH 4 时略有上升（0.24 μg/ml）外，也没有明显的变化，这表明铁键有机矿质复合体同样也不能和 Ca^{2+}或 Al^{3+}起置换作用，当然这并不能忽略新的钙键和铝键复合体的形成。

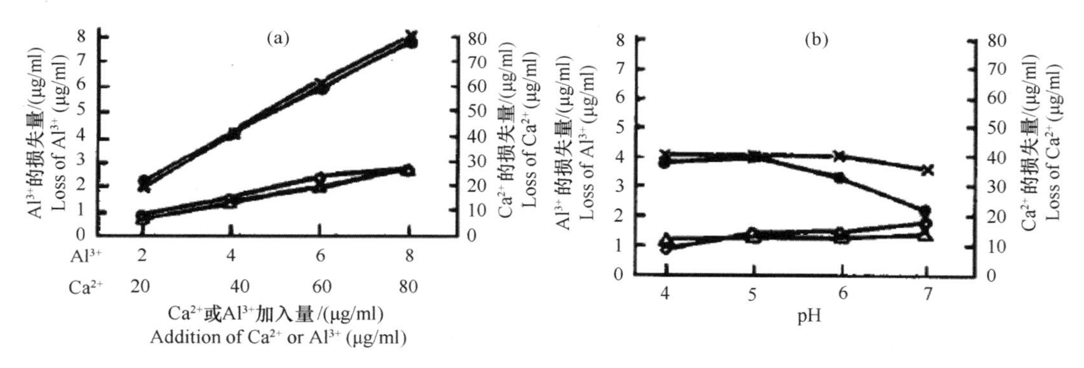

图 4　黏土-Fe-胡敏酸复合体与 Ca^{2+}、Al^{3+}作用后，溶液中离子的得失

（a）溶液中 Ca^{2+}、Al^{3+}损失量（pH5）；（b）溶液中 Ca^{2+}、Al^{3+}损失量与 pH 的关系（Ca^{2+}加入量为 40 μg/ml，Al^{3+}加入量为 4 μg/ml）；× 蒙脱复合体加 $AlCl_3$，溶液中 Al^{3+}损失量；● 高岭复合体加 $AlCl_3$，溶液中 Al^{3+}损失量；○ 蒙脱复合体加 $CaCl_2$，溶液中 Ca^{2+}损失量；△ 高岭复合体加 $CaCl_2$，溶液中 Ca^{2+}损失量

但是加入黏土矿物后，溶液中 Ca^{2+}、Al^{3+}的变化和 pH 的关系明显有些不同，Ca^{2+}的损失量在 pH 4~7 的条件下，随 pH 上升略有增加，这和 Ca 键复合体溶液中 Fe^{3+}的损失量相反，而 Al^{3+}在 pH 5 时损失量最大，随 pH 上升而迅速减少（图 4）。这和 Ca 键复合体溶液中 Al^{3+}损失量的变化一致。

（三）以 Ca^{2+}、Fe^{3+}置换 Al 键复合体

在胡敏酸铝溶液中，加入 Ca^{2+}和 Fe^{3+}后，在 pH 5 的溶液中 Fe^{3+}几乎全部从溶液中损失，Ca^{2+}则有加入量的一半左右从溶液中损失。但是溶液中获得的 Al^{3+}却很少，在 Fe^{3+}溶液中，几乎未检出 Al^{3+}，在 Ca^{2+}溶液中，也仅检出少量的 Al^{3+}（pH 5 时，随 Ca^{2+}加入量的多少分

别为 0.24~0.72 μg/ml），数量上下不能和损失的 Ca^{2+}相比（图 5）。但是至少说明 Ca^{2+}和 Al^{3+}之间产生了置换作用，而 Fe^{3+}和 Al^{3+}之间，在同样 pH 溶液中几乎没有置换产生。

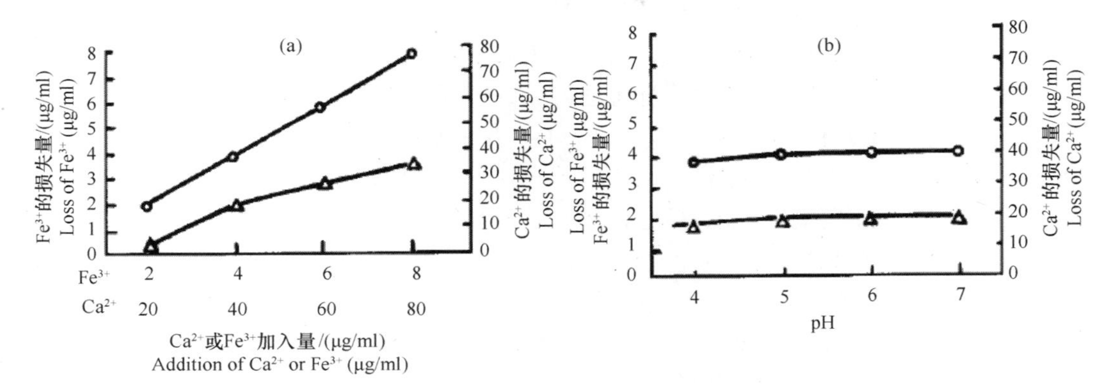

图 5　胡敏酸铝与 Ca^{2+}、Fe^{3+}作用后，溶液中离子的得失

（a）Fe^{3+}、Ca^{2+}的损失量与浓度的关系（pH 5）；（b）Fe^{3+}、Ca^{2+}的损失量与 pH 的关系（Fe^{3+}加入量为 4 μg/ml，Ca^{2+}加入量为 40 μg/ml）；○ 加 $FeCl_3$ 溶液中 Fe^{3+}的损失量；△ 加入 $CaCl_2$ 溶液中 Ca^{2+}的损失量

在胡敏酸铝和 Ca^{2+}、Fe^{3+}的置换反应中，溶液的 pH 对 Fe^{3+}、Ca^{2+}、Al^{3+}的失和得影响很少（图 5）。Ca^{2+}、Fe^{3+}只有在 pH 4~5 时，损失量略有提高，而 Al^{3+}的获得量则在 pH 4~7 范围内，随 pH 上升而降低，这是和其他两种胡敏酸盐的不同之处，也进一步说明，在胡敏酸铝上的置换主要在强酸性条件下进行。

在胡敏酸铝溶液中加入黏土矿物后，对溶液中 Fe^{3+}、Ca^{2+}的损失几乎没有影响。加入溶液中的 Fe^{3+}在与复合体作用后，仍然全部损失，加入溶液中的 Ca^{2+}损失量也仅略有增加。溶液中 Al^{3+}的获得量仍然很低，在高岭石复合体悬液中加入 Fe^{3+}的溶液，完全没有检出 Al^{3+}，仅在加入 Ca^{2+}的溶液中有少量 Al^{3+}检出。而蒙脱石复合体的悬液中，即使加入 Ca^{2+}，也未见有 Al^{3+}检出，这表明高岭石复合体能释放出少量的 Al^{3+}，而蒙脱石复合体则不能。加入黏土矿物后，溶液中不论是获得的 Al^{3+}或损失的 Ca^{2+}、Fe^{3+}量与 pH 的关系都和胡敏酸铝相同，没有明显的变化［图 6（b）］。

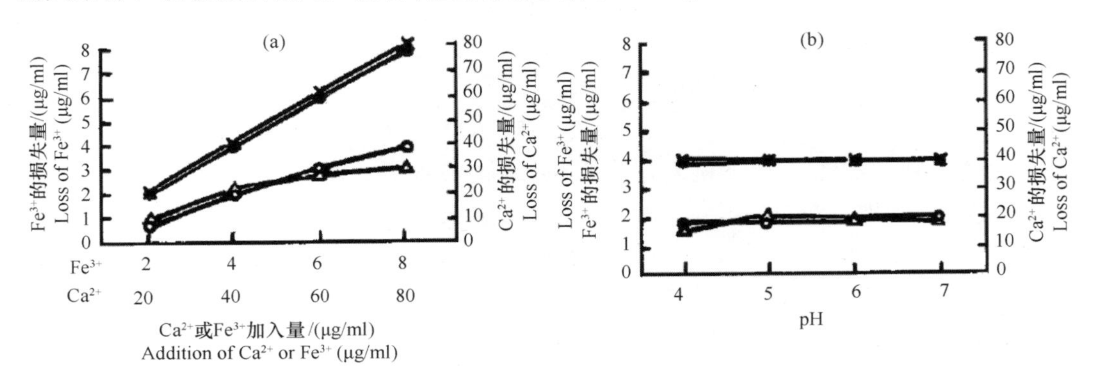

图 6　黏土-Al-胡敏酸复合体悬液中 Fe^{3+}、Ca^{2+}损失量

（a）Fe^{3+}、Ca^{2+}损失量与浓度的关系（pH 5）；（b）Fe^{3+}、Ca^{2+}损失量与 pH 的关系；× 蒙脱复合体 $FeCl_3$ 溶液，Fe^{3+}损失量；● 高岭复合体加 $FeCl_3$，溶液中 Fe^{3+}损失量；○ 蒙脱复合体加 $CaCl_2$ 溶液，Ca^{2+}损失量；△ 高岭复合体加 $CaCl_2$，溶液中 Ca^{2+}损失量

三、讨论

从以上实验结果，可以看出这三种类型的复合体，其相互转化的化学特性是明显不同的，根据溶液中金属离子的得失，可归纳为如下几点。

（1）金属离子影响：钙键复合体上的 Ca^{2+} 较易为 Fe^{3+}、Al^{3+} 置换而进入溶液，其中 Al^{3+} 的置换能力高于 Fe^{3+}。铁键复合体上的 Fe^{3+} 几乎不能被置换，仅在 pH 4 的酸性条件下，可少量为 Al^{3+} 置换进入溶液。而铝键复合体上的 Al^{3+}，则可少量为 Fe^{3+}、Ca^{2+} 置换进入溶液，尤以 Ca^{2+} 的置换能力较强，但也随 pH 的上升而减少。可见，在钙键、铁键、铝键三种类型的复合体中，以铁键复合体最为稳定，铝键复合体次之，而钙键复合体最不稳定[6]，最易被置换。另外，溶液中的 Fe^{3+}、Al^{3+}、Ca^{2+} 则大量损失，损失量远远超过置换量，相信这些金属离子已进入复合体，形成新的金属键。

（2）pH 影响：与等量的胡敏酸络合的金属离子（溶液中减少量）以 Ca^{2+} 最多，且与 pH 无关，Fe^{3+} 次之，约为 Ca^{2+} 的一半，而且随 pH 上升而减少，Al^{3+} 最少，在酸性条件下，随 pH 上升而增加，但在 pH 7 时又有所下降。显然和这三种离子所形成的络合物的稳定性有关[5]。Fe^{3+} 置换钙键复合体上 Ca^{2+} 的能力有随 pH 上升而下降的趋势，Al^{3+} 置换 Ca^{2+} 的能力则有在一定 pH 范围内随 pH 上升而增加的趋势。铁键复合体悬液中，Ca^{2+} 的损失有随 pH 上升而增加的趋势，Al^{3+} 的损失在 pH 5 以下随 pH 上升而增加，但 pH 5 以上又有所下降。Ca^{2+} 置换铝键复合体上的 Al^{3+} 有随 pH 上升而降低的趋势，Fe^{3+} 置换 Al^{3+} 只有在 pH 4 的条件下有可能。由此可见，由于钙键、铁键、铝键复合体的络合稳定性不同，它们的转化条件与 pH 有一定关系。

（3）黏土矿物影响：黏土矿物本身具有强大的交换吸附能力，和胡敏酸结合后，在黏土矿物和胡敏酸之间通过金属键形成络合物，对金属离子的置换有一定影响。从实验结果来看，在 Ca 键复合体悬液中加入 Fe^{3+} 或 Al^{3+}，置换到溶液中的 Ca^{2+} 较之单纯胡敏酸钙有所增加，尤其是蒙脱石增加更多。但在 Fe 键复合体悬液中，加入 Ca^{2+} 或 Al^{3+}，效果就不明显，仅在 pH 4 的酸性条件下蒙脱石有增加 Al^{3+} 置换 Fe^{3+} 的效果。同样，对于 Al 键复合体，黏土矿物不能增加 Fe^{3+} 对 Al^{3+} 的置换，但高岭石能少量增加 Ca^{2+} 对 Al^{3+} 的置换。可见，胡敏酸钙、铁、铝与黏土矿物结合后，络合物的稳定性基本上没有改变，但金属离子的置换数量稍有影响。

从本实验结果可以看出，在 Ca 键、Fe 键、Al 键三种复合体中，以 Ca 键复合体最易被置换，Al 键次之，而 Fe 键复合体基本上不能被置换。另外，溶液中的 Ca^{2+}、Fe^{3+}、Al^{3+}，都比较多地从溶液中损失，相信是进入复合体，形成新的金属键。因此，对于这三种类型复合体的转化，应该有一个新的观念，也就是说，它们之间不仅是置换关系，而且还能通过增加金属键改变复合体的组成和性质，因此，不同的复合体可以依据环境中金属离子的主要种类而转化，这一现象不论在理论上或实践中都有重要意义。

参考文献

[1] Xu Jianming, Yuan Keneng. Dissolution and fractionation of calcium bound and iron- and aluminum-bound humus in soils. Pedosphere, 1993, 3: 75-80.

[2] 徐建明, 赛夫, 袁可能. 土壤有机矿质复合体研究 IX. 钙键和铁、铝键复合体的组成和性质特征. 土壤学报, 1999, 36(2): 168-178.

[3] Cheema S U, Xu Jianmin, Yuan Keneng. Composition and structural features of calcium-bound and iron-and aluminum-bound humus in soils. Pedosphere, 1994, 4: 277-284.

[4] 熊毅. 土壤胶体的物质基础. 见: 熊毅. 土壤胶体(第一册). 北京: 科学出版社, 1983: 328.

[5] Cline G R, Powell P E, Szaniszlo P J, et al. Comparison of the abilities of hydroxamic and other natural organic acids to chelate iron and other ions in soil. Soil Science, 1983, 136: 145-157.

[6] Vaiadachari C, Chattopadhyay T, Ghosh K, et al. Complexation of humic substances with oxides of iron and aluminum. Soil Science, 1997, 162: 28-34.

第三章　土 壤 化 学

Ⅰ．中国土壤化学的发展

近年来土壤化学发展中的一些问题①

于天仁　袁可能　李学垣

研究内容

从广义的角度说，土壤化学是研究土壤的化学组成和化学性质及其变化的科学。但是在土壤化学发展的不同阶段，研究的主要内容有很大不同。第二次世界大战以后，特别是20世纪60年代以后，由于土壤矿物学渐成为一个独立的学科分支，而且土壤肥力学（中国称为“农业化学”）和土壤发生学等研究中广泛使用化学方法，所以土壤化学已经以研究土壤化学性质的基本规律，即土壤物理化学性质为主。在这方面，土壤胶体表面的化学受到较多的注意。1982年第十二届国际土壤会议决定在土壤化学委员会之下设立一个“土壤胶体表面”专业组，就是这方面的一个表现。从世界范围看，一个国家的土壤科学水平越高，土壤化学研究中物理化学的色彩越浓厚。中国土壤化学的发展历程也是这样。关于80年代以前中国土壤物理化学的发展，已有概况述评[1]。最近中国土壤学会土壤化学专业委员会组织国内有关学者编写的《土壤化学原理》一书，也基本上反映了现代土壤化学的内容。

由于土壤化学的范围很广，本文就近年来土壤化学研究中几个较为重要的问题做一介绍或讨论。

研究对象

在土壤化学发展史上，重点研究对象的不同可以导致研究内容甚至某些基本概念的改变。20世纪40年代认识到晶质黏土矿物在土壤中的重要性以后，许多土壤化学家以纯黏土矿物为研究对象，作为对土壤的模拟。如果以自然土壤为对象，有时也预先去掉

① 原载于《干旱区研究》，1986年，第3期，17~28页。

“游离氧化物”。由于土壤科学比较发达的国家（如美国）所在的地区为温带，在这些地区的土壤中黏土矿物的性质对于整个土壤的性质往往起决定性作用，所以根据对纯黏土矿物的研究所得到的一些概念，大体上是能应用于这些地区的土壤的。但是近十几年来随着对热带、亚热带地区土壤研究的深入，认识到热带、亚热带地区土壤的许多化学性质与温带土壤有明显的不同。其中最重要、最根本的，是电荷性质不同。土壤具有固定数值的“阳离子交换量”（CEC），这个概念统治了土壤化学以及整个土壤学达数十年之久。现在由于对热带、亚热带土壤的研究结果，已认识到土壤所带的可变电荷甚为重要，对某些土壤来说起着决定性的作用。关于这一问题，国际土壤学会于 1981 年曾在新西兰召开了“可变电荷土壤会议”[2]。可以说，现在对于土壤的认识，正处于从“恒电荷土壤”向“可变电荷土壤”的转变之中。以下关于土壤表面化学性质的介绍，就是基于这个认识。

土壤表面的类型和电荷性质

土壤胶体的巨大表面和很高的活性是土壤产生表面化学性质的主要原因。土壤胶粒表面带有电荷是土壤能够保蓄，并向植物提供养分离子的基本原因。过去的概念是土壤主要带负电荷，其数量基本上是不变的。通过近年来的研究，认识到土壤既带永久负电荷，也带有随环境条件而变的可变电荷，土壤是一个既有永久电荷，又有可变电荷的混合体系[3]。一般温带土壤以永久负电荷为主，热带、亚热带土壤以可变电荷为主，氧化土还可含有永久正电荷[4]。

土壤胶体的组成不同，电荷来源也不一样。据此，可把土壤胶体分为恒电荷表面和恒电位表面两类。2∶1 型与 2∶2 型层状硅酸盐矿物的板面是硅氧烷型表面，其电荷主要是由于同晶置换所引起，为永久负电荷，其量不随介质条件（如 pH、电解质浓度）而变，称为恒电荷表面。铁、铝、锰、硅和钛的水合氧化物，它们的表面是由金属离子和氢氧基组成，是水合氧化物型表面。2∶1 型层状矿物边缘裸露的铝醇、铁醇、硅烷醇、1∶1 型层状硅酸盐矿物的羟基铝层基面，以及硅氧烷基表面上由断键产生的硅烷醇等也属水合氧化物型表面。它们的电荷来源是由于表面暴露的—OH 基中质子的离解和缔合，其表面电荷的符号和数量取决于溶液中 H^+的浓度和电解质浓度，是可变电荷。但在一定的 pH 下，其表面电位是恒定的，故称为恒电位表面。

土壤有机胶体中的羧基、酚基、羟基和胺基等功能团，对质子的缔合和离解也是随环境条件而变的，所以有机胶体带可变电荷。

温带土壤的黏土矿物以 2∶1 型层状硅酸盐为主，一般是恒电荷表面。热带、亚热带土壤一般以含铁、铝等的氧化物为主，一般是恒电位表面。

土壤胶体表面上正负电荷的代数和为零时的 pH 称为电荷零点（ZPC）。它是判断土壤电荷性质的一个重要指标。当体系的 pH 低于 ZPC 时，胶体表面带正电荷，当体系的 pH 高于 ZPC 时，表面带负电荷。土壤中各种成分的电荷零点不一样，铁、铝氧化物的电荷零点为 7~9，蒙脱石的小于 2.5，高岭石板面的为 3，高岭石边面的为 7.3，二氧化锰的为 2~4.5，二氧化硅的为 1~3，有机质的也为 1~3。

袁朝良[5]测得中国砖红壤、红壤、黄棕壤的电荷零点分别为4.0、3.1和2.2。于天仁和张效年[6]测得砖红壤的电荷零点为4.7，去除氧化铁后为4.2，去除有机质后为5.6。这都说明土壤电荷零点值的大小与土壤的物质组成有关。测定电荷零点有的用电泳法，有的用电位滴定法，有的用离子吸附平衡法，因而测得的数值也存在着差异，并且由于各种方法所根据的原理不同，在名词定义上也相当混乱。Sposito[7]曾试图根据配位化学的理论，用电荷平衡的观点解释各名词的意义及其相互关系。

土壤电荷性质与吸附离子的离解度

土壤胶体表面吸附的离子在水中进行离解。过去用黏土膜电极、电导、渗透压等方法测得的吸附性离子的“离解度”的变异范围很大。Low[8]用电泳法测定吸附性离子的离解度，并根据电位计算 Stern 层外限的表面电荷密度，根据黏土的负电荷计算黏粒表面电荷密度，所得交换性钠离子的离解度小于 2%。由此得到的结论是：双电层之间的斥力不是导致黏土膨胀的主要原因。

王敬华[9]用钙离子电极研究土壤中钙离子的离解度，结果均小于 3%。带负电荷多的黄棕壤，其离解度较小；带负电荷量少而带正电荷量多的砖红壤，其离解度较大。对于同一种土壤，加水越多，钙离子的离解度越大。张效年等用钾离子电极研究的结果，也是离解度与土壤的电荷性质有关，其变异范围为5%~33%，并与钾离子饱和度有关。这些材料都说明土壤胶体的行为类似于弱电解质，其与阳离子之间的相互作用，主要受库仑力的支配。

土壤电荷性质与阳离子交换量

长期以来认为土壤的负电荷量是固定的，因而将每种土壤的阳离子交换量（CEC）看做一个定值。现在已知所有的土壤都带有可变电荷，其数量是随环境条件而变的。例如，测定土壤的阳离子交换量就成为一个理论难题。用通常的方法（如乙酸铵法，提取剂的 pH 为 7，离子强度为 1.0）测定可变电荷为主的热带、亚热带土壤（土壤溶度的离子强度一般为 0.005~0.002）的阳离子交换量，所得数值大大地超过了土壤的实际负电荷量，以致低估了土壤的盐基饱和度，夸大了土壤酸度，难以为土壤分类、合理施肥和酸性土的改良提供科学的依据。由于 Kamprath（1970）提出的有效阳离子交换量（ECEC）（用 1M KCl 提取的 H^+和 Al^{3+}量，与用乙酸铵提取的盐基量之和作为阳离子交换量）比阳离子交换量更符合可变电荷为主的土壤的实际情况，近年来为许多学者所采用。但是这个方法也有问题，因为所提出的 Al 并不能确切地反映交换性铝量。看来测定土壤阳离子交换量的方法，还需要进一步的研究。

为了更好地揭示与阳离子、阴离子的吸持和解吸有关的土壤电荷性质，Mchlich[10]将离子交换量区分为：①恒负电荷阳离子交换量（CECc）；②可变负电荷阳离子交换量（CECv）；③总负电荷阳离子交换量（CECt）；④正电荷阴离子交换量（AEC）；⑤阴离子吸持量（ASC）。对土壤中一些矿质成分和有机成分的电荷性质进行测定的结果见表 1。

表 1 土壤矿物质成分和有机成分的电荷性质*

成分	电荷性质/（mg 当量/100 g 土）				电荷分配（占总电荷阳离子交换量的%）		
	CECc	CECv	CECt	ASC	CECc	CECv	ASC
蒙脱石	112.0	6.0	118.0	1.0	95.0	5.0	1.0
蛭石	85.0	0.0	85.0	0.0	100.0	0.0	0.0
水化云母	11.5	7.7	19.2	2.7	60.0	40.0	14.0
高岭石	1.1	3.3	4.4	2.0	25.0	75.0	45.0
多水高岭石	5.5	12.3	17.8	14.9	31.0	69.0	84.0
水铝英石	10.3	40.7	51.0	17.0	20.0	80.0	33.0
三水铝石	0.0	5.5	5.5	5.5	0.0	100.0	100.0
针铁矿	0.0	4.1	4.1	4.0	0.0	100.0	98.0
胡敏酸	62.0	208.0	270.0	0.0	23.0	77.0	0.0
泥炭	38.0	98.0	136.0	5.5	28.0	72.0	4.0

* 根据 A. Mehlich（1981）的材料编制。

表 1 中的数据说明，蒙脱石、蛭石的绝大多数电荷为恒负电荷；三水铝石、水铝英石、针铁矿、多水高岭石、高岭石、胡敏酸、泥炭的电荷以可变电荷为主。阳离子的吸持量随矿质胶体与有机胶体的种类而不同。阴离子吸持的产生主要是由于铁铝的氧化物及其在黏粒矿物表面上的胶膜所引起的。

氧化物的表面化学①

近二十年来，土壤黏粒中氧化物的表面化学成为土壤化学研究中一个比较活跃的领域。这主要是因为富含氧化物的土壤具有不同于以 2∶1 型黏土矿物为主的土壤的表面化学性质。关于国外的研究进展情况，已有专文介绍[11,12]。我国自 20 世纪 70 年代中期起开始注意这一领域，并逐步对氧化铁的转化、离子的专性吸附及其胶结作用等进行了一些研究。研究结果表明，氧化铁的转化过程包括老化和活化两个方面。老化了的氧化铁一般不可逆，但在有机质的参与下和大气因素的影响下，可以通过氧化还原、溶解和铁解以及羟基化等途径而活化。活化过程中的实质是表面可释放的羟基和水合基数量的增加。羟基释放量与全铁量无关，而与无定形氧化铁的含量呈正相关，也与该氧化铁试样的水体系的 pH 有正相关[13~15]。老化过程则相反，其条件就是脱水[16]，其效果是增强土壤团聚体的水稳性。土壤中氧化铁的活化和老化的交替还可派生出铁解，而在无碳酸钙存在的条件下，铁解是土壤中 2∶1 型黏土矿物分解的一个途径[17]。

在离子专性吸附方面，初步研究了砖红壤、红壤、中性水稻土及合成氧化铁对铜离子的专性吸附。人工培育的中性土壤，对铜离子的专性吸附与氧化铁和有机质的负相关达显著水平，二元回归方程中氧化铁和有机质的常数分别为 4.0 和 1.7，而对于自然中性

① 本节由陈家坊编写。

水稻土，则氧化铁是影响铜离子被专性吸附的主要因素[18]。实验结果还表明，专性吸附与交换性吸附之间没有明显的界限[19]。

酸性土壤对 $H_2PO_4^-$ 的吸附，主要受氧化铁含量的制约[20,21]。根据相关性的统计，有时也可发现吸磷量与草酸盐溶液提取的铝量的相关性大大超过与游离氧化铁或无定形氧化铁的相关性。但较有兴趣的是，当 $H_2PO_4^-$-Cl^- 二元溶液的起始 pH 为 6.0 时，砖红壤、红壤、黄棕壤、膨润土、高岭土以及阴离子交换树脂的吸磷量与平衡时的 pH 的关系，除红壤为正相关，表面有羟基进入溶液之外，其他则均呈反相关，反映出吸附过程中的脱质子作用。氧化铁吸附的 F^- 可以完全为 OH^- 所解吸[22]。平衡时 F^- 的吸附量与 OH^- 释放量的比值为 1.4~7.5，并与无定形氧化铁含量呈显著的正相关。这表明关于氧化铁活化过程中有质子化反应的论断是有一定根据的。此外，还应用反应动力学原理、X 射线衍射和红外技术，研究了 NaF 溶液与土壤胶体之间的反应，结果表明同时发生了 F^- 与羟基和水合基的配位交换、胶体中 Al 的络合溶解以及与碳酸盐和氧化物的 Al 离子形成新矿物——冰晶石。这三个反应同时向溶液中提供 OH^-。络合溶解是微弱的，配位体交换的进行是较快的。因此，可利用反应时间的控制把胶体表面释放出的羟基区分出来。工作中有学者还对氧化物表面羟基和水合基的测定方法提出了修改意见[23]，修改要点是用 F^- 替代 $H_2PO_4^-$，因为后者有脱质子作用，其次是将用 HCl 滴定至 pH 6.8 改为回滴定，因为 pH6.8 恰好落在 NaF 溶液的缓冲力最强之处，难以得到明显的终点。

氧化还原性质

土壤中含有各种标准氧化还原电位不同的体系。过去相当普通的看法是，这些体系之间的氧化还原反应大多需要有微生物的参与，即通过微生物分泌的物质来传递电子。1980 年在南京举行的国际水稻土讨论会上，有人甚至认为微生物可以直接将氧化铁还原为亚铁。但是近年来也有人试图证明，有些反应并不需要有微生物参加。Ross 和 Bartlett[24]的研究表明，亚锰离子加入土壤中后迅速被氧化，而各种微生物抑制剂的加入并不能阻止这种氧化作用。由于亚锰的氧化速度与土壤中的活性氧化锰量有相关性，所以他们设想，亚锰的氧化是由于被专性吸附到氧化锰上之后的一种自催化作用。Bartlett[25]还发现，氧化锰也可将亚硝酸根氧化成硝酸根，两者之间的反应为化学当量关系。

关于各种体系间的反应与氧化还原电位的关系，Patrick 等[26]的一系列研究表明，氧化锰在+400 mV 开始被还原，氧化铁在+200 mV 开始被还原，产生硫化氢的 Eh 范围为 –350~–175 mV。如果反应平衡时间充分长，则铁和锰的还原反应和氧化反应的循环与 Eh 的关系可以重合。

氧化还原电位是氧化还原性质的强度因素。其数量因素，即还原性物质的数量，是与前者同样重要，有时甚至更为重要的一种性质。过去用化学法测定，难以避免测定过程中土壤性质的变化。丁昌璞等[27]将石墨电极直接插入土壤，用伏安法测定，可以不改变土壤的自然状况。他们的工作还表明，这种伏安法也可用于环境监测中化学耗氧量（COD）的测定。

在还原性土壤中可以产生硫化氢，它对生物有毒。过去多用化学法测定气体硫化氢或用酸提取硫化物后进行测定。因为不溶性硫化物、硫离子和分子态硫化氢之间处于化学平衡，而且用化学法时无法避免化学平衡的破坏，所以不能测得硫化氢的真实含量。潘淑贞等（Pan et al.）用硫化氢气敏电极研究各种形态的硫化物之间的化学平衡，结果表明，pH、亚铁、亚锰、锌等离子对其化学平衡的影响趋势与理论上的推想一致。这种气敏电极还可用于环境监测中硫化氢的原位测定。

长期以来，关于土壤中氧化还原性质的研究集中于渍水的土壤。丁昌璞和刘志光用伏安法测定还原性物质，用去极化曲线法测氧化还原电位[28,29]，对热带地区土壤的研究结果表明，自然植被下土壤表层的氧化还原电位可较底层低一二百毫伏，还原性物质浓度可达 10^{-5}M 的数量级。

近 20 年来世界上研究土壤的氧化还原性质的单位，以美国的 Louisiana 州立大学、菲律宾的国际水稻研究所和中国的南京土壤研究所较有特色。国际水稻研究所的工作，着重于探讨 Eh 与还原性物质的定量关系。但是由于他们忽略了土壤溶液中络合物和离子对的存在，这些工作也受到了一些学者的批评。最近甚至连 Lindsay[30]也开始考虑这些复杂因素了。Louisiana 大学的工作特点，是用自动控制 pH 和 Eh 的办法，研究土壤中的物质转化。这种研究途径也在联邦德国、澳大利亚等国得到应用。南京土壤研究所的工作，电化学方法应用得较为广泛。关于中国的研究成果，近年来已有总结[31~33]。

我国关于土壤氧化还原性质的研究虽然已取得了一些成绩，但是总的来看，仅能算是刚刚走过了观察表面现象、寻找突破点的阶段，还有很多理论性和方法方面的问题等待解决。例如，至今还没有一种能够精确地测定土壤 Eh 的方法。也正是由于这个原因，还无法精密地定量考察土壤氧化还原性质的强度因素与数量因素之间的 Nernst 关系。关于有机氧化还原体系的组成和性质，至今还是了解得极少的。

在整个土壤学的范围内，氧化还原性质的地位在不断提高。

土壤溶液化学

土壤溶液是土壤中最活泼的部分，绝大多数化学反应都在土壤溶液中或溶液的界面上进行。由于土壤溶液的重要性，美国土壤学会会志在 1971 年曾发表了土壤溶液化学专辑。在这以后的十多年中，有关溶液化学的论文和书籍不断出现。20 世纪 80 年代以来，这方面的成就更令人注目。

关于土壤溶液的化学组成，近年来由于对络离子和离子对的研究逐渐深入，在很大程度上改变了过去对于土壤溶液的认识。根据计算，在用置换法或离心法得到的土壤溶液中，有相当部分的离子以络离子或离子对的形态存在[34~36]，自由离子的数量远低于离子的总浓度。这导致了离子活度的明显降低，从而也影响到各种化学反应。根据热力学数据计算络离子和离子对的平衡常数及离子种类的电子计算机程序的编制[37,38]有助于这方面的研究。

络离子和离子对的存在改变了土壤中的沉淀-溶解平衡。过去认为一些受固相控制的离子浓度完全依赖于溶解度，就是说当几个组元的离子浓度的乘积达到该化合物的溶度积时，即为饱和状态，离子浓度不可能再增加。基于这一规则，Fe^{3+}或 Al^{3+}在其氢氧化物的控制下，浓度将随 pH 的上升而以$\Delta pFe^{3+}/\Delta pH$，或以$\Delta pAl^{3+}/\Delta pH$ 为 3 的斜率下降。但这只有在理想溶液中适用，即所有化合物充分离解，活度和浓度相等。而在土壤的实际溶液中，由于羟基铁、铝离子的存在，铁、铝的离子种类很多，Fe^{3+}、Al^{3+}自由离子的比例明显减小，活度降低，溶液中存在的铁、铝总浓度远远高于从 $Fe(OH)_3$ 或 $Al(OH)_3$ 的溶度积计算的浓度，而且其$\Delta pFe/\Delta pH$ 或$\Delta pAl/\Delta pH$ 不为 3。例如，铁的总浓度可以是 $Fe_T=[Fe^{3+}]+[Fe(OH)^{2+}]+[Fe(OH)_2{}^{+}]+[Fe(OH)_3^0]+[Fe(OH)_4^-]+[Fe_2(OH)_2^{4+}]$。各种离子种类以不同的斜率随 pH 变化，其相对组成也不同，如 Fe^{3+}仅在 pH 3 以下时才是主要的，在 pH 3~7.5 的范围内以 $Fe(OH)_2{}^{+}$为主要离子种类，在 pH 7.5~10 的范围内以离子对 $Fe(OH)_3^0$ 的形态存在，而在 pH10 以上则以 $Fe(OH)_4^-$的形态为主。因此铁的总浓度 Fe_T，实际上远高于从 $Fe(OH)_3$ 的溶度积计算的浓度。除羟基络离子外，土壤溶液中的金属离子还可与 SO_4^{2-}、$H_2PO_4^-$、HPO_4^{2-}、Cl^-、NO_3^-、HCO_3^-、CO_3^{2-}等形成络离子或离子对，其数量也很可观。例如，石灰性土壤溶液中以 $CaCO_3^0$、$CaHCO_3^+$、$CaSO_4^0$ 等形态存在的络离子和离子对可占钙总浓度的 30%以上[39]，又如，在某些试用过石灰的土壤中，Al 与 P 的络合物可高达 Al 总浓度的 60%[40]。由于离子活度降低，使溶液中的离子浓度大大超过以活度积计算的离子浓度，从而改变了固相的沉淀-溶解平衡。对于为多种固相控制的离子，其影响因素更为复杂[17]。络离子和离子对的存在也明显地影响有机物和金属离子之间的螯合反应。例如，由于 Fe^{3+}可以 $FeOH^{2+}$、$Fe(OH)_2^+$等形态存在，因此 Fe^{3+}与螯合剂形成的螯合物包括：$L_T=FeL^-+FeHL^0+FeOHL^{2-}+Fe(OH)_2L^{3-}$。由羟基离子形成的螯合物，其稳定性一般较低，而且随 pH 而变。例如，$FeOHL^{2-}$和 $Fe(OH)_2L^{3-}$均随 pH 的上升而增高其稳定性[37]。

现代研究技术（电子自旋共振和核磁共振等）证明，在天然有机物与金属离子形成的络合物中，其结合位置和结合方式与离子种类有关[41]。水合金属离子主要形成外圈络合物，即在有机物上的功能基与结合的金属离子之间有水分子插入。这样的络合物主要由静电吸引形成，其稳定性较差。但水合金属离子脱氢形成羟基离子或脱水后，则可形成内圈络合物。内圈络合物是由共价键形成的，稳定性很高[38]。外圈络合物与离子对相类似，而内圈络合物则多为螯合形式。例如，电子自旋共振谱表明，Mn^{2+}在中等 pH 条件下与胡敏酸和富里酸形成的络合物是充分水合的外圈络合物，但在较高的 pH 条件下，则由于有 $Mn(OH)^+$产生，而与胡敏酸形成内圈络合物[41]。

溶液中离子对的存在对矿物的风化、生成及其稳定性也有重要意义[37,43,44]。固相矿物与土壤溶液成分之间的平衡常数一般从热力学数据计算：$\triangle Gr°=-RTlnK$，热力学数据是从活度计算的，而由于离子对的存在，在达到平衡时，溶液中离子的浓度远高于从平衡常数计算的离子活度积，这就有利于矿物的溶解风化。关于土壤溶液组成与次生矿物的生成转化和稳定性的关系的研究，近年来有不少进展。常以图解的方法绘制溶液组成与矿物稳定性的关系图，并由实验加以验证。图解方法是以硅酸盐矿物中 $H_4SiO_4^0$、Al^{3+}和 H^+三个主要成分的相互关系为依据，在酸性条件下，常以 $3pH-pAl^{3+}$为纵轴，$H_4SiO_4^0$为横轴作图，绘制矿物的稳定线。在一定的溶液组成条件下，矿物保持稳定。例如，对于高岭石，其相互关系中 3pH-pAl 随 pH_4SiO_4 的降低而降低的斜率为其稳定线，稳定线的两边即为其过饱和及不饱和区，可用以判断矿物的稳定性。对于一些含有其他金属离子（K^+、Mg^{2+}、Fe^{3+}、Fe^{2+}等）的矿物，如蒙脱石、伊利石、绿泥石等，图解方法比较困难，通常是假定在某些金属离子活度固定的条件下，求 $pH_4SiO_4^0$ 与 3pH-pAl 的相互关系，或在 Al^{3+}活度固定的条件下，绘制 $pH_4SiO_4^0$ 与 $pH\text{-}pK^+$、$2pH\text{-}pMg^{2+}$、$3pH\text{-}pFe^{3+}$等的稳定线图，或在 $H_4SiO_4^0$活度固定的条件下，绘制 $3pH\text{-}pAl^{3+}$与 $2pH\text{-}pMg^{2+}$的稳定线图[43]。如果进一步把几种矿物的稳定线联系起来，还可用以判断在一定溶液组成的条件下矿物的转化。例如，在 $H_4SiO_4^0$ 的活度高时，蒙脱石是稳定的矿物；$H_4SiO_4^0$ 降至 $10^{-3.7}$M 以下时，变为高岭石是稳定的矿物；当 $H_4SiO_4^0$ 降至 $10^{-5.31}$M 时，三水铝石是稳定的矿物。此外，pH 的变化或金属离子活度的变化也可改变矿物的稳定性[45]，这已为许多实验所证实[46,47]。

溶液中离子对络离子的存在也对胶体表面吸附阳离子有明显影响。配位基对阳离子吸附的影响，一般可分为 4 种类型[38]。①配位基与金属离子形成的络离子与吸附剂有强的亲和力；②配位基被吸附剂吸附后与金属离子有高度亲和力；③配位基与金属离子形成的络离子与吸附剂的亲和力很弱；④配位基被吸附剂吸附后与金属离子的亲和力很弱。显然，前两种类型能促进金属离子的吸附，后两种类型则降低金属离子的吸附。羟基离子被认为是影响金属离子吸附的最重要的阴离子，许多研究证明重金属离子的吸附与 pH 有关[48]。当 pH 上升时，可形成 MOH^+水解离子，而 MOH^+与吸附表面有较强的亲和力。有的吸附表面对 OH^-有较强的亲和力，而 OH^-可作为键桥吸附金属离子。这种现象不仅出现在铁、铝氧化物表面，而且也出现在高岭石等黏土矿物上。除 OH 基外，其他阴离子，如 Cl^-、NO_3^-、SO_4^{2-}对金属离子的吸附反应的影响也是研究的重要方面。关于 Cl^-、NO_3^- 和 SO_4^{2-} 对阳离子吸附的影响有不同的结果。例如，Elrashidi 等[49]认为尽管溶液中 $ZnCl^+$、$ZnNO_3^+$、$ZnSO_4^0$等离子对有不同程度的增加，但土壤对 Zn^{2+}的吸附没有明显差异。而 Mehta 等[50]则根据△Gr 和选择系数的计算认为在 SO_4^{2-} 溶液中的 Na-Ca、Na-Mg 平衡明显不同于 Cl^-溶液，而除去 $Na_2SO_4^0$离子对的影响后，两者趋于接近。Sposito[7,51]在膨润土上进行 Ca^{2+}、Mg^{2+}、Cu^{2+}的代换试验，发现 $CaCl^+$较 $MgCl^+$与胶体有更强的亲和力；$CuCl^+$较 Cu^{2+}有更强的吸附亲和力。此外，许多有机螯合剂可与金属离子形成稳定性很高的螯合物，但螯合物本身与胶体表面的亲和力很小，因此，这些螯合物的形成常导致金属离子的吸附降低[49,52]。

土壤溶液中存在的离子对或络离子对于离子活度的影响，也影响这些离子被植物吸收利用。离子活度与植物吸取离子之间的关系的学说是在 20 世纪 70 年代中后期发展起来的，而为 80 年代的研究结果进一步证实[38,53]。Bingham 等[54]的研究表明，植物叶片中 Cd^{2+}的含量与土壤浸出液中 Cd^{2+}活度的相关性比与 Cd^{2+}总浓度的相关性好得多，Pavan[40]的研究也表明，咖啡叶片中 Al^{3+}的含量与土壤浸出液或营养液中 Al^{3+}活度之间有最好相关。6 种土壤的 Al^{3+}的当量数、Al^{3+}浓度或 Al 总浓度，都没有比较接近的临界值。他们的试验还证明，尽管 Cd、Al 或 Ca 在溶液中的总浓度较高，但由于多种络离子和离子对的存在，自由离子 Cd^{2+}、Al^{3+}和 Ca^{2+}的活度较低，因此植物吸取量主要取决于自由离子的活度。例如，在施用 $CaSO_4$ 的土壤中，虽然溶液中 Ca 离子的总浓度较施用 $CaCO_3$ 的土壤为多，但其生物有效性反而较低，就是由于施用 $CaSO_4$ 的土壤中含有较多的 $CaSO_4$。同样，施用 $CaSO_4$ 的土壤溶液中，虽然 Al 离子的总浓度比未经处理的酸性土壤溶液中高，但是由于形成了相当比例（36%~43%）的 $AlSO_4^+$络离子，自由离子明显减少，植物叶片中的 Al^{3+}也随之降低。这些研究进一步说明了络离子或离子对的存在对于植物吸收利用的影响是很大的。虽然由于技术上的原因，目前这方面的研究报告还不多，但是这一新的发展能更好地说明过去用浓度难于解释的离子吸收问题，将会为土壤养分化学和污染化学开辟新的领域。

微量元素化学

微量元素虽然仅仅是土壤化学研究中一类对象，但是因为它们往往共同构成某些特殊问题，所以这里专作为一节介绍。近年来土壤微量元素化学有迅速发展，这主要有两个方面的原因。某些微量元素在植物生长上的意义日益为人们所认识。更为重要的原因是，环境污染日益严重，给土壤化学提出了一些新的问题。这一趋势在美国特别明显。在过去，美国土壤化学主要研究基本理论问题。但是近年来污染元素的化学成为美国土壤学研究的一个重要内容[53]。我国近年来在这方面的研究也甚为活跃，中国土壤学会并于 1981 年召开了一次土壤环境学学术会议。我国的研究内容，虽然还主要限于对污染元素的化学分析，但是已经有一些工作开始涉及污染元素的物理化学问题。

对于阳离子，有相当多的研究着眼于其形态区分。例如，Sposito 等[56]把土壤固相中的 Ni、Cu、Zn、Cd、Pb 区分为交换态、吸持态、有机态、碳酸盐态、硫化物态。Lyengar[57]等把锌区分为水溶态、交换态、专性吸附态、有机络合态、氧化锰结合态、氧化铁铝结合态、残余部分。林业土壤研究所的一系列工作中，将重金属元素分为水溶态、交换态、可给态、碱溶态、不溶态。不同土壤和同一土壤在不同条件下各种形态的相对比例有很大差异。水溶态和交换态在总量中所占的百分数一般是很小的。

土壤对某些阴离子的吸附也逐渐受到注意。例如，有些人研究硼吸附量与硼的浓度的关系，结果是用 Freundlich 等温线表示较好，而 Langmuir 式的适用范围较窄。砷酸根离子、钼酸根离子等的吸附也受到相当注意。土壤中的这些微量阴离子的性质与 Cl^-和 NO_3^-不同，多显示专性吸附的特点。

电化学方法

随着化学领域中新的电化学方法的迅速发展，电化学方法在土壤化学研究中得到广泛的应用。其中，中国应用得较为广泛，研究也较为深入。在这方面，已有专门的著作[58]。由于一些新的土壤电化学方法的发展，也开辟了一些新的研究领域。各种电化学方法中应用最广的是离子选择电极法[59]。但是，由于使用离子选择电极时需要有一定的理论基础和实际工作经验等原因，所以无论在国外或在国内，在一些土壤学者心目中离子选择电极的使用价值至今还不高。而且，在这方面确也还存在着许多理论问题和实际问题需要解决。其中较为复杂的，是使用参比电极时带电荷的土壤胶体对参比电极的盐桥与土壤体系之间的液接（扩散）电位的影响。最近还发现土壤胶体对液接电位发生影响的距离可达数毫米[60]，较通常认为的胶体表面双电层的厚度大得多。这就为土壤化学以及胶体化学提出了一个新的理论问题。在实用上，为了避开液接电位引起的复杂情况，曾使用两支离子选择电极测定土壤中离子的活度比[9,61]或活度积[62]。

除了离子选择电极法以外，伏安法也开始受到重视[28,63]。看来，伏安法在土壤化学研究中还有相当广阔的应用前途。

一个问题

土壤化学是土壤中的一个基础学科分支，它的发展可以促进整个土壤学的进展，这已为土壤学史上的许多事实所证明。还可以说，一个国家的土壤科学水平越高，土壤化学在整个土壤学中的地位越重要。例如，据统计，在国际土壤学会1927~1960年七次国际会议的论文中，土壤化学平均占19%。美国土壤学会会志1953~1962年的论文，土壤化学平均占23%；1966~1976年平均占24%，在11年中有10年占各分支学科论文的首位。

中国的土壤化学研究发展甚为畸形。一方面，在土壤电化学和土壤胶体化学方面进行了一系列的工作。其中某些领域已经具有自己的特色。另一方面，许多重要的学术领域还没有触及。中国从事土壤化学分析的人员很多，但大多数没有从理论的角度研究土壤问题。所以整个说来，中国土壤化学的水平是不高的。中国土壤学工作中长期以来形成的把研究工作和技术工作混淆起来的传统对于土壤科学的发展所起的阻碍作用，在土壤化学方面表现得特别明显。看来，为了提高中国的土壤化学水平，一个重要的措施应该是从基础做起，组织有关的学者就“土壤化学原理”“土壤分析化学”“土壤发生中的化学过程”“植物营养和施肥的土壤化学基础”等问题编写专著。这应该是中国土壤学会的责任。

参 考 文 献

[1] 于天仁. 我国土壤物理化学的发展. 土壤学报, 1979, 16(3): 203-210.
[2] 于天仁. 可变电荷土壤. 土壤通报, 1981, (5): 40-45.
[3] Uehara G, Gillman G. The mineralogy, chemistry and physics of tropical soils with variable charge clays. Boulder: Westview Press, 1981.
[4] Tessens E, Zauyah T. Positive permanent charge in oxisols. Soil Science Society of America Journal, 1982, 46(5): 1103-1106.
[5] 袁朝良. 几种土壤胶体电荷零点(ZPC)的初步研究. 土壤学报, 1981, 18(4): 344-352.
[6] 于天仁, 张效年. 红壤的物理化学性质. 中国红壤, 1983: 74-90.
[7] Garrison Sposito. The operational definition of the zero point of charge in soils. Soil Science Society of America Journal, 1981, 45(2): 292-297.
[8] Low P F. The swelling of clay: III. Dissociation of exchangeable cations. Soil Science Society of America Journal ,1981, 45: 1074-1078.
[9] 王敬华, 于天仁. 红黄壤的石灰位. 土壤学报, 1983, 20(3): 286-294.
[10] Mehlich. *In*: Chemistry in the soil environment. Soil Science Society of America Journal, 1981: 47-76.
[11] 熊毅. 土壤胶体. 第一册. 北京：科学出版社，1983.
[12] 陈家坊. 氧化物研究的动态和展望. 土壤学报, 1984, (2): 45-47.

[13] 陈家坊, 何群, 邵宗臣. 土壤中氧化铁活化过程的探讨. 土壤学报, 1983(20): 383-387.
[14] 何群, 陈家坊, 许祖诒. 土壤中氧化铁的转化及其对土壤结构的影响. 土壤学报, 1981, 18(4): 326-334.
[15] 邵宗臣, 陈家坊. 几种氧化铁的离子吸附特性研究. 土壤学报, 1984, (2): 153-162.
[16] 陈家坊, 何群, 许祖贻. 水稻土发僵原因的初步分析. 土壤通报, 1984, (15): 53-56.
[17] 何群, 陈家坊. 中性水稻土中的铁解. 土壤, 1984, 16(5): 189.
[18] 武玫玲, 陈家坊. 苏南水稻土对铜离子专性吸附的初步研究. 土壤学报, 1981, 18(3): 234-243.
[19] 武玫玲, 陈家坊. 土壤对铜离子专性吸附特性的初步研究. 环境化学, 1983, 2(1): 62-67.
[20] 赵美芝, 陈家坊. 土壤对磷酸离子($H_2PO_4^-$)吸附的初步研究. 土壤学报, 1981, 18(1): 71-79.
[21] 朱荫湄, Pardini G, Sequi P. 土壤磷酸盐吸持作用的研究. 土壤学报, 1985, 22(2): 127-135.
[22] 邵宗臣, 陈家坊. 土壤和氧化铁对氟化物的吸附和解吸. 土壤学报, 1985, 23(3): 236-242.
[23] 何群, 陈家坊. 土壤胶体表面羟基释放的初步研究. 土壤学报, 1984, 21(4): 401-409.
[24] Ross D S, Bartlett R J. Evidence for nonmicrobial oxidation of manganese in soil. Soil Science, 1981, 132(2): 153-160.
[25] Bartlett R J. Nonmicrobial nitrite to nitrate transformation in soils. Soil Science Society of America Journal. 1981, 45: 1054-1058.
[26] Patrick W H, Henderson R E. Reduction and reoxidation cycles of manganese and iron in flooded soil and in water solution. Soil Science Society of America Journal, 1981, 45: 855-859.
[27] Ding C P, Liu Z G, Yu T R. Determination of reducing substances in soils by a voltammetric method. Soil Science, 1982, 134(4): 252-257.
[28] Ding C P, Liu Z G, Yu TR. Oxidation-reduction regimes in some Oxisols of tropical China. Geoderma, 1984, 32(4): 287-295.
[29] Liu Z G, Yu T R. Depolarization of a platinum electrode in soils and its utilization for the measurement of redox potential. European Journal of Soil Science, 1984, 35(3): 469-479.
[30] Schwab A P, Lindsay W L. Effect of redox on the solubility and availability of iron. Soil Science Society of America Journal, 1983, 47: 201-205.
[31] 于天仁. 水稻土的物理化学. 北京: 科学出版社, 1983.
[32] Yu T R. Application of Ion-Selective Electrodes in Soil Science. in: Ion-selective Electrode Review, ed by Thomas JDR. 1985, 7: 165-202.
[33] Yu T R. Physicochemical equilibria of redox systems in paddy soils. Soil Science, 1983, 135: 26-30.
[34] Adams F, Burmester C, Hue N V, Long F L. A Comparison of Column-Displacement and Centrifuge Methods for Obtaining Soil Solutions. Soil Science Society of America Journal, 1980, 44(4): 733-735.
[35] Barber S A. Soil nutrient bioavailability: A mechanistic approach. NY: John Wiley & Sons Inc, 1984.
[36] Sposito G. The operational definition of the zero point of charge in soils, Soil Science Society of America Journal, 1981, 45: 292-297.
[37] Lindsay W L. Chemical equilibria in soils. John Wiley & Sons Inc, 1979: 449.
[38] Sposito G. The surface chemistry of soils. Oxford University, 1984.
[39] Marion G M, Babcock K L. The solubilities of carbonates and phosphates in calcareous soil suspensions. Soil Science Society of America Journal, 1977, 41: 724-728.
[40] Pavan M A, Bingham F T. Toxicity of aluminum to coffee seedlings grown in nutrient solution. Soil Science Society of America Journal, 1982, 46: 993-997.
[41] Bloom P R. Chemistry in the Soil Environment. Soil Science Society of America Journal, 1981: 129-149.
[42] Lakatos B, Tibai T, Meisel J. EPR spectra of humic acids and their metal complexes. Geoderma, 1977, 19(4): 319-338.
[43] Kittrick J A. Some equilibrium considerations in the formation of chlorite in soils and sediments. Soil Science Society of America Journal, 1984, 418: 687-689.
[44] Brinkman R. Soil Chemistry. NY: B. Physico-chemical Models. Elsevier, 1979: 433-457.

[45] Lindsay W L. *In* Chemistry in the soil environment. Soil Science Society of America Journal, 1981: 183-202.
[46] Wada S I, Wada K. Formation, composition and structure of hydroxy-aluminosilicate ions. European Journal of Soil Science, 1980, 21: 457-467.
[47] Parfitt R L, Russell M, Orbell G E. Weathering sequence of soils from volcanic ash involving allophane and halloysite, New Zealand. Geoderma, 1983, 29(1): 41-57.
[48] Jones L H P, Jarvis S C. The Fate of Heavy Metals. in: The chemistry of soil processes, ed by Greenland D J and Hayes M H B. Wiley (John) & Sons, Limited. 1981, 593-616.
[49] Elrashidi M A, O'connor G A. Influence of solution composition on sorption of Zn by soils. Soil Science Society of America Journal, 1982, 46:1153-1158.
[50] Mehta SC, et al. Soil Sciene, 1983, 136: 339-345.
[51] Sposito G, Hotzclaw K M, Jouany C, Charlet L. Cation selectivity of sodium-calcium, sodium-magnesium and calcium-magnesium exchange on Wyoming bentonite at 298 K. Soil Science Society of America Journal, 47, 917-921.
[52] Elsokkary I H. Reaction of labelled $^{65}ZnCl_2$, ^{65}ZnEDTA and ^{65}ZnDTPA with different clay-systems and some allivial Egyptian soils. Plant and Soil, 1980, 54: 383-393.
[53] Sparks D L. Ion activities: an historical and theoretical overview. Soil Science Society of America Journal, 1984, 48: 514-518.
[54] Bingham F T, Strong J E, Sposito G. Influence of chloride salinity on cadmium uptake by Swiss chard. Soil Science, 1983, 135: 160-165.
[55] 于天仁. 对美国土壤学研究的印象和感想. 土壤, 1984, 16(5): 196-200.
[56] Sposito G. Trace metal chemistry in arid zone field soils. Soil Science Society of America Journal, 1982, 42: 260-264.
[57] Iyengar S S, Martens D C, Miller W P. Distribution and plant availability of soil zinc fractions. Soil Science Society of America Journal, 1981, 45: 735-739.
[58] 于天仁, 张效年. 电化学方法及其在土壤研究中的应用. 北京: 科学出版社, 1980.
[59] Yu T R. The physical chemistry of paddy soils. Beijing-Berlin: Science Press-Springer Verlag, 1985.
[60] Ji G L, Yu T R. Soil Science, 1985, 139: 166-171.
[61] Wang J W, Yu T R. Lime potential of soils as directly measured with two ion-selective electrodes. Journal of Plant Nutrition and Soil Science, 1981, 144(5): 514-523.
[62] 张道明, 张效年, 李成保, 等. 土壤电化学性质的研究——Ⅶ. 土壤中氯化钠的平均活度的田间测定. 土壤学报, 1979, 16(4): 362-371.
[63] Bao X M, Ding C P, Yu T R. Stability constants of Mn(II)-complexes in soils as determined by a voltammetric method. Journal of Plant Nutrition and Soil Science, 1983, 146: 285-294.

我国土壤化学研究工作的回顾（1949~1989年）①

袁可能

摘　要　虽然我国的土壤化学基础很薄弱，但是40年来的发展是迅速的。研究工作已触及土壤化学的各个领域，其中以土壤胶体、离子吸附和电化学等方面的研究较为系统和深入。尤其重视土壤肥力的化学。此外，还提供了我国主要土壤类型的化学组成和化学特征，对红壤和水稻土的物理化学性状进行了详细研究。虽然我国土壤化学在各个方面取得了不少进步，但面临的生产问题和理论问题，要求土壤化学的研究工作进一步提高。

前言

40年来，土壤化学始终是我国土壤科学中最活跃的分支之一。研究内容几乎遍及土壤化学的各个领域，不仅在土壤胶体、离子交换和电化学等基础理论方面有不少进展，而且在成土过程化学、土壤肥力化学、土壤养分化学、土壤污染化学、土壤分析化学等应用技术方面也有较大的发展。当然，成果很多，不可能在这篇短文中一一列举。好在有些内容另有专文，因此本文只对其中几个专题进行重点回顾。

首先应当指出，我国的土壤科学基础十分薄弱。因此，土壤化学的大量工作首先是摸清我国主要土壤类型的化学组成、基本化学性状及其与肥力的关系。40年来完成的重要化学资料，如各类土壤的矿物组成、腐殖质成分，土壤pH分布图、土壤交换量和盐基饱和度，以及土壤中养分元素、微量元素、污染元素和其他各种化学成分的分布等等，都是编写《中国土壤》一书的重要内容，是我国土壤化学研究成果的组成部分，和土壤化学的理论研究相辅相成，具有同样的重要性。此外，分析技术的提高对土壤化学的发展也起到了重要的推动作用。40年来，我国的土壤分析化学有很大进步，对土壤中化学成分的形态区分，以及土壤分析的预处理等方面都进行了不少研究，不仅改进了许多原有方法，而且还创立了一些新方法。大量的近代仪器进入实验室，并在全国范围内建成了若干个现代化的实验中心，使仪器分析方法在很大程度上代替了重量分析和某些容量分析，大大提高了分析效率，有助于土壤化学研究的深入。具体的方法已编入《土壤电化学性质及其研究法》和《土壤农业化学常规分析方法》等书中，本文不再赘述。

土壤胶体

土壤胶体的研究始终是我国土壤化学的核心。40年来，从土壤胶体的化学组成着手，

① 原载于《土壤学报》，1989年，第26卷，第3期，249~254页。

逐步深入。在黏土矿物方面，李庆逵[1]、熊毅[2]、许冀泉、谢萍若等先后应用化学分析和X衍射图谱等现代技术的研究，已基本上明确了我国各主要土类的黏土矿物组成，提出了7个分区。包括：以水云母为主的西部漠境和半漠境土壤，以水云母和蒙脱石为主的北部和东北的栗钙土和黑钙土，以云水母、蛭石和高岭石为主的黄棕壤，以水云母和蛭石为主的北部褐土和棕壤，以高岭石和水云母为主的红壤，以高岭石为主的中亚热带赤红壤和砖红壤，以及以蛭石和高岭石为主的黄壤等，并且研究了我国境内云母类矿母的演变规律为：从西北漠境土壤的水云母逐渐演变为半干旱草原地带的蒙脱石，然后随着脱钾作用的增强进一步演变为半温润地区的蛭石，而后在亚热带地区由于脱硅作用而逐渐演变为高岭石和铁铝氧化物。这些研究成果无疑对我国土壤的发生分类及其化学特征提供了重要依据。与旱地土壤相比，水稻土的黏粒部分有较强的脱钾作用和离铁作用，因而有较高的硅铝率和硅铁率。最近，在一些土类中陆续还有新的发现，有助于进一步鉴定土类，这里不再一一枚举。值得注意的是近来在氧化物的结构演变方面取得进展，如陈家坊认为氧化铁的转化过程包括老化和活化两个方面，老化了的氧化铁可以在有机质的参与下，通过氧化还原和羟基化等途径而活化，老化过程则相反。活化和老化的交替派生出铁解作用。此外，谢萍若在研究小兴安岭土壤的黏土矿物特性时验证了羟基铝蛭石中夹层的羟基铝聚合物可在一定的介质条件下移除和重新填充等等。这表明在黏土矿物研究方面，从矿物鉴定到矿物的生成演变，从宏观的矿物分布到微观的矿物结构都在积极开展工作。

另外，在明确了我国土壤中腐殖质的组成和特性（详见有机质专题）后，20世纪60年代开始了有机无机复合胶体的研究。这项研究以“土肥相融”为基本观念，因此一开始就把复合体的形成、性质和数量直接和土壤的培肥相联系。但是要验证这一观点却困难得多。第一方面是提取和区分复合体的方法问题。在60年代和70年代，陈家坊、傅积平等先后把分组胶散法、腐殖质结合形态分组法、颗粒大小和比重分组法等介绍到国内，并且作了一些改进，如增加G_0组；提出复合度的概念作为复合体量的指标等等。但是这些方法过于繁琐费时，不能用于检测大量样品，为此袁可能提出了测定复合体氧化稳定性的方法，可简洁而灵敏地测定复合体的特征和动态变化。第二方面是复合体肥力特征的研究。这方面的研究很多，虽然研究结果表明：矿物质和有机质在复合前后，其表面积、表面电荷、缓冲性等胶体性状，以及对磷酸和铵的吸附固定等均有变化，但是因土壤而异，而且还不能和土壤肥力变化直接联系。候惠珍、袁可能[3]测定了复合体G_0组、G_1组、G_2组中氨基酸和有机磷化合物的分布，证实G_2组中氨基酸与有效磷含量虽然比较高，但有效性降低。第三方面是复合体形成机制的研究。早在60年代蒋剑敏等曾在实验室内进行矿物胶体吸附有机胶体的研究。但近期更多的是结合田间情况进行的，如姜岩等研究施用各种有机物料对复合体形成的影响，黄不凡研究绿肥、麦秸还田对复合体组成的影响等等。总的看来，我国的有机矿质复合体研究工作绝大多数是围绕着肥土和瘦土的比较以及田间培肥措施进行的，对于复合体本身的了解不多，而研究方法也不够成熟。所以虽然取得了不少成果，但还不能对复合体的形成机制及其实际意义做出相对应的结论。可喜的是这项研究在国内已日益受到重视，并对复合体本身进行更多的研究，如杨彭年在对石灰性土壤中复合体的研究时，剖析了各组复合体的成分，有助于对复合体的了解。相信今后如在基础研究方面有所前进，有可能在这个领域内形成自己的特色。

离子吸附

离子交换作用是土壤化学的重要内容之一。20世纪50年代初，朱祖祥就研究了各种黏粒矿物在多离子系统中的交换吸附平衡，以及盐基饱和度和陪补离子对交换性阳离子有效度的关系。以后他又研究了土壤的磷酸盐位。但其他工作主要为个别离子的吸附特性研究。例如，陈家坊在铵的吸附和解吸方面进行了比较系统的研究，提出吸附性铵有易解吸和非解吸性铵两部分，其中易解吸性铵属物理性吸附，其含量和氧化铁及其活化度有关。同样，对于钾的研究重点也在于交换性钾和非交换性钾的平衡关系。这个工作开始于20世纪50年代，吴志华经过研究提出我国东北地区某些土壤的钾素有很强的自然补给能力，此后李庆逵也认为我国南方的某些红壤有较好的供钾条件。在以后的几十年中，在各种土壤、母质和水分、温度等不同条件下陆续进行不少研究。近年来，李酉开等还利用电超滤技术区分具有不同强度的吸附性钾，但主要目的是在于土壤中非交换性钾的利用，而不在于其吸附性机制。70年代以后，随着国际上阳离子专性吸附研究的开展，我国也开始重视这项研究。研究对象包括铜、锌、镉等，研究结果明确了氧化铁是产生专性吸附的主要因素，并且指出专性吸附与氧化铁的活化度有显著正相关。

在阴离子吸附方面：磷酸离子吸附是一个长时期的研究课题，但是在过去相当一段时间内过分强调了铁、铝的化学固定作用，这不仅把土壤中磷的农业利用降低到几乎是无足轻重的程度，而且也在一段时间内忽视了磷酸离子的吸附研究。进入20世纪70年代以后，配位体交换理论引入我国，使这一课题重新有了生机。到目前为止，大多数的研究结果认为：除了含碳酸钙量较高的土壤外，磷酸离子的等温吸附基本上符合Langmuir或Freundlich吸附公式，这样重新认识了磷在土壤中的反应机制，并且也重新评价了土壤中磷在农业上的利用价值，即使吸附力很强的红壤，其吸附的磷也可在一定条件下部分吸收。有关磷酸离子解吸的研究也正在展开，何振立在有机阴离子释出磷的机制方面取得了进展，认为主要是配位体交换，而络合溶解是次要的。除磷酸根外，何振平也注意到其他阴离子，如氟离子、硫酸根、砷酸根、铬酸根等阴离子的吸附，其吸附机制大多涉及配位体交换，并和氧化铁含量及其活化度有关。

广泛的应用吸附等温方法研究吸附机制是近十多年来我国土壤化学研究中的一个特点，其中较多的是磷酸根，其次是各种阴离子，也用于研究某些阳离子和重金属离子，如镉和锌，研究的目的一方面是探讨各种离子在不同土壤中的吸附过程是否和常见的吸附等温式（Langmuir、Frendlich、Temkin）吻合，同时还企图通过方程式中的一些常数反映土壤对离子的吸附强度和最大吸附量。近年来还开始应用动力学方法和能量关系研究离子的吸附和解吸机制，这表明我国在离子吸附方面的工作已经逐步走上物理化学的研究轨道。在应用吸附等温方程进行研究时还注意联系实际，试图把最大吸附量、缓冲容量和解吸量等作为土壤保肥和供肥的指标，这是我国离子吸附研究中的一个重点。

土壤电化学

土壤电化学的研究在我国是一个比较突出的部分。实际上，我国电化学的研究范围是比较广的，涉及表面电荷性质、离子与胶粒的相互作用、离子迁移、络合作用、氧化还原、酸碱平衡等一系列“以土壤的表面电荷为中心的、带电粒子之间的相互作用及其化学表现的科学”[4]。其中较系统的工作包括氧化还原和表面电荷性质两个方面，分述如下。

氧化还原过程的研究是和我国广泛存在的水稻土的特征分不开的。这项工作可以回溯到 20 世纪 50 年代初期，当时把过去以形态（灰斑、锈斑）判断的土壤氧化还原状况，改为以铂电极测定氧化还原电位。尽管由于测定方法不够完善，测出的 Eh 只有相对意义，但毕竟还是得出了许多影响氧化还原过程的因素以及相应的 Eh 指标。于天仁、刘志光等在研究了我国水稻土的氧化还原电位后，认为其特点是变异范围很广，可从–200 mV、–300 mV 到+600 mV、+700 mV，几乎包括生物界的整个变异范围。而且在同一土层中，氧化还原状况的微域差异也很明显，氧化还原电位可以相差多达数百毫伏。当然，剖面各层次的差异更大，且明显受灌水和地下水位的影响。他们还证明水稻根区的 Eh 明显高于株间而不同于旱地作物。在 60 年代初，这项研究转入了对还原物质的区分。例如，刘志光应用电化学方法把有机还原物质分为 5 组，保学明等则对亚铁和亚锰的形态和变化作了系统的研究。这些成果大大充实了水稻土的物理化学特征。当然，在氧化还原体系及其与氧化还原电位之间的数量关系，旱地土壤的氧化还原过程的机制和意义等方面，还有很多工作需要进一步去做。

关于表面电荷的研究，张效年、蒋剑敏等在 20 世纪 60 年代初测定了几种红壤的负电荷和正电荷量及其与 pH 的关系，同时还测定了比表面、电荷密度和等电点，并指出红壤的等电点 pH 约为 4.7，但除去腐殖质后升高，而去除氧化铁后则降低。近几年来，在我国也兴起了以测定土壤电荷零点（EPC）为中心的可变电荷土壤表面性质的研究，并测出了我国几种土壤的电荷零点，南方红壤为 pH 3.0~4.0，黄棕壤和石灰性土壤为 pH 2.0~3.0。同时还研究得出：磷酸根、硅酸根和硫酸根的存在使砖红壤的电荷零点降低，而少量的钙离子存在则使电荷零点有所升高。这些成果基本上和国外一致。但我国的研究者更重视把表面电荷性质与离子的吸附解吸联系起来，认为钾、钙、镁等离子的吸附强度和解离与土壤表面电荷性质的关系非常密切。例如，王敬华证实在可变电荷土壤中，由于电荷变化所产生的影响较之吸附饱和度更大。而另一些研究者则认为氧化物表面羟基的释放与阴离子的吸附有密切关系。

与以上两者相比，则在离子扩散、电导等方面进行的研究工作就少得多了。在络合物化学方面，朱燕婉和陆长青测定了 13 种腐殖酸与锌的络合物稳定常数为 3.5~7.8（pH 5.5），保学明和于天仁测定了不同有机物料分解产物与亚铁和锰的络合物稳定常数分别为 2.5~5.2 和 1.2~4.0，可以认为有了良好的开端。但是对于土壤的另一项重要化学性质——酸碱平衡，研究工作却很少。迄今为止，绝大多数工作都是围绕着酸、碱土壤的治理和开发利用进行的，而对于酸、碱土壤的形成机制的研究却没有得到应有的重视。几十年来，除了在氢铝转化和酸性硫酸盐土中硫的致酸作用等方面有少量研究成果外，很少看到有一定理论意义的论文，以致在改土过程中所出现的碱化问题和一些土壤的酸化问题，在理论上和实践上都难以有效解决，和国外的差距也正在扩大，值得引起注意。

此外，在电化学的研究中，我国的一些研究者重视发展新的电化学研究方法，研制了一些进行电化学研究的设备，尤其重视在田间的原位测定方法。例如，适用于田间原位测定的 pH 和 Eh 电极，测定电导用的微电极，以及原位测定土壤电导的直流四级法，原位测定还原物质的固体电极伏安法等等。这些方法和仪器的研制，为原位测定土壤的某些电化学性质创造了条件。季国亮和于天仁[5]在应用选择电极进行电化学测定时，发现由于悬液效应所产生的液接电位比以往认识的复杂和严重得多，这对土壤化学研究中合理使用选择电极，以及进一步研究土壤胶体的电化学特性都有重要意义。

总结

纵观 40 年来我国土壤化学的发展，从基础薄弱的起点，逐步建立为一个具有较高水平的研究网，工作范围遍及各个领域，就全国范围而言，已能从事土壤化学的各种尖端研究课题，在电化学等一些领域已接近世界上的先进水平，并具有自己的特色。近年来于天仁等还编写了许多土壤化学专著，如《土壤胶体》、《土壤电化学性质及其研究法》、《水稻土物理化学》、《植物营养元素的土壤化学》以及《中国土壤》一书中的有关部分，这些专著概括了 40 年来的研究成果，标志着我国土壤化学正进入一个新的阶段。最近还有一批青年科学家在国外合作进行土壤化学研究，取得了具有国际先进水平的成果，为我国未来的土壤化学发展增添了后劲。

尽管如此，从总体上看我国和世界先进水平还有相当距离，这主要是因为大量的土壤化学工作者从事应用技术工作，而研究基础理论的人不多，而且课题分散，缺乏连续性，不能形成体系。这很大程度上影响我国土壤化学理论水平的提高，目前迫切需要在全国范围内有计划地组织人力物力，选择重大课题进行系统深入的研究，以进一步提高我国的土壤化学水平。这不仅是土壤科学的需要，对解决当前农业生产上和环境科学中提出的许多新的问题也是很重要的。

参 考 文 献

[1] 李庆逵. 晚近我国土壤化学及农业化学的研究(文献综述). 土壤学报, 1959, 7(1): 1-18.
[2] 熊毅, 朱祖祥. 土壤物理化学专题综述. 北京: 科学出版社, 1963.
[3] 袁可能. 植物营养元素土壤化学的若干进展. 土壤学进展, 1981, (3): 1-9.
[4] 于天仁. 我国土壤物理化学的发展. 土壤学报, 1979, 16(3): 203-209.
[5] 于天仁, 袁可能, 李学恒. 近年来土壤化学发展中的一些问题. 干旱区研究, 1986, (3): 17-28.

Ⅱ. 植物营养元素的土壤化学

植物营养元素土壤化学的若干进展①

袁可能

元素土壤化学作为土壤化学中的一个研究领域，是研究各个元素在土壤中化学行为的共性和特点，包括它们的含量和分布规律、存在的形态及其转化条件和机制，以及各个元素在土壤中的化学平衡体系等等。对于营养元素，则更重要的是探讨它们对植物的有效性，以及影响有效性的因素。植物营养元素的土壤化学是植物营养生理、农业化学、栽培学以及环境科学的基础，在指导施肥、改善土壤的供应养料能力、提高作物生产和保护环境的技术工作中有一定意义。有关这方面的研究工作，虽然已进行多年，资料纷杂，内容浩繁。但是有关各个元素的全面、系统的总结仍然不多，而且对各有关方面的研究也不平衡，特别是在土壤化学这一部分更为欠缺。

近 20 多年来，植物营养元素的土壤化学有较大进展。这个时期的主要特点是关于各个元素固液相之间平衡关系的研究逐步深入，而且取得了一定的成果。例如，在沉淀-溶解平衡、络合平衡、氧化-还原平衡和吸附平衡等方面都有新的进展。这些进展一方面是由于热力学及动力学等基础理论的发展和引用；另一方面，分析技术的改进，为光谱分析、离子选择电极，以及同位素技术的应用提供了机会等等，大大改进了对微量成分的监测和对元素动态追踪的条件，也有利于理论探索。这个时期的工作，已使这一领域从常规分析和以生物试验为基础的经验性研究，进入有一定的理论基础、并开始有可能以数学模式说明各种反应现象的新阶段。

植物营养元素土壤化学的进展，包括理论分析方法等各个方面，范围很广，本文不可能作全面的详细评述，而只能把某些新发展的概念，以及对某些方面的进展作一概况介绍，以资参考。

（一）形态

各种营养元素在土壤中的形态大致可分为：矿物态、有机态、代换态和可溶态等几种。

矿物态即无机固态，一般是营养的母质来源，但也有可能是营养元素在土壤中沉淀结晶的产物。鉴定各种元素在土壤中存在的矿物形态，一直是重点研究课题。但有些固体很难鉴定，如无机磷化合物和其他结晶不良的沉淀，很难用 X 射线或其他光学方法直

① 原载于《土壤学进展》，1981 年，第 3 期，1~9 页。

接测定。近年来通过热力学计算和溶度积测定，对一些矿物有新的认识。例如，氟磷灰石和磷酸三钙在母质中可能是重要的，但在土壤条件下则不大可能产生。因此，目前一般认为在中性和石灰性土壤中，磷酸根和钙沉淀的初步产物是以磷酸二钙为主，进一步转化为磷酸八钙或氢氧磷灰石。在酸性土壤中主要是粉红磷铁矿和磷铝石[1~3]。又如，在酸性土壤中施用石灰后对硼产生的固定，主要不是产生偏硼酸钙沉淀，而是由于新沉淀的氢氧化铝吸附硼的结果[4]等。对于一些微量元素在土壤条件下可能产生的固相沉淀以及含有这些元素的主要矿物，Krauskopf，Lindsay 等[5,6]曾有这方面的总结。近年来也重视在渍水条件下金属离子的固相的研究，对硫化物也作过一定探讨[7,8]。营养元素的矿物态还和氮有关系。根据 Stevenson[9]引用的资料，在岩浆岩和沉积岩中含氮高达数十至数百 ppm，在地球上的氮素来源中占有重要位置。

以有机形态存在的营养元素，以 N、P、S 为主，研究这些元素的有机化合物种类也有许多进展。20 世纪 60 年代前后曾有较多的工作研究氨基酸和其他含氮化合物的种类，已鉴定的 α-氨基酸已不下数十种，但重要的不过天冬氨酸、甘氨酸、谷氨酸、丙氨酸等十余种，还有少量的氨基糖[10,11]。同样，在含硫有机物中主要是胱氨酸、半胱氨酸、蛋氨酸等以碳—硫键结合的含硫酸脂形态的硫[12~14]。含磷有机物则主要为环已六醇磷酸为主的植素类，和少量的核酸和磷脂类[15,16]。弄清这些有机化合物的种类、性质和分布，对研究有机态养料的利用有一定意义。

代换态仍然是 NH_4^+、K^+、Ca^{2+}、Mg^{2+}等阳离子养料的重要形态，水田土壤中则 Fe^{2+}和 Mn^{2+}也占有相当大的比例。代换性阳离子中还应包括水解析离子，如 $Fe(OH)^+$、$Fe(OH)^{2+}$、$Fe(OH)_2^+$等。此外，对于一些以阴离子形态存在的营养元素，如磷酸根、铝酸根、硫酸根、硼酸根等，在含高岭石和铁、铝氧化物较多的土壤中，阴离子吸附态含量也相当可观。

可溶态主要为存在于土壤液溶中的养分。溶液中除离子态外，还有许多以络合形态存在，包括有机络合物和无机络合物，如据 Hodgsin 报道[17]，铝在土壤溶液中以络合形态存在的高达 98%~99.5%，锰为 84%~99%，锌为 28%~99%。此外，各种元素在土壤溶液中还以分子形态和水解离子形态存在，并随 pH 的改变而改变。例如，在酸性条件下，硼为 H_3BO_3，硅为 H_4SiO_4 分子形态，只在碱性条件下，才逐渐转化为 $H_4BO_4^-$、$H_3SiO_4^-$等形态。又如，磷酸离子在 pH 3~7 以 $H_2PO_4^-$ 为主，pH 7~12 以 HPO_4^{2-} 为主；铝酸离子在 pH>5 的溶液中以 MoO_4^{2-} 为主，在 pH 2.5~4.5 时则为 $HMoO_4^-$等[18~22]。在阳离子中，一些水解质离子的种类同样和 pH 有关[22]。

（二）释放和固定

矿物中养料的释放主要为化学风化过程，许多养料的释放和硅酸盐矿物晶格的破坏有关。因此，在化学风化学说中的一些研究进展，如螯合作用、氧化还原作用、水解作用，以至晶格能的计算等都和养料的释放有关。Sticher 和 Bath[23]曾总结硅酸盐化学风化的若干方面，并把波林的化学键学说用于解释硅酸盐矿物的风化和金属离子的释放。Arnold、Salmon 等[24,25]总结了含钾、镁等盐基离子的矿物的化学风化过程，提出了长石、黑母石、白云母、伊利石、蒙脱石、绿泥石等矿物在释出盐基离子过程中矿物演变的条件和程序。此外，对于云母型矿物中固定态钾的释放提出了各种假设，如有的认为可以通过代换反应，而无须破坏 Si—O 或 Al—O 键，也不必完全打乱矿物的晶格结构。Mortland[26]认为云母型矿物中钾的释放是一种受扩散速率控制的过程，即层间固定的钾通过扩散作用与逆向离子相交换。这一机制已被人们广泛接受。但在正常的云母型矿物中，层间钾的扩散是非常缓慢的。因此必须同时具备使矿物张开的条件，还和矿物的破碎形状、大小及表面状况等机械性质有关[27,28]。此外，层间钾的释放还和云母型矿物在转化过程中所引起的电荷变化有关。Weir[29]等认为在矿物风化过程中层间电荷降低，则可加速钾的交换。Newman、Rich 等[27,30]认为降低溶液的 pH，可增加云母型矿物中钾的释放。但是氧化条件下，矿物晶格中低价铁的氧化，是否能增进或抑制层间固定态钾的释放，则还有不同看法[28]。除此以外，由于引用了溶度积原理，对于无机磷酸盐矿物化学风化的研究，也取得一定的进展。

有机质的分解转化是 N、P、S 等有机态养料释放的主要机制。看来这方面的研究已从过去着重于有机质分解和转化的一般条件，转而认识到限制这些物质分解的，主要是这些含氮、磷、硫的有机物和土壤中的其他有机成分或黏粒矿物的结合情况，以及能量状况和微生物营养条件等[10,18]。但是这方面的工作似乎难于深入。因此大量的工作仍然围绕着有机物的降解程序和条件而进行。Willianms 和 Freucy 等[12,31]曾对有机硫的分解作了系统归纳。但其中大多数资料是以实验室的培养试验为依据的。除此以外，许多资料也有助于进一步了解各种有机物的分解条件及其对分解速率的影响。值得一提的是渍水条件下氮的释放速率问题。虽然室内培养试验证明，在嫌气条件下氨基酸的分解较好气条件下慢得多，但大多数研究者都认为水田土壤中或嫌气条件下释出的氮较多[33,34]。从实际要求出发，一些研究者还设计了实验室和田间的方法以测定有机态养料的矿化势，研究其动态变化[35,36]，为定量地预测有机养料的释放作了尝试。

与释放相反，养料的固定是指一些有效养料转入无效状态的一些现象。自从 20 世纪 30 年代提出“固定”这一术语以来，在土壤化学中被广泛的引用。除了 NH_4^+和 K^+被黏粒矿物固定以外，磷和锌等能产生同晶置换的离子也可能被黏粒矿物固定。固定作用也广泛用以指一些化学沉淀作用，如铁、铝氧化物对阴离子的吸附和沉淀，碳酸钙对磷、锌等的吸附和沉淀，金属离子的氢氧化物沉淀等等。还包括氮、磷、硫的生物固定，微量元素为锌、铜等的螯合固定等等。范围十分广泛，固定机制也非常多。许多试验还应用电子显微镜、X 射线分析、红外光谱等以研究在固定前后的矿物变化，作为固定作用的依据。但是随着平衡关系研究的进展，发现某些“固定”作用和平衡之间的界限是不很清楚的。有些文献甚至避免使用“固定”这一名词，而代之以淀沉、吸附、专性吸附或其他化学平衡反应[1,37,38,39,40]。

（三）化学平衡

1. 沉淀-溶解平衡

在植物营养元素土壤化学的早期研究中，养料的溶解度和 pH 关系是一个重要方面。但当时限于条件，只以一些粗放的测定或生物试验为依据。20 世纪 50 年代初期，Erikson 等[41]把一些溶度积常数用于研究土壤中养料的溶解平衡。进入 60 年代以后，由于热力学理论的发展，溶度积资料的积累，以及测定技术的改进。沉淀-溶解平衡的研究十分活跃，应用的范围和深度也愈益广泛。

土壤中磷的沉淀-溶解平衡，研究得较早，资料也较多。目前已知溶度积的土壤磷化合物，从磷酸一钙以至复杂的磷灰石不下数十种。但由于土壤中含磷化合物的组成复杂，许多化合物的溶度积还和氢氧化铁、氢氧化铝、碳酸钙等等的溶度积有关，因此要确定土壤中磷的沉淀-溶解平衡关系仍有许多困难。例如在酸性土壤中的含磷化合物有许多是处于粉红磷铁矿和磷铝石之间的磷铝铁石$(Al, Fe)(OH)_2H_2PO_4$，其溶度积也介于两者之间。还有一些非晶形的胶态磷酸铁、铝，其溶解度也比晶形的粉红磷铁矿或磷铝石高得多。因此，酸性土壤中实际存在的磷酸根离子的浓度往往和根据粉红磷铁矿和磷铝石的浓度积计算所得的浓度有一定的差距[1,6,42]。同样，在中性或石灰性土壤溶液中实际测得的磷浓度也往往高于以氢氧磷灰石浓度积为依据的理论值，也说明这些土壤的溶液中磷的浓度并不完全由纯粹的氢氧磷灰石控制[1,8]。

铁是另一个沉淀-溶解平衡研究得较多的元素。氢氧化铁沉淀有多种形态，其溶度积相差很大，如无定形 $Fe(OH)_3$ 的溶度积 pK 为 35.5~39.4，赤铁矿 α-Fe_2O_3 的 pK 为 42.2~44.8，针铁矿 FeOOH 的 pK 为 40.5~44.0，纤铁矿 y-FeOOH 的 pK 为 42.2~42.7[42]。土壤中以何种形态为主，不仅影响对铁本身有效度的计算，而且也影响其他养料离子平衡浓度的计算。Bohn[43]测定了 5 种酸性土壤悬液中 $Fe(OH)_3$ 的离子积，平均为 1.05×10^{-39}，基本上符合无定形 $Fe(OH)_3$ 的容度积，Blanchar[44]测定土壤的酸性浸出液，得出 $Fe(OH)_3$ 的离子积 pK 为 41.1±0.13。除了无定形 $Fe(OH)_3$ 外，还包括部分固相的针铁矿-纤铁矿等矿物。

沉淀-溶解平衡也被用于研究许多微量元素的固液相平衡，包括锰、锌、铜、钼、硅等，以检验控制溶液中离子浓度的固相种类。例如，钼在石灰性土壤中，其溶解度—pH 曲线接近于 $CaMoO_4$，而在酸性土壤中则相当于 $Fe_2(MoO_4)_3$[21,22]。但 Viek[45]又认为：$PbMoO_4$ 与某些土壤的可溶性钼有较好的相关性。可见，单一化合物的溶解度不可能确切地符合土壤中固液相平衡关系。又如，据 Norvell[46]和 Lindsay[47]的研究，土壤中锌的溶解度式为 pZn＝2pH-6，而通常的锌化合物，如碳酸锌、氢氧化锌，甚至磷酸锌和淹水条件下的硫化锌却都比土壤中锌的溶解度大许多倍。因此以已知的锌化合物很难解释土壤溶液中锌的实际存在的低浓度[22,48]。

2. 吸附平衡

阳离子养料的代换吸附理论是土壤化学中早期的重要成就之一。截至目前，代换吸附仍然是 K^+、NH_4^+、Ca^{2+}、Mg^{2+}等养料在土壤中的主要反应机制。晚期着重研究不等价的离子代换平衡，这是以 Gapon 发展了的 Kerr 的质量作用方程式为基础的，即

$$\frac{r^+}{r^{2+}} = K_G \frac{C^+}{C^{2+}}$$

式中，K_G 又称为选择系数。选择系数可用来综合地反映代换性复合体对各个离子吸附特性和亲和力。例如，Udo[49]根据选择系数和热力学的计算，认为在 K-Ca 体系中，高岭石对 K 有较大亲和力。在 Mg-Ca 体系中，高岭石对 Ca 有较大亲和力；但蒙脱石对

Ca 仅稍有偏好[50]，而蛭石则对 Mg 的亲和力超过 Ca[51]。代换平衡的研究不仅有利于了解胶体对阳离子的吸附特性，而且也为定量地计算施肥对胶体上吸附性离子组成的影响打下基础。

20 世纪 60 年代以来，在土壤胶体化学中对铁、铝氧化物的重新肯定，也提高了对土壤中吸附平衡的认识。事实上，土壤中的黏粒矿物不仅和腐殖质形成复合体，而且也总是被铁、铝氧化物所包被，因此不论其电荷性质、数量及吸附特征，都必然和铁、铝氧化物有关。许多试验证实了这一概念。

铁、铝氧化物在酸性条件下带大量正电荷，对阴离子有显著吸附力。因此，阴离子吸附平衡在这一时期也取得较大进展。例如，在含氧化物和高岭石较多的土壤中，硝酸根在较高浓度（$>3\times10^{-2}$M）时有正吸附。而且随浓度的增加而增加，也随 pH 的降低而增加，最高吸附数值达到 19.7 mg 当量/100 g[52~54]。又如，铁、铝氧化物对硼的吸附非常强烈，新鲜制备的 $Fe(OH)_3$ 胶体最大吸硼量近 350 μg/g，是新鲜制备的 $Al(OH)_3$ 胶体最大吸硼量的 5~100 倍。铁、铝氧化物对硼的吸附，在酸性条件下以分子吸附为主，只有在碱性条件下，才有离子态的吸附[18,22]。至于磷酸根和铝酸根，则铁、铝氧化物对它们的吸附更为明显，其中还包括这些阴离子与铁、铝氧化物形成的化学沉淀，其吸附量就更为可观[55~58]。此外，关于铁、铝氧化物对硫酸根的吸附也进行了比较详细的研究[8,58,59]。所有这些阴离子吸附反应，都曾在一定条件下以 Freundlich 或 Langmuir 等温吸附式检验。但是阴离子吸附并不是在所有条件下都符合吸附等温式，而且被吸附的阴离子也不能完全为其他阴离子代换。因此，铁、铝氧化物对阴离子的吸附不能看成是一种单纯的静电吸附。Hingston[60]提出了阴离子专性吸附的学说。专性吸附是阴离子进入铁、铝氧化物的配位位置上，并和其他配位阴离子交换，这种交换的结果使阴离子和铁、铝氧化物结合比较牢固，并且不能为非专性吸附离子解吸。土壤中的许多养料阴离子都可以产生专性吸附，如磷酸根、钼酸根、硫酸根、硼酸根、硅酸根等[61]。阴离子的专性吸附有助于提高对养料离子在土壤中吸附机制的认识。

3. 氧化还原平衡

对于一些具有氧化还原特点的营养元素，如 N、S、Fe、Mn 等，氧化还原平衡是其重要的化学反应。晚期随着研究的深入，对于这些元素的氧化还原条件有了进一步的认识。

氮的氧化还原是通过铵态氮、硝态氯和气态氮之间互相转化进行的。其中包含有纯化学的、光化学的和生物学的过程。例如，从 NH_4^+氧化为 NO_2^-和 NO_3^-，所需的氧化还原电位 Eh=7 一般都在 400 mV 左右[62]。但由于微生物对酸度要求不同，因此在不同 pH 条件下进展速度是有差别的。例如，据 Morrill[63]试验在碱性条件下有利于亚硝化过程而不利于 NO_2^-的进一步氧化，因此易导致 NO_2^-的积累。在水田土壤中，反硝化作用的原因和机制仍然是研究的课题，许多研究工作认为反硝化作用主要是由于干湿交替或氧化还原交替造成的[64~66]。为了研究各种氧化还原形态之间的转化速率，对一些研究工作设计了分批培养试验（Batch Studies）和柱状淋洗试验（Column Studies）并试用动力学方法计算反应速率[67]。

硫是一种易氧化而难还原的元素，所以S^{2-}很易氧化为SO_4^{2-}，很少中间产物积累。但从SO_4^{2-}还原为S^{2-}，却需要很低的Eh，据Engler[68]的研究，在能源充足的条件下，SO_4^{2-}还原的主要控制因子是Eh，临界值是–100~ –150 mV。加入易溶解的氧化剂，如硝酸盐可抑制SO_4^{2-}的还原[69]。在还原过程中硫的损失大部分是由于产生了H_2S，碱性土壤中更多[70]；同时也产生一些挥发性的硫化合物，如甲基硫醇、二甲基二硫化物等[71]。

铁、锰的氧化还原体系很多，在旱地土壤中，主要是$Fe(OH)_3$—Fe^{2+}和MnO_2—Mn^{2+}，在水田土壤中则为$Fe_3(OH)_8$—Fe^{2+}，$Fe(OH)_3$—Fe^{2+}，$Fe(OH)_3$—$Fe_3(OH)_8$和MnO_2—Mn_2O_3，Mn_3O_4—Mn^{2+}，Mn_3O_4—$MnCO_3$体系[72,73,74]。土壤中铁和锰的氧化还原电位受各个体系的标准电位、氧化态和还原态的浓度比及pH的影响。据Gotoh[75,76]研究，铁在pH 6~7时，临界Eh为300~100 mV，pH 5时为300 mV，pH 8时为–100 mV。锰在pH 5时为500~600 mV，pH 6~8时为300~200 mV。

4. 螯合平衡

营养元素在土壤中的螯合平衡的研究，20世纪60年代以来也有很大的发展。

土壤有机物中含有大量的螯合基因，有强大的螯合作用。尤其是富里酸的螯合作用更引人注意。富里酸和各种金属离子形成螯合物的稳定常数已经测出[77,78,79,80]。由于测定方法不同，数据有些差距，但次序大体上是一致的。如据Schnitzer[80]在pH 3.0的测定结果为：

Fe^{3+}	> Al^{3+}	> Cu^{2+}	> Ni^{2+}	> Co^{2+}	> Pb^{2+}	> Ca^{2+}	> Zn^{2+}	> Mn^{2+}	> Mg^{2+}
6.1	3.7	3.3	3.1	2.9	2.6	2.6	2.4	2.1	1.9

显然，这些稳定系数是随着pH和其他条件改变的，但和人工螯合剂比较，则明显地小得多。除了腐殖质外，新鲜有机肥在分解过程中产生一系列中间产物，常能产生强大的螯合作用，影响养料的有效性。螯合物对磷的释放是已有定论的。除此以外，有机物的螯合作用对微量元素有效性的影响也很大。例如，Miller[81]就曾经证明，新鲜苜蓿粉的浸提液能螯合代换性锌，厩肥的水浸液能降低大豆和玉米吸收锌、铜和铁的数量。Matsuda[82]在番茄和旱稻上的试验也证实形成螯合态锌会减少植物吸收。Hodgson[17] Broadbent[83]等对有机物与微量元素的螯合机制都做了大量的研究。对此Stevenson[84]已作了综述。

人工螯合剂的研究也有较大进展。螯合剂和各种金属离子的稳定常数得到不断修正。并已认识到在土壤这样一个性质多变的复杂的多相体系中，螯合平衡受到各种体系的影响。例如，土壤的pH和pE条件不同，就能影响金属离子的形态或产生沉淀，从而影响螯合物的稳定性。而土壤中大量存在的Fe^{3+}、Al^{3+}、Ca^{2+}、Mg^{2+}等离子，则起着竞争螯合剂的作用。因此，人工螯合剂的平衡关系，必须根据土壤条件进行研究。例如，就Fe^{3+}而言，在与H^+、Al^{3+}、Ca^{2+}、Mg^{2+}等离子平衡的土壤溶液中，由于pH升高产生$Fe(OH)_3$沉淀或在石灰性土壤中Ca^{2+}、Mg^{2+}的竞争作用，因此Fe^{3+}的许多螯合物在碱性土壤中都不很稳定。各种螯合剂对Fe^{3+}的有效范围为EDDHA pH 4~9，EDTA pH<6.3，CDTA和DTPA pH<7.5，其他螯合剂的效果更小[85]。如果再和Cu^{2+}、Zn^{2+}、Cd^{2+}、Pb^{2+}等金属离子平衡，则Fe-螯合物的稳定范围更小[48]。此外，黏粒矿物等胶体的存在也影响螯合物的稳定性。土壤质地越黏重、吸收量越高，则螯合剂的效果越小，稳定的时间

也越短[85,86]。同样，锌螯合物的稳定性在石灰性土壤中受Ca^{2+}的竞争，在酸性土壤中则受Fe^{3+}、Al^{3+}的竞争，故稳定性很低。但在 pH 6 以上的中性至微碱性土壤中，Zn^{2+}有较强的竞争能力，其螯合效果的次序为 DTPH>CDTA>HEDTA>EDTA>NTA>EGTA。铜也有类似情况，在石灰性土壤中形成的螯合物比较稳定，能取代 Fe-螯合物，但也要受Ca^{2+}的竞争，在酸性土壤中则受Fe^{3+}、Al^{3+}的竞争，而降低其稳定性。在石灰性土壤中，Cu-螯合物稳定性的次序为：DTPA>HEDTA>CDTA>EDTA>EGTA>NTA。锰的螯合能力较弱，在酸性土壤中受Fe^{3+}、Al^{3+}竞争，稳定性很低，在碱性土壤中，以 DTPA 效果较好，其次为 CDTA 与 EDTA。Ca^{2+}、Mg^{2+}在酸性土壤中无法和Fe^{3+}、Al^{3+}竞争[47,46,87]。

（四）有效性

营养元素对植物的有效性是一个复杂的，但又是核心的问题，近代研究已逐步从影响养料有效性的外在条件（如质地、pH 等）深入到其内在因素（如分子结构、能力关系等）。加深了对养料有效性机制的认识。有效养料的指标反映了这方面研究的进展：从简单的数量概念，发展成包括容量、强度、能量、补给、速度、扩散等等多达几十种的指标。

有效养料的形态不仅是水溶性的、强弱溶性的、代换态的离子，而且还应包括若干能为天然螯合剂溶解的螯溶态养料[88]，并由此发展出许多具有螯合作用的有效养料浸提剂，其中 Lindsay[89]设计的以 DTPA 浸提微量元素的方法取得了较好的相关性。广言而之，则有效养料的形态还应包括能为氧化还原条件转化释出的养料形态，以及能在短期内释出的有机态和矿物态养料。这些形态在估计养料的容量、强度和补给等指标时，都是不可忽视的因素。

（1）补给。补给是当溶液中的有效养料被吸收后，从固相中补充养料的能力。根据营养元素的性质，大致可分为三类：第一类可与土壤溶液迅速达成平衡，如代换性 K、Ca、Mg 和表面磷等。第二类是缓慢达到平衡的，如固定态的磷和钾。第三类是不存在化学平衡关系的，如有机态的 N、P、S 以及在高温下形成的原生矿物中所含的养料[62]。从养料的补给概念必须联系到养料补给的速度或时间。上述三种类型的补给速度是不相同的，能保持补充的持续时间也不相同。这取决于养料离子在固体上的含量、所占的位置，以及代换量、饱和度和陪补离子种类等[90]，也和矿物种类、晶格结构、有机物的组成等有关[91,92]。研究补给和速度指标的方法也很多，如培养矿化法、交换树脂法、同位素法等等。

（2）能量概念。养料被利用的难易不仅取决于溶液中存在的浓度，而且还和离子与固相之间的结合能有关。Woodruff[93]等在 20 世纪 50 年代中期提出了以交换过程中的自由能或化学位的变化来衡量结合能的大小，并用以估计代换性离子的供应强度。此外如 Schofield[94]提出的活度比概念，Ramamoorthy[95]等提出的吸附比概念，都被用来估测代换性养料的供应强度或有效度。关于磷位、磷酸盐位、钾位、钙位等都是以化学位表示固相表面的离子进入土壤溶液的倾向大小。与此相适应的还设计了一系列测定方法。测定方法是比较简单的，但由于各种条件影响，测定结果往往不够稳定。所以从能量概念衡量养料有效度虽然在理论上有相当提高，但实际应用还有许多技术上的困难。

（3）扩散。扩散是离子向植物根部移动的一个重要机制。根据 Barber[96]的资料，像 P 和 K 这样植物需要量大而土壤的固定作用又比较强的养料，扩散是其主要的输送途径。土壤中的扩散作用包括：溶液中离子的扩散、固相表面吸附性离子的扩散，以及固相晶格中离子的扩散等多种形式。已经研究的结果显示：土壤溶液中离子的扩散系数远较一般水溶液中为低，所受的阻力包括土壤的几何因素、水分含量、静电引力、pH 等[97,98,99]，而络合作用则可增加某些养料离子的扩散[100]。Oster[101]则认为黏粒表面离子的扩散还受吸附水膜的影响。此外，Hann 和 De[102]等用同位素 ^{40}K 代换伊利石中的 K，测出其自扩散系数为 10^{-23} cm^2/s，说明固体晶体中 K 的移动是很慢的。

参 考 文 献

[1] Larsen S. Soil phosphorus. Advance in Agronomy, 1967, 19: 151-210.

[2] Bell L C, Black C A. Crystalline phosphates produced by interaction of orthophosphate fertilizers with slightly acid and alkaline soils. Soil Science Society of America Proceedings, 1970, 34: 735-740.

[3] Olsen S R. Soil Science, 1960, 90: 40.

[4] Hatcher J T, Bower C A, Clarck M. Adsorption ofboron by soils as influenced by hidroxy aluminum and surface area. Soil Science, 1967, 104: 422-426.

[5] Krauskopf K B. Geochemistry of micronutrients. Micronutrients in Agriculture, 1972: 7-40.

[6] Lindsay W L, Moreno E C. Phosphate phase equilibria in soils. Soil Science Society of America Proceedings, 1960, 24: 177-182.

[7] Engler R M, Patriek W H. Stability of sulfides of manganese, iron, zinc, copper, and mercury in flooded and non-flooded soil. Soil Science, 1975, 119: 217-221.

[8] Rajan S S S. A technique for studying ion adsorption. Soil Science Society of America Journal, 1979, 43: 65-70.

[9] F J Stevenson. On the presence of fixed ammonium in rocks. Science, 1959, 130: 221-222.

[10] Bremner J M. In "Method of Soil Analysis", 1965: 1346-1366.

[11] Lowe L E. Amino acid distribution in forest humus layers in Columbia. Soil Science Society of America Proceedings, 1973, 37: 569- 572.

[12] Frency J R. Soil Science, 1966, 105: 307.

[13] Lowe L E. Canadian Journal of Soil Science, 1963, 4: 151-155.

[14] Neptune A M L, Tabatabai M A, Hanway J J. Sulfur fractions and carbon-nitrogen-phosphorus-sulfur relationships in some Brazilian and Iowa soils. Soil Science Society of America Proceedings, 1975, 39: 51-55.

[15] Halstead R L, McKercher R B. Biochemistry and cycling of phosphorus. Chapter 2 in Soil Biochemistry, 1975, 4: 31-63.

[16] CG Kowalenko. Chapter 3 organic nitrogen, phosphorus and sulfur in soils. Developments in Soil Science, 1978, (8): 95-136.

[17] Hodgson J F. Soil Science Society of America Proceedings, 1967, 30: 723-726.

[18] Bingham F T, Page A L, Coleman N T, Flach K. Boron adsorption characteristics of selected amorphous soils from Mexico and Hawaii. Soil Science Society of America Proceedings, 1971, 35: 546-550.

[19] Jones LHP, Handreck KA. Effects of iron and aluminium oxides on silica in solution in soils. Nature, 1963, 198: 852-853.

[20] Elgawhary S M, Lindsay W L. Solubility of silica in soils. Soil Science Society of America Journal, 1972, 36: 439-442.

[21] Follett R F, Barber S A. Molybdate phase equilibria in soil. Soil Science Society of America Proceedings, 1967, 31: 26-29.

[22] Lindsay W L. Inorganic equilibria affecting micronutrients in soils. in: Micronutrients in Agriculture,

1972, 89-112.

[23] Sticher H. Soil and Fertility, 1966, 29: 321.

[24] Arnold P W. Nature and mode of weathering of soil-potassium reserves. Journal of the Science of Food and Agriculture, 1960, 11: 285-92.

[25] Salmon R C. Magnesium relationship in soils and plants. Journal of the Science of Food and Agriculture, 1963, 14(9): 605-610.

[26] Mortland M M, Ellis B. Release of fixed potassium as a diffusion controlled process. Soil Science Society of America Proceedings, 1959, 23: 363-364.

[27] Newman ACD. Newman ACD. Cation exchange properties of micas: I. The relation between mica composition and potassium exchange in solutions of different pH. Canadian Journal of Soil Science, 1969, 20: 357-373.

[28] Graf H. in “Potassium in Soil”, 1972: 33-42.

[29] Weir A H. Potassium retention in montmorillnites. Clay Minerals, 1965, 6: 17-22.

[30] Rich C I, Black W R. Cadmium sorption by hydroxy-aluminium interlayered montmorillonite. Soil Science, 1964, 97: 384.

[31] Williams C H. Some factors affecting the mineralization of organic sulphur in soils. Plant and Soil, 1967, 26: 205-222.

[32] Greenwood D J, Lees H. Studies on the decomposition of amino acids in soils. II: The anaerobic decomposition. Plant and Soil, 1960, 12: 69-80.

[33] Waring S A, Bremner J M. Ammonium Production in Soil under Waterlogged Conditions as an Index of Nitrogen Availability. Nature, 1964, 20: 951-952.

[34] Broadbent F E, Tusneem M E. Losses of nitrogen from flooded soils in tracer experiments. Soil Science Society of America Proceedings. 1971, 35: 922-926.

[35] Stanford G, Smith S J. Nitrogen mineralization potentials of soils. Soil Science Society of America Proceedings, 1972, 36: 465-472.

[36] Russell J S. A mathematical treatment of the effect of cropping system on soil organic nitrogen in two long-term sequential experiments. Soil Science, 1975, 120: 37-44.

[37] Reddy M R, Perkins H F. Fixation of zinc by clay minerals. Soil Science Society of America Proceedings, 1974, 38: 229-231.

[38] Schuffelen A C. A few aspects of 50 years of soil chemistry. Geoderma, 1974, 12: 281-297.

[39] Reddy C N, Patrick W H. Effect of redox potential on the stability of zinc and copper chelates in flooded soils. Soil Science Society of America Journal, 1977, 41: 729-732.

[40] Udo E J, Tucker T C. Zinc adsorption by calcareous soils. Soil Science Society of America Proceedings, 1970, 34: 405-407.

[41] Erikson E. Canadian Journal of Soil Science, 1952, 3: 38.

[42] Velk P L G. Soil Science Society of America Proceedings, 1974, 38: 429-433.

[43] Bohn H L. The $(Fe)(OH)_3$ ion product in suspensions of acid soils. Soil Science Society of America Proceedings, 1967, 31: 641-644.

[44] Blanchar R W, Scrivner C L. Aluminum and iron ion products in acid extracts of samples from various depths in a menfro soil. Soil Science Society of America Proceedings, 1972, 36: 897-901.

[45] Viek P C G. Soil Science Society of America Proceedings, 1977, 41: 42-46.

[46] Norvell W A, Lindsay W L. Reactions of EDTA complexes of Fe, Zn, Mn, and Cu with soils. Soil Science Society of America Proceedings, 1969, 33: 86-91.

[47] Lindsay W L, Norvell W A. Equilibrium relationships of Zn^{2+}, Fe^{3+}, Ca^{2+}, and H^+ with EDTA and DTPA in soils. Soil Science Society of America Proceedings, 1969, 33: 62-68.

[48] Sommers L E, Lindsay W L. Effect of pH and redox on predicted heavy metal-chelate equilibria in soils. Soil Science Society of America Journal, 1979, 43: 39-47.

[49] Udo E J. Calcium Exchange Reactions on a Kaolinitic Soil Clay. Soil Science Society of America Proceedingsl, 1978, 42(4): 556-560.

[50] Hunsaker V E, Pratt P F. Calcium magnesium exchange equilibria in soils. Soil Science Society of America Proceedings, 1971, 35: 151-152.

[51] Peterson F F,Rhoades J, M. Arca M, Coleman N T. Selective adsorption of magnesium ions by vermiculite. Soil Science Society of America Proceedings, 1965, 29: 327-328.
[52] Kinjo T, Pratt P F. Nitrate adsorption: I. In some acid soils of Mexico and South America. Soil Science Society of America Proceedings, 1971, 35: 722-725.
[53] Schalscha E B, Pratt P F, Domecq T C. Nitrate adsorption by some volcanic-ash soils of Southern Chile. Soil Science Society of America Proceedings, 1974, 38: 44-45.
[54] Singh B R, Kanehiro Y. Adsorption of aitrate in amorphous and kaolinitic Hawaiian Soils. Soil Science Society of America Proceedings, 1969, 33: 681-683.
[55] Sims J R, Bingham F T. Retention of boron by layer silicates, sesquioxides, and soil materials: III. Iron- and aluminum-coated layer silicates and soil materials. Soil Science Society of America Proceedings, 1968, 32: 369-373.
[56] Gebhardt H, Coleman N T. Anion adsorption by allophanic tropical soils: II. Sulfate adsorption. Soil Science Society of America Proceedings, 1974, 38: 259-262.
[57] Reisenauer H M, Tabikh A A, Stout P R. Molybdenum reactions with soils and the hydrous oxides of iron, aluminum, and titanium. Soil Science Society of America Proceedings, 1962, 26: 23-27.
[58] Gonzalez B R, Appelt H, Schalscha E B, Bingham F T. Molybdate adsorption characteristics of volcanic-ash-derived soils in Chile. Soil Science Society of America Proceedings, 1974, 38: 903-906.
[59] Harward M E, Reisenauer H M. Reactions and movement of inorganic soil sulfur. Soil Science, 1966, 101: 326-335.
[60] Hingston F J, Atkinson R J, Posner A M. Specific adsorption of anions. Nature, 1967, 215: 1459-1461.
[61] Wada K, Harward M E. Amorphous clay constituents of soils. Advances in Agronomy, 1974, 26: 211-260.
[62] Corey R B. Soil Testing & Plant Analysis, 1973: 29.
[63] Morrill L G, Dawson J E. Patterns observed for the oxidation of ammonium to nitrate by soilorganisms. Soil Science Society of America Proceedings, 1967, 31: 757-760.
[64] Patrick W H, Wyatt R. Soil nitrogen loss as a result of alternate submergence and drying. Soil Science Society of America Proceedings, 1964, 28: 647-653.
[65] Patrick W H Jr, Tusneem M E. Nitrogen loss from flooded soil. Ecology, 1972, 53: 73-737.
[66] Reddy K R, Patrick W H Jr. Effect of alternate aerobic and anaerobic conditions on redox potential, organic matter decomposition and nitrogen loss in a flooded soil. Soil Biology and Biochemistry, 1975, 7(2): 87-94.
[67] Day P R. in "Nitrogen in the Environment".
[68] Engler R M, Patrick W H Jr. Sulfate reduction and sulfide oxidation in flooded soil as affected by chemical oxidants. Soil Science Society of America Proceedings, 1973, 37: 685-688.
[69] Connell W E. Soil Science Society of America Proceedings, 1969, 33: 711-714.
[70] Bloomfield C. Sulphate reduction in waterlogged soils. Canadian Journal of Soil Science, 1969, 20: 206.
[71] Nicolson A T. Soil Science, 1970, 109: 345.
[72] Collins J E. Soil Science, 1970, 110: 157.
[73] Ponnamperuma F N, Estrella M, Loy Teresita. Redox equilibria in flooded soils: I. The iron hydroxide systems. Soil Science, 1967, 103(6): 374-382.
[74] Ponnanperuma F N. Soil Science, 1969, 108: 48-57.
[75] Gotoh S, Patrick W H. Transformation of manganese in a waterlogged soil as affected by redox potential and pH. Soil Science Society of America Proceedings, 1972, 36: 738-742.
[76] Gotoh S, Patrick W H. Transformation of iron in a waterlogged soil as influenced by redox potential and pH. Soil Science Society of America Proceedings, 1974, 38: 66-71.
[77] Randhawa N S. Soil organic matter complexes: Stability constants of zinc-humic acid complexes at different pH values. Soil Science, 1965, 99: 362-366.
[78] King L D, Morris H D. Complex reactions of zinc with organic matter extracted from sewage sludge. Soil Science Society of America Proceedings, 1971, 35: 748-751.
[79] Schnitzer M. Soil Science, 1966, 102: 362-365.

[80] Schnitzer M. Soil Science, 1970, 109: 333-340.
[81] Miller M H. Soil Science Society of America Proceedings, 1958, 22: 228-231.
[82] Matsuda K. Soil Science and Plant Nutrition, 1969, 15: 202.
[83] Broadbent F E. Soil Science, 1957, 84: 127.
[84] Stevenson F J. Micronutrients in Agriculture, 1972, 79-110.
[85] Norvell W A, Lindsay W L. Reactions of DTPA chelates of iron, zinc, copper and manganese with soils. Soil Science Society of America Proceedings, 1972, 36: 778-783.
[86] Hemwall J B. Reactions of ferric ethylenediamine tetracetate with soil clay minerals. Soil Science, 1958, 86: 126-132.
[87] Norvell W A. Equilibria of Metal Chelates in Soil Solution. in: Micronutrients in Agriculture, 1972, 115-138.
[88] Wallace A. Role of Chelating Agents on the Availability of Nutrients to Plants. Soil Science Society of America Proceedings, 1963, 27, 176-177.
[89] Lindsay W L, Norvell W A. Development of a DTPA soil test for zinc, iron, manganese and copper. Soil Science Society America Journal. 1978, 42: 421-428.
[90] Nemeth K. Potassium in Soil, 1972, 171-178.
[91] Sacheti A K, Saxena S N. A new approach towards the designation of phosphorus availability in soils. Plant and Soil, 1974, 39: 393-396.
[92] Dalal R C,Hallsworth E G. Measurement of isotopic exchangeable soil phosphorus and interrelationship among parameters of quantity, intensity, and capacity factors. Soil Science Society of America Journal, 1977, 41(1): 81-86.
[93] Woodruff C M. Ionic equilibria between clay and dilute salt solutions. Soil Science Society of America Proceedings, 1955, 19: 36-40.
[94] Schofield R K, Taylor AW. Measurement of activities of bases in soils. Canadian Journal of Soil Science, 1955, 6: 137-146.
[95] Ramamoorthy B. Soil Science, 1965, 99: 236.
[96] Barber S A. Tech Rep Ser Inter Atom. Energy Agriculture, 1966, 65: 39-45.
[97] Ellis J H, Barnhisel R I, Phillips R E. The diffusion of copper, manganese, and zinc as affected byconcentration, clay mineralogy, and associated anions. Soil Science Society of America Proceedings, 1970, 34: 866-870.
[98] Clark A L. Soil Science, 1968, 105: 409-417.
[99] Samuel K Mahtab, Curtis L Godfrey, Allen R Swoboda. Phosphorus diffusion in soil: I. The effect of applied P, clay content, and water content1. Soil Science Society of America Journal. 1971, 35: 393-397.
[100] Elgawhary S M, Lindsay WL, Kemper W D. Effect of EDTA on the self-diffusion of zinc in aqueous solution and in soil. Soil Science Society of America Proceedings, 1970, 34: 66-70.
[101] Oster J D, Low P F. Activation energy for ion movement in thin water films on montmorillonite. Soil Science Society of America Proceedings, 1963, 27: 369-373.
[102] Hann FA M De. Soil Science Society of America Proceedings, 1965, 29: 528-530.

《植物营养元素的土壤化学》总论[①]

（一）植物营养元素的种类和功能

地球上已发现的化学元素多达100余种。但按照植物的需要则可分为：植物生长发育所必需的元素；对植物生长发育完全没有作用的元素；以及介于两者之间，即对某些植物是有益的，或在一定条件下对某些植物生理机制有作用的元素三类。通常所谓的植物营养元素主要是指第一类植物的必需元素而言。所谓植物必需元素，一般需具备以下三个条件。

（1）所有植物缺少它就不能完成生活周期中的营养生长和生殖生长阶段。

（2）在一般情况下，每一种元素的作用具有专一性，只有供给该元素才能得到改善。

（3）元素必须直接参与植物营养，而与改善外界的一些不合适的微生物或化学的条件完全不同。

由此可见，植物营养的必需元素有其特殊的定义，既不同于一般元素，也区别于植物体内含有的其他元素。植物体内所含的元素种类较多，目前已发现的不下七十种。但其中绝大多数不是植物所必需的，有些甚至是有害的。符合上述三个条件的必需元素，目前已被肯定的不过十多种。其中有一些在植物体内的含量较高，称为常量元素；另一些含量很少，称为微量元素。前者包括氮、磷、钾、钙、镁、硫、碳、氢、氧，后者包括铁、锰、铜、锌、硼、钼和氯，其中铁的含量较一般微量元素略高，因此也常被列入常量元素中。对于这十多种必需元素的认识，也是通过长期的摸索和多次反复试验后，才逐个地肯定下来的。并且随着试验条件的改善，还在不断地发现新的必需元素。

植物营养元素是农业生产中不可缺少的条件。古代的劳动人民早就知道在农业生产中应用粪肥来增加生产。粪肥除了能改善土壤的肥力条件外，其中含有多种植物必需的营养元素，被称为“全面肥料”。其他有机肥，如藁秆、野草以至某些动物和植物的残渣，大多具有同样的特点，这些有机物中所含的养料元素是古代的化学分析和技术条件所无法分辨的。虽然也应用了一些比较单纯的矿质肥料，如草木灰、石灰等，但是其作用往往是多方面的，有时在改良土壤方面的作用，被看成比供应养料更为重要。因此，有计划地对于营养元素逐个地进行鉴别还是近200年的事。

但是，长期以来普遍地施用有机肥料这种农业状况，几乎把农业科学上的这一分支引入歧途，在18世纪到19世纪初这一时期里就曾经出现过“腐殖质营养”学说，即把有机物当作植物养料的唯一物质的笼统观念。当然，腐殖质在改良土壤和全面地供应各种养料元素方面是有其特殊作用的，直到现在，在大规模农业生产中，它的重要性仍然是不容怀疑的。但是，在近代化学工业大规模发展的过程中，进一步剖析营养元素的种类，有助于工业更好地支援农业，使农业生产取得较大的发展。

① 原载于《植物营养元素的土壤化学》，1983年，北京：科学出版社，1~45页。

在植物的必需营养元素中，首先被人们知道的是碳、氢、氧三种元素，因为这些元素是植物体内大量存在的碳水化合物的基本成分。因此，这三种元素作为植物的必需元素是肯定的，但是关于植物取得这三种元素的来源，尤其是碳素的来源是有过争论的。较早的看法认为植物主要从土壤中吸取碳素，这种看法也可以说“腐殖质营养”学说有关。只是在19世纪中期经过砂培试验以后，才明确了植物的碳素营养主要来自空气中的二氧化碳，而氢和氧则主要来自水和空气。

对于植物营养中必需元素的认识，主要是在19世纪中期通过植物灰分的化学分析和水培试验得到肯定的，由于当时化学分析技术的进展，使植物灰分的化学分析成为可能。通过化学分析了解了植物灰分中含有的各种元素，虽然其含量多少不等，但无疑在植物生命中起着重要的作用，这一点对于认识植物除了碳、氢、氧三种元素外，还需要其他元素是很重要的，因而在植物营养的概念中开辟了新的领域。

但是植物的灰分分析并不能鉴别必需的和非必需的营养元素，也不能鉴别能为植物吸收的营养元素的化合形态，这些问题主要是后来通过水培试验才得以解决的。水培试验明确了植物可以从水培液中吸取无机形态的营养元素，从而确立了“矿质营养”的学说，并且通过水培液中所含成分的控制，逐个地鉴别了为植物生命活动所不能缺少的必需元素，到了19世纪末期，基本上确定了植物营养的10种必需元素，即碳、氢、氧、氮、磷、钾、钙、镁、硫、铁。其中除碳、氢、氧以外，基本上都须从土壤溶液中吸取，只有氮素可以部分地从空气中固定而得。

但是19世纪的水培技术往往不能发现植物体内含量较少，但也是不能缺少的微量必需元素，因为当时水培试验的器皿以及不够纯净的蒸馏水常常供应了植物必需的微量元素营养，使水培液中的这些元素似乎不是那么重要了。因此在进入20世纪以后，随着试验条件的改善，又陆续发现了一些植物营养的必需元素，如硼、铜、锌、锰等，稍后又肯定了钼是植物的必需元素之一。这些主要是在30年代前后肯定的。由于植物对这些元素的需要量很少，因此在农业化学上称为“微量元素”。

当然，植物营养的必需元素，还会随着研究工作的进展而逐个地被鉴别出来，例如氯，作为一种必需元素是在1954年才被最后肯定的，但是关于缺氯的报告多数是在培养液中得出的，而且其所需数量也比其他微量元素为多，如番茄叶片中含氯的临界浓度为0.25 mg/g，而钼的临界浓度仅为0.0001 mg/g。然而在大田生产中缺氯的报道还是很少的，这是和氯在地球表面分布比较广泛，以及经常从肥料中带入一定数量的氯有关的。

到目前为止，被认为植物必需元素的是以下16种元素，即碳、氢、氧、氮、磷、钾、钙、镁、硫、铁、锰、铜、锌、硼、钼和氯。这些元素除了数量上有差异外，都是植物生命活动所必不可少的，都符合于上述必需元素的三个条件，其中除碳、氢、氧可由空气和水供应外，其他元素主要都是从土壤中吸取的，而且以无机形态的离子为主。

除了以上已被肯定的16种必需元素外，还有一些元素也被认为在某些条件下对有些植物是有益的。其中最值得重视的是“硅”，在19世纪的科学实验中，根据灰分分析的结果，曾断言硅对于禾本科作物具有重大作用；但是后来的一些水培试验似又证明了在不给以硅素营养的情况下，大多数作物仍能正常生长，而且硅素的缺少对同化作用过程是不发生影响的。因此有关硅对于植物作用的问题曾有过不少分歧的意见。但是有一点是比较一致的，即硅对于禾本科作物是有益的。例如，硅能增加水稻和麦类作物的茎秆强度，提高抗倒和抗病虫害的能力，因此在禾本科作物，尤其是水稻的营养中，硅的作用受到了相当的重视。

除硅以外，另外一些元素虽在植物营养中并不起直接的作用，但能间接地有利于植物的生长和最高产量的形成；有一些元素则能在某些条件下在一定程度上代替另一必需元素的作用，或补充其不足，如钠和钾、钴和锰、锶和钙、钒和钼等。

除了这些元素以外，植物体中出现的其他元素，或者不是必需的，或者是还有争论的，限于目前的科学和技术水平不能加以肯定。随着今后科学技术的进步，必然还有许多新的发现。例如，有人提出所谓超微量元素，如铯、镉、汞、镭等，它们在植物体内的含量多在 10^{-6} 以下，其生理上的功能还有待验证。

由此可见，各种元素在植物体内作用的大小，既不能按照化学上的次序排列，也不能依据自然界的含量区分，而必须以植物本身生命活动的要求，包括它在生理上的功能和所需的数量予以划分。例如，碳在地壳中的含量是很少的，甚至在空气中的含量也不高，但却是植物体内最主要的元素之一，这是因为碳不仅是构成植物体的基本成分——碳水化合物的主要元素之一，而且还是植物进行光合作用的主要参与者。因此不论在数量上或重要性上都是非常突出的。氮也有相似的情况。所不同的是氮在空气中的含量相当高，但是植物并不能直接利用空气中的氮。相反，有一些元素，在地壳中的含量是相当高的，如硅的含量几乎占整个地壳的1/4，但是对大多数植物来说，硅并不是必要的元素，在植物体内虽然也含有一些硅，但数量也是很少的。其他如铁、锰等虽然是植物的必需元素，但需要的数量和地壳中的含量比较起来，是微乎其微的。这些情况充分说明各种营养元素在植物体内的功能是按照生理上的规律参与的，而非由自然界的含量所决定。当然，在一些特殊条件下，外界环境的成分在一定程度上可以影响植物体内的元素组成，甚至有一些元素可以代替另一些必需元素的功能，但是并不能改变正常植物的总的组成关系。

关于各种营养元素的功能，凡已经被肯定为植物生命所必需的元素，其功能多已有所了解，虽然这一些了解不一定是全面的，有一些功能还在陆续地被研究出来。按照目前已知的功能，大致上可分为营养和调节两个方面，即有一些元素是直接参与有机物组成的，如碳、氢、氧、氮、硫、磷、镁等，而另一些元素则虽然不是有机物的组成元素，但是在有机物的合成、转化以及调节植物体内的生理现象方面有着重大作用，如钾、钙、镁、硫、磷和其他必需元素。其中硫、磷等元素则同时具备营养和调节两个方面的作用。关于各种元素的具体功能，详见植物营养生理方面的专著。为了便于查阅，把各种必需营养元素的功能列简明表如表1所示。

（二）土壤化学组成和植物养料的关系

植物所必需的营养元素，除碳、氢、氧来自空气和水以外，主要来自土壤。实际上，近代科学的研究证明，植物所利用的近地面空气中的二氧化碳，也和土壤有关。至于植物根部吸取的水分，则更是土壤组成的一部分。因此，土壤的组成对植物营养是非常重要的，尤其是土壤的化学组成及其供应养料的能力，在相当大的程度上决定着植物所需的营养元素是否能够满足。即使在大量施用肥料的情况下，土壤提供的养料仍有一定的重要性；而且施入土壤中的肥料，其利用率也受这些肥料在土壤中的转化和固定等作用的影响，其效能常常也和土壤的化学组成有关。

表1 植物必需营养元素的功能检索

元素种类	功能
碳	组成有机物质如糖类、蛋白质和脂肪等的主要元素之一
氢	组成有机物质的主要元素之一
氧	组成有机物质的主要元素之一
氮	组成蛋白质和原生质的重要成分，也是合成叶绿素的必需元素
磷	组成细胞核的一种成分，存在于磷脂、植素和核酸等化合物中；对细胞分裂和分生组织的发展是必需的；对糖类的形成与转化，以及脂肪和蛋白质的形成也有重要作用
钾	调节细胞胶体系的物理化学特性。对于光合作用、糖类的形成和运转、蛋白质的形成等都有一定的促进作用，但钾本身不是有机物的重要组成
钙	调节细胞胶体系的物理化学特性，调节植物体内的酸碱反应，保持各种养料离子的生理平衡，也可能是细胞壁的组成分；对植物生长过程中的顶端伸展和芽的形成也是必需的
镁	组成叶绿素的成分之一；对植物的生命活动起调节作用，也参与某些酶的反应。大多存在于幼嫩组织中
硫	组成蛋白质的元素之一；在叶绿素的合成和加速根的发展中起调节作用；对植物体内的氧化还原过程有作用
铁	在叶绿素合成过程中有促进作用，但并不是叶绿素的组成分。对植物体内的氧化还原过程起调节作用
硼	改善根部氧的供应，提高根部吸收能力；对植物的开花结实有促进作用
铜	参与植物体内的氧化还原作用；提高植物的呼吸强度
锌	调节植物体内的氧化还原过程；在植物生长素的形成过程中有重要作用；是一些胱氢酶、蛋白酶和酚酞的组成分
锰	在光合作用中有重要作用；在硝酸还原过程中是催化剂；在植物体内糖分的积累和转运上也起重要作用
钼	是硝酸还原酶的组成部分，对豆科植物的固氮有重要作用
氯	与糖类的代谢和合成有关
硅	增加细胞壁的强度，提高根系的氧化能力

土壤的化学组成，绝大多数以岩浆岩为其最初来源。但是自从岩浆岩露出地面以后，就受到各种风化作用，其成分不断地演变、转移和沉积，因此在形成土壤阶段，其成分已和岩浆岩大不相同，即使是作为土壤母质的地壳表面物质，实际上也以沉积岩和各种沉积物较为普遍。这些沉积岩或沉积物虽然和岩浆岩有若干矿物学上的联系，但毕竟经过了深刻的改造，因此其成分和岩浆岩是明显不同的。为了了解土壤化学组成的来源，不但要认识岩浆岩，而且更需要从沉积岩和沉积物类的化学组成资料中得到概念。表2有助于比较岩浆岩和沉积岩的化学组成。

从表 2 可以看出，除了个别元素在某些沉积岩中有所增加（如 Ca、Mg 在石灰岩中）外，大多数元素都较岩浆岩有所降低。这表明由于风化和淋失作用使这些元素部分地进入水圈。因此，作为土壤母质而言；大多数元素含量也必然低于岩浆岩。

表 2　岩浆岩和几种沉积岩的元素组成　　（单位：%）

元素种类	岩浆岩	页岩	砂岩	石灰岩
SiO_2	59.12	58.11	78.31	5.19
Al_2O_3	13.34	15.40	4.76	0.81
Fe_2O_3	3.08	4.02	1.08	} 0.54
FeO	3.80	2.45	0.30	
TiO_2	1.05	0.65	0.25	0.06
CaO	5.08	3.10	5.50	42.57
MgO	3.49	2.44	1.16	7.89
MnO	0.12	痕迹	痕迹	0.05
K_2O	3.13	3.24	1.32	0.33
Na_2O	3.84	1.30	0.45	0.05
CO_2	0.10	2.63	5.04	41.54
P_2O_3	0.30	0.17	0.08	0.04
SO_2	—	0.65	0.07	0.05
S	0.05	—	—	0.09
H_2O	1.15	4.99	1.63	0.77

从地质观点看，土壤形成是在母质的基础上继续进行风化和淋洗作用。也就是矿物中一些化学成分的改造将进一步深化，一些可溶性化合物将进一步损失。当然，岩石种类不同，矿物的成分不同，其风化和淋溶的强度是有差别的，但是就平均值而言，则土壤中大多数元素的平均组成又明显地低于沉积岩母质，更低于岩浆岩的平均组成（表 2、表 3）。

表 3　土壤、植物和地壳中化学元素的含量　　（单位：%）

（据戈尔德施密特、维诺格拉多夫等）

元素	地壳	岩石圈	海水	植物	土壤
氧 O	48.6	46.6	85.89	70	49.0
氢 H	7.6×10^{-1}	—	10.82	10	—
碳 C	8.7×10^{-2}	3.2×10^{-2}	2.8×10^{-3}	18	2.0
硅 Si	26.3	27.72	2×10^{-4}	15×10^{-1}	33.0
氮 N	3×10^{-2}	2×10^{-3}	2.1×10^{-3}	3×10^{-1}	1×10^{-1}
钾 K	2.47	2.59	3.8×10^{-2}	3×10^{-1}	1.19
钙 Ca	3.45	3.63	4×10^{-2}	3×10^{-1}	1.37
镁 Mg	2.00	2.09	1.3×10^{-1}	7×10^{-2}	6×10^{-1}
磷 P	1.1×10^{-1}	1.2×10^{-1}	5×10^{-6}	7×10^{-2}	8×10^{-2}

续表

元素	地壳	岩石圈	海水	植物	土壤
硫 S	4.8×10^{-2}	5.2×10^{-2}	8.8×10^{-2}	5×10^{-2}	8.5×10^{-2}
铁 Fe	4.75	5.00	2×10^{-7}	2×10^{-2}	3.8
铝 Al	7.73	8.13	1×10^{-7}	2×10^{-2}	7.13
钠 Na	2.74	2.83	1.06	2×10^{-2}	6.3×10^{-1}
氯 Cl	1.4×10^{-1}	4.8×10^{-2}	1.90	2×10^{-2}	1×10^{-2}
锰 Mn	8.5×10^{-2}	1.0×10^{-1}	5×10^{-7}	1×10^{-3}	8.5×10^{-2}
铬 Cr	1.8×10^{-2}	2×10^{-2}	5×10^{-9}	5×10^{-4}	2×10^{-2}
铷 Rb	2.8×10^{-2}	2.8×10^{-2}	2×10^{-5}	5×10^{-4}	6×10^{-3}
锌 Zn	8×10^{-3}	8×10^{-3}	5×10^{-3}	3×10^{-4}	5×10^{-3}
铜 Cu	7×10^{-3}	7×10^{-3}	2×10^{-8}	2×10^{-4}	2×10^{-3}
钒 V	1.5×10^{-2}	1.5×10^{-2}	3×10^{-8}	1×10^{-4}	1×10^{-2}
钛 Ti	4.2×10^{-1}	4.4×10^{-1}	1×10^{-7}	1×10^{-4}	4.6×10^{-2}
锶 Sr	1.5×10^{-2}	1.5×10^{-2}	1.3×10^{-3}	$n\times10^{-4}$	3×10^{-2}
钡 Ba	4×10^{-2}	4.3×10^{-2}	1×10^{-6}	$n\times10^{-4}$	5×10^{-2}
硼 B	1×10^{-3}	1×10^{-3}	4.8×10^{-4}	1×10^{-4}	1×10^{-3}
锆 Zr	2×10^{-2}	2.2×10^{-2}	2×10^{-9}	4×10^{-4}	3×10^{-2}
镍 Ni	1×10^{-2}	1×10^{-2}	1×10^{-8}	5×10^{-5}	4×10^{-3}
砷 As	5×10^{-4}	5×10^{-4}	1.5×10^{-6}	3×10^{-5}	5×10^{-4}
钴 Co	4×10^{-3}	4×10^{-3}	3.9×10^{-8}	2×10^{-5}	8×10^{-4}
钼 Mo	7.5×10^{-4}	2.3×10^{-4}	5×10^{-8}	2×10^{-5}	2×10^{-4}
锂 Li	6.5×10^{-3}	6.5×10^{-3}	1.2×10^{-5}	1×10^{-5}	3×10^{-3}
氟 F	7.2×10^{-2}	8.0×10^{-2}	1.4×10^{-4}	1×10^{-5}	2×10^{-2}
碘 I	3.0×10^{-5}	3.0×10^{-5}	5×10^{-6}	1×10^{-5}	5×10^{-4}
铅 Pb	1.6×10^{-3}	1.6×10^{-3}	4×10^{-7}	$n\times10^{-5}$	1×10^{-3}
铯 Cs	1.5×10^{-2}	1.5×10^{-2}	2×10^{-7}	$n\times10^{-6}$	5×10^{-4}
镉 Cd	1.8×10^{-5}	1.8×10^{-5}	1.1×10^{-8}	$n\times10^{-6}$	5×10^{-6}
硒 Se	9.0×10^{-6}	9×10^{-6}	1.3×10^{-7}	$n\times10^{-7}$	1×10^{-6}
汞 Hg	5.0×10^{-5}	5×10^{-5}	3×10^{-9}	$n\times10^{-7}$	1×10^{-6}
镭 Ra	1.3×10^{-10}	—	7×10^{-15}	$n\times10^{-14}$	8×10^{-11}

从岩石到土壤，虽然元素的含量有所变化，但各元素之间的相对关系，仍然基本不变。以氧的含量为最高，其次是硅，这两种元素的总和，占整个土壤化学成分的 3/4 以土。再其次是铁、铝、钾、钠、钙、镁和碳，这些元素的含量都在 1%以上。再就是钛、锰、磷、硫、锶、钡、铬、氟、氯、氮等，这些大致都在 10^{-1}%~10^{-2}%数量级。其余的就更少，大致都在 10^{-3}%~10^{-4}%数量级。和岩石比较起来，土壤化学组成中除了大多数元素有所减少外，突出地增加的是碳和氮两种元素。这两种元素在岩石中，尤其在岩浆岩中含量非常低，沉积岩中略有增加，而在土壤中则有较大幅度的增长，这是土壤形成过程中生物积累的结果。实际上，其他的所谓“亲生物元素”也有不同程度的积累，较明显的是硫和磷，至于其他植物营养元素，如钾、钠、钙、镁和一些微量元素，虽然没

有增加，但是由于生物吸收作用的影响，使淋洗作用所造成的损失明显减少。

把土壤的化学组成和植物必需的营养元素组成比较一下，可以看出两者之间存在着相当大的差别。其中有一些元素在土壤中含量很高，但植物需要量很低，或甚至不是必需的元素，如硅、铝、铁。有一些元素在土壤中含量较低，但却是植物需要量较多的元素，如氮、磷、硫。这些差别构成了土壤化学组成和植物营养之间关系的基础。

当然，由于土壤形成过程取决于气候、地形、母质、生物、年龄 5 个因素，在耕地上更和耕作施肥等措施有关，因此，在不同的成土条件下，其化学组成有相当大的差别，表 4 列举我国五种土壤。从表 4 中可以看出，作为植物必需养料的磷、钾、钙、镁等元素，在不同土壤中含量高的是含量低的几倍到几十倍。因此，从土壤中平均含量所得到的概念，不一定适用于具体的各个土壤。在耕地中差异更大。

表 4　几种土壤矿物质的化学组成　（单位：%）

土壤种类	SiO_2	Al_2O_3	Fe_2O_3	TiO_2	MgO	CaO	K_2O	Na_2O	P_2O_3	MnO	SO_2
红壤（江西）	77.31	10.70	3.07	1.32	0.53	0.22	0.76	0.23	0.08	0.03	—
砖红壤（海南岛）	34.80	22.79	21.45	2.29	0.47	极微	0.06	0.08	0.17	0.19	—
褐色土（北京）	72.41	14.46	5.17	0.22	2.01	1.50	1.19	2.13	0.12	0.07	0.91
黑垆土（武功）	69.13	15.97	5.44	0.82	2.31	3.25	2.83	1.96	0.21	0.09	0.30
白浆土（黑龙江）	71.65	17.00	5.30	—	0.91	1.26	2.02	1.83	—	—	—

不仅如此，在同一土壤中，其内部的各个部分的化学组成也不相同。例如，由于淋洗-淀积作用和生物吸收积累作用的结果，使土壤分成若干剖面层次，各层次的化学组成有明显的差别（表 5），其养料含量和供应能力也不相同。

表 5　土壤剖面各层次的化学组成示例　（单位：%）

深度/cm	SiO_2	Al_2O_3	Fe_2O_3	P_2O_5	SO_3	CaO	MgO	MnO	K_2O	Na_2O	TiO_2	N
砖红壤性土壤												
0~3	84.91	11.18	3.10	0.028	0.29	0.15	0.05	0.04	0.03	0.14	0.95	0.15
3~9	83.21	12.16	3.29	0.022	0.20	0.15	0.05	0.04	0.72	0.13	0.94	0.098
9~30	76.73	17.52	4.39	0.031	0.29	0.23	0.05	0.04	1.11	0.17	0.85	0.089
30~52	66.31	23.13	7.77	0.031	0.38	0.23	0.09	0.04	1.56	0.28	0.86	0.074
52~70	65.62	26.84	6.21	0.029	0.11	0.07	0.09	0.04	1.63	0.20	0.86	0.068
白浆土												
0~10	71.65	17.00	5.30	0.44	—	1.76	0.91	—	2.02	1.83	—	0.38
35~45	71.53	18.60	4.50	0.12	—	0.91	1.14	—	1.54	1.55	—	0.07
140~150	71.00	18.50	5.00	0.07	—	0.84	1.78	—	1.68	1.24	—	0.05

除此以外，不同粒径的土粒中所含的化学成分也是不相等的。一般是颗粒越细，则所含的养料成分也越丰富。这显然和矿物成分有关。土壤中较粗部分的砂粒，大多由石英类的难风化矿物组成，含 SiO_2 量高，而缺乏养料成分。较细部分的粉砂则含有天量

半风化的长石、云母一类的矿物，而最细的黏粒则以次生矿物为主。这两部分含盐基成分较高，能提供较多的有效养料。除了矿物成分外，胶体的吸附性也增加了养料元素的含量。而有机胶体则含有大量的氮、磷、硫等养料；也增加了微细部分供应养料的能力。

土壤中的化学元素以不同形态存在。一般多以离子形态与其他元素结合，很少以元素态出现。根据植物营养的要求；通常以养料元素的结合状况，区分为矿物态、代换吸附态、有机态和水溶态等四种形态。它们在养料的供应中具有不同含义。矿物态中所含的养料一般是很难溶解的，须经过化学风化作用才能释出，通常称为无效态或难效态。有机物中所含的养料则要经过微生物的分解，才能转化成无机形态为植物吸收。这样的风化作用或分解过程都是很缓慢的，有一些要经过几十年甚至几百年才能完全释放。在近期内能为植物吸收利用的只是其中很小的部分。与此相反，代换态和水溶态的养料元素，一般可直接供植物吸收。其中代换态养料受胶体吸缚，其有效程度受许多条件影响，但一般属于有效形态。而水溶态养料的有效性更大，因此属于速效的形态。从植物营养的角度而言，营养元素的形态组成较之其总量更为重要，也更有实际意义。

营养元素的形态组成随土壤种类、性质、成分而异。例如，在中性和碱性土壤中，代换态和水溶态的盐基成分含量较高，而在酸性土壤中一般较低。又如，在有机质含量较高的肥土或表层土壤中，有机形态的养料含量较高；而在有机质含量较低的瘠薄土壤或心土、底土中，则有机态养料含量较低。此外如土壤质地，剖面层次，以至水分状况和温度状况都能在不同程度上影响营养元素的形态分布，从而影响其养料供应。不同土壤中营养元素的形态变化，是土壤化学的一项重要内容。

营养元素形态组成，还因元素本身的性质和化合特点而异。大多数盐基成分，如K、Ca、Mg、Fe、Mn等是矿物结晶中的组成，因此矿物态占了绝大部分，此外代换态也有较高的比例，而有机态则相对地较少。与此相反，N、P、S等营养元素则是植物体中的重要组成，而矿物中含量较少，因此一般有机形态占有相当比重，而矿物态的含量相对地较小。大多数微量元素，如B、Cu、Zn、Mo等多以矿物中的杂质存在，其形态变化的幅度较大，如水溶硼和全硼量的比值在不同土壤中的变幅可为0.1%~10%，较一般常量元素大得多。此外，各种营养元素在土壤中存在的离子形态也影响其组成分布。有些元素以阳离子形态存在，如NH_4^+、K^+、Ca^{2+}、Mg^{2+}、Fe^{3+}、Mn^{2+}、Zn^{2+}、Cu^{2+}，则代换态可有一定比例；而另一些则以阴离子形态存在，如NO_3^-、MoO_4^{2-}、$H_4BO_4^-$，SO_4^{2-}，Cl^-等则水溶态就较为重要。总的看来，土壤中养料元素的形态绝大多数以矿物态为主，其次是代换态或有机态，水溶态最少，但不同元素种类的形态分布有所不同，现以氮磷钾三种营养元素的形态分布为例，列于表6。从表6中可以看出这三种元素的形态分布有显著差别；其中氮以有机形态为主，磷则有机和无机矿物态相当，而钾以矿物态为主。代换态和水溶态都不很高，但以钾的代换态相对较高，而氮的水溶态较高。其他元素的形态分布可详见各章专述。

值得注意的是，土壤中各种营养元素形态的划分是不很严谨的。具体表现在各种形态并没有严格的界限，如矿物态元素中常常包含有若干吸附态的成分。同样，矿物态也可转化为吸附态。而有机态和矿物态也常常结合成为复合体，甚至很难用化学手段加以区分。此外，在各种形态之间还存在着一系列过渡形态，如矿物态一般是不溶的，但

表 6 土壤中氮、磷、钾的形态组成

元素	各种形态所占/%			
	矿物态	有机态	代换态	水溶态
氮	6±	>90	0.1~1	0.1~1
磷	50±	50±	1±	<0.1
钾	98	<0.1	1-2	<0.1

可由于酸、碱或其他络合作用而被溶。还有一些成分则可随着氧化还原条件的变化而改变其可溶性，如 Fe、Mn、S 等。因此，营养元素的形态分布常常随着土壤性质和条件的改变而变化，给划分形态时带来很大困难，因而一般在区分养料元素的形态组成时大多带有人为的性质，即以一定的人为条件作为各种形态的标准，如以一定浓度的代换剂测定代换态养料，一定浓度的酸液提取酸溶性养料等等。正因为营养元素的形态区分包含着人为的标准，因而在实际应用时常显示有一定距离。有许多因素还待进一步研究确定。

（三）土壤中养料的有效性

1. 养料的有效形态

土壤所含的养料元素中只有一小部分能为植物吸收利用，称为有效养料。区分有效养料的主要标准是：能为植物实际吸收的养料形态及其数量。这个概念似乎是清楚的，但在具体鉴别有效养料形态时，却是非常复杂。因为土壤是一个多相复合体系，各种形态之间经常在相互转化，在有效养料和非有效养料之间没有明显的界限，加以植物吸收养料的机制又十分复杂，有许多至今还没有弄清楚，因此，有关土壤有效养料的概念还在不断发展之中。

养料的有效形态是多种多样的，不能以简单的一种形态概括。各种有效形态随着植物营养生理学和土壤化学的发展而逐步明确，同时又随着科学的发展，而不断地提出新的有效形态过去认为不能为植物吸收的那些大分子化合物和固体内的养料成分，现在也提出有被利用的可能。因此，既不能把现在已知的养料有效形态固定不变，也不能没有区别地应用于一切土壤和植物。

在 19 世纪水培试验中得出了“矿质营养”学说以后，基本上明确了植物吸取的矿质养料主要是简单的离子形态。但是，植物从土壤中吸收离子态养料却远比从单纯的水培液中困难得多，也复杂得多。因为土壤中的养料离子受许多方面的束缚而不能全部溶于水，因此，植物必须通过各种相应的途径，把它们释放出来，然后才能吸收利用。

20 世纪初期的科学工作者把植物的根际溶液和植物根部的分泌物联系起来，因而把单纯的水溶液发展为碳酸溶液。从这一观点出发，土壤中可为植物吸收的养料也不仅仅是水溶性的，而且可以包括能溶解在饱和碳酸溶液中的那些离子态养料。这就是后来把饱和碳酸液及其他弱酸溶液作为浸提有效养料的方法基础。

在研究根际溶液的领域内，进一步发现不仅是植物根部呼吸所产生的碳酸，而且还有由那些脱落的根和根毛以及死根的组织，在微生物分解作用下产生的有机阴离子，如柠檬酸根、酒石酸根、苹果酸根、丙二酸根和半乳糖酸根等，这些有机阴离子能和一些金属阳离子起螯合作用，而使那些固态的养料被释放到溶液中来。有些试验也已证明某些螯合物可以直接进入植物体内。因此，能为螯合剂溶解的养料也是能为植物利用的有效形态。

此外，根际的氧化还原条件对养料的形态转化也有其特殊的意义。一般旱地作物根际土壤的氧化还原势较之根圈以外的土壤为低，在根际的离子易成还原态。这显然有利于某些养料（如 Fe、Mn）的溶解。但是就水生作物而言，根际的氧化势偏高，却相反地促使一些离子氧化。根际的这些氧化还原特点对于养料形态转化有一定意义。

以上是就土壤溶液中存在的若干有效形态，也就是植物根系可以通过酸的溶解作用、螯合作用、氧化还原作用等等扩大对土壤中养料的吸收利用。除此以外，植物根系还能直接从土壤固体表面吸收养料。其方式是以根表面的细胞胶体上吸附的离子直接和土壤胶体表面吸附的养料离子进行交换，即所谓“接触交换”而使养料离子吸附到根表面，然后进入植物体内。这样的吸收方式已为半世纪来的植物营养生理学家和胶体化学家的研究所证实。

从土壤化学的观点看来，养料的有效形态，不仅包括水溶态、酸溶态、螯溶态、代换吸附态等，而且还应包括能在短期内释放为植物吸收利用的养料，例如某些易分解的有机态养料，某些易风化的矿物态养料。不仅如此，近代的科学研究还证明，即使是固体晶格内的某些难溶性离子也能通过扩散作用而成为有效态养料（如 K），当然，这些离子和固体其他成分的联系，必须有一定程度的松弛性，才能顺利地转移。

养料的有效形态是植物能够吸收利用的形态，但是植物吸收这些养料还受到许多因素的限制，其中就包括空间（根系和土壤接触的范围）、时间、强度等因素。因此，植物实际吸收的养料，只是有效形态中的一部分而已。

2. 养料的容量和强度概念

养料的供应容量的简单概念应为土壤中有效养料的总量；也就是能为植物吸收的各种形态有效养料的数量。在理论上，供应容量应和植物吸收的数量相当。但实际上由于植物的吸收过程受空间、时间以及吸收能力等条件限制，因此在土壤有效养料的供应量和植物的实际吸收量之间仍有较大的差距。一般是一季作物所吸收的养料只是土壤有效养料的一小部分，具体利用率则因养料种类和土壤、植物的条件而异。但在有效养料供应量和植物吸收的养料之间有一定的相关性。即在相同的栽培条件和土壤条件下，土壤有效养料越多，则植物吸收的养料也越多，相反，土壤有效养料越少，则植物吸收的养料也越少。然而，相关条件不同，则在有效养料的供应容量和植物吸收的养料数量之间并不总是一致。例如，在供应容量相同的土壤中，即使作物相同而季节不同，或土壤的其他性质有差异，则植物吸收的养料数量可以有相当大的变幅，有时甚至可以出现和供应容量相反的情况。这种实践上的差异，使土壤农化工作者怀疑供应容量的绝对意义。因而有必要在养料的供应容量方面探索新的概念和指标。例如在某些养料领域内就已区分出数量和容量两种指标，前者是指活性有效养料的总量，后者则是指补充溶液中有效养料的能力，也就是保持由于植物吸收而降低的溶液中养料浓度的能力，产生这种补充能力的不仅是可溶态和代换态养料，而且也包含在短期内可以释放的有机态和矿物态的养料。由此可见，供应容量的概念，已从单纯的有效形态的养料数量发展为供应能力这一相对指标。

养料的供应强度一般是指土壤溶液中养料的浓度而言。由于植物主要从溶液中吸收养料，因此一般以溶液中养料离子的浓度作为供应强度的直接指标。在供应容量相同的情况下，溶液中养料离子的浓度较高，即供应强度较大，则植物在单位体积和单位时间内可吸收到的养料较多。相反，溶液的浓度低，供应强度小，则植物只能吸收到较少的养料。

但土壤中有效养料的形态很多，各种形态都有其特定的有效性能，因此，简单地以溶液中养料离子的浓度作为供应强度的唯一指标是不够的。例如，代换态养料一般属于有效态，但代换态离子在胶体上的吸附位置对其有效度有很大影响，因而同属代换态养料，而其供应强度并不相等。又如固体上的活性磷，虽然可在一定条件下释放，但是固体的成分不同，对磷释出难易也有很大不同。又如有机态养料，虽然一般不属于有效态，但是其中有一些可在短期内分解释出，因此其分解的难易也和供应强度有关。类此种种说明，养料的供应强度的广泛含义应为养料的有效程度，包含从固体进入溶液的倾向的大小（或难易）的概念。在土壤科学中，应用能量作为供应强度的指标（参见养料的能量概念），就是这一概念的发展。

容量和强度概念既有区别，又有联系，是互相补充的。为了更好地说明有效养料的供应，有时也把两者连在一起，如容量–强度比。

3. 养料的能量概念

影响养料离子有效度的因素十分复杂，简单地反映其供应强度是非常困难的。近年来的研究多趋于以能量作为衡量其供应强度的指标，在代换性养料和磷的研究中已成为比较重要的课题。用能量观念来研究土壤中养料的有效度的原理是首先假定含有养料的土壤固相（或整个胶体微粒）是一个弱电解质，它可以解离出养料离子，解离的程度则视养料离子和固相之间的吸力而定。在溶液化学中，离子的解离倾向可以用化学位（势）反映，化学位就是偏摩尔自由能。所谓偏摩尔自由能就是在一个混合物中包含的一摩尔某一组分所具有的自由能。当一种养料从固相进入溶液时，其偏摩尔自由能就发生变化。在一个不均匀体系中，物质有从化学位较高的一相向化学位较低的一相移动的倾向；因此，化学位之差就可用以衡量物质移动倾向的强弱；也就是从自由能的变化，可以衡量一种养料从固相转入溶液的倾向的强弱。

在恒温恒压条件下，某一组分的浓度或活度是决定这一组分自由能变化的主要因素。因此，在常温常压下，一个理想溶液中某一组分的化学位实际上也就是它的浓度的函数，其关系式为

$$\mu_i = \mu_i^0 + RT \ln C_i \tag{1}$$

式中，μ_i 为 i 组分的化学位；μ_i^0 为该组分在标准状态下的化学位；R 为气体常数；T 为绝对温度；ln 为自然对数；C_i 为该组分的浓度。

在一个多相体系中，某一组分在不同状态下的化学位之差，则不仅取决于该组分之总浓度，而且还和该组分在不同状态下的浓度或活度有关，如固相或液相中的浓度。在代换性离子的交换过程中则还和其他组分（或离子）的浓度有关。因此可以从各种有关浓度计算化学位之差，从而得出养料离子和固相之间结合能大小的概念，并估出养料离子的供应强度。

由于土壤是一个多相胶体系，各种成分之间的相互影响比之一般电解质复杂得多。因此，自由能的变化虽然可以作为衡量养料供应强度的尺度，但远非一个简单的关系式所能解决的。在土壤科学中为此作了种种探索和尝试，企图找出在土壤条件下处理这两者关系的方式。现举出如下几种并加以说明。

1）离子吸附结合能

这是根据活度系数的原理来计算代换性离子与胶体的结合能。在这里首先把土壤胶体看作一个弱电解质，而把平衡后溶液中存在的离子看作是由这一电解质解离产生的，其有效浓度即为活度（a），活度（a）和总浓度（c）之比，称为活度系数（f）：

$$f = \frac{a}{c} \tag{2}$$

如果把活度系数看作胶体的解离度，则离子从胶体上解离的难易就可以从活度系数来衡量，或者说活度系数可作为离子与胶体之间结合强弱的指标。正是从这一观点出发，Marshall 把活度系数和化学位联系起来，得出了吸附结合能的公式。因为浓度（或活度）和化学位有关式（1），所以 Marshall 提出的吸附结合能的公式为

$$\Delta G = RT\ln\frac{c}{a} \tag{3}$$

式中，ΔG 为吸附结合能（Marshall 称之为摩尔平均自由结合能）。这个式子我们可以理解为离子从吸附状态转变为理想状态所需做的功，也就是需要克服的离子与胶体的结合能。由于 $f = \frac{a}{c}$，所以式（3）也可写成

$$\Delta G = RT\ln\frac{1}{f} \tag{4}$$

用这个方法计算出来的吸附结合能可以反映不同离子种类、不同胶体种类，以及不同陪补离子和不同饱和度时，某一养料离子和胶体之间所具有的不同的结合能，可在一定程度上反映养料的有效度。但是用这个方法只能得出某一代换性离子的平均结合能的概念，而不能区分哪一部分有效度高，或哪一部分有效度低的离子。

Marshall 的结合能概念在土壤化学研究中有一定的应用，用这一方法测得的数据，对定量地说明代换性离子的有效度有一定意义。

2）离子交换自由能

这是根据交换过程中的能量变化计算的。黏粒代换复合体与电解质稀溶液的平衡，可作为互相开放的多相不均匀体系处理，而在平衡时，各相之间的反应的自由能必须是零。因此，如果黏粒与电解质稀溶液平衡，则在黏粒与标准状态之间的阳离子交换自由能变化，与电解质及标准状态之间的阳离子交换自由能的变化相同。因此电解质可用以

估量黏粒与标准状态之间的阳离子交换的能量。

我们知道，溶液中阳离子的化学位与其活度有关，即 $\mu = RT\ln a$ ，而 1 mol 阳离子从一种化学位转入另一化学位时，必然包含其摩尔自由能的变化。如以假设的标准状态溶液中含阳离子活度为 1 mol 作对照，则 1 mol 阳离子从标准状态转入活度为 a 的溶液中时，其自由能的变化为 $\Delta G = RT\ln a$ 。

另一方面，当 1 mol 的阳离子 A 从标准状态转入平衡溶液时，必然伴随着等当量的阳离子 B 从平衡溶液转入标准状态，以维持其电中性（不包括阴离子转移）。这一交换过程的总的自由能变化应是每一个阳离子在反应中产生的自由能变化的代数和。例如，在下式中：

$$\underset{a_B}{\text{B (平衡液中)}} + \underset{a_A=1}{\text{A (标准液中)}} \rightleftharpoons \underset{a_A}{\text{A (平衡液中)}} + \underset{a_B=1}{\text{B (标准液中)}} \tag{5}$$

这一过程中的自由能变化为：

$$\Delta G^0 = RT\ln\frac{a_A \times 1}{a_B \times 1} = RT\ln\frac{a_A}{a_B} \tag{6}$$

根据 Woodruff 提出的这一交换自由能概念，如果自由能的变化（ ΔG^0 值）是负值，说明交换过程中能量趋向于减少，所以反应能自发进行，交换性离子有可能被植物利用。反之，如果是正值，则作用逆转，交换反应不能进行。ΔG^0 值的大小，则反映交换性养料有效度的高低。

3）养分位

这是和上述交换自由能相似的另一种计算方式。它也是根据平衡溶液中的离子活度比。Schofield 认为，平衡溶液中的离子活度比可以反映胶体的离子饱和度及其有效性。而且在一定的土壤中，这种比例是一常数，它和胶体上吸附性离子的组成、饱和度及结合能等有关。如果把这一比例关系以对数换算，即得其化学位。例如在一个含 Ca^{2+} 和 H^+ 的平衡溶液中，其离子活度比为 $\frac{\sqrt{a_{Ca}}}{a_H}$ ，以负对数换算，即得 $p\mathrm{H} - \frac{1}{2}\mathrm{pCa}$ 。如果在 $\frac{\sqrt{a_{Ca}}}{a_H}$ 比例中的分子和分母各乘以 a_{OH} ，则得 $\frac{\sqrt{a_{Ca}}}{a_H} = \frac{\sqrt{a_{Ca}} \times a_{OH}}{a_H \times a_{OH}}$ ，因为在 20 ℃时 $a_H \times a_{OH} = 14.2$ ，因此上式取其对数，则得：

$$p\mathrm{H} - \frac{1}{2}\mathrm{pCa} = \frac{1}{2}\log a_{Ca(OH)_2} + 14.2 \tag{7}$$

而 $Ca(OH)_2$ 的化学位为 $\mu = \mu^0 + \frac{RT}{2.303}\log a_{Ca(OH)_2}$ ，因此“ $p\mathrm{H} - \frac{1}{2}\mathrm{pCa}$ ”实际上就是 $Ca(OH)_2$ 化学位的简单函数，所以又称之为石灰位。

同样，可把平衡液中存在 K^+ 和 Ca^{2+} 算成钾钙位，Ca^{2+} 和 $H_2PO_4^-$，算成磷酸盐位等，总称之为养分位。养分位的高低和养分的有效度有关。例如在石灰位中，当“ $p\mathrm{H} - \frac{1}{2}\mathrm{pCa}$ ”

的数值越大，则钙的供应强度越大。余类推。

4. 养料的动态概念

土壤中养料的补给速度是影响其有效度的一个重要因素，对于保持有效养料的供应容量和强度都有重要意义。养料的补给速度通常包括：从无效态转化为有效态的速度，以及有效养料在土壤中移动的速度。这两者实际上都属于养料的动态，这里面还包括一些不同的形式。为了便于对各个元素分述时有所认识，在这里把有关养料动态的环节作一综述。

1）养料的动态平衡

土壤中有效养料的主要来源是含有这些元素的矿物质和有机质。矿物质中包括原生矿物、次生黏粒矿物和一些无定形的胶体或沉淀物。矿物经过风化（包括物理的、化学的和生物的风化）而产生有效形态的养料，无论外界条件如何，从复杂的、难溶的矿物分解为有效形态养料的过程是不断地在进行的。同样，从大分子的、结构复杂的有机物分解为有效养料的过程，在微生物的作用下也在持续不断地进行。这是养料补给的基本动态。

但是从固体部分经过风化或分解产生有效态养料的速度，则随着固体的结构、类型以及外界的条件而有很大的差别。因此，这种转化速度对某些养料具有重要意义。例如，有机态养料的分解转化，对于氮有特别重要的意义，对磷也有一定意义。而对于盐基离子养料，则硅酸盐矿物的风化是非常重要的。硅酸盐矿物的风化速度随着其组成和结构的差异而有很大变化，在相当大的程度上影响这些养料的释放和利用，因此，研究这些矿物的风化过程，尤其是其化学风化过程，是提高这些养料利用率的一个重要课题。

另外，养料的补给率，还和有效养料的消耗或再固定的速度有关。在有效养料形态产生的同时，也产生了新的化学反应或其他再固定的作用，其中有一些产生沉淀而很难溶解，或被固定而进入晶格。有效养料转化的另一途径是为微生物吸收同化，这一部分养料就要重新分解才能再度释出。除此以外，那些溶解或保留在溶液中的养料，一部分将随水流失，还有一些则挥发损失，所有这些消耗，都使释出的养料不能在土壤中稳定地保存和积累。

有效养料的产生和去向可简示如图：

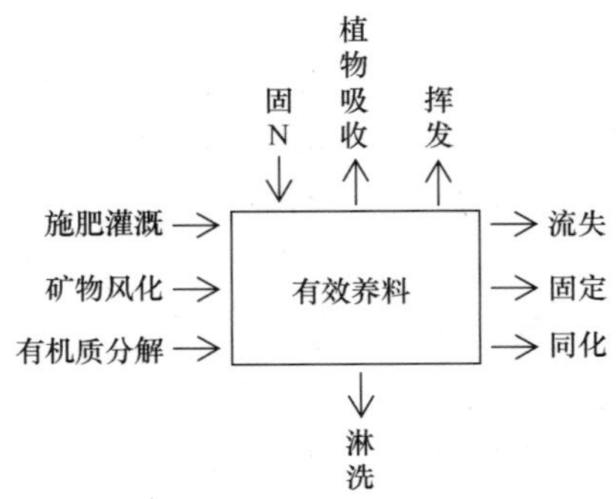

由此可见，养料的形态转化包含着两种不同性质的方向，一方面是从无效形态转化

为有效形态，另一方面则从有效形态被转化为无效形态，这两种过程是在同时同地进行的，因此，有效态养料只是这两种方向相反的动态过程中平衡的结果。对于养料的补给速度则应看作是这两种过程进行时速度的差别。一般如释放有效养料的速度高于消耗的速度，则有效养料有所积累，反之，则有效养料不能积累。产生与消耗平衡的结果，可称之为净补给率或净补给速度。

2）养料的季节动态

养料的形态变化和气候条件有一定关系。当各个季节的温度和雨量（湿度）变时，必然使土壤中产生的一系列反应（包括有效养料的来源和去向的各个方面）的主次和强度发生变化，从而改变各个形态之间的平衡关系。因而使土壤中所能积累的有效养料也具有季节性变化的特点。

不同养料元素由于其本身的特性，而使其受季节性的影响也各不相同。一些以无机化学变化为主的养料元素，如K、Ca、Mg、Fe、Mn、B、Cu、Zn、Mo、Si以及P等，其形态转化在相当大的程度上为溶解－沉淀反应所控制。反应的方向和强弱受温度和含水量的影响。例如随着温度和水分的升高，则溶解度有所增加，从而提高养料的有效性。当然，由于某些吸热的沉淀反应和某些淋溶作用，在温度和雨量增高时，也能使有效态养料减少。但总的趋势是这些养料随着季节性的温度和湿度增高而有所增加，而在寒冷的季节则又有所降低。

还有一些养料的转化受氧化还原条件的影响，如Fe、Mn、S、N等，则在不同的季节也可由于土壤的含水量和氧化还原条件的不同，而影响其有效态含量。例如NO_3^-、SO_4^{2-}这些氧化态的有效养料，在干旱季节产生量就比较多。相反，像Fe^{2+}、Mn^{2+}、NH_4^+等还原形态的有效养料则在多雨潮湿的季节，在土壤中可能有较多量的形成。

受季节影响最显著的是那些与微生物活动联系在一起的养料，尤其是N，其形态转化以微生物作用为主，因此其季节性变化也最为明显。一般随着温度的上升，土壤中有机物的稳定性降低，而微生物的活动愈趋旺盛，因此氮的净矿化率（矿化率减去生物再固定率）一般随季节性温度的升高而增加。相反，季节性气温下降，矿化率下降，有效氮的积累也减少。

由此可见，季节性的气候条件改变，是使土壤中有效养料变化的一个重要原因。季节性的变化一般是比较有规律的，在农业生产实践中对于计划施肥具有实际意义。

3）养料的移动

养料从一个位置迁移到另一个位置，尤其从离根较远的位置迁移到靠近根系的位置，以供植物吸收，对于养料的有效度和利用率有重要意义。这是补充根际溶液中极易枯竭的养料的重要过程。因此，养料的动态观念，除了其形态变化及季节性变化外，也必须包括位置变化的概念。

土壤中养料离子的移动大致上有两种方式：一种方式是随着水分的上下移动。这一种移动通常是在土层之间进行的。一方面是随着水分的向下渗漏，养料离子从A层向下移动，而淀积于B层，或随下渗水进入地下水，而排出土体，因而使养料淋失，这是潮湿和淋溶作用强的地区土壤中养料缺乏的主要原因。另一方面是随着蒸发作用向表层移动，这通常是在干旱地区或干旱季节，养料随着毛细管水的上升而富集于表层。养料随着水分的上下移动，对于一些可溶性养料是非常重要的，如NO_3^-就是这样。养料离子的另一种移动方式是通过土壤向根系表面的移动。这是因为根系只能吸收与它接触的溶液或胶体上的养料，但是仅仅依靠这些养料显然是不够的，一般认为植物根系的体积平均只占土壤总体积的 1%左右，因此依靠根系和土壤接触部分所能吸取到的养料是很有限的，一般只占植物需要量的百分之几至百分之几十。对于那些植物大量需要的养料，不足之数更为可观。例如，据 Barber 估测玉米所吸收的养料中由根系以这种方式吸取的养料，Ca 约为 30%，Mg 约 6%，K 约 3%，P 约 2.5%，Mn 约 40%，Zn 约 40%，Cu 约 6%，B 约 30%，Fe 约 12%。其不足之数须由其他部分向根系输送解决。通常认为这种输送是通过向根液流 （mass flow） 和扩散进行的。向根液流是指补充植物蒸腾作用所需的土壤水分，养料离子就随着这些水分向根系移动，扩散作用则是由于根系吸收了养料以后，造成根表面及附近土壤溶液中的浓差梯度，从而引起了扩散作用，即由养料浓度较高的土壤部分向浓度较低的根表面位置扩散。这两种移动对于有效养料的供给是很重要的。如果没有这种移动，就意味着有效养料的相当可观部分实际上不能为植物利用。这两种移动都和土壤的水分状况及物理性质有关。显然，在水分较少的情况下，即从田间持水量到凋萎系数，随着土壤中水分供给的减少，必然影响向根液流的数量，同时也在一定程度上影响扩散作用。而对于那些离根表面较远而且在溶液中浓度较高的养料离子，则向根液流是其主要的移动补充方式，因此，水分供给状况对这些养料的供给影响更大。根据一般试验，N、Ca、Mg、S、Fe、Cu、Zn、B 等营养元素在向根系移动的机制中，向根液流可能比之扩散作用更为重要，而 K 和 P 则以扩散作用比较重要。

扩散作用不仅影响根系对养料离子的吸收，而且还影响土壤中进行的各种化学反应的速度，其机制和影响因素比向根液流复杂得多。扩散作用包括溶液中离子的扩散、固相表面代换吸附性离子的扩散，以及固相晶格中离子的扩散等多种形式。其共同点都是由于浓度差而引起的沿着浓度梯度向浓度较稀的方向扩散。扩散系数代表在单位时间内通过单位截面积的离子扩散量，根据 Fick 的扩散定律：

$$dQ = -DS\frac{dc}{dx}dt \tag{8}$$

式中，Q为在t时间内通过截面积S的养料离子数量；c为浓度；x为距离。因此，增加浓度梯度dc/dx，将增加单位时间内养料离子扩散的数量。扩散系数是离子扩散速度的尺度，在一般水溶液中大多数离子的扩散系数为 10^{-5} cm^2/s。但是在土壤这样一个复杂的多相体系中，扩散时所受到的阻力和影响是多方面的，其中土壤含水量是一个重要的因素。许多研究认为，土壤中阴离子或阳离子的扩散系数均有随着含水量增加而提高的趋势，有些研究则认为扩散系数和土壤含水量成直线相关。除此以外，土壤中的离子扩散还和孔隙状况有关，因为离子在土壤中的扩散途径是曲折的，这就比在一般溶液中离子扩散要困难得多。因此，与曲折率有关的土壤性质，如孔隙度、非毛管孔隙度，以至土壤的质地、结构和紧实度等几何因素，都对离子的扩散过程有较大影响。一般认为，土壤质地越轻，结构性越好，越是疏松，孔隙度尤其是非毛管孔隙度越大，则扩散系数也比较大。相反，则扩散系数就减小。因此，土壤物理性质对扩散作用的影响是多方面的。

此外，土壤胶体表面所带的电性，对离子的扩散起了阻滞作用，对扩散系数也有很大影响。因为土壤胶体带有和离子相反的电荷，因此，不论是阴离子或阳离子，在扩散时都会受土壤相反电荷的静电吸引作用，而使其移动受到阻滞。这也是土壤中离子扩散较单纯溶液困难得多的原因之一。一般认为土壤胶体含量越高，则扩散系数越小。土壤胶体所带的电荷多少也同样影响离子的扩散。例如，阳离子在含蒙脱石类黏粒土壤中的扩散就比含高岭石类黏粒的土壤中慢得多。而阴离子则相反。根据同一原理，离子种类不同，或离子所含的电荷数或电荷密度不同，也必然由于静电引力的强弱不同而影响离子本身的扩散移动。例如，研究工作查明，一般阴离子比阳离子扩散速度快；而离子的电价数越高，则扩散速度越慢；价数相同的阳离子，离子直径越小，则扩散速度越慢等等。这些方面的例子是很多的，例如阴离子 NO_3^-、Cl^-、SO_4^{2-} 的扩散系数比同价的阳离子 K^+、Ca^{2+}大得多，在阳离子中，Fe^{3+}的扩散系数（2.5×10^{-7} cm^2/s）比 Fe^{2+}、Cu^{2+}、Zn^{2+}、Mn^{2+}（1×10^{-6} cm^2/s）低得多，在同价阳离子中则 $NH_4^+>K^+>Na^+$等。

当然，除此以外影响扩散的因素还很多，例如 pH、伴存离子、扩散活化能（克服水分子层障碍所需的能量）等等，至于在固相晶格内的扩散则阻碍更多。正是由于养料离子在土壤内的扩散不同于单纯水溶液中的离子扩散，因此其扩散系数也较小，通常以有效扩散系数（De）或表观扩散系数表示，即在扩散系数的基础上加几项校正值，简单地可以下式表示：

$$De = D_0 f_1 Q \quad (9)$$

式中，f_1 为曲折因素；Q 为离子与土壤相互作用因数。实际因数可能更复杂。土壤中离子有效扩散系数一般在 10^{-6}~10^{-7} cm^2/s。

（四）一些基本的土壤化学反应

1. 土壤胶体和吸附反应

土壤胶体是指土壤中微细的固体部分，一般直径在 2 μm 以下的黏粒多属胶体范围。土壤胶体可分为有机和无机两大类，以无机胶体为主。无机胶体由铝硅酸盐黏粒矿物及铁铝氧化物组成，有机胶体则以腐殖质为主。营养元素在土壤中所进行的化学反应，以及各种吸附和固定机制，往往和胶体的种类及性质有关。

大多数黏粒矿物由硅氧四面体和铝氧八面体两种基本结构单位组成。若干个硅氧四面体相互连接成为硅氧四面体片，而若干个铝氧八面体相互连接成铝氧八面体片（水铝石片）。硅氧四面体片和铝氧八面体片以各种形式互相重叠，并且夹杂了其他一些离子（如 Mg^{2+}、Fe^{2+}等）构成了不同的黏粒矿物。其中主要的是高岭石、蒙脱石和伊利石三类，以及一些混层黏粒矿物。

高岭石由一层硅氧片和一层铝氧片重叠而成，称为 1∶1 型。其分子式可用 $(OH)_8Al_4Si_4O_{10}$ 表示。高岭石构造的特点是晶层与晶层之间为氢键所连接，不能涨缩，同晶置换少。因此电荷的来源主要依靠晶胞边角上的氢氧基解离或断键产生，而且易受酸碱度影响。

蒙脱石型黏粒矿物由一铝氧片夹杂在两片硅氧片之间组合而成，称为 2∶1 型，其分子式可用$(OH)_4Al_4Si_8O_{20}\cdot nH_2O$表示。蒙脱石构造的特点是晶层和晶层之间的距离不固定，可以涨缩，水分子和其他极性分子可以进入晶层之间，而且在硅氧片和铝氧片中产生许多同晶置换，如以Al^{3+}代Si^{4+}，以Fe^{2+}、Mg^{2+}代Al^{3+}等，产生电荷不平衡。因此蒙脱石的表面积较大，电荷数较多，且不易受pH影响。

伊利石也属2∶1型，但晶层与晶层之间有钾离子存在而不易涨缩。其分子式以（OH）$_4K_y$（$Al_4\cdot Fe_4\cdot Mg_4Mg_6$）（$Si_{8-y}\cdot Al_y$）$O_{20}$表示。

绿泥石和蛭石也属2∶1型。但绿泥石的晶层之间为一水镁石片所连接，因此又称2∶1∶1型。而蛭石的晶层之间则可由K^+、Na^+、NH_4^+、Ca^{2+}、Mg^{2+}或水分子所填充。现将我国主要生类的黏粒矿物组成列于表7。

表7　我国主要土类的黏粒矿大致组成

土壤种类	主要黏粒矿物
灰钙土，灰棕荒漠土，棕钙	伊利石
褐土	伊利石，蛭石
黑钙土，栗钙土	伊利石，蒙脱石
红壤	高岭石，三水铝矿，赤铁矿
黄壤	高岭石，三水铝矿，伊利石，蛭石
冲积土	伊利石，蒙脱石

此外，在土壤无机胶体中还有结构比较简单的含水铁、铝氧化物；如三水铝石[$Al(OH)_3$]、水铝石[AlOOH]、针铁矿[$Fe_2O_3\cdot H_2O$]、水化赤铁矿[$Fe_2O_3\cdot nH_2O$]，这些大多属两性胶体，在酸性条件下带正电荷，能吸附阴离子。同时，水化的氧化铁、铝胶体颗粒小，比面大，易于脱水而把养料闭蓄，产生机械闭蓄作用。

土壤中的有机胶体主要为腐殖质，包括胡敏酸和富啡酸两大类，以及和矿物质紧密结合的胡敏素。其结构还不十分清楚。已知胡敏酸和富啡酸的结构成分中含有芳香核、氨基酸和各种糖类的残体，含羧基（—COOH）、醇基（—OH）、酚基（—OH）、羰基（═CO）、甲氧基（$-OCH_3$）等功能基，能在一定条件下解离而产生电荷。

各种土壤胶体由于其成分和结构的不同，所产生的表面积和电荷数也有较大的差别。一般以腐殖质所带的电荷最多，其次为蛭石和蒙脱石，再次为绿泥石和伊利石，而以高岭石为最小，含水氧化铁、铝所带的电荷一般认为是很微的。

土壤吸附离子的数量称为吸收量或代换量，吸收量的大小取决于土壤中胶体的数量和种类。一般土壤的阳离子吸收量最高的约为每百克30毫当量左右，最低的不足5毫当量（表8）。阴离子吸收量一般都是很小的。吸收量还随pH的升降而有所变化。

表8　胶体种类及其阳离子吸收量

胶体种类	比表面/（m^2/g）	电荷密度/（me/cm^2）	阳离子吸收量/（me/g）
高岭石	1~40	2×10^{-7}	0.002~0.08
伊利石	50~200	3×10^{-7}	0.15~0.60
蒙脱石	400~800	1×10^{-7}	0.40~0.80
腐殖质	>800	$1\sim3\times10^{-7}$	1.0~3.0

土壤胶体对溶液中离子的吸附反应具有可逆性质，因此又称为代换反应，这些反应控制着固相和液相中离子的平衡。一般以下式表示：

$$AX + B \rightleftharpoons BX + A \tag{10}$$

式中，X 为吸附物质；A 和 B 为离子。

除了代换吸附外，胶体还有其他吸附机制，如分子吸附和专性吸附。分子吸附是通过范德华引力进行的。专性吸附主要是指某些阴离子和铁、铝氧化物上的配位阴离子交换产生的吸附。专性吸附可在带阴电荷、阳电荷或中性的表面上产生。被吸附的阴离子和铁铝氧化物结合比较牢固，不能为非配位离子解吸。在铁铝氧化物上能进行专性吸附的配位基包括水基（$-M-OH_2$）、羟基（$-M-OH$）、羟桥基（$-M\langle^{O(H)}_{O(H)}\rangle M-$）、氧桥基（$-M\langle^{O}_{O}\rangle M-$）等。其中水基和羟基居于氧化物的表面，较易和专性吸附的离子交换，而羟桥基和氧桥基在氧化物内部，因此吸附过程要困难得多。专性吸附在含铁、铝氧化物多的土壤中吸附量很大，对磷酸根、钼酸根、硫酸根、硼酸根、硅酸根等阴离子是很重要的。但有一些阳离子和重金属离子，也可产生类似的专性吸附。

由于吸附反应可以有许多不同的作用产生，有一些作用所产生的吸附不具有可逆性。例如化学吸附一般很少是可逆的，有一些专性吸附常常也很难可逆。因此，为了确定吸附反应的性质，有必要进行实验和理论上的验证。长期来用 Freundlich 和 Langmuir 的吸附等温式验证离子吸附的性质。

按照 Freundlich 经验式，对于一定的离子和吸附剂，则在恒温下吸附作用是浓度的函数。当浓度增高时，吸附量起初增加很快，慢慢减少，最后达饱和点，吸附作用就完全停止。以吸附量与平衡浓度作图，即得等温吸附线（图 1）。

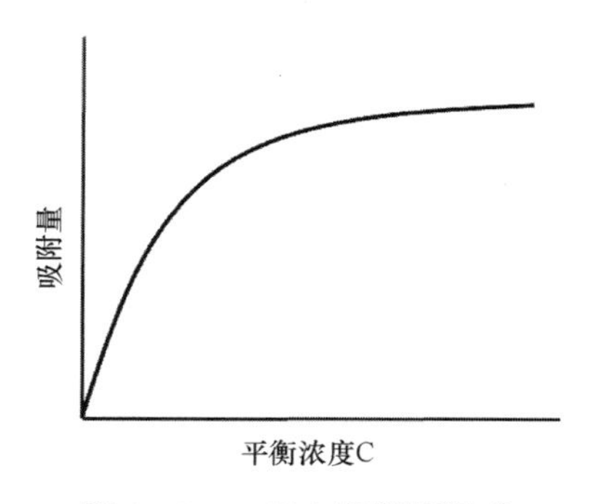

图 1 Freundlich 吸附等温式

如以公式表示则为：

$$x/m = KC^{1/n} \tag{11}$$

式中，x/m 为单位质量吸附剂上的离子吸附量；C 为吸附过程中离子的平衡浓度；K、n 为常数。

化成对数式则为

$$\log(x/m) = \frac{1}{n}\log C + \log K \tag{12}$$

以 $\log(x/m)$ 与 $\log C$ 作图即为一直线。

Langmuir 吸附等温式可以下列公式表示：

$$x/m = \frac{Kbc}{1+KC} \tag{13}$$

式中，x/m 为单位质量吸附剂的吸附量；C 为平衡浓度；K 为与结合能有关的常数；b 为最大吸附量。

许多试验证明 Freundlich（弗来因德利胥）和 Langmuir（郎格缪）吸附等温式适合于验证土壤中的离子代换吸附，其中以 Langmuir 吸附等温式更适合于反映土壤中的吸附过程。而且运用 Langmuir 吸附等温式还能求出最大吸附量，从而又能定量地反映土壤中的吸附过程。

应用被吸附离子与溶液离子的活度比的平衡常数以反映离子与固相间的亲和力，是定量地研究代换吸附反应的另一种尺度。Kerr 根据质量作用定律提出了代换过程的公式：

$$\frac{\gamma_{a^+}}{\gamma_{b^+}} = K_{a/b}\frac{C_{a^+}}{C_{b^+}}; \quad \frac{\gamma_{a^{2+}}}{\gamma_{b^{2+}}} = K_{a/b}\frac{C_{a^{2+}}}{C_{b^{2+}}} \tag{14}$$

式中，γ 为吸附性离子的浓度；C 为溶液中离子的浓度（或活度）；a、b 为离子种类；K 为常数。

$K_{a/b}$ 又被称为选择系数，$K_{a/b}$ 值的大小可以作为两种离子对固相亲和力大小的指标。但是 Kerr 的公式只适用于同价离子，对于不同价的离子则需要修正。

Гапон 的公式是以平方根修正两价离子在溶液中的浓度：

$$\frac{\gamma_{a^+}}{\gamma_{b^{2+}}} = K_G\frac{C_{a^+}}{\sqrt{C_{b^{2+}}}} \tag{15}$$

式中，γ_{a^+} 为一价吸附性阳离子浓度；$\gamma_{b^{2+}}$ 为两价吸附性阳离子浓度；C_{a^+} 为溶液中一价阳离子的浓度；$C_{b^{2+}}$ 为溶液中两价阳离子的浓度；K_G 为选择系数。

尽管还不够理想，但这一公式仍被普遍地应用。

2. 土壤酸碱性和溶解沉淀反应

土壤酸碱性是一项重要的化学性质。大多数土壤的 pH 范围为 4~9。但我国北方的碱土 pH 可高达 10.5，而少数硫酸盐土 pH 甚至可低至 2 左右。我国土壤的酸度分布情况，大致上从南到北 pH 逐渐增加，而西北干旱地区的土壤 pH 又较东部沿海的地带性土壤为高。南北大致上以北纬 33°为界，在 33°以南，除了滨海盐土和石灰性母质上发育的幼年土壤外，一般是酸性反应；而在北纬 33°以北，则除了一部分冲积性土壤外，大多呈碱性反应，并含石灰质。各土类的具体 pH 范围可参阅表 9。但是每一土类中由于母质、地形、耕作、施肥等条件不同，其 pH 也可有相当大的变幅。例如我国南方的红黄壤，一般是酸性反应，pH 为 4.0~5.5，但发育在石灰性母岩或大量施用石灰的红黄壤，也可能出现 pH 7.5~9 的碱性反应。滨海地区的盐土，虽然大多为碱性的，但也有少数 pH 极低的硫酸盐土。至于水稻土，其来源极为复杂，pH 范围也就更广。

表 9　我国各主要土类的 pH 大致范围

土类	pH 范围	土类	pH 范围
碱土	8.0~10.5	高山草原土	5.0~7.0
盐土	7.5~9.5	红壤	4.5~5.5
漠土	7.5~9.5	黄壤	4.0~5.5
黄土区土壤	6.5~9.0	紫色土	6.0~8.0
黑钙土和变质黑钙土	6.0~8.0	黑色石灰土和红色石灰土	6.0~7.5
褐色土	7.0~8.0	水稻土	5.0~8.0
棕壤及灰棕壤	5.5~7.5	冲积土	6.0~8.0
黄棕壤	6.0~7.0		

土壤 pH 对养料有效性的影响是多方面的。pH 不同不但影响溶液中的离子组成，而且也使胶体上代换性离子组成很不相同，从而使离子间的相互作用十分复杂。例如在酸性土壤中，由于 Fe、Mn、Al 的大量存在，使一些养料元素的沉淀和吸附反应非常明显；同样在碱性土壤中由于碳酸钙的大量存在，也使一些养料与之发生共同沉淀，大大降低其有效性。此外，pH 影响微生物的活动，对养料的有效性也有一定影响。

土壤酸碱性影响土壤中进行的各项化学反应。包括吸附－解吸、氧化－还原、络合－解离以及溶解－沉淀等一系列化学平衡都在不同程度上受 pH 的影响。其中 pH 与固相溶解度的关系是很早就被重视的。近来由于对存在于土壤中的固相化合物了解增多，溶度积数据也不断增加，对养料的固-液相的溶解沉淀平衡也有所进展。

溶解－沉淀反应一般以下式表示：

$$\mathrm{A}a\mathrm{B}b \rightleftharpoons a\mathrm{A} + b\mathrm{B} \tag{16}$$

上述反应在平衡时的溶度积 K_{sp} 为：

$$K_{\mathrm{sp}} = (\mathrm{A})^a(\mathrm{B})^b \tag{17}$$

把上述换成对数，则

$$\log K_{\mathrm{sp}} = a\log(\mathrm{A}) + b\log(\mathrm{B}) \tag{18}$$

或

$$\mathrm{p}K_{\mathrm{sp}} = a\mathrm{p}(\mathrm{A}) + b\mathrm{p}(\mathrm{B}) \tag{19}$$

或

$$\mathrm{p}(\mathrm{A}) = \frac{1}{a}\mathrm{p}K_{\mathrm{sp}} - \frac{b}{a}\mathrm{p}(\mathrm{B}) \tag{20}$$

由此可以在反应成分 A 和 B 之间绘成一直线，其斜率为 b/a 。截长为 $\frac{1}{a}\mathrm{p}K_{\mathrm{sp}}$ 如果成

分之一为 H^+，则可绘成 pH 溶度曲线。通常土壤中许多金属离子的氢氧化物溶解度较低。它们之间的平衡关系可计算为

$$\mathrm{A}a(\mathrm{OH})b \rightleftharpoons a\mathrm{A} + b(\mathrm{OH}) \tag{21}$$

设溶度积为 K_{sp}，则

$$K_{sp} = (\mathrm{A})^a(\mathrm{OH})^b \tag{22}$$

或

$$\mathrm{p(A)} = \frac{1}{a}\mathrm{p}K_{sp} - \frac{b}{a}\mathrm{p(OH)} \tag{23}$$

由于

$$\mathrm{p}K(\mathrm{H_2O}) = \mathrm{p(H)} + \mathrm{p(OH)} = 14$$

因此

$$\mathrm{p(A)} = \frac{1}{a}\mathrm{p}K_{sp} - \frac{b}{a}(14 - \mathrm{pH})$$

$$= \frac{1}{a}\mathrm{p}K_{sp} - \frac{b}{a}14 + \frac{b}{a}\mathrm{pH} \tag{24}$$

即在反应成分 A 和 pH 之间成一直线关系。可由此绘制 pH 溶度线。对于一些比较复杂的反应，平衡常数可由几个反应式合并而成，例如：

$$\mathrm{A_2B} \rightleftharpoons \mathrm{A} + \mathrm{AB} \qquad K_1 \tag{25}$$

$$\mathrm{AB} \rightleftharpoons \mathrm{A} + \mathrm{B} \qquad K_2 \tag{26}$$

$$\mathrm{C} + \mathrm{B} \rightleftharpoons \mathrm{BC} \qquad K_3 \tag{27}$$

$$\mathrm{A_2B} + \mathrm{C} \rightleftharpoons 2\mathrm{A} + \mathrm{BC}\downarrow \qquad K_1 + K_2 + K_3$$

设 BC 为固相沉淀，又 $K_1+K_2+K_3=K$，

则

$$K = \frac{(\mathrm{A})^2}{(\mathrm{A_2B})(\mathrm{C})} \tag{28}$$

$$\log K = 2\log(\mathrm{A}) - \log(\mathrm{A_2B}) - \log(\mathrm{C}) \tag{29}$$

或

$$\mathrm{p(C)} = 2\mathrm{p(A)} - \mathrm{p(A_2B)} - \mathrm{p}K \tag{30}$$

即在反应成分 C 与 A 或 A_2B 之间成直线相关。如果其中反应成分 A 为 H^+或 OH^-，则可绘成 pH 溶度线。

根据这些溶解－沉淀平衡的计算，可以绘出各离子种类与某一固相平衡的 pH 溶度线，用以检验土壤中控制养料离子浓度的固相成分。这一方法的应用为养料元素的土壤化学提供了不少线索，特别是对于一些难溶性的化学成分，如某些微量元素和 Fe、Mn、S、Ca、Mg、P 等的固液相平衡取得了进展。但是由于土壤是一个复杂的多相体系，固相成分复杂，不可能由单一的固体控制液相中的成分。尤其是土壤中的胶体部分参与了这一固液相平衡，因此单纯的溶解－沉淀平衡和实际土壤中的溶度线及其平衡常数往往存在着若干差异。

3. 土壤中的氧化还原反应

土壤的氧化还原条件是一项影响理化、生物因素的重要性质，但是由于原因十分复杂，而且在搬动过程中极易变化，因此测定自然条件下的土壤氧化还原状况是非常困难的。截至目前，用以估量土壤氧化还原状况的方法还是多种多样的，如测定土壤的容重、孔隙度和结构状况以反映土壤的通气状况。又如测定土壤空气成分中氧气或二氧化碳百分数以反映氧气的供给状况。还有一些则是测定土壤的氧化还原电位（即 Eh）。虽然这些方法各有优缺点，又都不能直接确切地反映土壤的氧化还原状况，但仍被广泛采用，尤以氧化还原电位较为普遍。

土壤的 Eh 是以溶液中氧化物质和还原物质的相对浓度为依据的。理论上可以下列公式表示：

$$\mathrm{Eh}=\mathrm{Eh}^0+\frac{0.0591}{n}\log\frac{[O_x]}{[Red]} \tag{31}$$

式中，Eh 为氧化还原电位；Eh^0 为标准电极电位；n 为氧化还原反应中得失电子数；$[O_x]$ 为氧化剂的浓度；$[Red]$ 为还原剂的浓度。为方便起见，有些研究者也用电子活度的负对数 pe 或 pE 表示氧化还原电位（$\mathrm{pe}=\mathrm{Eh}/0.0591$）。

而实际上，由于土壤中氧化物质和还原物质的种类十分复杂，其标准电位（Eh^0）也很不相同，因此以氧化剂和还原剂的浓度比计算是困难的。主要是以实际测得的 Eh 作为区分土壤氧化还原状况的指标。根据实测结果，旱地土壤的 Eh 值大致为＋400~＋700 mV。而水田土壤大致为＋300~−200 mV。但是在土壤中的不同位置，氧化还原电位并不相同，例如在结构体内部的毛管孔隙中 Eh 值常常低于团粒间的非毛管孔隙，尤其在土壤含水量低于田间持水量时，这些差别更为明显。此外，植物根系附近的土壤（根际土壤）Eh 值和根际外的土壤也有差别。在旱地作物中，根际土壤的 Eh 值低于根际外的土壤 50~100 mV。而水生作物如水稻，根系具有分泌氧气的能力，因此根际土壤的 Eh 反而高于根际外的土壤。类似的不均匀状态还有很多。

土壤的氧化还原状况对于一些具有氧化态和还原态的养料离子是很重要的。在氧化条件下，离子失去电子成为氧化态；相反，在还原条件下，则离子获得电子而成为还原态，

$$\text{氧化态}+ne \rightleftharpoons \text{还原态} \tag{32}$$

式中，e 为电子。

在土壤中除了 K、Ca、Mg、Zn 等少数金属离子外，大多能在不同程度上进行氧化或还原。尤其是 N、S、Fe、Mn 的氧化还原反应正好在土壤的 Eh 范围内，因此反应进行十分频繁，对于这些养料的有效性有很大影响。如 N 在氧化条件下形成 NO_3^-－N，而在还原条件下则形成 NH_4^+－N，其他如 $Fe^{3+} \rightleftharpoons Fe^{2+}$，$Mn^{3+,4+} \rightleftharpoons Mn^{2+}$，$S^{6+} \rightleftharpoons S^{2-}$，其有效性有很大不同，一般 Fe^{2+}、Mn^{2+}的溶解度大于 Fe^{3+}和 Mn^{4+}，而氧化态的 SO_4^{2-}，其有效性较还原态的硫化物大得多。这些元素在进行氧化还原反应时不仅其本身的有效度变化，而且还影响和它们形成沉淀的其他养料，如磷常为铁、锰的沉淀所固定，而硫

在还原状态下则影响根系对养料的吸收。

各种元素进行氧化还原所要求的Eh不同，主要是和这一元素的标准电极电位、pH和[氧化态]/[还原态]的值有关的，根据Eh的计算式：$\mathrm{Eh}=\mathrm{Eh}^0+\frac{0.0591}{n}\log\frac{[O_x]}{[Red]}$，因此Eh值和标准电极电位$\mathrm{Eh}^0$以及氧化态和还原态的浓度比值有直接关系。而pH的影响则根据反应式而异，如在下式中：

$$\text{氧化态}+ne+m\mathrm{H}^+ \rightleftharpoons \text{还原态} \tag{33}$$

式中，H^+直接参加氧化还原反应，因此在Eh计算式中应加入H^+一项：

$$\mathrm{Eh}=\mathrm{Eh}^0+\frac{0.0591}{n}\log\frac{[O_x]}{[Red]}+\frac{0.0591m}{n}\log\mathrm{H}^+ \tag{34}$$

或

$$\mathrm{Eh}=\mathrm{Eh}^0+\frac{0.0591}{n}\log\frac{[O_x]}{[Red]}-\frac{0.0591m}{n}\mathrm{pH} \tag{35}$$

式中，m为参与反应的H^+摩尔数；n为参与反应的电子变换数。

因此每一种养料元素进行氧化还原反应的电位势，除了与其标准电极电位有关外，还取决于氧的供应情况和pH。也只有在符合于土壤pH和Eh条件下才能进行氧化还原反应。

4. 土壤中的络合反应

金属离子与电子给予体结合而成的化合物称为配位化合物，或广义地称为络合物。如果配位体与金属离子形成环状结构的配位化合物，则称为螯合物。螯合物较简单的络合物具有更大的稳定性。在土壤这样一个复杂的化学体系中，络合物广泛存在着。尤其是近40年来，由于证实了土壤中存在着某些金属养料离子与有机物形成的螯合物，在土壤形成和生产中具有特殊的重要性，从而加速了这一领域的发展。

能产生螯合作用的有机物在土壤中是很多的。一般含有螯合给出基团如羟基（—OH）、羧基（—COOH）、氨基（—NH_2）、亚氨基（═NH）、羰基（═CO）、硫醚（RSR）等的有机物，均有螯合作用。在土壤中除腐殖质外，木质素、多糖类、蛋白质、单宁、有机酸、多酚类等也多具有螯合作用。其中最重要的是腐殖质。在天然有机螯合剂中，腐殖质不仅占了很大部分，而且所形成的螯合物也比较稳定。腐殖质中包括胡敏酸和富啡酸两部分，一般认为胡敏酸与金属离子形成的螯合物稳定性较高，但溶解度较小；而富啡酸与金属离子形成的螯合物虽然稳定性较小，但溶解度较大，易于在土壤中移动。因此在提高金属养料离子的活动性中比较重要。除此以外，其他比较短链的有机化合物也有一定作用，尤其在新鲜有机物施入土壤后在分解过程中所产生的一系列有机中间产物，往往能产生较强的螯合作用，与金属离子形成稳定的螯合物。

在土壤中能被螯合的金属离子主要有Fe^{3+}、Al^{3+}、Fe^{2+}、Cu^{2+}、Zn^{2+}、Ni^{2+}、Pb^{2+}，Co^{2+}、Mn^{2+}、Ca^{2+}、Mg^{2+}等，其中有许多是属于重要养料元素。各种元素所形成的螯合

物稳定性不同，因此螯合态的比例也有很大差异，有一些元素在某些情况下，螯合态可能是其在溶液中的主要形态。据此，已经研究施用一些人工螯合剂，以提高某些养料离子的有效性。与人工螯合剂形成的螯合物的稳定性，同样也由于金属离子和螯合剂的种类，以及土壤的条件不同而有差异。

几种常用的人工螯合剂如下：

名称	简称	分子式
乙二胺四乙酸	EDTA	$C_{10}H_{16}O_8N_2$
二次乙基三胺五乙酸	DTPA	$C_{14}H_{23}O_{10}N_3$
环己烷二胺四乙酸	CDTA	$C_{14}H_{22}O_8N_2$
乙二胺二羟基苯乙酸	EDDHA	$C_{18}H_{20}O_6N_2$
羟乙基替乙二胺三乙酸	HEDTA	$C_{10}H_{18}O_7N_2$
氮基三乙酸	NTA	$C_6H_9O_6N$
乙二胺双（2-氨基乙醚）四乙酸	EGTA	$C_{14}H_{24}O_{10}N_2$
柠檬酸	CIT	$C_6H_8O_7$
草酸	OX	$C_2H_2O_4$
焦磷酸	P_2O_7	$H_4P_2O_7$
三磷酸	P_7O_{10}	$H_5P_3O_{10}$

它们和金属离子形成的螯合物结构举例如下：

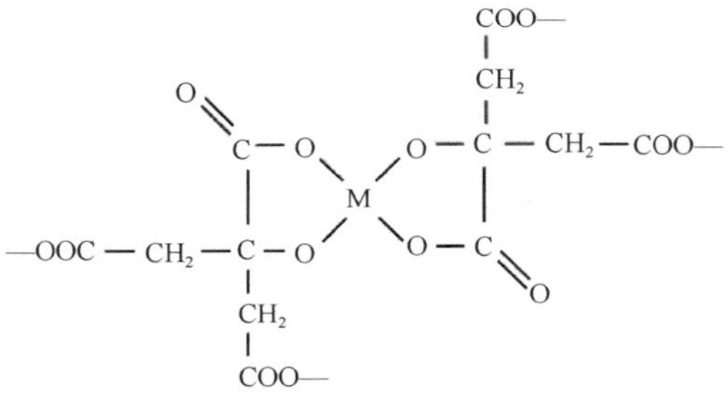

CIT 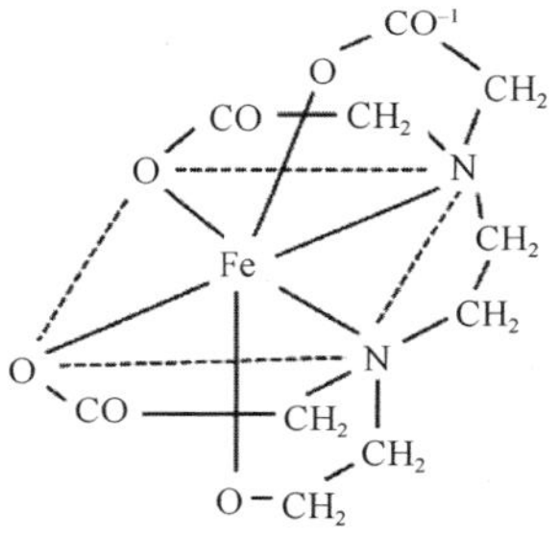　　　　EDTA

各种螯合剂与金属离子的螯合效果，通常与其形成常数（或稳定常数）有关。形成常数是螯合物与离子及配位基浓度积的比例：

$$K_{mL}=\frac{[ML]}{[M][L]} \quad (36)$$

式中，K_{mL} 为螯合物 ML 的形成常数；M 为金属离子；L 为配位基（螯合剂）。

根据此式，则螯合物的形成常数越大，则在螯合剂浓度一定时，螯合物与离子的比例越大，也即螯合剂对金属离子的亲和力越大，从而愈能使游离态金属离子保持较低浓度。因此，在一定条件下螯合物的稳定度，可用螯合态金属离子浓度（即螯合物浓度）与游离的金属离子浓度的比值表示：

$$[ML]/[M]=K\cdot[L] \quad (37)$$

此式中如螯合剂浓度与稳定常数为给定，则比值与金属离子浓度无关。根据这一比例可以比较各种螯合剂的螯合能力。同样，螯合金属离子（螯合物）浓度与螯合剂浓度的比值，也有同样意义：

$$[ML]/[L]=K\cdot[M] \tag{38}$$

式（37）和式（38）作为比较螯合物的稳定度可得同样结果，所不同者是前一比值与金属离子浓度[M]无关，而后一比值则和[M]成函数关系。运用这些比值还可比较各种养料离子与其他金属离子竞争螯合剂的能力。在土壤溶液中经常存在着一些具有竞争性离子如 H^+、Ca^{2+}、Mg^{2+}、Fe^{3+}、Al^{3+}，其中 H^+和 Ca^{2+}更为普遍。而 H^+浓度不仅影响其他各种离子（Fe^{3+}、Al^{3+}、Ca^{2+}、Mg^{2+}）在土壤溶液中的存在量，而且溶液的 pH 也直接影响螯合剂的配位基解离，因而影响螯合能力。所以螯合物的稳定性一般随着 pH 而变化。可以把上述比值和 pH 作成相关图，称为螯合物的稳定图。稳定图以 pH 为横轴，[ML]/[L]或[ML]/[M]比值作纵轴，绘成曲线，可用以比较各种螯合物在不同 pH 时的稳定性。

显然，螯合物稳定性随 pH 变化的关系，是和土壤溶液中其他金属离子的竞争有关的。在酸性土壤下有一些离子的浓度增加，如 H^+、Al^{3+}、Fe^{3+}、Mn^{2+}等，可和其他养料离子产生较强的竞争力；相反，在碱性土壤中，则 Ca^{2+}、Mg^{2+}等离子浓度增加，而有一些养料离子如 Fe^{3+}、Mn^{2+}、Zn^{2+}、Cu^{2+}等则由于生成氢氧化物沉淀，而使浓度降低。这些离子与螯合剂形成螯合物的能力，就受到 Ca^{2+}、Mg^{2+}等离子的强力竞争。两种离子对螯合剂的竞争反应示意如下：

$$Ma^{2+}+MbL^{-}+3H_2O \rightleftharpoons MaL^{2-}+Mb(OH)_3\downarrow+3H^{+} \tag{39}$$

式中 Ma 为金属离子 a；Mb 为三价金属离子 b；L 为螯合剂。

反应的平衡常数 K 为

$$\frac{[MaL^{2-}][H^{+}]^{3}}{[MbL^{-}][Ma^{2+}]}=K \tag{40}$$

因此，MaL^{2-}螯合物的形成浓度与金属离子 Ma 浓度成正比，也和起始溶液中存在的螯合物 MbL 浓度成正比。但是只有 MbL 解离并产生沉淀 $Mb(OH)_3$；而使 Mb 浓度降低后，才有可能显示其竞争力。因此，MaL 的浓度必然和 H^+浓度有关，即随着 pH 升高，MaL 也随之增加，而 MbL 则相应降低。当然，这样的竞争还和螯合剂的种类及螯合物 MbL 的形成常数有关。如果 MbL^-的稳定性较高，螯合剂就不易为 Ma 所夺取。因此有必要在不同的 pH 土壤中，选择形成常数较高的螯合剂，以保持养料离子的较高有效性。

参 考 文 献

[1] 朱祖祥. 土壤中有效养料的能量概念. 土壤物理化学专题综述. 北京：科学出版社, 1965: 1-33.
[2] 于天仁，等. 土壤的电化学性质及其研究法. 科学出版社, 1976.
[3] 袁可能. 植物营养元素土壤化学的若干进展. 土壤学进展, 1981, (3): 1-9.
[4] 中国科学院南京土壤研究所. 中国土壤. 北京：科学出版社, 1978.
[5] 戈尔德施密特 V M. 地球化学. 沈永直，郑康乐译. 北京：科学出版社, 1959.
[6] 贝尔 F F. 作物的饥饿征状. 周礼恺译. 北京：科学出版社, 1959.
[7] Bear F E, Chemistry of the soil. New York: Reinhold Publishing. Corporation, 1964.
[8] Bolt G H, Bruggenwert M G M. Soil Chemistry: A Basic Elements. New York: Elsevier Science Publishing

Company, 1972.
[9] Mortvedt J J, Cox F R, Shuman L M, Welch R M. Micronutrients in Agriculture. Soil Science Society of America, Inc., 1972.
[10] Schnitzer M, Khan S U. Humic Substances in the Environment. New York: Mercel Dekker Incorporated, 1972.
[11] Schofield R K, Taylor A W. Measurements of the activities of bases in soil. Journal of Soil Science, 1955, 6: 137-146.
[12] Schufflen A C. The cation exchange system of the soil. in "Potassium in Soil", 1972: 75-88.
[13] Woodruff C M. Ionic equilibria between clay and dilute salt solutions. Soil Science Society of America Proceedings, 1955, 19: 36-40.

Ⅲ．污染元素的土壤化学

土壤中二氧化锰对As(Ⅲ)的氧化及其意义①

谢正苗　朱祖祥　袁可能　黄昌勇

摘　要　研究了土壤中δ-MnO_2对三价砷的氧化动力学及其在农业生产上的意义。结果表明，氧化动力学符合假一级速率方程，且土壤中氧化铁、氧化铝和碳酸钙与δ-MnO_2的包蔽能改变氧化反应速率；砷污染水稻田的排水搁田能显著减轻水稻砷害。

砷可以–3、0、+3和+5这4种价态存在。在土壤环境中，–3价和0价砷化物一般不可能稳定存在。As(Ⅲ)（亚砷酸）的生物毒性比As(Ⅴ)（砷酸）的大几倍，甚至几十倍。因此，研究土壤中As(Ⅲ)的氧化机制对砷污染防治是有意义的。

δ-MnO_2是土壤和河流底泥中最常见的稳定存在的含锰矿物，是四价锰的结晶度较差的氧化物[1~4]。它是土壤中非常活泼的组分，能强烈地吸附许多离子，极易参与氧化还原反应[5,6]。在土壤环境中，它往往以包蔽的形式存在于其他土壤组分（如氧化铁、氧化铝和碳酸钙）的表面[7,8]。这些相互包蔽将会改变其吸附和氧化还原行为，从而影响其对As(Ⅲ)和As(Ⅴ)的吸持能力和对As(Ⅲ)的氧化解毒能力。鉴于土壤组分氧化铁、氧化铝、氧化锰、碳酸钙、高岭土、蒙脱石和蛭石中只有氧化锰能氧化As(Ⅲ)，则研究土壤中二氧化锰对As(Ⅲ)的氧化机制及其在农业生产上的意义显得更为重要。

（一）材料与方法

（1）δ-MnO_2的合成按Mckenzie的方法[1]；铁、铝氧化物和碳酸钙的合成及其互相包蔽根据黄盘铭的方法[9]，样品均经JSM-T20扫描电镜鉴定。

（2）总砷测定按汪炳武的新银盐法[10]；三价砷测定用选择还原法[11]；五价砷测定用砷钼蓝比色法[12]；二价锰测定用高锰酸钾比色法[13]；土壤pH用电法[14]；土壤Eh用铂电极、甘汞电极在pHS-2型酸度计上测定[15]。

（3）δ-MnO_2及其包蔽样品对As(Ⅲ)的氧化动力学和对As(Ⅲ)和As(Ⅴ)的吸附试验：50 mg未包蔽或被铝、铁氧化物和碳酸钙包蔽的δ-MnO_2放入50 ml塑料离心管中，加入35 ml 100 mg/kg的As(Ⅲ)（$NaAsO_2$）溶液，加盖，摇匀，开盖后调悬液pH至7.0，再

① 原载于《环境化学》，1989年，第8卷，第2期，1~6页。

加盖在 25℃±0.2℃下，分别振荡 0.5 h、1.0 h、2.0 h、4.0 h、6.0 h 和 9.0 h，然后以 9000 r/min 离心 5 min，测定上清液中的总砷和 As(V)。纯的铝、铁氧化物和碳酸钙对 As(III)和 As(V)的吸附实验步骤与此一样。

（4）水稻试验：试验在浙江绍兴被砷污染的银山畈青紫泥水稻田中进行。每小区为 0.1 亩，施足氮磷钾肥[尿素 17.5 斤/亩，复合肥 30 斤/亩（分别含 N、P、K 各为 10%）]。早稻品种为二九丰，播种期为 1987 年 4 月 6 日，移栽期为 5 月 10 日。各小区插种密度力求一致，其茎蘖总数每亩约 17 万左右。分淹水为主和搁田（干湿交替）为主两个处理。幼穗分化期时取植株样品和土壤样品（土壤保持原来水分，装于密封塑料广口瓶），供分析用。

（二）结果和讨论

1. 土壤中二氧化锰对 As(III)的氧化动力学

如图 1 所示，纵座标为 ln[As(III)]，即加入到包蔽或未包蔽 δ-MnO_2 悬液中的残留在溶液中的 As(III)浓度的自然对数值，横坐标为反应时间。可见，δ-MnO_2 对 As(III)的氧化在 1 h 内的速率较快；其 1 h 以后的反应速率较慢，并且符合以下方程：

$$\ln〔As(III)〕=-Kt+C$$

式中，K 为反应速率常数；C 是常数。随着 As(III)的被氧化，部分 δ-MnO_2 被还原成 Mn^{2+}，溶液中 Mn^{2+}随着反应时间的增加而增加，如图 2 所示。因此，δ-MnO_2 接收 As(III)所提供的电子而被还原：

$$MnO_2+As(III) \longrightarrow Mn^{2+}+As(V)$$

经回归分析，对于慢反应阶段来说，包蔽和未包蔽的 δ-MnO_2 的 K 值见表 1。

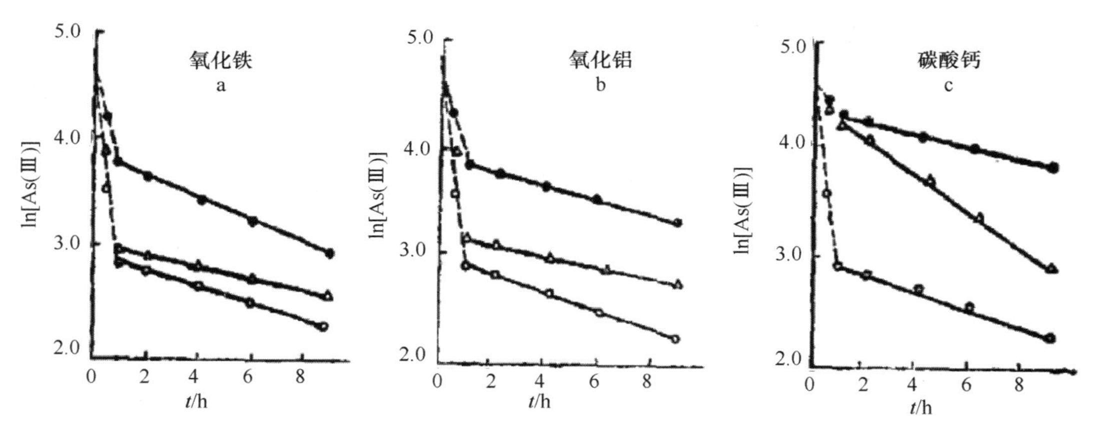

图 1　氧化铁、氧化铝、碳酸钙包蔽和未包蔽 δ-MnO_2 对 As(III)的氧化动力学

△ 低包蔽的 δ-MnO_2　● 高量包蔽的 δ-MnO_2　○ 未包蔽的 δ-MnO_2

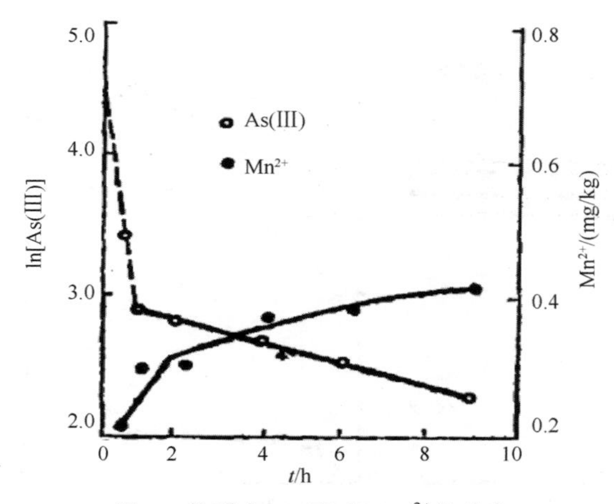

图 2　体系中 As(III)和 Mn^{2+}的动态

表 1　包蔽和未包蔽 δ-MnO_2 氧化 As(III)的动力学过程（慢反应阶段）

处理	动力学方程	r^{**}
δ-MnO_2（未包蔽）	ln〔As(III)〕=2.983–0.079 10t	–0.995 8
高 $CaCO_3$ 包蔽	ln〔As(III)〕=4.340–0.049 55t	–0.999 1
低 $CaCO_3$ 包蔽	ln〔As(III)〕=4.423–0.169 2t	–1.000
高氧化铝包蔽	ln〔As(III)〕=3.897–0.057 96t	–0.999 6
低氧化铝包蔽	ln〔As(III)〕=3.197–0.045 83t	–0.999 4
高氧化铁包蔽	ln〔As(III)〕=3.895–0.095 91t	–0.999 9
低氧化铁包蔽	ln〔As(III)〕=3.051–0.050 12t	–0.999 9

**达 1%显著水平。

图 1 表明，δ-MnO_2 被包蔽了铁、铝氧化物和碳酸钙后，其反应活性降低了。包蔽量越高，反应活性降低越多。例如，在反应 4 h 时，未包蔽的 δ-MnO_2 悬液中 ln[As(III)]只有 2.691，而低量铁包蔽的为 2.847，高量铁包蔽的为 3.510.显然，δ-MnO_2 对 As(III)的氧化速率的减低，并不单单因为是铝、铁氧化物和碳酸钙稀释了 δ-MnO_2，而且也是 δ-MnO_2 上的电子接收基被这些包蔽物部分掩盖的结果。扫描电镜照片表明，纯的 δ-MnO_2 形貌为葡萄球状。被铝、铁氧化物和碳酸钙包蔽后，其部分表面被这些包蔽物所掩盖，致使其反应活性减少，从而降低了对 As(III)氧化的反应速率。从另一方面也可以推论，铁和铝氧化物吸持砷的能力比 δ-MnO_2 强，但铁、铝氧化物包蔽后，δ-MnO_2 对 As(III)的氧化速率减慢了。这就说明，由于 δ-MnO_2 活性中心被包蔽所引起的 As(III)消耗速率减低的效应，超过了由于铝、铁氧化物比 δ-MnO_2 易吸附 As(III)所引起的 As(III)消耗速率增加的效应。

纯的 δ-MnO_2 以及包蔽后的 δ-MnO_2 对总 As(III+V)的吸持与时间的关系见图 3。可见，铁、铝氧化物包蔽 δ-MnO_2 后，使 δ-MnO_2 的吸持能力有不同程度地增加，这是因为铁、铝氧化物吸持砷的能力比 δ-MnO_2 强。δ-MnO_2 被碳酸钙包蔽后，其吸持能力有所下降，这是因为碳酸钙吸持砷的能力稍比 δ-MnO_2 弱。

由上可知，土壤中存在的 δ-MnO_2 被铝、铁氧化物和碳酸钙分别包蔽后，其对 As 的吸持特性和对 As(III)的氧化作用有所改变，这势必会影响土壤中砷的吸持和价态转化。

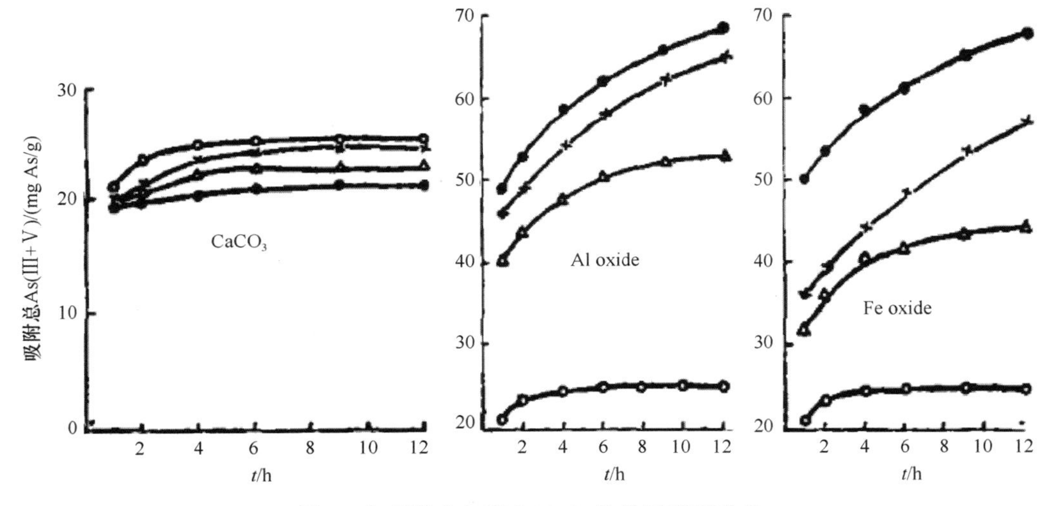

图 3　包蔽和未包蔽 δ-MnO_2 的总砷吸附动态

○ 未包蔽的 δ-MnO_2 ● 纯 $CaCO_3$ 或 Fe、Al 氧化物 ▲ 低量包蔽×高量包蔽

2. 二氧化锰对 As(III)的氧化在农业生产上的意义

水稻土与旱作土壤的主要区别之一是氧化还原状况的不同。在水稻土中，氧化还原状况的变化可以受人控制。除了对 As(III)的吸附之外，土壤组分中只有二氧化锰对 As(III)有氧化解毒作用。因此，在被砷污染的土壤上，水稻生长过程中二氧化锰的氧气还原会影响砷的氧化还原，从而影响砷对水稻的毒害。

在实验室中，对供试青紫泥水稻土的模拟实验表明，当土壤 pH 控制在 7.0 左右时，土壤中代换性亚锰大约在土壤氧化还原电位 Eh=350 mV 时开始出现，即二氧化锰开始被还原，以后随着 Eh 的下降，其数量逐渐增加；另外，土壤中代换性 As(III)在 Eh=200 mV 左右时开始出现，当代换性 As(III)占代换性总 As(III+V)的百分率为 50%时，Eh 为 70 mV 左右。这就说明，土壤淹水后，二氧化锰的还原是导致砷还原的主要原因之一。

水稻大田试验表明（表 2），搁田能显著增加土壤的氧化还原电位，大大降低土壤中水溶性总砷含量，尤其是明显降低了水溶性砷中 As(III)的百分率，从而降低了水稻植株含砷量，减轻了砷对水稻的毒害，使水稻产量增加了 22%，并使糙米含砷量降低了 24%。这是因为，在搁田的情况下，土壤中的二氧化锰只有一小部分被还原，氧化铁只有极少部分甚至没有被还原，它们对砷有强烈的吸附作用，致使土壤中水溶性总砷很低，且由于二氧化锰的氧化作用，水溶性总砷中 As(III)只占 4.1%。由上可知，在砷污染水稻田中，为了减轻或消除砷害，水分管理非常重要。这一措施几乎不用花生产成本。具体方法是：做好插秧准备后，再淹水耙田，浅水插秧，待两三天后土壤氧化还原电位显著下降时，立即排水搁田。以后使土壤一直保持湿润状态，即使其氧化还原电位提高，使铁锰处于氧化状态，从而降低土壤中水溶性总砷和 As(III)的百分率，以达到减轻或消除水稻砷害的目的。

表 2　搁田对消除或减轻水稻砷害的作用

处理＼项目	pH* (H₂O)	Eh₇*/mV	水溶性砷**/（mg/kg）		平均株高/cm***	上位叶含砷量/（mg/kg）***	亩产/（斤/亩）	糙米含砷量/（mg/kg）
			总砷	As(III)%				
淹水	6.83	95	0.2268	39.5	36.5	32.1	729.5	0.647
搁田	6.81	258	0.0910	4.1	49.2	18.1	890.5	0.492

*实验室模拟；**幼穗分化期时的新鲜含水土样，土壤含砷 75.3 mg/kg；***幼穗分化期。

小结

（1）土壤中的二氧化锰对 As(III)有氧化解毒作用，其氧化反应动力学方程符合假一级速率方程：

$$\mathrm{Ln}[\mathrm{As(III)}] = -Kt + C$$

土壤中氧化铁、氧化铝和碳酸钙与二氧化锰的包蔽能不同程度地改变二氧化锰对 As(III)的氧化速率。

（2）实验室模拟和水稻大田试验表明，砷污染水稻田的排水搁田措施能显著提高土壤氧化还原电位，降低土壤中水性总砷和 As(III)百分率，降低植株含砷量和糙米含砷量，提高水稻产量。这可能是搁田使土壤中铁和锰极大部分处于氧化状态，它们对 As(III)的吸持和氧化，减轻或消除了水稻砷害。

参 考 文 献

[1] 朱月珍. 土壤中六价铬的吸附与还原. 环境化学, 1982, 1(5): 359-364.
[2] Chukhrov FV, AI Gorshkov, ES Rudnitskaya. Manganese minerals in clays: (a review). Clays & Clay Minerals, 1980, 28(5): 346-354.
[3] Taylor RM. 1964. Aust Journel. Soil Reserch, 1964, 2: 235-248.
[4] Jones LHP. Mineralogical Magazine, 1956, 31: 283-288.
[5] Posselt HS, Anderson FJ, Walter JWJ. Cation sorption of on colloidnal hydrous manganese. Environment. Science and Technology, 1968, 2(12): 1087-1093.
[6] Stumm W, JJ Morgan. Aquatic chemistry: an introduction emphasizing chemical equilibria in natural waters. New York, 1970: 525-558.
[7] Taylor RM. Australian Journal of Soil Research, 1966, 4: 29.
[8] Mckenzie RM. Manganese oxides and hydroxides in minerals in soil environments. Soil Science Society of America, Madison, Wisconsin, 1977: 181-193.
[9] Ehrooz, Pahlavanpour. 选择还原法测定砷的化学状态. 环境中的重金属, 第三届国际学术会议选.
[10] 于天仁，张效年等, 电化学方法及其在土壤研究中的应用, 北京：科学出版社, 1978.

土壤环境中砷污染防治的研究
Ⅱ. 绍兴银山畈水稻田砷污染治理①

谢正苗　朱祖祥　袁可能　黄昌勇

摘　要　通过田间和室内试验，探讨了绍兴银山畈水稻田砷污染防治的一些措施。结果表明：①施用铁、锰和石灰能不同程度地减少土壤中水溶性砷含量，铁、锰的加入在土壤淹水的情况下，使产量增加不显著。在搁田的情况下，使产量低于对照：石灰的加入引起土壤 pH 过高，导致减产 68%。②搁田能显著提高土壤 Eh，降低土壤中水溶性砷和其中的 As(III)%以及糙米含砷量，并增产 22%；施用紫云英能显著降低土壤 Eh，可增加土壤中水溶性砷和其中的 As(III)%，使水稻前期生长较差。③在砷污染地区，宜种植 552、沪红早一号等水稻品种，而不宜种植浙辐 802、85-149 等品种。④在绍兴银山畈，在土壤含全砷 70 mg/kg 和 100 mg/kg 以上时，浙辐 802 和二九丰的糙米含砷量分别超过了卫生标准。

关键词　水稻田，水稻，环境污染，砷，污染防治

银山畈位于绍兴市上虞县长山乡和绍兴县陶堰乡。银山在清朝时被英国人野蛮开采，致使矿床支离破碎，选过矿的废矿石满坡乱堆。矿石富含铅、锌、银、砷，表面风化岩屑虽经长久雨打日晒和淋洗作用，其含砷量每千克仍高达数百毫克。银山四周的田块被称为“银山畈”，属青紫泥田。银山畈水稻田不断累积从银山上矿石中淋洗下来的砷，以致稻田含砷量大于 40 mg/kg 的有 8000 亩之多，耕层含砷最高可达 1057 mg/kg，犁底层含砷量最高可达 1036 mg/kg，影响了水稻生产。

砷污染严重的田块，水稻插栽后，植株矮缩，坐蔸。植株茎叶发黄，首先由叶尖开始，再逐渐向叶基发展，进而枯萎并逐渐枯死。受害植株新根极少，而且根系很短并呈褐色。因此，银山畈水稻历年来不同程度地受砷害而僵苗低产。经统计 1961~1981 年的资料，水稻亩产比邻近地区平均低 18%。

过量的砷不但会毒害水稻，而且通过食物链又危及人的健康。为此，我们在银山畈砷污染田中进行了一些水稻试验，以期寻求可行的砷害治理途径及砷害防治的土壤化学机理。

（一）材料和方法

供试土壤黏粒含量为 33%（黏土矿物以伊利石为主，其次为高岭石），CEC 为 16.73 mg

① 原载于《浙江农业大学学报》，1988 年，第 14 卷，第 4 期，371~375 页。

当量/100 g 土，有机质含量为 3.31%。

1. 铁、锰、石灰和紫云英对水稻砷害的影响

设置 9 个小区，每小区为 0.1 亩，施足基肥（尿素 8.75 kg/亩，上虞产复合肥 15 kg /亩，分别含 N、P、K 为 10%）。紫云英亩施 1500 kg，晒瘪，切碎，于插秧前撒于田中耙匀。铁以 $FeCl_3 \cdot 6H_2O$ 和 $FeSO_4 \cdot 7H_2O$ 各半加入，锰以 MnO_2 加入，搅匀，耙平。石灰化开后成 $Ca(OH)_2$ 溶液加入，搅匀，耙平。处理 1 为亩施 1500 kg 紫云英；处理 2 为对照；处理 3 为施铁 25 mg/kg 土；处理 4 为施锰 25 mg/kg 土，处理 1~4 插后 2~3 天未搁田，以后以淹水为主。处理 5 为亩施 1500 kg/亩紫云英；处理 6 为对照，处理 7 为施铁 25 mg/kg 土；处理 8 为施锰 25 mg/kg；处理 9 为亩施 100 kg 石灰。处理 5~9 插后 2~3 天即搁田，以后干湿交替，以干为主。

早稻二九丰是当地当家品种，4 月 6 日播种，5 月 10 日移栽，秧田土壤及一切管理均相同。各小区密度力求一致，其茎蘖总数每亩为 17 万左右。施穗肥每亩 3.125 kg 硫铵。水浆管理按前述方法执行，并进行大田生育期记载和生育动态考查。幼穗分化期时取植株样品和原状土样（保持原来水分，装于密封塑料广口瓶），供分析用。

2. 不同品种水稻耐砷试验

不同品种早稻对砷的吸收和对砷毒感应的试验采用两种方法。①在相同含砷量土壤中分种 11 个不同品种，其栽培管理方法均按当地常规法进行。收获后分别测定植株各部分含砷量，以此来鉴定品种间吸收和积累砷能力的差异。②在收获期，按土壤不同含砷量和不同品种取样，分别测定植株各部分含砷量，以此来考察土壤不同含砷量的影响。

3. 测定方法

水溶性砷用 1 mol/L 中性氯化铵溶液提取（水∶土＝50∶1）；全砷测定采用新银盐法[1]；三价砷测定用选择还原法[2]，五价砷测定采用钼蓝比色法[3]；其他测定项目均采用常规法[4]。

（二）结果和讨论

1. 不同处理对水稻砷害的影响

大田试验各种处理的结果列于表 1。由表 1 可知，在淹水处理 1~4 中，当幼穗分化期时，紫云英处理使土壤氧化还原电位降至−54 mV，使土壤水溶性砷最高，且其中 As(III)占 90.1%，致使水稻生长（平均高度）比对照差。铁或锰的加入使土壤中水溶性砷比对照降低了 25%左右，As(III)%也有所降低，从而使水稻植株平均高度比对照增加 26%左右。这一方面是由于铁、锰的加入使土壤吸附和固定砷的能力增强[5,6]，另一方面是由于土壤 Eh 不同引起 As(III)%的不同，因 As(III)毒性较大，故对水稻生长产生不同影响。

表 1　水稻田砷污染防治的各种处理结果

处理		pH* (H_2O)	Eh*/mV	Eh_7*/mV	水溶性砷**/（mg/kg）			平均株高***/cm	上位叶含砷置***/（mg/kg）	亩产/（kg/亩）	糙米含砷量/（mg/kg）
					总砷	As(III)	As(III)%				
淹水为主	1.紫云英	6.68	–35	–54	0.2683	0.2417	90.1	35.7	48.1	368.8	0.671
	2.对照	6.83	105	95	0.2286	0.0903	39.5	36.5	32.1	364.8	0.647
	3.铁	5.50	275	185	0.1718	0.0120	7.0	46.3	21.9	379.1	0.595
	4.锰	6.88	178	171	0.1701	0.0121	7.1	46.1	20.7	382.9	0.601
干湿交替为主（搁田）	5.紫云英	6.58	127	122	0.2170	0.0508	23.4	46.1	25.3	437.3	0.633
	6.对照	6.81	269	258	0.0910	0.0037	4.1	49.2	18.1	445.3	0.492
	7.铁	5.48	332	241	0.0665	0.0026	3.9	48.4	17.2	417.0	0.474
	8.锰	6.85	284	275	0.0813	0.0028	3.4	49.0	18.4	438.0	0.481
	9.石灰	7.62	209	246	0.0547	0.0032	5.9	35.2	19.4	302.5	0.427

*实验室模拟；**幼穗分化期时的新鲜含水土样，土壤含全砷 75.3mg/kg；***幼穗分化期。

土壤氧化还原状况对砷价态转化的实验室研究结果表明，在供试青紫泥水稻田中，代换性 As(III)约在土壤 Eh=200 mV 时开始出现；Eh=50 mV 左右时，代换性 As(III)可占代换性总砷的 65%左右；当 Eh= –50 mV 左右时，代换性 As(III)高达 90.3%。这与表 1 的结果是基本吻合的。它说明，土壤氧化还原电位的提高和铁、锰物质的加入有利于减轻或消除砷对水稻的危害。

在处理 1~4 中，紫云英处理的水稻产量比对照高。这是因为水稻后期抗砷能力增强，加之后期紫云英提供了不少养分，土壤 Eh 升高到正常，故水稻产量略高于对照。在试验田（含全砷 75.3 mg/kg）淹水情况下，紫云英处理增加了糙米含砷量，而铁、锰处理减少了糙米含砷量，但增减幅度不大。可以认为，当土壤含砷量较高时，这种增减幅度将会变大。搁田处理 5~9 中，在幼穗分化期时，紫云英处理的土壤，其水溶性砷含量最高，为对照的 2.38 倍，其中 As(III)也占 23.4%，致使水稻长势较差。加入铁锰后，水溶性砷有所下降，水稻长势与对照相近。石灰处理后，虽然水溶性砷大大降低，但土壤 pH 升高到 7.62，在田间局部区域可升高到 8 左右甚至更高，致使水稻生长极差，产量只有对照的 68%。

上述结果说明，铁、锰的加入虽然可以降低土壤水溶性砷，但在淹水情况下，水稻产量增加不显著，在搁田情况下，水稻产量甚至不如对照高。因此，考虑到水稻生产的成本，至少可以说，用铁锰来减轻或消除水稻砷害是不切实际的。石灰处理在本实验用量时，尽管能大大降低水溶性砷，但引起水稻严重减产。

研究表明，搁田对照处理 6 的产量比淹水对照处理 2 的产量高 22%。这是因为搁田（关键是插秧两三天后搁田）不但大幅度降低了水溶性砷含量，而且也降低了其中 As(III)%。这时的土壤 Eh 较高（258 mV），据研究，在供试土壤中高价铁尚未被还原，高价氧化锰也只有一部分被还原，As(III)尚未出现。土壤中的水溶性砷由于被氧化锰和氧化铁所吸持，故其含量较低。因此，在绍兴银山畈砷污染水田中，为减轻或消除水稻砷害，水浆管理非常重要。这一措施的具体做法是：做好插秧准备后，再泡水耙田，然后立即浅水插秧，两三天后立即搁田，以后使土壤一直保持湿润状态，即让其氧化还原电位提高，降低土壤水溶性砷和其中的As(III)%。更值得注意的是，搁田处理能显著降低糙米中的含砷量。

又由表1可知，幼穗分化期不同处理水稻植株上位叶含砷量差别较大，但糙米含砷量差别不大。它们与土壤Eh、土壤水溶性砷含量和产量之间的相关性表现为：土壤水溶性砷和其中之As(III)与土壤Eh均呈极显著（1%水平）负相关（r=–0.9188**和 r = –0.9436**）；茎叶含砷量与土壤水溶性砷和其中之As(III)均呈极显著正相关（r=0.8273**和 r=0.9916**）。糙米含砷量与土壤水溶性总砷无关，而与土壤水溶性As(III)呈显著（5%水平）正相关（r=0.6908*），与幼穗分化期时的水稻植株上位叶含砷量呈显著正相关（r =0.7457*）。这就说明，土壤Eh与土壤中As(III)含量及水稻植株各部分含砷量有密切的关系。

2. 不同早稻品种对砷的吸收和累积

在绍兴银山畈砷污染稻田（含全砷68.0 mg/kg）中按当地常规管理方法，种植了11个早稻品种，以研究不同新品种对砷吸收和累积的差别，结果列于表2。若以糙米含砷量作为判断依据，则它们对砷的吸收和累积能力依次为：浙辐802>85-149>加籼222>1010>早二六14>优麦早>914>汕优21>广陆矮4号>沪红早1号>552。对11个品种植株各部分含砷量的相关分析表明，根系含砷量与其他各部位含砷量不相关，而剑叶、稻谷、谷壳和糙米之间一般都有显著或极显著的正相关，其相关系数分别为r=0.8416**、r=0.9248**和r=0.5448。这种不同品种对砷的吸收和累积的差别除了主要归因于其遗传特性的差别外，还可在植物生理生化方面作进一步的研究。本项实验的主要意义在于，明确了在砷污染地区，宜选择种植552和沪红早1号等品种，而不宜选择种植浙辐802和85-149等品种。

表2　不同新品种早稻对砷的吸收和累积

品种	含砷量/（mg/kg）				
	根系	剑叶	稻谷	谷壳	糙米
552	402	7.933	0.385	0.575	0.311
沪红早1号	496	5.667	0.283	0.122	0.352
914	470	10.13	0.450	0.562	0.403
加籼222	350	11.07	0.610	0.667	0.589
汕优21	282	7.833	0.405	0.459	0.384
85-149	382	12.97	0.565	0.444	0.621
广陆矮4号	528	7.667	0.390	0.413	0.381
1010	490	9.333	0.650	0.823	0.576
浙辐802	515	19.00	0.725	0.792	0.698
早二六14	528	11.83	0.495	0.378	0.543
优麦早	490	9.003	0.555	0.695	0.502

3. 不同含砷量的土壤上早稻对砷吸收与积累

在早稻收获季节，对不同含砷量土壤上生长的早稻二九丰和浙辐 802 进行了取样，土壤和植株各部位的含砷量列于表 3。由表 3 和表 2 可知，水稻根系富集砷的能力极强，其含砷量最高，其次为茎叶。而在籽粒里面砷累积最少，且随土壤含砷量的变化而增减幅度较少。浙辐 802 在土壤含砷量 70 mg/kg 以上，二九丰在土壤含砷量 100 mg/kg 以上时，糙米含砷量超过了卫生标准（0.7 mg/kg）。这再次说明了不同早稻品种对砷吸收和累积存在差异。

表 3　不同含砷量土壤中不同品种早稻对砷的吸收和累积（含砷量 mg/kg）

品种	含砷量/（mg/kg）					
	土壤	根系	剑叶	稻谷	谷壳	糙米
二九丰	257.6	784.1	33.97	1.248	1.345	1.201
	143.4	501.7	28.44	0.841	0.875	0.825
	94.71	428.0	20.31	0.685	0.694	0.681
	75.54	395.3	15.01	0.660	0.669	0.657
浙辐 802	257.6	860.7	27.51	3.431	5.596	2.589
	151.4	553.3	20.17	1.987	4.008	1.121
	78.51	490.4	11.29	0.725	0.772	0.718
	61.34	354.6	8.841	0.631	0.687	0.607

参 考 文 献

[1] 汪炳武. II 型多元素分析器使用说明及锑铋硒分析指南. 长春应用化学研究所, 1985.
[2] Behrooz, Pahlavanpour 等. 见：中国环境化学专业委员会. 环境中的重金属. 北京：科学出版社, 1986: 315-318.
[3] 吴乾丰. 环境科学丛刊, 1984; 5(4): 8-12.
[4] 中国土壤学会农业化学专业委员会. 土壤农业化学常规分析方法. 北京：科学出版社, 1983.
[5] Oscarson D W, Huang P M, Hammer U T, et al. Oxidation and sorption of arsenite by manganese dioxide as influenced by surface coatings of iron and aluminum oxides and calcium carbonate. Water Air and Soil Pollution, 1983, 20: 233-244.
[6] Woolson E A. Arsenical Pesticides. Washington, D. C., Americal Chemical Society, 1975.

土壤中铬的化学行为研究
Ⅰ. 几种矿物对六价铬的吸附作用①

陈英旭 朱荫湄 袁可能 朱祖祥

摘 要 本文研究了三水铝石、针铁矿、高岭石、二氧化锰对Cr(Ⅵ)的吸附作用，结果表明：4种矿物对Cr(Ⅵ)吸附等温线符合Langmuir和Freundlich公式，吸附动力学曲线可以用Elovich公式、双常数速率公式和抛物线扩散公式来描述，溶液中离子强度的增加，4种矿物对Cr(Ⅵ)吸附量都有不同程度的减少，三种阴离子对Cr(Ⅵ)吸附量的影响为：$H_2PO_4^-$和HPO_4^{2-}>SO_4^{2-}>>Cl^-。二氧化锰对Cr(Ⅵ)的吸附量随pH升高而降低，高岭石、针铁矿和三水铝石对Cr(Ⅵ)吸附量在pH 6~7出现吸附最大值。

关键词 三水铝石，针铁矿，高岭石，二氧化锰，铬，吸附作用

土壤、矿物对六价铬的吸附作用在铬的土壤环境化学研究中具有重要意义，它涉及土壤和水体中铬的存在形态，影响到铬在土壤和水体中迁移转化机制。长期以来，土壤和水体悬浮物等对Cr(Ⅵ)吸附作用虽有一些报道，但还不够深入，其中铬的吸附机制是不清楚的。本试验为了排除体系中可能存在的还原物对Cr(Ⅵ)还原而减少的量，采用纯矿物-水体系，进行几种矿物对Cr(Ⅵ)吸附能力和机制，以及pH、离子强度和阴离子种类影响的研究，为进一步研究铬在土壤中的化学行为提供一定的依据。

（一）材料与方法

1. 材料

高岭石：采自江苏阳山。磨细过100目筛。
二氧化锰：上海金山县兴塘化工厂。分析纯试剂，过100目筛。
针铁矿：按Atkinson（1967）方法制备。
三水铝石：按Hingston等（1972）方法制备。

2. 试验方法

（1）吸附等温线。把pH 5.50，含Cr(Ⅵ)浓度为0、0.5×10^{-6}、1×10^{-6}、2×10^{-6}、4×10^{-6}、6×10^{-6}、8×10^{-6}、10×10^{-6}的0.01 mol/L KCl为支持电解质溶液50 ml，加入到含1 g高岭石或二氧化锰的塑料离心管中。含Cr(Ⅵ)浓度为0、5×10^{-6}、10×10^{-6}、20×10^{-6}、30×10^{-6}、

① 原载于《浙江农业大学学报》，1990年，第16卷，第2期，119~124页。

40×10^{-6}、50×10^{-6}、75×10^{-6}、100×10^{-6}的 0.01 mol/L KCl 为支持电解质溶液 50 ml，加入到含 0.2 g 针铁矿或三水铝石的塑料离心管中，在 25℃的恒温条件下振荡 2 h，过滤，测定滤液中 Cr(Ⅵ)的浓度。计算出矿物对 Cr(Ⅵ)的吸附量，以吸附量为纵坐标，平衡溶液中 Cr(Ⅵ)浓度为横坐标作吸附等温线。

（2）Cr(Ⅵ)吸附量与 pH 关系曲线。称取高岭石、二氧化锰各 1 g，三水铝石、针铁矿各 0.2 g 分别置于 100 ml 塑料离心管中，除三水铝石加入的 Cr(Ⅵ)浓度 100×10^{-6}外，其余均加入以 0.01 mol/L KCl 为支持电解质的 Cr(Ⅵ)浓度 10×10^{-6}溶液 50 ml。分别加入不同浓度的 NaOH 或 HCl 将溶液调节到不同 pH，振荡 2 h，过滤，测定平衡液中的 pH 及 Cr(Ⅵ)浓度，吸附量用差减法求得。

（3）矿物吸附 Cr(Ⅵ)量随时间变化曲线。称取二氧化锰 1 g、三水铝石 0.2 g、针铁矿 0.2 g 分别置入 100 ml 塑料离心管中，加入 pH 5.50，含 0.01 mol/L KCl 为支持电解质 Cr(Ⅵ)浓度为 10×10^{-6}（盛二氧化锰离心管）或 50×10^{-6}（盛三水铝石或铁针矿离心管），振荡时间分别为 5 min、10 min、15 min、20 min、30 min、45 min、60 min、90 min、120 min，迅速过滤，测定溶液中 Cr(Ⅵ)的浓度，计算出不同时间下矿物吸附 Cr(Ⅵ)的量。

Cr(Ⅵ)，用 $K_2Cr_2O_7$配制，Cr(Ⅵ)的测定采用二苯碳酸二肼比色法，用 W-59 型分光光度计于 540 nm 下进行比色测定。

（二）结果与讨论

1. 矿物对 Cr(Ⅵ)的吸附等温线

铬酸根离子在纯水体系中能稳定存在，因此，在纯矿物体系中，加入含 Cr(Ⅵ)溶液后，在 25℃条件下进行吸附试验，这时溶液中六价铬减少量可以认为主要是矿物对 Cr(Ⅵ)的吸附量。

供试 4 种矿物吸附等温线如图 1 所示，我们采用 Langmuir（L 型）和 Freundlich（F 型）两种吸附等温式来描述 4 种矿物对 Cr(Ⅵ)吸附等温线特征。

L 型为

$$Q=\frac{Q_m\cdot B\cdot C}{1+B\cdot C}\quad 或\quad \frac{1}{Q}=\frac{1}{Q_m}+\left(\frac{A}{Q_m}\right)\left(\frac{1}{C}\right) \tag{1}$$

式中，Q 为吸附量（μg/g）；Q_m 为饱和吸附量；C 为平衡浓度（10^{-6}）；A、B 为常数，互为倒数。

F 型为

$$Q=KC^{1/a}\quad 或\quad \lg Q=\lg K+\frac{1}{n}\lg C \tag{2}$$

式中，K 及 n 为常数。

根据式（1）和式（2）对实验数据进行处理，结果如表 1 所示。可以看出，两种吸附等温式均可适用，相关系数均达显著水平，其中以 L 型更好。从 Langmuir 吸附等温式的特征参数 Q_m 可见，4 种矿物对 Cr(Ⅵ)的吸附量是：三水铝石>针铁矿>>二氧化锰>高岭石，这和矿物对磷酸根吸附量的次序是基本一致的。由于吸附量相差悬殊，可

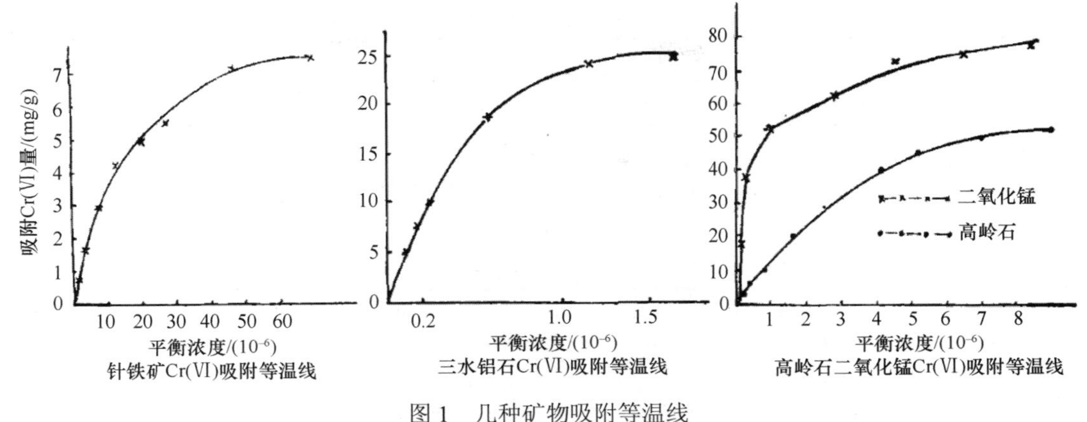

图 1 几种矿物吸附等温线

表 1 吸附等温线特征

矿物	L 型			F 型		
	Q_m	B	相关系数	K	$1/n$	相关系数
高岭石	70.82	17.19	0.9992	11.995	0.7632	0.9945
二氧化锰	83.45	156.6	0.9892	43.30	0.3272	0.9465
针铁矿	12690	0.45	0.9939	705.4	0.6137	0.9710
三水铝石	46600	53.62	0.9998	24440	0.7324	0.9790

以认为红壤、砖红壤对 Cr(Ⅵ)的吸附主要由氧化铁、氧化铝胶体所控制，而高岭石和二氧化锰对 Cr(Ⅵ)吸附作用是次要的。

2. 离子强度和阴离子种类对 Cr(Ⅵ)吸附的影响

Senguapa 等报道了随着溶液中 NO_3^-、Cl^-浓度的增加，阴离子交换树脂对 Cr(Ⅵ)交换量减少。Hingston 等的试验证实，氧化物对硅酸根等阴离子的吸附作用都受支持电解质浓度的影响。表 2 是 4 种矿物在不同支持电解质浓度下平衡溶液中六价铬的浓度。从表 2 可以看出，4 种矿物平衡液中六价铬浓度随着离子强度增加而增高，即随着离子强度增加，吸附量减少。其中离子强度对高岭石的影响最大，KCl 浓度为 0~0.1 mol/L，平衡液中 Cr(Ⅵ)浓度从 8.05×10^{-6} 上升到 9.7×10^{-6}，即 Cr(Ⅵ)的吸附量从 97.5 μg/g 矿物下降到 15 μg/g 矿物，引起吸附量相对变化值为 84.6%，而对二氧化锰、针铁矿和三水铝石吸附 Cr(Ⅵ)的影响较小，其相对变化值依次是 25%、11.8%和 3.1%。这可能是随着溶液中 Cl^-浓度增加，引起带电粒子表面正 ξ 电位降低，导致扩散双电层变薄，使阴离子非专性吸附减少。另外，随着溶液中离子强度增加，Cr(Ⅵ)活度降低，这也是离子强度增加减少 Cr(Ⅵ)吸附量的一个原因。由于针铁矿、三水铝石对 Cr(Ⅵ)可能是以专性吸附为主，支持电解质的影响相对较小，而高岭石对 Cr(Ⅵ)可能是非专性吸附为主，支持电解质的影响较大。总之，离子强度影响溶液中 OH^-、H_3O^+、铬酸根离子活度、表面电位、扩散电势、吸附后 ZPC 的变化等许多因素，它的影响是复杂的，也许还可能存在着另外一些原因。

表 2　不同 KCl 浓度下吸附平衡溶液中 Cr(Ⅵ)的浓度

矿物	KCl/（mol/L）				吸附量相对变化值 $\frac{Q_0-Q_1}{Q_0}$
	0	10^{-3}	10^{-2}	10^{-1}	
高岭石	3.05（97.5）	8.28（86）	8.95（52.5）	9.7（15）	84.6
二氧化锰	8.2（90）	8.4（80）	8.45（77.5）	8.65（67.5）	25
针铁矿	3.2（1700）	3.2（1700）	3.25（1687.5）	4.0（1500）	11.8
三水铝石	0.9（24775）	0.9（24775）	1.4（24650）	4.0（24000）	3.1

注：高岭石、二氧化锰和针铁矿 Cr(Ⅵ)初始浓度为 10×10^{-6}，三水铝石为 100×10^{-6}，括号内数字为 Cr(Ⅵ)的吸附量（μg/g 矿物），Q_0、Q_1 分别为 KCl 浓度为 0 和 10^{-1} mol/L 时矿物的吸附量。

当溶液里存在着硫酸根、磷酸根时，矿物对 Cr(Ⅵ)吸附产生强烈抑制作用，吸附量明显减少（表 3）。SO_4^{2-} 对 Cr(Ⅵ)的吸附有不同程度影响，对高岭石和二氧化锰影响更大，磷酸根则对 4 种矿物都有很大的影响，0.01~0.1 mol/L KH_2PO_4 浓度，几乎完全抑制了 4 种矿物对 Cr(Ⅵ)的吸附作用，这表明：H_2PO_4、HPO_4^{2-} 和 SO_4^{2-} 都能与 $HCrO_4^-$ 产生强烈竞争作用，而磷酸根比硫酸根竞争作用更强，在相对高浓度 KH_2PO_4 存在下，可以完全阻止 $HCrO_4^-$ 吸附上去，由此推论，氧化物对 Cr(Ⅵ)的吸附机制与吸附磷的机制可能是相似的，可以用如下简式来表示：

$$\left(Fe\begin{matrix}OH_2^{\frac{1}{2}+}\\OH_2^{\frac{1}{2}+}\end{matrix}\right)^{1+} + HCrO_4^- \longrightarrow \left(Fe\begin{matrix}OCrO_3H\\OH_2\end{matrix}\right)^0 + H_2O$$

$$\left(\begin{matrix}FeOH\\Fe-HCrO_4\end{matrix}\right)^{1-} \longrightarrow \left(\begin{matrix}Fe-O\\Fe-O\end{matrix}Cr\begin{matrix}O\\O\end{matrix}\right)^{1-} + H_2O$$

表 3　不同 K_2SO_4 和 KH_2PO_4 浓度下，吸附平衡液中 Cr(Ⅵ)浓度（10^{-6}）

矿物种类	K_2SO_4 浓度/（mol/L）			KH_2PO_4 浓度/（mol/L）	
	10^{-3}	10^{-2}	10^{-1}	10^{-2}	10^{-1}
高岭石	9	9.4	9.6	9.9	10
二氧化锰	10	10	10	10	10
针铁矿	4.5	5.65	7.5	10	10
三水铝石	0.5	7.4	9.55	8.9	10

注：Cr(Ⅵ)的起始浓度为 10×10^{-6}。

因而氧化物对 Cr(Ⅵ)专性吸附占很重要的位置，所以非专性吸附的 Cl^-对它的影响远没有专性吸附能力强的磷酸根大。

3. 矿物对 Cr(Ⅵ)吸附量与 pH 的关系

在吸附过程中，pH 是重要影响因素之一，它影响矿物吸附位、重金属的形态，以及它们之间的结合反应。在不同的 pH 条件下，矿物对 Cr(Ⅵ)吸附量是不同的（图 2）。如图 2 所示，二氧化锰对 Cr(Ⅵ)吸附量随 pH 升高而减少，三水铝石、针铁矿和高岭石则随 pH 升高吸附量逐渐升高，到 pH 6~7 达到一个最大吸附值后，Cr(Ⅵ)的吸附量则随着 pH 升高而降低。

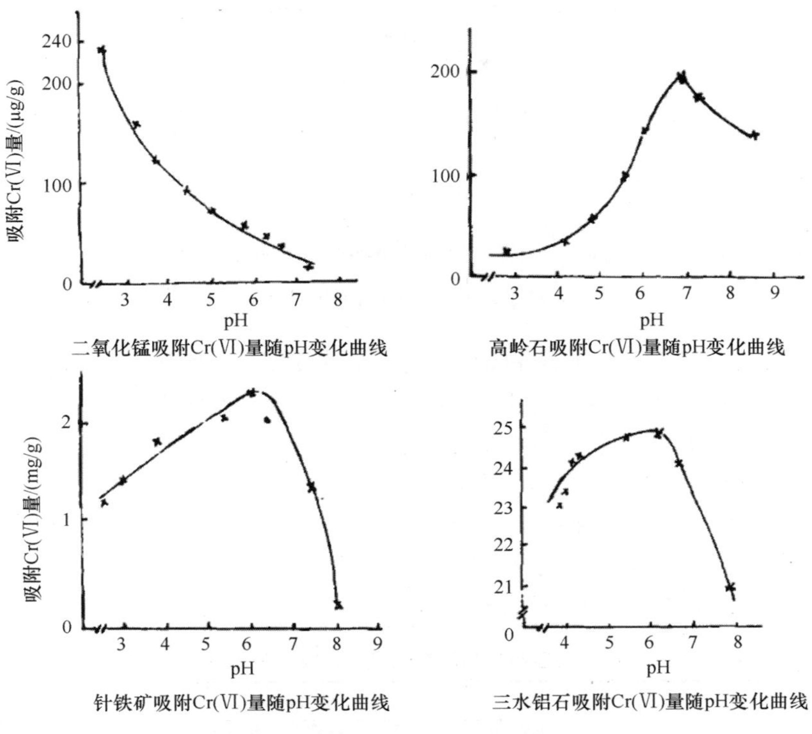

图 2　四种矿物吸附 Cr(Ⅵ)量随 pH 变化曲线

六价铬在水溶液中可以不同的阴离子形式存在，pH 和总 Cr(Ⅵ)浓度决定着 Cr(Ⅵ)的种类，每种种类存在着下面的化学平衡：

反　　应			lg*K*
H_2CrO_4	$\rightleftharpoons$	$H^+ + HCrO_4^-$	–0.8
$HCrO_4^-$	$\rightleftharpoons$	$H^+ + CrO_4^{2-}$	–6.5
$2HCrO_4^-$	$\rightleftharpoons$	$Cr_2O_7^{2-} + H_2O$	1.52
$HCr_2O_7^-$	$\rightleftharpoons$	$H^+ + Cr_2O_7^{2-}$	0.07

随着 pH 上升，$HCrO_4^-$浓度增加，其中氧化物表面也以 M—OH_2^+为主，两者都是极易交换形态，因此吸附量增大，随着 pH 进一步升高，矿物表面逐渐转化成 M—OH 为主，$HCrO_4^-$转化成 CrO_4^{2-} 为主，由于 M—OH 比 M—OH_2^+更不易与阴离子配位体交换。同时，表面负电荷的增加与 $HCrO_4^-$、CrO_4^{2-}排斥力增强，OH^-浓度的增加也可能同 $HCrO_4^-$产生竞争吸附，这样都使 Cr(Ⅵ)吸附量减低。这种现象和 Hingston 等研究氧化物表面对磷、氟等阴离子的吸附结果是相似的。

4. 矿物对 Cr(Ⅵ)吸附量随时间的变化

针铁矿、三水铝石和二氧化锰对 Cr(Ⅵ)吸附量随时间变化的动力学曲线如图 3 所示。

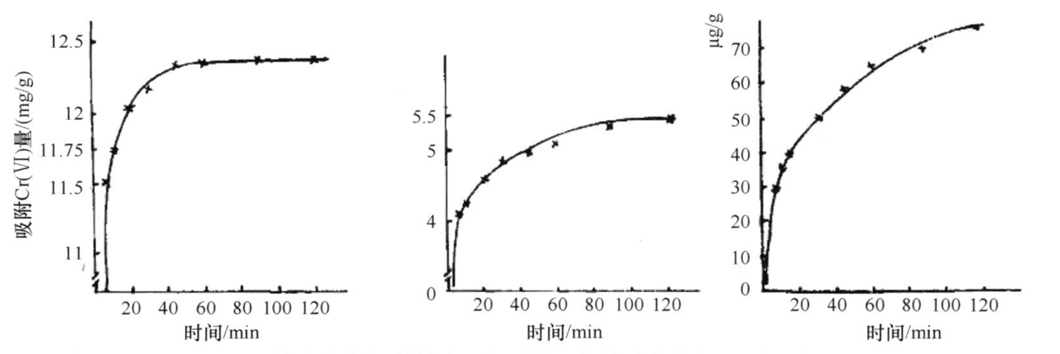

图 3　三种矿物吸附 Cr(Ⅵ)量随时间变化曲线

从图 3 可以看出：吸附作用开始阶段是一个快速过程，吸附量随时间而陡直上升，其后上升速度变慢，曲线平缓，在吸附动力学曲线上有一急转折点（曲线斜率变化最明显点）。此点吸附量可能是吸附剂外表面对 Cr(Ⅵ)的吸附量，随后是慢吸附过程，可能受颗粒内部扩散速率所控制。

选用 Elovich 型公式、双常数速率公式、抛物线扩散公式对三种矿物吸附动力学曲线进行拟合的结果如表 4 所示，拟合程度以双常数速率公式稍好，其次是 Elovich 型公式，抛物线扩散公式对三水铝石拟合程度稍差。

表 4　三种矿物吸附 Cr(Ⅵ)动力学公式比较

矿物种类	相关系数（r）		
	Elovich 公式 $Q=a+b\ln t$	双常数速率公式 $Q=K_0C_0t^{1/m}$	抛物线扩散公式 $Q=a+Kt^{1/2}$
二氧化锰	0.990	0.998	0.990
针铁矿	0.993	0.994	0.983
三水铝石	0.964	0.963	0.837

致　谢　何增耀教授、叶兆杰教授对本研究工作给予了指导与帮助，谨致谢意。

土壤中铬的化学行为研究
Ⅱ. 土壤对 Cr(Ⅵ)吸附和还原动力学①

陈英旭 朱荫湄 袁可能 朱祖祥

摘 要 通过在 Cr(Ⅵ)溶液中加入 0.01 mol/L KH_2PO_4 方法把土壤对 Cr(Ⅵ)吸附和还原作用加以区分，研究了几种土壤对 Cr(Ⅵ)吸附和还原动力学。结果表明：土壤中 Cr(Ⅵ)的还原反应基本上可由两个一级反应来表示，其反应速率常数与土壤有机质含量及其可氧化性有关；土壤对 Cr(Ⅵ)的吸附过程可用 Elovich 公式、双常数速率公式和抛物线扩散公式来描述，土壤对 Cr(Ⅵ)的吸附量与游离氧化铁含量密切相关，随反应时间的延长，Cr(Ⅵ)吸附量占溶液中 Cr(Ⅵ)减少量的比例下降，Cr(Ⅵ)还原量所占比例逐渐增加。

关键词 六价铬，土壤吸附作用，还原作用，动力学，土壤环境化学

Cr(Ⅵ)在土壤中对植物、微生物等的危害，不仅与土壤溶液中 Cr(Ⅵ)存在浓度有关，而且还和 Cr(Ⅵ)在土壤中减少速率有关。土壤溶液中 Cr(Ⅵ)的减少，主要是由于 Cr(Ⅵ)被土壤中有机质等还原剂还原成对植物危害性相对较低的 Cr(Ⅲ)，但也不能排除土壤胶体（主要是氧化物胶体）对 Cr(Ⅵ)的吸附[1~3]。对这两个过程的区分目前还比较困难。Bartlett 与 Jame[2,3]曾建议以 KH_2PO_4 抑制 Cr(Ⅵ)的吸附作用，陈英旭通过矿物试验进一步证实加 0.01 mol/L KH_2PO_4 排除 Cr(Ⅵ)的吸附作用，可用以区分还原和吸附反应（浙江农业大学硕士学位论文）。目前，在 Cr(Ⅵ)的动力学方面，仅限于 Cr(Ⅵ)在纯溶液和土壤水提液中还原动力学的研究[4,5]，而对 Cr(Ⅵ)在土壤中吸附和还原动力学及机制方面的研究，国内外开展得较少，本文是在几种矿物对 Cr(Ⅵ)吸附作用研究的基础上，就 Cr(Ⅵ)在土壤中吸附和还原动力学及机制方面作进一步探讨。

（一）材料与方法

1. 材料

供试材料包括 5 个土样，砖红壤（海南岛）、红壤（浙江巨州旱地红壤）、黄棕壤（江苏南京）、水稻土（浙江嘉兴青紫泥、浙江巨州黄筋泥田）。土壤风干过 30 目筛，备用。几种土壤的矿物成分和基本性质列于表 1。

---

① 原载于《环境科学学报》，1989 年，第 9 卷，第 2 期，137~143 页。

表1　土壤基本性质

土壤 / 性质	青紫泥	黄棕壤	黄筋泥田	旱地红壤	砖红壤
SiO_2/%	66.90	67.47	74.30	69.54	65.41
Al_2O_3/%	14.46	14.23	—	12.18	14.84
Fe_2O_3/%	4.14	5.26	—	5.26	8.39
游离氧化铁/%	0.74	1.60	1.75	2.35	3.30
pH（水：土=5：1）	6.10	5.90	5.45	5.25	4.65
CEC/（meq/100 g）	16.74	12.75	10.25	7.50	6.45
O.M./%	3.34	2.06	2.57	1.60	1.90
黏粒<0.001mm /%	30.58	33.44	38.91	45.59	46.21
Cr 本底值/（mg/kg）	64.89	58.59	40.54	36.58	81.62

2. 试验方法

土壤对Cr(Ⅵ)还原量随时间变化曲线：配制含Cr(Ⅵ)浓度为10 ppm的0.01 mol/L KH_2PO_4溶液，以HCl或NaOH调节至pH 6.0，分别吸取20.0 ml上述溶液于装有2.000 g土壤的100 ml塑料离心管中，在25℃下，振荡0.5 h、1 h、2 h、4 h、8 h、12 h、24 h，离心过滤，测定溶液中pH和溶液Cr(Ⅵ)浓度，计算还原量，作还原量随时间变化曲线。

土壤对Cr(Ⅵ)减少量随时间变化曲线：除支持电解质改用0.01 mol/L KCl外，其余步骤同上。

去有机质游离氧化铁后土壤对Cr(Ⅵ)吸附量随时间变化曲线：步骤同上。

土壤对Cr(Ⅵ)吸附量等于相同振荡时间内土壤溶液中Cr(Ⅵ)减少量和Cr(Ⅵ)被还原量的差值。

去除土壤有机质用10% H_2O_2氧化法[6]，去除游离氧化铁用碳酸钠 - 柠檬酸钠 - 连二亚硫酸钠还原法（DCB法）[7]。

其他项目包括土壤有机质、黏粒含量，硅、铁、铝全量分析，CEC，游离氧化铁的测定均按常规方法[6,7]。

铬(Ⅵ)标准液：用K_2CrO_7配制。

铬(Ⅵ)的测定[8]：采用二苯碳酰二肼比色法，波长540 nm，W-59型分光光度计比色测定。

（二）结果与讨论

1. 土壤中Cr(Ⅵ)还原动力学

在适宜的土壤条件下，土壤中Cr(Ⅵ)可被有机质还原[2]。我们通过在土壤溶液中加入0.01 mol/L KH_2PO_4的方法排除吸附作用后，测定出的Cr(Ⅵ)减少量可以认为是Cr(Ⅵ)还原成Cr(III)的量。

从图1看出，Cr(Ⅵ)还原量随时间延长而增加，反应速度开始1 h内较快，其后速度减缓，根据化学动力学原理，测定出动力学参数。设Cr(Ⅵ)初始（t_0）浓度为C_0，t

时的浓度为 C，以 $\ln C_0/C$ 对时间 t 作图（图 2）。从图 2 中可以看出 $\ln C_0/C$ 对时间 t 的曲线是由斜率不同的两条直线组成，可推断还原过程主要是由两个一级反应组成。反应Ⅰ较快、反应Ⅱ较慢。这和吴瑜端等在水体中用溶解的有机质还原 Cr(Ⅵ)的结果相似[9]。由于土壤中有机质可氧化的组分中有醇羟基和酚羟基等羟基团，酚羟基较易被氧化，醇羟基较难被氧化，因而可以推测，反应Ⅰ相当于 Cr(Ⅵ)与土壤有机质中易被氧化部分的反应；反应Ⅱ相当于 Cr(Ⅵ)与有机质中难氧化部分的反应，同时也可看出，几种土壤的反应Ⅰ和反应Ⅱ的曲线交点似乎有一个过渡状态，这表明有机质和 Cr(Ⅵ)的氧化还原反应是很复杂的，不能完全以两种反应来表示。

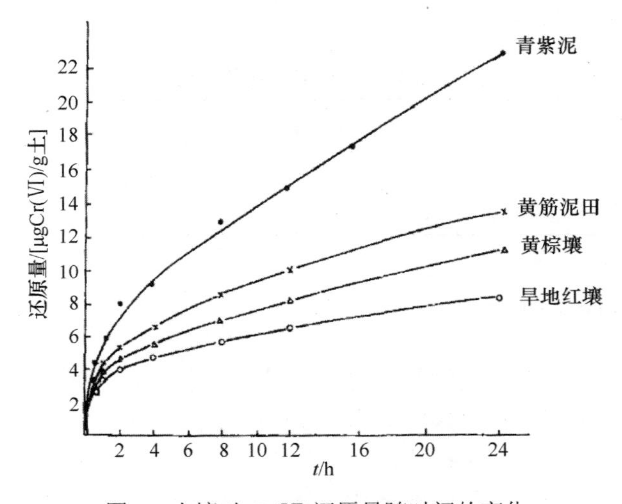

图 1　土壤对 Cr(Ⅵ)还原量随时间的变化

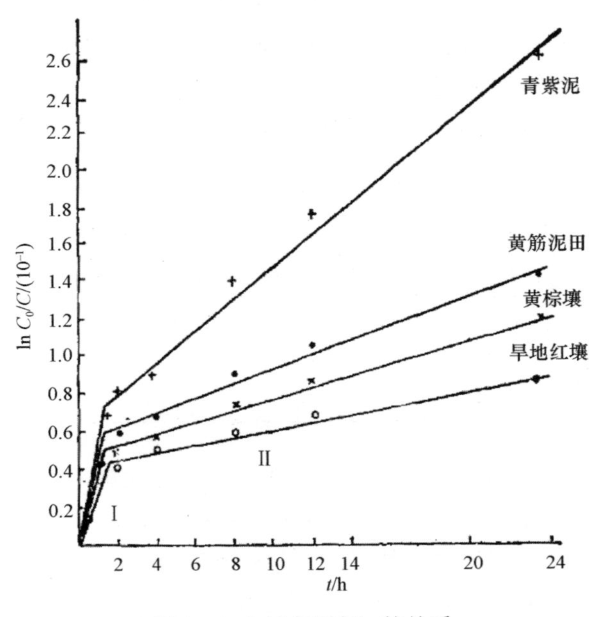

图 2　$\ln C_0/C$ 与时间 t 的关系

根据溶液化学中反应动力学原理，我们用假一级反应动力学处理Cr(Ⅵ)与土壤有机质氧化还原反应，其反应速率常数主要取决于有机质的数量和可氧化性。表2是4种土壤中Cr(Ⅵ)还原速率常数 k_1 和 k_2 的值，k_1 为快速反应部分速率常数，即反应I的速率常数；k_2 为慢速反应部分的速率常数，即反应II的速率常数。k_1、k_2 值的顺序为青紫泥>黄筋泥田>黄棕壤>旱地红壤。这一顺序与土壤中有机质含量顺序相同，有机质含量越高，k_1、k_2 值越大，还原反应越快。但 k_1、k_2 值与有机质含量不成正比。例如，青紫泥的有机质含量是旱地红壤的2倍，但 k_1 值仅为1.5倍，而 k_2 值却高达4倍多。可见不同土壤中有机质性质是不同的，其可氧化性也有很大差异。因而，土壤中Cr(Ⅵ)被有机质等还原的过程远比在水体中复杂。

表2　四种土壤Cr(Ⅵ)还原反应速率常数　　（单位：h^{-1}）

土壤 / k 值	青紫泥	黄棕壤	黄筋泥田	旱地红壤
k_1	5.7×10^{-2}	4.1×10^{-2}	4.6×10^{-2}	3.6×10^{-2}
k_2	7.93×10^{-3}	3.12×10^{-3}	3.7×10^{-3}	1.8×10^{-3}

2. 土壤对Cr(Ⅵ)的吸附动力学

不同土壤中，由于黏粒矿物种类、含量不同，特别是两性胶体氧化铁、氧化铝含量的差异，造成土壤对Cr(Ⅵ)吸附量明显不同。但需要指出的是，以往由于土壤对Cr(Ⅵ)吸附量往往包括Cr(Ⅵ)还原成Cr（III）的部分[1~3]，本文中所指的土壤吸附量是指相同时间条件下，溶液以KCl为支持电解质的土壤溶液中Cr(Ⅵ)的减少量和Cr(Ⅵ)的还原量的差值。表3是几种土壤对Cr(Ⅵ)的吸附量，振荡时间为2 h，土与水之比为1∶10，Cr(Ⅵ)的起始浓度为10 ppm，pH为6.0。结果表明，几种土壤对Cr(Ⅵ)吸附量顺序为：旱地红壤>黄筋泥田>黄棕壤>青紫泥。这个结果和土壤游离氧化铁含量对比可以看出，土壤中游离氧化铁含量越高，对Cr(Ⅵ)吸附量越大，同时发现，土壤对Cr(Ⅵ)吸附量和土壤氧化铝、铁的总含量无关。

表3　几种土壤对Cr(Ⅵ)的吸附量　（单位：μg Cr(Ⅵ)/g 土壤）

	青紫泥	黄棕壤	黄筋泥田	旱地红壤
Cr(Ⅵ)减少量	23	26.5	33	38
还原量	8	4.5	5.5	4.0
吸附量	15	22	27.5	34

从图3可以看出，土壤对Cr(Ⅵ)吸附动力学曲线和针铁矿、三水铝石等矿物对Cr(Ⅵ)吸附动力学曲线形状相似，开始阶段，曲线很陡，吸附很快，以后逐渐变得平缓，速度变慢。用Elovich型公式、双常数速率公式和抛物线扩散公式对土壤吸附动力学曲线进行拟合，结果如表4所示，拟合程度均达显著相关。

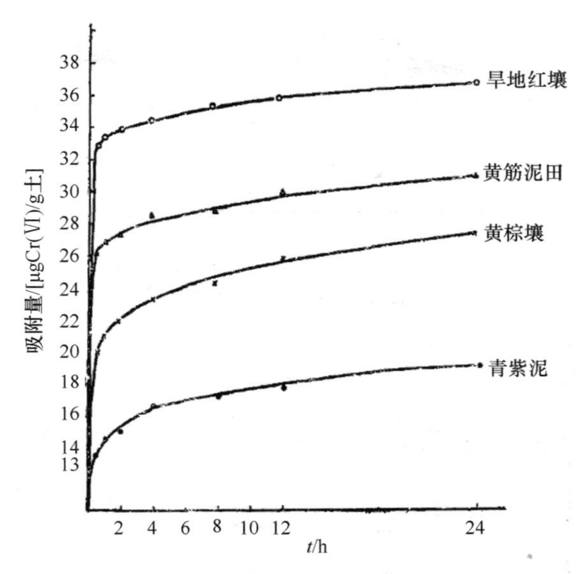

图 3 四种土壤对 Cr(Ⅵ)吸附量随时间变化曲线

表 4 四种土壤对 Cr(Ⅵ)吸附动力学公式比较

土壤	Elovich 公式 $Q=a+b\ln t$		相关系数	双常数速率公式 $Q=k_0C_0t^{1/m}$		相关系数	抛物线扩散公式 $Q=a+kt^{1/2}$		相关系数
	a	b		k	$1/m$		a	k	
青紫泥	14.40	1.45	0.996	1.44	0.090	0.996	13.25	1.30	0.996
黄棕壤	20.98	1.82	0.987	2.10	0.078	0.991	19.48	1.67	0.975
黄筋泥田	26.90	1.32	0.961	2.70	0.046	0.968	25.69	1.27	0.996
旱地红壤	33.45	1.02	0.987	3.35	0.029	0.989	32.57	0.95	0.992

Parfitt 等认为，土样去除有机质后，影响表面吸附位；去除游离氧化铁后，影响表面电荷特性，表面 Zeta 电位势降低，表面净负电荷增加[10,11]，从而影响土壤对阴离子专性和非专性吸附。为了检验游离氧化铁和有机质对土壤中 Cr(Ⅵ)吸附的影响，以 H_2O_2 除去土壤有机质和 DCB 除去游离氧化铁，测定吸附量的变化（表 5），结果表明，5 个土壤去除有机质后对 Cr(Ⅵ)吸附量都有所增加，可能是土壤中氧化物胶体表面带正电荷部分与带负电荷有机离子结合，掩盖和消耗了部分交换点。因此，去有机质后，表面交换点增多，导致土壤对 Cr(Ⅵ)阴离子吸附量增加，这和 Bromfield 和 Sree Ramula[11,12]去有机质后对磷酸根的吸附结果相似，当去除有机质后再除去游离氧化铁，土样对 Cr(Ⅵ)吸附量显著降低，降低量和游离氧化铁含量一致。这和前述试验结果相同。由此可见，游离氧化铁是土壤对 Cr(Ⅵ)吸附的主要成分。

比较 5 种土壤去有机质前后对 Cr(Ⅵ)吸附量随时间变化曲线（图 4），其不同点是大多数土样在开始时迅速吸附出现一个较大值后，随之略有释放，然后再缓慢上升。这种现象是否因去有机质过程使土壤颗粒分散，比表面增加，而振荡过程中又使部分颗粒聚合所致，还有待于进一步研究。

表 5　土壤除去有机质、游离氧化铁后对 Cr(Ⅵ)吸附量的变化（单位：μg Cr(Ⅵ)/g 土壤）

土壤	青紫泥	黄棕壤	黄筋泥田	旱地红壤	砖红壤
原土壤对 Cr(Ⅵ)吸附量	15	22	27.5	34	52
去有机质后土样对 Cr(Ⅵ)吸附量	20	25	40	43	70
去有机质和游离铁后对 Cr(Ⅵ)吸附量	11	9	13	6	7

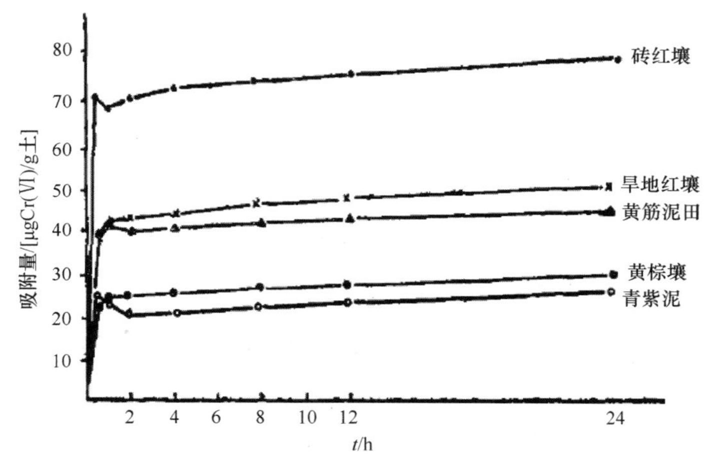

图 4　去除有机质后土壤对 Cr(Ⅵ)吸附量随时间的变化曲线

去除有机质及游离氧化铁后，吸附动力学曲线与单独去除有机质的土壤吸附 Cr(Ⅵ)动力学曲线形状形似。

3. 土壤溶液中 Cr(Ⅵ)减少与土壤吸附和还原作用的关系

Cr(Ⅵ)在土壤溶液中的减少或消失主要是土壤吸附和还原作用的结果。按动力学概念分析，Cr(Ⅵ)在土壤中动态变化机制应为：

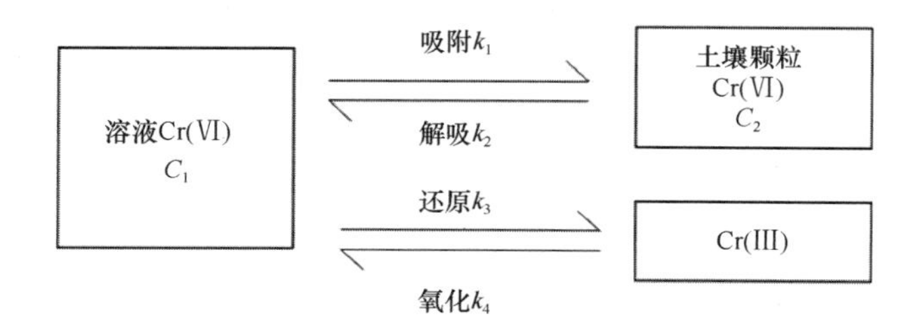

图中 k_1 是土壤对 Cr(Ⅵ)吸附速率常数，k_2 是土壤中被吸附的 Cr(Ⅵ)解吸速率常数，k_3 是 Cr(Ⅵ)被还原为 Cr（III）的速率常数，k_2 是 Cr（III）氧化为 Cr(Ⅵ)速率常数。由于自然土壤环境下 Cr（III）氧化为 Cr(Ⅵ)甚微。所以 k_4 的值可近似等于零。C_1 是溶液中 Cr(Ⅵ)的浓度，C_2 是土壤颗粒吸附 Cr(Ⅵ)的量，如设 C_0 是土壤颗粒对 Cr(Ⅵ)的饱和吸附量，那么土壤溶液中 Cr(Ⅵ)的减少可用下面微分方程来表示：

$$-\frac{\mathrm{d}C_1}{\mathrm{d}t}=k_2C_2-k_1C_1(C_0-C_2)-k_3C_1$$

从方程可以看出，Cr(Ⅵ)在土壤溶液中动态变化主要与还原反应、吸附反应以及解吸反应有关。

Cr(Ⅵ)吸附量和还原量占溶液中Cr(Ⅵ)减少量的比例见表6。从表6可以看出，随着反应时间的延长，在溶液Cr(Ⅵ)减少量中还原量所占比例逐渐增加，而吸附量在减少量中的比例相对减少，尤其是有机质高的土壤更为明显，青紫泥0.5 h还原量只占减少量的25%，24 h后还原量占减少量的53.6%。可以说明，反应初期以Cr(Ⅵ)的吸附反应为主，随着反应时间延长，虽然吸附反应与还原反应都变得缓慢，但吸附反应减慢得更快些，因而还原量所占比例相对地增加。

表6 土壤中Cr(Ⅵ)吸附量和还原量占溶液中Cr(Ⅵ)减少量的比例

土壤类型	时间/h	青紫泥		黄棕壤		黄筋泥田		旱地红壤	
		/μg Cr(Ⅵ)/g 土	/%	/μg Cr(Ⅵ)/g 土	/%	/μg Cr(Ⅵ)/g 土	/%	/μg Cr(Ⅵ)/g 土	/%
减少量	0.5	18	100	23	100	30	100	35.5	100
还原量	0.5	4.5	25	3.0	13	3.5	12	2.5	7
吸附量	0.5	13.5	75	20.0	87	26.5	88	33	93
减少量	24	42	100	33	100	45	100	45	100
还原量	24	22.5	53.6	11	29	13	29	8	18
吸附量	24	19.5	46.4	27	71	32	71	37	82

（三）小结

（1）几种土壤对Cr(Ⅵ)的还原速率是：青紫泥>黄筋泥田>黄棕壤>旱地红壤，还原过程可以认为是由两个一级反应组成，反应Ⅰ的速率常数远大于反应Ⅱ的速率常数，并与土壤有机质含量和可氧化性有关。

（2）四种土壤对Cr(Ⅵ)吸附量的顺序是：旱地红壤>黄筋泥田>黄棕壤>青紫泥。土壤对Cr(Ⅵ)的吸附量和游离氧化铁含量呈正相关。土壤除去有机质后，吸附量增加。而再除去游离氧化铁后，吸附量显著减少。可以断定，游离氧化铁是土壤吸附Cr(Ⅵ)的主要组分。

（3）土壤对Cr(Ⅵ)吸附反应相对于还原反应是一个快速过程，随着反应时间延长，吸附量占溶液中Cr(Ⅵ)减少量的比例下降，还原量占溶液中Cr(Ⅵ)减少量的比例逐渐增加。

参考文献

[1] 朱月珍. 土壤中六价铬的吸附与还原. 环境化学, 1982, 1(5): 359-364.
[2] Barlett R J, Kimble J M. Behavior of Chromium in Soils: II. Hexavalent Forms. Journal of Environmental Quality, 1976, 5(4): 383-386.
[3] Jame B R, Barlett R J. Behavior of Chromium in Soils: VII. Adsorption and Reduction of Hexavalent Forms. Journal of Environmental Quality, 1983, 12(2): 177-181.
[4] 王立军, 章申. 土壤水介质中Cr(III)与Cr(Ⅵ)形态的转化. 环境科学, 1982, 3(4): 38-42.

本文承浙江农业大学环保系何增耀、叶兆杰两位教授的关心和指导，特别致谢。

[5] 王立军, 章申, 王勤生，等. 天然水中 Cr(Ⅵ)与硫化物的氧化还原反应环境动力学的研究. 环境科学学报, 1983, 3(3): 247-256.
[6] 中国科学院南京土壤所. 土壤理化分析. 上海: 上海科学技术出版社, 1978.
[7] 熊毅. 土壤胶体. 第二册. 北京: 科学出版社, 1986.
[8] 环境监测标准分析方法编写组. 环境监测标准分析方法. 北京: 中国环境科学出版社, 1980.
[9] 吴瑜端, 蔡卫君. 纳污河口水体中溶解有机物对 Cr(Ⅵ)的还原作用——实验室模拟. 环境科学学报, 1983, 3(2): 176-182.
[10] Parfitt R L. Phosphate Adsorption on an Oxisol. Soil Science Society of America Journal, 1977, 41: 1064-1067.
[11] Bromfield S M. Relative Contribution of Iron and Aluminium in Phosphate Sorption by Acid Surface Soils. Nature, 1964, 201(4916): 321-322.
[12] Sree Ramula U S, Pratt P F, Page A L. Phosphorus Fixation by Soils in Relation to Extractable Iron Oxides and Mineralogical Composition. Soil Science Society of America Journal, 1967, 31: 193-196.

渍水植稻环境中土壤DTPA浸提态锌动态的研究①

骆永明 黄昌勇 袁可能 朱祖祥

摘 要 模拟研究了渍水植稻环境中土壤DTPA-Zn含量的动态及其原因。结果表明，土壤DTPA-Zn含量受同一体系中pH、Eh和硫化物含量的影响，其含量因渍水而降低可能是产生难溶性α-ZnS沉淀之故。

关键词 渍水植稻环境，土壤，DTPA-Zn，pH，Eh

DTPA浸提态锌或DTPA-Zn含量被广泛用来判断土壤中锌的供给情况[1]。但是，由于淹水可降低土壤DTPA-Zn含量，水稻缺锌往往发生在渍水土壤上[2,3]，其原因常归于难溶性硫化锌的形成[4]，因而，对目前以氧化状态的风干土壤DTPA-Zn含量判断还原状态的渍水植稻土壤的供锌情况或丰缺程度的真实性是值得商榷的。业已证明，渍水植稻后土壤pH和Eh等发生显著变化，而DTPA-Zn含量受土壤性质和环境条件的影响。因此，动态地了解渍水植稻环境中土壤DTPA-Zn含量变化及其控制因素，无疑将有助于水稻土实际供锌情况的预测、判断及调节措施的制定。

本文通过盆栽模拟试验研究了淹水还原植稻条件下初始pH明显差异的三种土壤中，DTPA-Zn含量的动态及其控制因素，并对渍水植稻土壤中硫化锌形成的可能性作了探讨。

（一）材料与方法

供试的三种土壤分别是发育于第四纪红土母质上的黄筋泥田、玄武岩母质上的棕黏田和浅海沉积物上的淡塘泥田，都为表土（0~15 cm）。后两种土壤是浙江省典型的缺锌土壤。其基本性质差异较大（表1）。土壤矿物鉴定采用定向样品X衍射分析；其余项目参照常规方法分析。

表1 供试的三种土壤基本性质

土壤	地点	pH	有机质/（g/kg）	CEC/（cmol/kg）	$CaCO_3$/（g/kg）	DTPA-Zn/（μg/g）	质地	主要黏土矿物
黄筋泥田	浙江衢县	5.64	15.2	14.2	—	1.52	黏土	高岭石、伊利石
棕黏田	浙江嵊县	7.39	20.9	29.2	12.4	0.80	黏土	蒙脱石、蛭石
淡塘泥田	浙江宁海	8.15	53.8	30.4	23.0	0.90	粉黏土	伊利石、高岭石

盆栽试验在浙江农业大学网室中进行。先称取过1 cm筛孔的风干土样2.5 kg置于直径20 cm、高18 cm的塑料盆钵内。每盆土壤除加入相同数量的氮肥[$(NH_4)_2SO_4$]、磷肥

① 原载于《土壤通报》，1991年，第22卷，第7期，53~55页。

$[(NH_4)_2HPO_4]$和钾肥（KCl）外，分别作为以下4种处理：①CK（对照）；②0.5% G（葡萄糖）；③0.1% Na_2SO_4；④0.5% G+0.1% Na_2SO_4。最后，用去离子水搅匀，并保持一定的水层；每处理重复5次。取秧龄为两周的健壮秧苗（品种为广陆矮四号，砂培），在淹水后第八天移栽。

在淹水开始至第八周，每周用电位计测定土壤pH和Eh；同时取新鲜土样，用于土壤DTPA-Zn含量的浸提和土壤含水量的测定；浸提液中Zn浓度由日立18080原子吸收分光光度计测定。土壤硫化物含量参照文献[5]测定。

（二）结果与讨论

1. 渍水植稻环境中土壤DTPA-Zn含量的动态

1）不加能源物质（葡萄糖）时渍水植稻土壤DTPA-Zn含量的动态

从图1可见，不加能源物质（葡萄糖）的处理（CK或Na_2SO_4处理），淹水后一周内，酸性的黄筋泥田DTPA-Zn含量明显下降，而中性的棕黏田和微碱性的淡塘泥田的DTPA-Zn含量略有提高；淹水一周后，三种土壤的DTPA-Zn含量基本上随淹水时间延长而逐渐下降，其下降幅度在酸性土壤中最大。淹水5周后，三种土壤DTPA-Zn含量都有进一步下降，并以Na_2SO_4处理下降幅度较大；此时，DTPA-Zn含量在0.5 μg/g左右，处于缺乏的临界水平[1]。

2）加能源物质后渍水植稻土壤DTPA-Zn含量的动态

从图1还可以看出，加能源物质（葡萄糖）的处理（G或G+Na_2SO_4处理），淹水后三种土壤DTPA-Zn含量在一周内迅速减少；一周后，虽然变化不大，但在淹水前期明显低于未经能源物质处理的DTPA-Zn含量，使土壤较快地处于缺乏或潜在缺乏的临界水平[1]。此外，G+Na_2SO_4处理的土壤DTPA-Zn含量比G处理的更低；这种现象在整个水稻生育期都存在。可见，通过能源物质处理，增强土壤还原程度，可进一步减少淹水土壤的DTPA-Zn含量；当同时存在多量SO_4^{2-}时，这种减少幅度更大，可使土壤供锌水平一直处于较低水平。这很可能是施大量新鲜有机质（如绿肥）或长期渍水（如秧田和糊田）的土壤上水稻缺锌发病率高及持续时间长的重要原因。

2. 渍水植稻环境中土壤DTPA-Zn含量与土壤氧化还原状况之间的动态关系

1）土壤DTPA-Zn含量与土壤pH和Eh间的动态关系

淹水还原处理后土壤的pH和Eh发生显著变化，DTPA-Zn含量与pH或Eh之间有动态联系（图1）。

在淹水后一周内，①不加能源物质时，DTPA-Zn含量在酸性土壤中随pH明显回升而降低，而在中性、微碱性土壤中则随pH下降而略有提高。但是，这种变化趋势在数量上不遵循通常的pH与Zn之间溶解度关系，这可能是体系中Eh下降的影响。②当加入能源物质后，DTPA-Zn含量很可能受Eh的控制，虽然pH明显降低，它却呈较大幅度

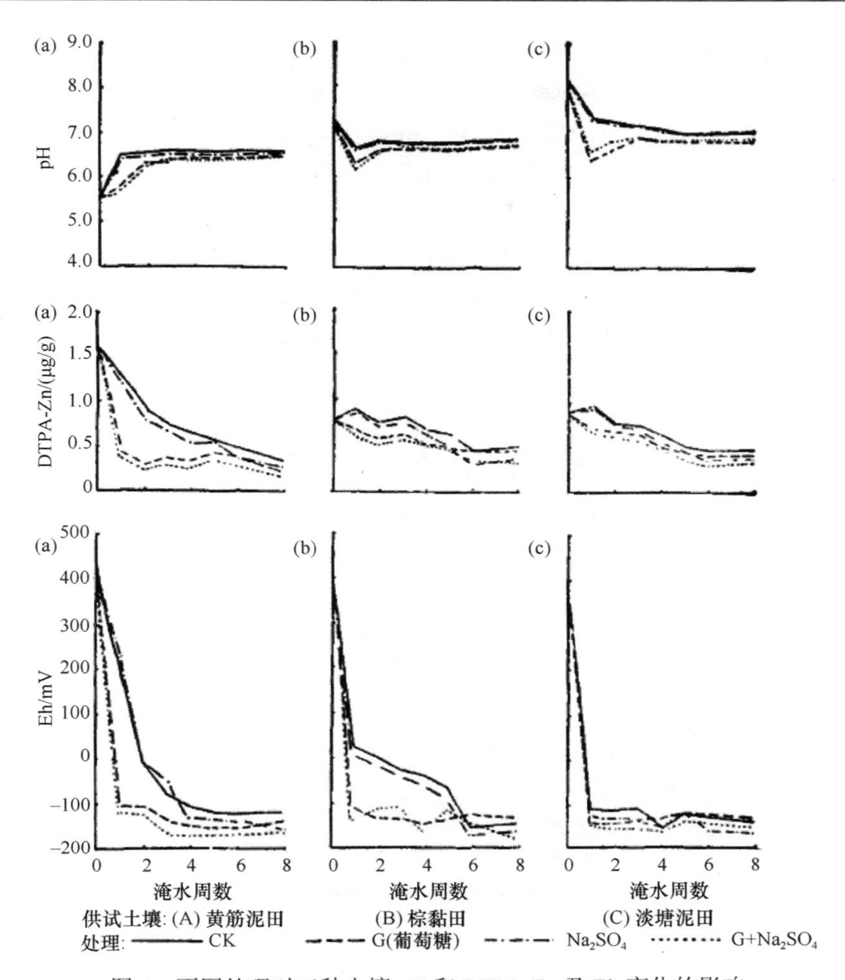

图 1 不同处理对三种土壤 pH 和 DTPA-Zn 及 Eh 变化的影响

减少，因为 Eh 迅速降低至–0.1 V 以下。这样低的 Eh，SO_4^{2-}还原成 S^{2-}[6]，有可能形成难溶性的锌硫化物而降低有效态锌含量。这种可能性可从 G+ Na_2SO_4 处理的 DTPA-Zn 含量低于 G 处理的而得到佐证。

淹水两周后，三种土壤中各处理的 pH 在中性范围，变化不大，而土壤 Eh 在不同土壤间或同一土壤的各处理间有较大差异。从图 1 可以看出土壤 DTPA-Zn 含量与土壤 Eh 之间有类似的变化趋势。总体上，土壤 DTPA-Zn 含量随土壤 Eh 逐渐下降而缓慢减少；当 Eh 显著下降时，DTPA-Zn 含量也明显减少；当土壤 Eh 处于–0.1~–0.15 V，变化不大时，土壤 DTPA-Zn 含量也维持于低水平，差异不大。

综上所述，渍水植稻环境中土壤 DTPA-Zn 含量的动态变化可能受到同一体系中 pH 和 Eh 的双重控制。在淹水初期，土壤还原程度较低时土壤 DTPA-Zn 含量受 pH 变化的影响较明显，但它在土壤长期渍水后或还原性增强时，则受 Eh 变化的显著影响。这不仅启示人们可以改变 Eh 来调节渍水土壤锌的供给情况，而且也告诫人们用风干土壤分析的结果难以确切判断渍水土壤锌的供给水平。

2）土壤 DTPA-Zn 含量与土壤 pe+pH 间的关系

土壤 pe+pH 是土壤氧化还原参数，能更好地反映土壤的氧化还原状态。值得注意的是渍水植稻环境中土壤 DTPA-Zn 含量与 pe+pH 之间呈极显著的相关性（图 2）。这说明这两者之间有密切联系；同时也进一步支持了上述的观点。从图 2 可见，pe+pH 在 3.5~4.5 区域，即土壤处于强还原状态时，土壤 DTPA-Zn 含量大多数低于 0.6 ppm，土壤处于缺锌临界水平；当 pe+pH 在 4.5~6.0 区域时，土壤还原性变弱，DTPA-Zn 含量提高，大多数在 0.6~0.8 ppm，土壤 Zn 处于缺锌边缘值以下。这似乎提示了用 pe+pH 参数来预测渍水植稻土壤供锌情况的可能性。但 pe+pH 与 DTPA-Zn 含量间的进一步关系尚待研究。

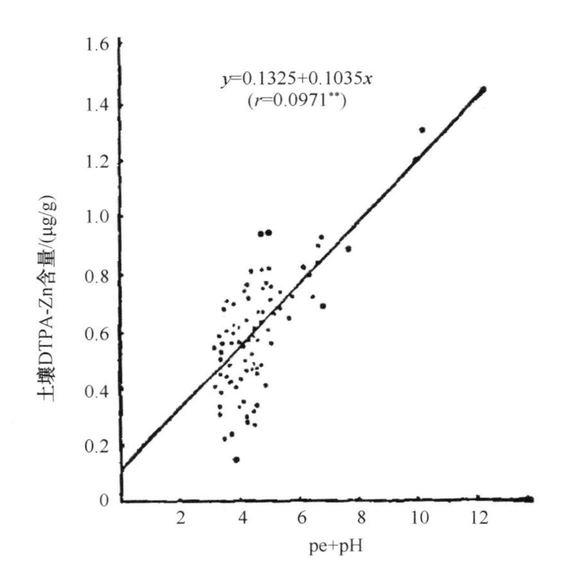

图 2　渍水土壤 DTPA-Zn 含量与 pe+pH 的关系

3. 渍水植稻环境中土壤 DTPA-Zn 含量减少的原因分析

前述渍水还原条件下土壤 DTPA-Zn 含量下降与土壤还原程度和 SO_4^{2-} 含量有关。这可能是当土壤 Eh 降低到–0.15 V 左右时，SO_4^{2-}将还原成 S^{2-}，因形成锌硫化物而降低有效态锌含量。相关分析表明，渍水土壤 DTPA-Zn 含量与土壤硫化物含量之间呈极显著的负相关（图 3），支持了以上的推测。进一步观察发现，在渍水后期，盆栽土壤出现不同厚度的黑泥层，在滨海的微碱性土壤中最明显，以 SO_4^{2-} 处理的厚度最大。黑泥层是 FeS 形成之故[7]。α-FeS 形成沉淀时的 pe+pH 为 4.28，而与已知的 α-ZnS 形成沉淀时的 pe+pH 为 4.24 非常接近。从图 2 可见，本试验中土壤 pe+pH 大部分在 4.0 左右，有的甚至在 3.5 附近，存在形成 α-ZnS 的条件。可以认为，长期渍水或强还原土壤中所形成的锌硫化物很有可能是 α-ZnS 的沉淀物。换言之，渍水植稻环境中土壤 DTPA-Zn 含量的减少或土壤供锌水平的降低很有可能是难溶性 α-ZnS 形成之故。

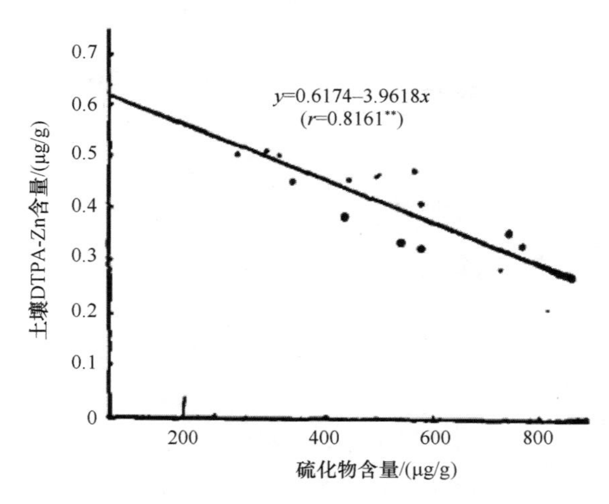

图 3　渍水土壤 pe+pH 含量与硫化物含量间的关系

参 考 文 献

[1] 刘铮. 我国缺乏微量元素的土壤及其区域分布. 土壤学报, 1982, 19(3): 209-224.

[2] 谢振翅. 水稻缺锌研究. 土壤养分、植物营养与合理施肥. 北京: 农业出版社, 1981.

[3] 骆永明, 黄昌勇, 沈建明, 等. 次生石灰性土壤上水稻缺锌僵苗及锌肥矫治作用的初步研究. 浙江农业科学, 1988, 5: 220-223.

[4] Gilmour J T, Kittrick J A. Solubility and equilibria of zinc in a flooded Soil. Soil Science Society of America Journal, 1979, 43(5): 890-892.

[5] 土壤养分测定委员会. 土壤养分分析法. 东京: 株式会社养贤堂, 1981.

[6] Ayotade K A. Kineties and reactions of hydrogen sulphide in solution of flooded rice soils. Plant and Soil, 1977, 46(2): 381-389.

[7] 袁可能, 黄昌勇, 朱祖祥. 盐化水稻土中黑泥层形成过程的初步研究. 浙江农业大学学报, 1981, 7(2): 1-7.

图 版

▲ 一寸照 ▶

▲ 海南初归，1952 年 6 月 13 日

▲ 夫妻合影

▲ 结婚 30 年纪念，1980 年 10 月

▲ 在美国佛罗里达大学 Newal Hall 实验室，1983 年 4 月 17 日

▲ 袁嗣良教授家门前，1983 年 7 月 10 日

▲ 美国马里兰大学，1983 年 8 月 17 日

▲ 白宫前，1983 年 8 月 19 日

▲ 美国，1984 年

▲ 中国驻华盛顿大使馆前

▲ 夫妻合影，1986 年 3 月 26 日

▲ 绍兴兰亭合影，1987 年 3 月

▲ 绍兴兰亭合影，1987 年 3 月

▲ 硕士研究生毕业集体合影，1988 年 6 月

▲ 徐建明博士毕业合影，1990 年 11 月

▲ 与巴基斯坦博士生赛夫、泰耶勃合影，1991 年

▲ 宁波土壤学会年会“吨粮田”，1992 年 1 月

▲ 长城留念

▲ 与巴基斯坦博士研究生泰耶勃合影，1993 年

▲ 巴基斯坦博士研究生阿夫萨尔博士学位论文答辩，1994 年 8 月

▲ 巴基斯坦博士研究生阿夫萨尔毕业合影，1994 年

▲ 李云峰博士毕业合影，1997 年

▲ 与来访的程惠贤教授夫妇合影，2006 年

▲ 80 岁生日家庭合影，2006 年

▲ 90 岁生日，2016 年

▲ 90 岁生日与学生合影，2016 年